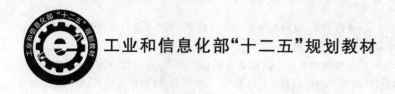

工业和信息化部"十二五"规划教材

嵌入式微控制器技术及应用

马维华　编著

U0245627

北京航空航天大学出版社

内 容 简 介

以嵌入式微控制器内核为主线,突出个性;以归类片上资源为线索,突出共性。力求理论联系实际,深入浅出地展开嵌入式微控制器技术及其应用的介绍。

全书内容分为 9 章,包括嵌入式微控制器概论、ARM 嵌入式微控制器、嵌入式微控制器中断系统、基于 ARM 微控制器的嵌入式程序设计、嵌入式微控制器 GPIO 及应用、定时/计数组件及应用、模拟通道组件及应用、互连通信组件及应用以及基于微控制器的嵌入式应用系统设计。

本书既有原理介绍,又有应用实例,每章后都有适量的习题,便于组织教学,也便于自学。

本书可作为高等院校电子/电气工程、计算机、物联网、自动化、测控技术与仪表、通信工程以及机电一体化等高年级本科生和研究生嵌入式系统相关课程的教材或参考书,也可供从事以嵌入式微控制器为核心的嵌入式系统设计与开发的工程技术人员参考。

图书在版编目(CIP)数据

嵌入式微控制器技术及应用/马维华编著. — 北京:
北京航空航天大学出版社,2015.1
ISBN 978 - 7 - 5124 - 1615 - 4

Ⅰ. ①嵌… Ⅱ. ①马… Ⅲ. ①微控制器 Ⅳ.
①TP332.3

中国版本图书馆 CIP 数据核字(2014)第 246922 号

嵌入式微控制器技术及应用
马维华　编著
责任编辑　张冀青

*

北京航空航天大学出版社出版发行

北京市海淀区学院路 37 号(邮编 100191)　http://www.buaapress.com.cn
发行部电话:(010)82317024　传真:(010)82328026
读者信箱: bhpress@263.net　邮购电话:(010)82316524
北京时代华都印刷有限公司印装　各地书店经销

*

开本:787×1092　1/16　印张:25　字数:640 千字
2015 年 1 月第 1 版　2015 年 1 月第 1 次印刷　印数:3000 册
ISBN 978 - 7 - 5124 - 1615 - 4　定价:49.00 元

前　言

　　"嵌入式微控制器技术及应用"是对计算机、电子信息、物联网、自动控制、传感器网络及机电一体化等相关专业均很有用的重要课程之一,涉及嵌入式微控制器的基本原理及嵌入式系统的相关设计技术,对嵌入式系统设计、传感节点设计、自动控制系统、自动检测系统、数据采集系统设计、物联网感知技术及相关硬件设计都起着非常重要的作用。

　　随着微电子技术、嵌入式技术的发展,嵌入式微控制器从传统的 8 位 51 系列、16 位 MSP430,已经非常成熟地发展到 32 位 RISC 架构高性价比的 ARM 微控制器系列。从嵌入式技术发展的角度看,ARM 处理器已成为嵌入式技术发展的领导者,而 ARM 内核从 ARM7、ARM9、ARM10、ARM11 已经发展到今天的 Cortex,Cortex 又分成 Cortex - A、Cortex - M 及 Cortex - R 三大系列。其中,Cortex - M 系列是嵌入式微控制器系列,是当前性价比最高的微控制器内核结构。

　　从嵌入式微控制器技术来看,从 51 到 ARM,不同之处在于其内核的变化,除了内核特点发生很大变化外,不同嵌入式微控制器在指令集、存储机制以及字长上区别都很大。除各自性能不断改善之外,不同内核嵌入式微控制器片上外围硬件组件的工作原理却是完全或基本相同的,这是嵌入式微控制器的共同之处。通用的这些硬件组件包括通用 I/O 接口组件(GPIO)、定时器组件(Timer/WDT/RTC/PWM 等)、中断控制器组件(VIC/NVIC 等)、模拟接口组件(ADC/DAC/CMP)以及互连通信接口组件(UART/SPI/I²C/CAN/USB/Ethernet)等。正是基于此,本书将两个核心特点(即不同内核的个性结构特征和片上同类外围资源的共性知识)有机地结合起来介绍。这样做的好处在于:在学习一种特定微控制器之后,再去应用别的微控制器时仅需要注意其内核的特征,而其片上外围组件资源是相通的。不至于学习了一种微控制器,以后使用别的微控制器又要重新开始学习。

　　学习嵌入式微控制器技术的目的是应用,因此本书在介绍原理的同时,侧重点在于应用。具体应用又必须涉及特定的嵌入式微控制器芯片,因此本书在介绍应用实例时将以最先进的 ARM 微控制器 Cortex - M3 的典型代表 LPC1700 系列作为嵌入式微控制器芯片例子来讲解。本书精选了嵌入式应用开发的实际案例,作为嵌入式微控制器在不同领域、不同场合的应用示例,涉及的所有程序片段均在 Keil MDK - ARM(μVision 4.0)环境下通过。

　　本书内容分为 9 章。第 1 章嵌入式微控制器概论,介绍嵌入式微控制器及嵌入式系统,以及嵌入式微控制器的分类、发展和应用领域;第 2 章 ARM 嵌入式微控制器,介绍 ARM 体系结构、内核、微控制器专用总线 AMBA、基于 ARM 内核的微控制器硬件组成、常用 ARM 微控制器厂家及典型芯片,以及嵌入式微控制器的选型原则;第 3 章嵌入式微控制器中断系统,介绍 ARM 异常中断处理、NVIC、中断源及中断向量表,以及片上资源的功率控制与外部中断;第 4 章基于 ARM 微控制器的嵌入式程序设计,介绍 ARM Cortex-M 支持的 Thumb/Thumb-2 指令集、汇编语言程序设计、CMSIS 规范以及嵌入式 C 程序设计;第 5 章嵌入式微控制器 GPIO 及应用,介绍了 GPIO 的工作模式、端口保护、端口中断及其应用;第 6 章定时/计数组件及应用,介绍通用定时/计数器 Timer、看门狗定时器 WDT、实时时钟定时器 RTC、PWM 定时器等及应用;第 7 章模拟通道组件及应用,介绍模拟输入/输出系统、ADC 及 DAC 等模拟组件及典型应用;第 8 章互连通信组件及应用,介绍常用互连通信接口,UART、I^2C、SPI、CAN、Ethernet 以及常用无线通信接口及其应用;第 9 章基于微控制器的嵌入式应用系统设计,介绍嵌入式最小系统设计、最低功耗系统设计、典型嵌入式应用系统设计、嵌入式应用系统调试与测试技术,最后给出典型嵌入式应用系统的设计实例。

本书力求结构合理,内容系统、全面、实用,每章后都有适量习题,可作为高等院校计算机、物联网、电类、自动化以及机电一体化等相关专业高年级本科生和研究生课程"嵌入式微控制器原理及应用"、"嵌入式微控制器技术及应用"、"嵌入式系统原理及应用"、"嵌入式应用系统开发"以及"嵌入式系统设计"等的教材和参考书,也可供希望了解和掌握以嵌入式微控制器为核心的嵌入式应用系统设计的技术人员参考。

在本书的编写过程中,在资料收集、例程验证、文字校验图形绘制等工作中作出贡献的有谭白磊、朱琳、白延敏、孙萍、蒋炜、吴侨和魏金文等,在此一并表示感谢!还要特别感谢商家提供的 NXP 相关开发资料和相关例程。

由于嵌入式技术发展迅猛,加上作者水平有限和时间仓促,书中难免有疏漏和错误之处,恳请同行专家及读者提出宝贵意见。

作 者

2014 年 8 月于南航西苑

目　录

嵌入式微控制器技术及应用

嵌入式微控制器技术及应用

第1章 嵌入式微控制器概论

本章首先介绍嵌入式系统的基本特点、系统组成、分类与应用，然后引入嵌入式微控制器的概念。

1.1 嵌入式微控制器及嵌入式系统

嵌入式系统的应用已越来越广泛，可以说，当今世界，嵌入式系统无处不在。嵌入式微控制器作为嵌入式系统的硬件核心——嵌入式处理器的一种形式，在传感器网络、物联网以及工业控制等领域得到了广泛应用。

1.1.1 嵌入式系统的概念

1. 嵌入式系统

嵌入式系统（Embedded System)是嵌入式计算机系统的简称。它有以下几种定义：

(1) IEEE(国际电气和电子工程师协会)的定义

"Devices used to control, monitor or assist the operation of equipment, machinery or plants."即为控制、监视或辅助设备、机器或者工厂运作的装置。它通常执行特定功能，以微处理器与周边构成核心，具有严格的时序与稳定度要求，全自动操作循环。

(2) 国内公认的较全面的定义

以应用为中心，以计算机技术为基础，软件硬件可裁剪，适应应用系统对功能、可靠性、成本、体积、功耗严格要求的专用计算机系统。

(3) 简单定义

嵌入到对象体系中的专用计算机系统。

上述定义比较全面、准确，被业界广泛接受的是第(2)种定义，比较简捷的是第(3)种定义，而第(1)种定义则侧重控制领域的嵌入式设备。

2. 嵌入式系统的三个要素

嵌入性、专用性和计算机系统是嵌入式系统的三个基本要素。

嵌入式系统是把计算机直接嵌入到应用系统中，它融和了计算机软/硬件技术、通信技术和微电子技术，是集成电路发展过程中的一个标志性成果。

3. 嵌入式技术

嵌入式技术是将计算机作为一个信息处理部件，嵌入到应用系统中的一种技术。它将软件固化集成到硬件系统中,将硬件系统与软件系统一体化。因此,可以说嵌入式技术是嵌入式系统设计技术和应用的一门综合技术。

4. 嵌入式产品或嵌入式设备

嵌入式产品或嵌入式设备是指应用嵌入式技术,内含嵌入式系统的产品或设备。嵌入式产品或设备强调内部有嵌入式系统,例如,内含微控制器的家用电器、仪器仪表、工控单元、机器人、手机、PDA 等,都是嵌入式设备或称为嵌入式产品。

5. 嵌入式

嵌入式是嵌入式系统、嵌入式技术以及嵌入式产品的简称。

6. 嵌入式产业

基于嵌入式系统的应用和开发,并形成嵌入式产品的产业称为嵌入式产业,目前国内已有许多省开始着手嵌入式产业的规划和实施。

嵌入式技术的快速发展不仅使其成为当今计算机技术和电子技术的一个重要分支,而且使计算机的分类从以前的巨型机、大型机、小型机、微型机变为通用计算机/嵌入式计算机。可以预言,嵌入式系统将成为后 PC 时代的主宰。

7. 嵌入式系统开发工具

嵌入式系统开发工具是指可以用于嵌入式系统开发的工具,主要指嵌入式软件开发工具。一般具有集成开发环境,可以在集成开发环境下进行编辑、编译、链接、下载程序、运行和调试等各项嵌入式软件的开发工作。

8. 嵌入式系统开发平台

可以进行嵌入式系统开发的软硬件套件称为嵌入式系统开发平台,包括含嵌入式处理器的硬件开发板、嵌入式操作系统和一套软件开发工具。借助于开发平台,开发人员就可以集中精力于编写、调试和固化应用程序,而不必把心思花费在应用程序如何使用开发板上的各种硬件设施问题上。

1.1.2 嵌入式系统硬件的基本组成

嵌入式系统作为专用计算机系统,从计算机系统的角度看,嵌入式系统也是由嵌入式硬件和嵌入式软件构成的。由于嵌入式系统是嵌入到对象体系中的专用计算机系统,因此嵌入式系统的硬件由嵌入式处理器(含内置存储器)、输入/输出接口、外部设备、被测控对象及人机交互接口等构成,如图 1-1 所示。通常,在嵌入式处理器内部集成了 Flash 程序存储器和 SRAM 数据存储器(也有集成 EEPROM 数据存储器),如果内部存储器不够用,可以通过扩展存储器接口来外扩存储器。嵌入式处理器包括嵌入式处理器内核、内部存储器以及内置硬件组件。嵌入式计算机包括嵌入式处理器、存储器和输入/输出接口。

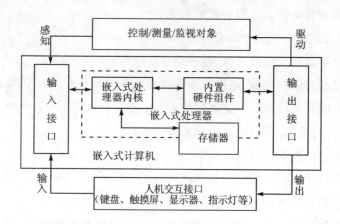

图 1 - 1　嵌入式系统硬件的逻辑组成

嵌入式处理器是嵌入式系统的硬件核心，它主要有四类：嵌入式微处理器 EMPU(Embedded Microprocessor Unit)、嵌入式微控制器 EMCU(Embedded Microcontroller Unit)、嵌入式数字信号处理器 EDSP(Embedded Digital Signal Processor)以及片上系统 SoC(System on Chip)。

（1）嵌入式微处理器

嵌入式微处理器是由 PC 机中的微处理器演变而来的，与通用 PC 机的微处理器不同的是，它只保留了与嵌入式应用紧密相关的功能硬件。典型的 EMPU 有 Power PC、MIPS、MC68000、i386EX、AMD K6 2E 以及 ARM 等，其中 ARM 是应用最广、最具代表性的嵌入式微处理器。

（2）嵌入式微控制器

嵌入式微控制器主要是面向控制领域的嵌入式处理器，其内部集成了存储器、定时器、I/O接口以及便于互连通信的多种通信接口等各种必要的功能部件。典型的嵌入式微控制器如 8 位的 51 系列、16 位的 MSP430 系列、8 位/16 位/32 位的 PIC 及 32 位的 ARM Cortex - M 系列等。

（3）嵌入式数字信号处理器

嵌入式数字信号处理器是专门用于信号处理的嵌入式处理器，在系统结构和指令算法方面经过特殊设计，因而具有很高的编译效率和指令执行速度。DSP 芯片内部采用程序和数据分开的哈佛结构，具有专门的硬件乘法器，广泛采用流水线操作，提供特殊的 DSP 指令，可以快速实现各种数字信号处理算法。典型的 DSP 如 TMS320 系列。

（4）嵌入式片上系统

片上系统或系统芯片是一个将计算机或其他电子系统集成为单一芯片的集成电路。片上系统可以处理数字信号、模拟信号、混合信号，甚至更高频率的信号。片上系统常常应用在嵌入式系统中。片上系统集成规模很大，一般达到几百万门到几千万门。

片上系统 SoC 是追求产品系统最大包容的集成器件,其最大的特点是成功实现了软硬件无缝结合,直接在处理器片内嵌入软件代码模块。

典型的片上系统具有以下几个部分:

- 至少一个微控制器或微处理器、数字信号处理器;
- 内存则可以是只读存储器、随机存取存储器、EEPROM 和闪存中的一种或多种;
- 用于提供时间脉冲信号的振荡器和锁相环电路;
- 由计数器、计时器、电源电路组成的外部设备;
- 不同标准的总线及其接口;
- 用于在数字信号和模拟信号之间转换的模拟/数字转换器和数字/模拟转换器;
- 电压调理电路和稳压器。

SoC 具有极高的综合性,可实现一个复杂的系统。用户不需要像传统系统设计一样,绘制庞大、复杂的电路板,一点点地连接焊制,只需要使用精确的语言、综合时序设计,直接在器件库中调用各种通用处理器,通过仿真之后就可以直接交付芯片厂商进行生产。

由于绝大部分系统构件都是在系统内部,所以整个系统就显得特别简洁,不仅减小了系统的体积,降低了功耗,而且还提高了系统的可靠性和设计生产效率。

现代大多数微控制器芯片均具有片上系统所描述的组成部分,因此,大部分微控制器芯片都可以看成系统芯片或片上系统。

1.1.3 嵌入式微控制器

众所周知,微型计算机由中央处理器、存储器、I/O 接口及总线基于 VLSI(超大规模集成电路)的器件组合而成。微控制器是将上述微型计算机集成在单个芯片上构成的专用于控制的微型计算机。即微控制器是把中央处理器、存储器、定时/计数器(Timer/Counter)、各种输入/输出接口等都集成在一块集成电路芯片上的微型计算机。嵌入式微控制器是面向控制领域,以微处理器为核心的微型控制器。换句话说,微控制器将 CPU、存储器、常用 I/O 接口、专用单元和总线集成于一个芯片,并主要应用于控制领域中。由于微控制器主要应用于控制为目的的嵌入式系统,因此称微控制器为嵌入式微控制器,简称微控制器。

早期的微控制器被称为单片微型计算机(Single Chip Microcomputer),简称单片机,也有厂家称之为面向控制的微型计算机(Control-oriented Microcomputer),或面向控制的微控制器(Control-oriented Microcontroller),后又出现单片微控制器(Single Chip Microcontroller)这一名称,而国外无论是 51 还是 ARM 均使用 Microcontroller(微控制器)这一名称。随着 ARM 公司推出全新技术的微控制器,国内才真正广泛使用微控制器这一名词取代先前的单片机。目前使用 MCU(Microcontroller Unit,微控制器单元,简称微控制器)比较多。

但目前国内仍然喜欢使用单片机来描述低档 8 位/16 位微控制器(如 51 系列/AVR/SP430 等),而仅把 32 位 RISC 架构的 ARM Cortex - M 等称为微控制器。这种习惯性称谓是不妥当的,大家应该习惯微控制器的叫法,因为 Microcontroller 译成单片机非常不合适,而应该为微控制器。因此,作者强烈呼吁业界统一认识,把 Microcontroller 统一到微控制器上来。

以 Intel 的 51 内核为依托,不同厂家生产的 51 系列、微芯(Microchip)的 PIC 系列、Atmel 的 AVR 系列、TI 的 MSP430 系列、Freescale 的 MC68HC 系列,以及以 ARM 内核不同厂家生产的各种 ARM 系列,都是微控制器领域的杰出代表。

鉴于嵌入式微控制器除了高端应用之外,在工业控制、消费电子、智能家电、机器人、医疗电子、网络设备、传感器网络节点、物联网感知单元及网络传输等诸多方面应用十分广泛。因此,本书主要以嵌入式微控制器作为嵌入式系统的硬件核心来介绍嵌入式系统的原理及其应用。

1.2 嵌入式微控制器分类

嵌入式微控制器的体系结构与通用处理器体系结构一样,按照指令集架构可分为复杂指令集结构和精简指令集结构两种类型;按照存储机制又可分为冯·诺依曼(von Neumann)结构和哈佛(Harvard)结构;按字长分为 8 位、16 位、32 位和 64 位结构;按内核结构又可分为 51,AVR,PIC,MSP430,MC68HC,ARM 等。

1.2.1 CISC 结构与 RISC 结构

CISC (Complex Instruction Set Computer,复杂指令集计算机)与 RISC (Reduced Instruction Set Computer,精简指令集计算机)代表了两种不同理论的处理器设计学派,微控制器的设计也不例外。两种理论各有利弊,有许多按 CISC 或 RISC 理论所设计的微控制器问世。早期的 51 系列就属于 CISC 体系,而 ARM 等系列属于 RISC 体系。无论是何种理论,其所设计的嵌入式微控制器都有较高的执行效率,这两种理论对微控制器的设计都产生了巨大的影响。

1. CISC 结构

CISC 理论比 RISC 理论产生得早,以 CISC 为理论所设计的微控制器有以下特点:

(1)复杂指令

以 CISC 为理论所设计的微控制器有许多一般常用于特殊设计的指令,这些特殊指令其中有些是能处理复杂功能的指令,为了用一条或少量几条指令来完成复杂的功能,一个特殊指令的指令码就很长,并且非常复杂。

由于 CISC 设计了很多复杂的指令,这样,微控制器中译码部件的工作就会加重,因而就会延长时间。

(2)多种类型的内存寻址方式

在 CISC 理论中,从内存中存取数据,有许多不同的寻址方式,以找出数据的所在地址。

(3)微程序结构

微指令(Micro Instruction)是微控制器控制命令的基本单位。通常一个简单的处理过程,需要数条微指令来完成。微指令指挥微控制器执行一项基本功能,众多微指令的组合便能组合成完整的执行程序。由于微控制器使用微指令,使得微控制器的设计者能将完整的命令置于微控制器的芯片内。

2. RISC 结构

精简指令集计算机(RISC)理论开始曾应用于工作站和中小型计算机的设计中,而近年来RISC 的设计理论越来越受到重视,所有 ARM 嵌入式微控制器均为 RISC 结构。

传统 RISC 结构的微控制器有以下几个特点:

(1)固定指令长度

RISC 的特点是将指令的长度缩短,因此许多 CISC 中的复杂指令都被去除,剩下的是一些简单而常用的指令,而且每条指令的长度相同。

(2)指令流水线处理

指令流水线(Pipeline)是 RISC 最重要的特点。

(3)简化内存管理

大多数的指令可以在内部的寄存器之间进行处理,对于内存只有加载(Load)及存储(Store)两个操作,因而简化了对内存的管理工作。

(4)硬件接线式控制

在 CISC 的微控制器中所有的控制都执行微指令,而所有的微指令都存放在微控制器中的只读存储器中。在 RISC 的微控制器中,因将微指令的格式简化,所以减少了译码的逻辑,使 RISC 能直接用逻辑门串联成控制逻辑。

(5)单周期执行

由于大多数的指令属于寄存器间的处理,而这些指令在一个时钟周期便可执行完毕,比CISC 的微指令所执行的时间短,而且时间固定不变。

(6)复杂度存于编译程序内

指令流水线是 RISC 微控制器设计成功的关键,如果程序码没有经过最优化的排列与精简,就会使指令流水线的性能下降。

因此,采用 RISC 技术的微控制器除了硬件的逻辑设计外,软件的编译程序也尤为重要,而编译程序要根据微控制器的结构来优化。

1.2.2 冯·诺依曼结构与哈佛结构

根据存储机制的不同,可以将嵌入式微控制器分为冯·诺依曼结构与哈佛结构。它们之间的不同之处是,CPU 连接程序存储器与数据存储器的方式不同。冯·诺依曼结构如图 1-2(a)所示,CPU(运算器和控制器)与存储器的连接只有一套总线,也就是一套数据线、控制线和地址线连接了 CPU 与存储器。存储器中可以存放数据也可以存放程序。

哈佛结构如图 1-2(b)所示,其特点如下:

① 使用两个独立的存储器分别存储指令和数据,不允许指令和数据并存;

② 使用两条独立的总线,分别作为 CPU 与每个存储器之间的专用通信路径,而这两条总

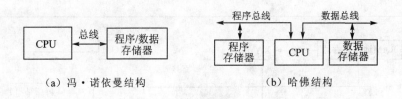

（a）冯·诺依曼结构　　　　　（b）哈佛结构

图 1-2　冯·诺依曼结构与哈佛结构

线之间毫无关联。

哈佛结构的微处理器通常具有较高的执行效率。其程序和数据分开组织与存储,执行时可以预先读取下一条指令,因而减轻了程序运行时的访问和存储瓶颈现象。

在嵌入式微控制器领域,哈佛结构占绝大多数,少量属于冯·诺依曼结构,如 MSP430 系列微控制器。51 系列、AVR 系列、PIC 系列、ARM Cortex-M0/M0+/M1 采用冯·诺依曼结构,而 ARM Cortex-M3/M4 则采用哈佛结构,其他 ARM 微控制器以哈佛结构居多。

1.2.3　51 系列微控制器

51 系列微控制器,最早被称为单片机,是由 Intel 公司首先在 20 世纪 80 年代初推出的,是世界上最早使用的 8 位微控制器,命名为 MCS51 系列(MCS 为 Micro Computer System 的缩写),如 8031,8051 等,现在被称为传统 51 系列,之前还有 MCS48 系列单片机,如 8048 等。51 系列微控制器内核采用 CISC 型哈佛结构,8 位字长。

随着闪速存储器 Flash 的出现,51 系列有了长足的发展,内嵌 Flash 的 51 系列微控制器被不同厂家所生产,其成为了使用最为广泛的一种普通型嵌入式微控制器,如简单的检测与控制应用领域。它具有价格低、应用资料全、开发工具便宜、开发周期短、开发成本低等特点。

随着 1T(单周期)改进型 51 内核的推出,许多半导体厂家在改进型 51 内核基础上增加了自己的特色组件之后,51 系列的应用仍具有一定的竞争力,目前仍然在大量生产并被使用。

生产 51 系列微控制器的厂家很多,除了 Intel 公司外,还有 Atmel、NXP(原 Philips)、Nuvoton、AMD、SST、Siemens、OKI、Dallas、Fujitsu、HarrisMetra、LG、Samsung、Techcode 以及国内打造全国最低价的最大 51 微控制器的生产厂家——宏晶科技,其生产 STC 多系列 51 微控制器。

1.　内核结构

51 内核结构如图 1-3 所示。

51 内核由运算器、控制器及主要寄存器构成。

运算器由运算部件——算术逻辑单元(Arithmetic & Logical Unit,ALU)、累加器和寄存器等几部分组成。ALU 的作用是把传来的数据进行算术或逻辑运算,输入来源为两个 8 位数据,分别来自累加器和数据寄存器。ALU 能完成对这两个数据进行加、减、与、或、比较大小等操作,最后将结果存入累加器。

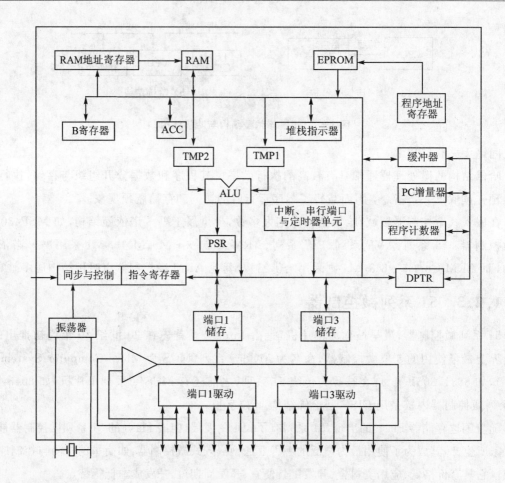

图 1-3 51 内核结构

运算器具有执行各种算术运算和逻辑运算的功能。

运算器所执行的全部操作都是由控制器发出的控制信号来指挥的,并且一个算术运算产生一个运算结果,一个逻辑操作产生一个判决。

控制器由程序计数器、指令寄存器、指令译码器、时序发生器和操作控制器等组成,是发布命令的"决策机构",即协调和指挥整个微机系统的操作。其主要功能有:

① 从内存中取出一条指令,并指出下一条指令在内存中的位置。

② 对指令进行译码和测试,并产生相应的操作控制信号,以便于执行规定的动作。

③ 指挥并控制 CPU、内存和输入/输出设备之间数据流动的方向。

微处理器内通过内部总线把 ALU、计数器、寄存器和控制部分互连,并通过外部总线与外部的存储器、输入/输出接口电路连接。外部总线又称为系统总线,分为数据总线 DB、地址总线 AB 和控制总线 CB。通过输入/输出接口电路,实现与各种外围设备的连接。

51 内核主要寄存器包括累加器、数据寄存器、指令寄存器与译码器、程序计数器 PC 和地址寄存器 AR。

累加器 A 是微处理器中使用最频繁的寄存器。在算术和逻辑运算时它有双重功能:运算前,用于保存一个操作数;运算后,用于保存所得的和、差或逻辑运算结果。

数据寄存器通过数据总线向存储器和输入/输出设备送(写)或取(读)数据的暂存单元。它可以保存一条正在译码的指令,也可以保存正在送往存储器中存储的一个数据字节等。

指令包括操作码和操作数,指令寄存器用来保存当前正在执行的一条指令。当执行一条指令时,先把它从内存取到数据寄存器中,然后再传送到指令寄存器。当系统执行给定的指令时,必须对操作码进行译码,以确定所要求的操作。指令译码器就是负责这项工作的。其中,指令寄存器中操作码字段的输出就是指令译码器的输入。

程序计数器 PC 用于确定下一条指令的地址,以保证程序能够连续地执行下去,因此通常又被称为指令地址计数器。在程序开始执行前,必须将程序第一条指令的内存单元地址(即程序的首地址)送入 PC,使它总是指向下一条要执行指令的地址。

地址寄存器用于保存当前 CPU 所要访问的内存单元或 I/O 设备的地址。由于内存与CPU 之间存在着速度上的差异,所以必须使用地址寄存器来保持地址信息,直到内存读/写操作完成为止。

显然,当 CPU 向存储器存数据、CPU 从内存取数据和 CPU 从内存读出指令时,都要用到地址寄存器和数据寄存器。同样,如果把外围设备的地址作为内存地址单元来看,那么当CPU 和外围设备交换信息时,也需要用到地址寄存器和数据寄存器。

2. 典型 51 微控制器芯片

由国内宏晶科技生产的典型 STC15F2K60S2 系列 1T 8051 微控制器芯片内部结构如图 1－4所示。除 1T 内核外,微控制器内部还集成了程序存储器、数据存储器、GPIO 通用 I/O 接口、通信接口、定时部件、PWM 部件以及 ADC 等,是目前 51 系列微控制器性价比非常高的微控制器系列。实际上,包括 STC15F2K60S2 系列微控制器芯片在内的绝大多数新型 51 芯片,均集成了片上系统所具有的各种内置外设,因此,均可以称为片上系统或系统芯片。

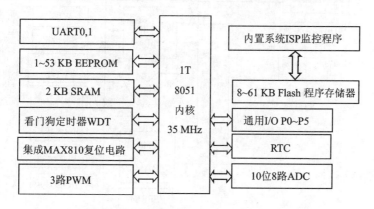

图 1－4　典型 STC15F2K60S2 系列 51 微控制器芯片内部结构

1.2.4　AVR 系列微控制器

1997 年,Atmel 公司挪威设计中心的 A 先生与 V 先生利用 Atmel 公司的 Flash 新技术,共同研发出采用 RISC 精简指令集的高速 8 位微控制器,简称 AVR,采用哈佛结构。

后来 Atmel 公司不断扩展 AVR 微控制器的功能,字长从开始的 8 位扩展到现在的 32 位,以适应不同应用层次的要求。AVR 的主要特点是高性能、高速度、低功耗。

高可靠性、强大功能、高速度、低功耗和低价位,一直是衡量微控制器性能的重要指标,也是微控制器占领市场、赖以生存的必要条件。

AVR 的推出,彻底打破了这种旧设计格局,废除了机器周期,抛弃复杂指令计算机(CISC)追求指令完备的做法;采用精简指令集,以"字"作为指令长度单位,将内容丰富的操作数与操作码安排在一字之中(指令集中占大多数的单周期指令都是如此),取指周期短,又可预取指令,实现流水作业,故可高速执行指令。

AVR 系列是一种基于改进的哈佛结构、8 位～32 位精简指令集 RISC 的 MCU,是首次采用闪存 Flash 作为数据存储介质的单芯片单片机之一。AVR 微控制器发展了多个系列,包括 tinyAVR,ATtiny 系列;megaAVR,ATmega 系列;XMEGA,ATxmega 系列;Application - specific AVR,面向特殊应用的 AVR 系列,增加 LCD 控制器、USB 控制器、PWM 等特性;FPSLIC,FPGA 上的 AVR 核;AVR32,32 位 AVR 系列,包含 SIMD 和 DSP 以及音视频处理特性。

1. AVR 内核结构

典型的 8 位 AVR 内核结构如图 1-5 所示,8 位 AVR 采用 RISC 指令集结构,内部主要部件包括程序计数器、程序存储器、指令寄存器、指令译码器、状态和控制寄存器、ALU、通用寄存器、数据存储器、中断控制器及各种 I/O 接口,通过内部总线连接。

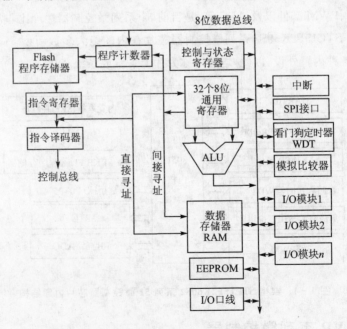

图 1-5　典型的 8 位 AVR 内核结构

一个典型的 8 位 AVR 微控制器 ATmega48 内部组成如图 1-6 所示。

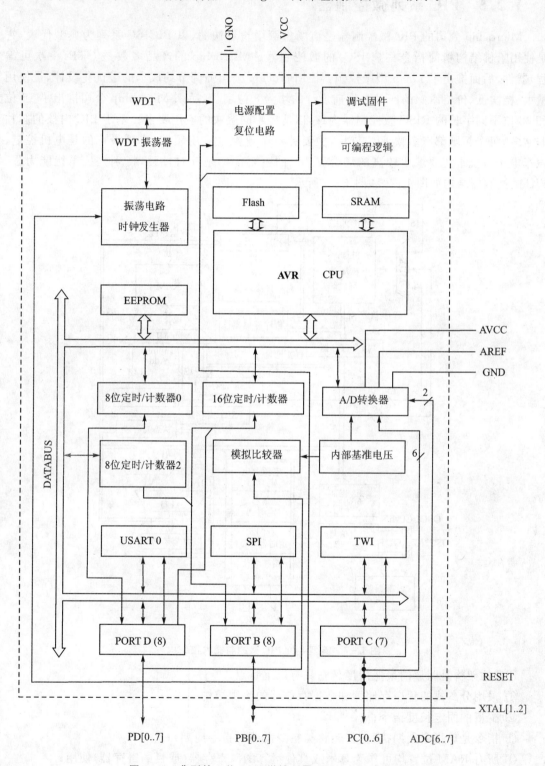

图 1-6　典型的 8 位 AVR 微控制器 ATmega48 内部组成

1.2.5 PIC 系列微控制器

Microchip 公司的 PIC 微控制器是市场份额增长最快的,以 PIC16C 系列为典型代表,它是使用哈佛结构精简指令集(RISC)的微控制器。Microchip 的产品多数是 OTP(一次可编程)器件,后面推出了 Flash 型微控制器。Microchip 公司强调节约成本的最优化设计,是使用量大、档次低、价格敏感的产品。先前设计的均为 8 位字长,后来 Microchip 公司推出了 16 位和 32 位不同字长的 RISC 微控制器内核,以适应不同层次的应用要求。基于 PIC 内核的芯片非常多,每个领域都有多款 PIC 芯片,主要针对工业控制应用领域,应用最广的是电机控制、汽车电子等抗干扰要求比较高的场合。PIC 的主要优势是针对性强,特别是抗干扰能力强。PIC 微控制器结构如图 1-7 和图 1-8 所示。

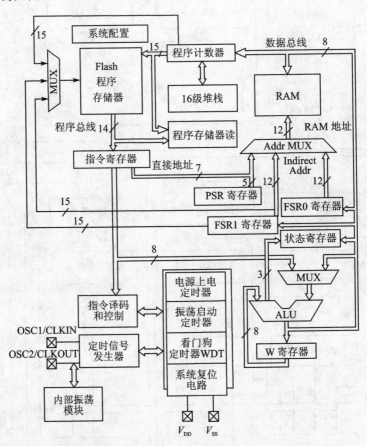

图 1-7 典型 8 位 PIC 微控制器内核结构

PIC 的架构是明显的最低限度。它具有以下特点:

① 采用分离式的程序存储器和数据存储器的哈佛结构;

② 少量的固定长度指令;

③ 指令是单指令周期执行(仅转移类指令需两个指令周期);

④ 所有 RAM 位置均可作为算术或其他运算的源寄存器(或目的寄存器)使用;

⑤ 一个硬件堆栈用于存放子程序调用的返回地址;

⑥ 较小的数据寻址空间,但通过使用多个 bank 的方式来存取较大的 RAM;

⑦ 暂存器、周边输入/输出接口等均映射在数据存储空间中;

⑧ 程序计数器也是映射到数据存储空间。

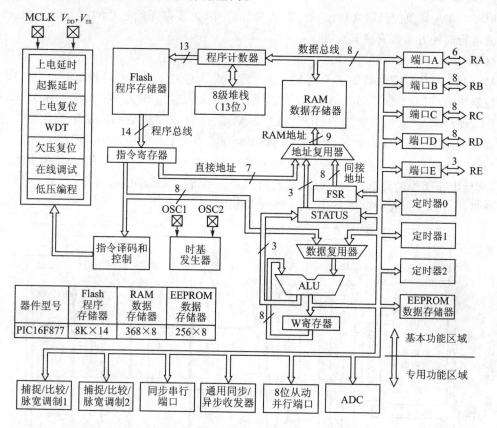

图 1-8 典型 8 位 PIC 微控制器 PIC16F877 内部结构

1.2.6 MSP430 系列微控制器

MSP430 系列是 TI 公司具有超低功耗 16 位 RISC 结构、混合信号处理功能的微控制器,广泛应用于手持设备嵌入式应用系统中,以超低功耗著称全球。MSP430 系列产品为电池供电的测量应用提供了最佳的解决方案。这里的混合信号指模拟信号和数字信号。

典型应用包括实用计量、便携式仪表、智能传感和消费类电子产品。

MSP430 系列微控制器的主要特点:强大的处理能力、超低功耗、系统工作稳定、丰富的片上外围模块、方便高效的开发环境、适于工业级的运行环境。

主要特点如下:

(1)处理能力强

MSP430 系列微控制器采用了精简指令集 RISC 结构,具有丰富的寻址方式、简洁的内核指令以及大量的模拟指令,大量的寄存器以及片内数据存储器都可参加多种运算,还有高效的查表处理指令。这些特点保证了可编制出高效率的源程序。

(2)运算速度快

MSP430 系列微控制器能在 25 MHz 晶振的驱动下,实现 40 ns 的指令周期。16 位的数据宽度、40 ns 的指令周期以及多功能的硬件乘法器(能实现乘加运算)相配合,能实现数字信号处理的某些算法(如 FFT 等)。

(3)超低功耗

MSP430 系列微控制器之所以有超低的功耗,是因为其在降低芯片的电源电压和灵活而可控的运行时钟方面都有独到之处。

(4)丰富的片内资源

MSP430 系列微控制器集成了较丰富的片内外设。它们分别是看门狗定时器(WDT)、模拟比较器 A、定时器 A0(Timer_A0)、定时器 A1(Timer_A1)、定时器 B0(Timer_B0)、UART、SPI、I²C、硬件乘法器、液晶驱动器、10 位/12 位 ADC、16 位 $\Sigma - \Delta$ ADC、DMA、I/O 端口、基本定时器(Basic Timer)、实时时钟(RTC)和 USB 控制器等若干外围模块的不同组合。

MSP430 目前有 1 系列、2 系列、3 系列、4 系列、5 系列、6 系列,内嵌 FRAM 的 FRAM 系列,具有低电压工作的低电压系列以及具有射频片上系统的 RF SoC 系列等。

典型的 MSP430 微控制器结构如图 1-9 所示。

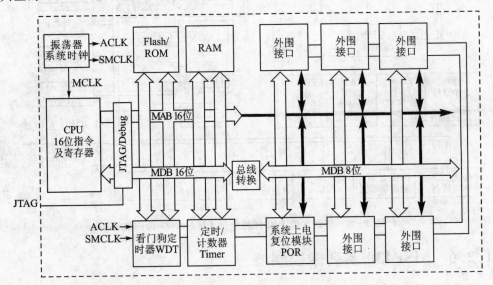

图 1-9 典型 MSP430 微控制器结构

1.2.7　MC68HC 系列微控制器

MC68HC 是由 Motorola 公司(后改名为 Freescale 公司)研发生产的微控制器系列。其 8 位微控制器的典型代表为 MC68HC05,MC68HC08,MC68HC11,MC68HC12 等;其核心是 MC68HC05 内核,外围增加了许多功能独特的硬件,构成多个品种的微控制器。Motorola 微控制器的特点之一是在同样的速度下所用的时钟频率较 Intel 类 51 微控制器低得多,所以其高频噪声低,抗干扰能力强,更适合于工控领域及恶劣的环境。

MC68HC 系列微控制器采用精简指令集 RISC、哈佛结构。典型的 MC68HC08 结构的 MC68HC08AS32 系列微控制器内部组成如图 1-10 所示。

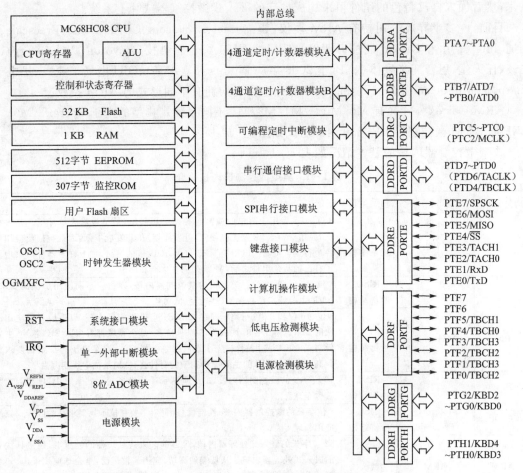

图 1 - 10　MC68HC08AS32 系列微控制器内部组成

1.2.8　ARM 系列微控制器

英国 ARM(Advanced RISC Machines)公司是专门从事基于 RISC 技术芯片设计开发的公司,作为知识产权供应商,自己并不生产芯片。ARM 是 ARM 公司研发的 RISC 结构的嵌入式处理器内核,是目前嵌入式处理器的领跑者,是最具优势的嵌入式处理器内核。从低端到高端,应用非常广泛,是全球应用最广、知名度最高、使用厂家最多的嵌入式处理器内核。

ARM 内核与其他处理器内核相比,主要特点有耗电少、功能强、成本低、16 位 Thumb 与 32 位 ARM 及 Thumb - 2 双指令集并存,以及具有非常众多的合作伙伴,使用面广泛。这是其他处理器所不及的。ARM 结构的主要特点包括:采用 RISC 结构,16 位/32 位指令集,多处理器状态模式,采用先进的片内 AMBA 总线技术以灵活方便连接组件,低功耗设计技术等。

ARM 家族中包括了嵌入式微处理器和嵌入式微控制器。部分 ARM7 和部分 ARM9 以及 Cortex - M 和 Cortex - R 系列均属于嵌入式微控制器,其他 ARM 属于嵌入式微处理器,如 ARM10,ARM11,Cortex - A 系列。高端应用采用 32 位的 Cortex - A 系列以及 64 位的 Cortex - A50 系列。

由于 ARM 公司只设计 IP 核,并不生产芯片,因此其他半导体厂家要先购买 ARM 内核技术,然后加入自己特色的组件再来构成自己的嵌入式微控制器或片上系统。

目前,许多半导体公司持有 ARM 授权,如:Atmel、Broadcom、Cirrus Logic、Freescale、富士通、Intel(借由和 Digital 的控诉调停)、IBM、NVIDIA、新唐科技(Nuvoton Technology)、英飞凌、任天堂、恩智浦半导体 NXP(于 2006 年从 Philips 独立出来)、OKI 电气工业、三星电子、Sharp、STMicroelectronics、TI 和 VLSI 等许多公司均拥有不同形式的 ARM 授权。

ARM Cortex - M 又有 M0/M0+/M1/M3/M4 不同系列。典型的基于 Cortex - M0+的 NXP 的 ARM 微控制器 LPC800 内部组成如图 1-11 所示。

典型微控制器内核的基本情况如表 1-1 所列。

表 1-1　典型微控制器内核简介

内核系列	推出公司	内核结构	简单描述
51	Intel	CISC 哈佛结构	8 位字长,常用于简单的检测与控制应用领域,最早被称为单片机。其价格低,应用资料全,开发工具便宜,开发周期短,开发成本低,因此被广泛应用到各个行业。随着 1T(单周期)改进型 51 内核的推出,加上许多器件厂家增加了自己的特色组件之后,51 系列仍在生产和使用
AVR	Atmel	RISC 哈佛结构	8 位、16 位和 32 位三类字长的微控制器内核,以适应不同应用层次的要求。AVR 主要特点是高性能、高速度、低功耗
PIC	Microchip	RISC 哈佛结构	8 位、16 位和 32 位三类不同字长的 RISC 微控制器内核,以适应不同应用层次的要求。基于 PIC 内核的芯片非常多,每个领域都有多款 PIC 芯片,主要针对工业控制应用领域,应用最广的是电机控制、汽车电子等抗干扰要求比较高的场合。PIC 的主要优势在于针对性强,特别是抗干扰能力强
MSP430	TI	RISC 冯氏结构	16 位字长的微控制器内核,广泛应用于手持设备嵌入式系统中,以超低功耗著称全球
MC68HC08	Motorola/Freescale	CISC 哈佛结构	8 位字长的微控制器内核,性能优势明显,主要在抗干扰要求高的嵌入式控制应用领域
ARM	ARM	RISC 多数为哈佛结构	32 位字长的嵌入式处理器内核,是目前嵌入式处理器的领跑者,是最具优势的嵌入式处理器内核。从低端到高端,应用非常广泛,是全球应用最广、知名度最高、使用厂家最多的嵌入式处理器内核。尤其是 Cortex - M 和 Cortex - R 系列,更具高性价比

表 1-2 是不同内核嵌入式微控制器性能的比较。其中,ARM 内核是性能最优的。ARM Cortex - M 系列内核嵌入式微控制器具有最高性价比,已广泛应用于各个应用领域,必将成为主流嵌入式微控制器。

表 1-2　不同内核嵌入式微控制器性能比较

性能 ＼ 内核	51 内核	其他 8 位内核	16 位内核	其他 32 位内核	Cortex - M 内核
处理速度	差	差	一般	好	好
能耗	低	低	较低	高	低
代码密度	低	低	一般	低	高
内存>64 KB	容量小	容量小	容量较小	容量大	容量大
向量中断	好	好	好	一般	好
中断延时	少	少	较少	较多	很少
成本	低	低	较低	高	低
供货源	好	差	差	差	好
编译器选择	好	一般	一般	一般	好
软件可移植性	好	一般	一般	一般	好

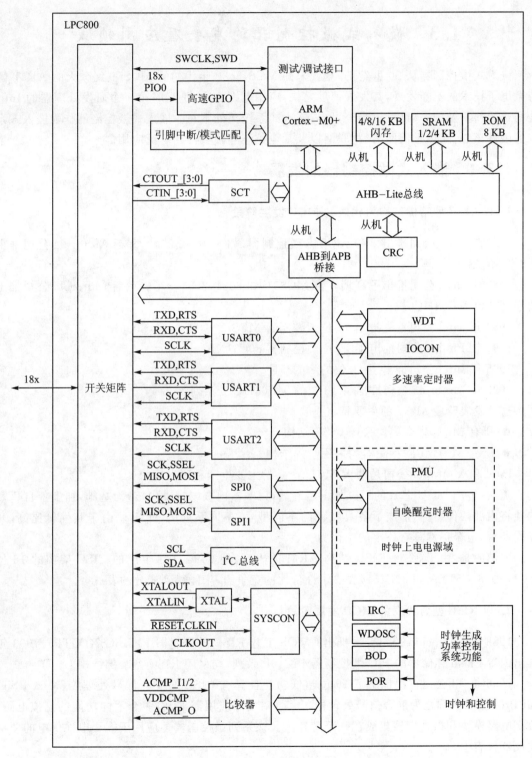

图 1－11　典型 ARM 微控制器 LPC800 内部组成

1.3 嵌入式微控制器的发展及应用领域

嵌入式微控制器从 20 世纪 70 年代末的 MCS48、80 年代初的 MCS51 到今天的 ARM,随着微电子技术的不断发展,其发展速度之快,应用范围之广,是当时第一个研发处理器的 Intel 公司也始料不及的。可以说,当今世界,嵌入式系统无处不在。嵌入式微控制器作为嵌入式系统的硬件核心,在传感器网络、物联网以及工业控制等领域得到广泛应用。

1.3.1 嵌入式微控制器的发展

1. 以 CISC 型哈佛结构为代表的 MCU 发展阶段

1976 年 Intel 公司推出 8 位 MCS48 微控制器,如 8048 和 8748,稍后 Motorola 公司推出了 8 位 MC6805。

1980 年 Intel 公司推出了高档 8 位 MCS51,如 8031,8051,8751,稍后 Motorola 公司推出增强型 8 位 MC68HC011。

1983 年 Intel 公司首先推出 16 位微控制器 MCS-96,如 8096,8098。

1994 年 Philips 公司推出了 16 位微控制器 80C51XA。

1995 年 Intel 公司推出了 16 位的 80C251。

1996 年 Motorola 公司推出了 16 位的 MC68HC12 系列。

这一发展阶段 MCU 的主要特点是:

● 所有 MCU 指令集均采用 CISC 结构;

● 所有 MCU 访问存储器均采用哈佛结构。

Intel 和 Motorola 公司是两大 MCU 产品的主要生产和研发厂家。

随后,生产 MCU 芯片的厂家如雨后春笋,以基本内核(如 51 内核)为基础,加上各自厂家的独特内部硬件组件,形成了各具特色的不同型号、不同系列的 MCU。由于其性价比高,开发周期短,至今仍然具有一定的生命力。

遗憾的是,由于 32 位 RISC 结构 ARM 的出现,使 8096 之后生产的 CISC 架构的 16 位 MCU(如 80C51XA 和 80C251)失去了性价比的竞争力,未能得到充分的发展。

2. 以 RISC 型为代表的 MCU 发展阶段

1988 年 Microchip 公司首次推出 CMOS 工艺 RISC 微控制器 PIC16C5X(OTP),1993 年推出内置 Flash 存储器的 PIC 微控制器 PIC16F 系列,均采用 RISC 型哈佛结构。

1996 年 TI 公司首次推出了 16 位超低功耗且具有 RISC 的混合信号处理器(Mixed Signal Processor),称之为混合信号处理器。其针对实际应用需求,将多个不同功能的模拟电路、数字电路模块和微处理器集成在一个芯片上。该系列微控制器多应用于需要电池供电的便携式仪器仪表中。

1997 年 Atmel 公司推出了第一款 RISC 架构的 8 位 AVR 微控制器,此后不断改进性能,推出了若干系列 AVR 微控制器,典型的有 ATmega 系列 8 位 AVR、ATxmega 系列 8/16 位 AVR、以 UC3 系列为代表的 32 位 AVR,均已被应用到不同场合。

1991 年成立的英国 ARM 公司,从 2000 年之后以出售 IP(知识产权)核为经营策略,打开了嵌入式应用的绝对正确道路,使其内核在全球占有率与日俱增。全世界有几十家大的半导体公司上百个合作伙伴都使用 ARM 公司的授权,这些厂家结合自身特点,加入不同内置组件后生产出不同系列,可满足不同要求的 ARM 芯片,使嵌入式微控制器得到了空前的发展和应用。这一策略既让 ARM 技术获得了更多的第三方工具、制造、软件的支持,又降低了整个系统价格,使产品更容易进入市场被消费者所接受,更具有竞争力。

ARM 微控制器的典型代表是 RISC 指令集、冯·诺依曼结构、低功耗、高性价比的 ARM Cortex - M0/M0＋/M1,以及采用哈佛结构的低功耗、高性能的 Cortex - M3/M4/R4/R5/R7 等。由于 ARM 先进的架构、高性能、低功耗、低成本以及 Thumb/Thumb - 2 指令集,所以比其他任何 RISC 架构的处理器有更大密度的代码占用率,使之在节约存储空间、降低生产成本方面具有较大优势。

由于这一阶段 MCU 采用精简指令集 RISC 结构,所以大大提高了时钟频率和性能。MCU 进入 RISC 时代。

这一阶段的 MCU 突破了 CMOS 生产模拟器件的工艺难关,使得数字和模拟混合电路使用一致的 CMOS 工艺来生产 MCU,大量著名模拟器件生产厂家加入生产混合信号的 MCU 行列,极大地丰富了片上集成的外围器件和 I/O 的种类。

此外,TI 公司的著名 DSP 除了继续发展高端产品外,开始将定点运算的 DSP 加入生产,融入 DSP 核的双核 MCU 的行列,以满足多媒体和网络的需要。

像 ARM 这样专门出售 32 位处理器 IP 核的专业公司,专注于追求高性能、低功耗和低成本,特别适合于必须电池供电、价格又敏感的高性能消费类产品。

模拟器件公司(如 Microchip、ADI 等)、DSP 器件公司(如 TI)和专业处理器 IP 核公司(如 ARM)三足鼎立,撑起了 RISC 结构 32 位 MCU 产品的天空。

3. 以 IP 为核心的 SoC 和 PSoC 的发展阶段

(1) SoC

20 世纪 90 年代中期,在使用 ASIC(Application Specific Integrated Circuits)做出芯片组(如 PC 主板芯片组中的南桥芯片 IOH 和北桥芯片 MCH)的启发下,萌生出使用各种不同的功能模块,在一个芯片上一次性地集成完整的嵌入式应用系统,即系统级芯片的设想。这种芯片称为 SoC(System on Chip),即片上系统。

一般来说,SoC 应由可设计重用的 VLSI 级 IP 核组成,应具有 MPU、DSP、MCU 或其复合的核,如 MCU＋DSP。SoC 是软硬件协同设计的产物,IP 核应具有复杂系统的部分独立功能,并可交易。IP 核一般应采用深亚微米以上工艺技术制成,因此,IP 核 SoC 是高效生成专用复杂功能应用系统的利器。

SoC 一定是针对某个具体应用的片上系统,如 TI 公司推出多相智能电表的完全整合式片上系统 SoC 基于 MSP430 内核的 MSP430F677x,还有许多手机专用 SoC,如 X125,RDX8206,SC6800 等。基于 ARM720T 内核的 EP7312 就是专用于数字音频接口的专用 SoC,支持 WINCE 嵌入式操作系统。

(2) PSoC

PSoC(Programmable System on Chip)或 SoPC(System on a Programmable Chip),即可

编程片上系统或片上可编程系统,与 SoC 相比,它有丰富的可编程资源,有可编程模拟电路,有 FPGA 编程接口。

PSoC 是一种可编程化的混合信号阵列架构,由一个芯片内建的微控制器(MCU)控制,整合可组态的模拟和数字电路,内含 UART、定时器、放大器(Amplifier)、比较器、模/数转换器(ADC)、脉波宽度调变(PWM)、滤波器(Filter),以及 SPI、GPIO、I²C 等组件数十种,有助于用户节省研发时间。

Actel、Altera、Atmel、Xilinx、Lattice 以及 Cypress 公司皆推出了 PSoC 产品。实现 PSoC 有两种方法:一种是利用 FPGA/CPLD;另一种是在 ASIC 中加入可编程模组。

Actel 与 ARM 公司合作针对 FPGA 上的实现,开发出一个优化的处理器 IP 核。这就是 32 位 ARM Cortex - M1。ARM Cortex - M1 可以在 Actel 公司的非易失性闪存 FPGA 型可编程系统芯片 FusionPSC 和 ProASIC 上运行,并且用户无需与 Actel 公司签约,也无需交纳授权费用和版税,从而将 ARM 处理器扩展到小批量应用领域。那些想扩展到超大批量应用的设计,因为 32 位 Cortex - M1 处理器核可执行业界标准的 Thumb 指令集,并且兼容于 Cortex - M3 处理器核,从而可轻松地转向 ASIC 设计。Cortex - M1 处理器核符合业界标准,故其产品的开发可以使用现有的开发工具,代码可重复使用,有助于节约成本,降低开发风险,加速产品上市。

Altera 公司支持 SoPC 的 FPGA 芯片,有 Cyclone 系列、Cyclone II 系列、Cyclone III 系列、Stratix 系列、Stratix II 系列、Stratix III 系列等。

Cypress 公司的 PSoC 产品主要有 PSoC 1、PSoC 3、PSoC 5 以及 PSoC 5LP。

- PSoC 1 是世界上第一个嵌入式可编程片上系统芯片,集成了可配置的模拟和数字逻辑电路、存储器,片上集成了 8 位 MCU 处理器内核。
- PSoC 3 除集成了可配置的模拟和数字逻辑电路、存储器等外,片上还集成了 8 位单周期 8051 内核,在超低功耗、宽电压范围工作。
- PSoC 5 除集成了可配置的模拟和数字逻辑电路、存储器等外,片上还集成了 ARM Cortex - M3 内核、编程 PLD、20 位分辨率的高精度模拟信号及其他片上资源。
- PSoC 5LP 是低功耗、以 ARM Cortex - M3 为内核的可编程片上系统,提供了高精度可配置的模拟和数字逻辑电路及其他可配置的可编程资源,并支持 80 个段的 LCD 显示驱动。如 CY8C58LP 系列就是 PSoC 5LP 的典型代表。

4. 嵌入式微控制器的发展趋势

嵌入式微控制器随着微电子技术的发展而不断发展,总的发展趋势是:微控制器芯片集成度和代码密度越来越高,性能越来越好,功耗和成本越来越低,内置硬件组件资源及接口越来越丰富,特色组件越来越鲜明,调试手段越来越方便,用起来越来越省事,外部总线方式越来越淡化,串行方式越来越成为主流,并行扩展技术将被削弱,多核技术将越来越被重视(ARM+ARM,ARM+DSP,ARM+FPGA+DSP),通信接口越来越适应控制需求,以太网接口、CAN 总线、RS - 485 将成为基本通信接口,多微控制器协同工作越来越重要,物联网特征越来越明显,ARM Cortex - M 系列将成为 EMCU 的主流内核,SoC 和 PSoC 越来越受重视,SoC 和 PSoC 芯片超级小型化要求越来越高。

1.3.2　嵌入式微控制器的应用领域

嵌入式微控制器的应用十分广泛,可应用于工业、航空航天、国防军事、消费电子、智能家居、物联网等应用领域,涉及军事、工业、农业、生产和生活的方方面面,如图 1-12 所示。

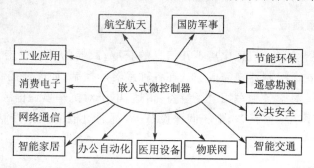

图 1-12　嵌入式微控制器的应用领域

嵌入式微控制器具体应用领域大致可分为以下几个方面:

1. 航空航天应用领域

现代航天器中,包括导航控制、巡航控制、太阳能电池板展开与收缩控制、智能电源、目标跟踪、通信系统、对接技术、火箭发射控制系统、飞船返回控制系统、航天服控制系统、卫星跟踪与测控系统、三级火箭分离控制系统、航天器软着陆控制系统等均需要微控制器的精确控制。实际上,这些控制子系统均是以嵌入式微控制器为核心的嵌入式系统。

2. 工业应用领域

(1) 智能仪器仪表中的应用

测试仪表和医疗仪器以数字化、智能化、高精度、小体积、低成本、便于增加显示报警和自诊断功能为特征,是嵌入式微控制器所具备的。微控制器以其体积小、功耗低、控制功能强、扩展灵活、微型化和使用方便等优点,广泛应用于现代智能仪器仪表中。

(2) 工业自动化中的应用

工业生产过程控制、数据采集和测量与控制技术、机器人技术、机电一体化技术等,使用嵌入式微控制器可以构成形式多样的嵌入式控制系统、数据采集系统及自动控制系统。

(3) 工业控制设备中的应用

以嵌入式微控制器为核心的嵌入式系统嵌入到工业控制设备中,具有可独立控制和联网控制的功能,实现设备的远程无人值守。

(4) 汽车电子中的应用

嵌入式微控制器在现代汽车电子领域起到非常关键的作用,汽车电子中的 ECU(电子电气控制单元)实际上是专门为汽车电子控制各分系统设计的专用 MCU,一个汽车电子控制系统有多个 ECU,分别对点火控制子系统、前车门控制子系统、后车门控制子系统、座椅控制子系统、后视镜控制子系统、雨刷器控制子系统、自动巡航子系统、音响控制子系统、刹车控制子系统等进行分别控制,均需要嵌入式微控制器的参与,各子系统之间通过相互通信接口和总线构成完整的汽车控制系统。

（5）机器人领域的应用

嵌入式微控制器构建的嵌入式应用系统在机器人控制领域起到核心控制作用，机器人感知信息的获取、机器人各关节的操作只有通过微控制器的精确控制，才能完成预定的控制功能，以满足智能机器人所需的各项要求。

3. 国防军事应用领域

现代战争是信息化战争，信息化离不开信息的获取；武器的精确打击，靠的是精准的控制技术，这都需要嵌入式微控制器来完成。现在各种武器的控制，如火炮控制、导弹控制、智能炸弹制导引爆装置等，陆海空各种军用电子装备，雷达、电子对抗军事通信装备，野战指挥作战用各种专用设备，以及军事侦察设备、电子间谍设备等，都通过嵌入式微控制器组成的嵌入式系统实现。

4. 消费电子应用领域

（1）家用电器中的应用

现代的家用电器均内置嵌入式微控制器，如冰箱、洗衣机、空调机、微波炉、电视机、音像设备、电视机机顶盒等，都是典型的以微控制器为核心的嵌入式系统。微控制器以控制功能强、适应性好、开发方便、体积小、价格适中等优点在家用电器中得到了极其广泛的应用。

（2）智能玩具中的应用

现代电子玩具内部均有一个可以智能控制的微控制器，如遥控飞机模型、遥控汽车模型、玩具机器人、玩具机器猫、玩具机器狗，均是典型的嵌入式应用系统。

（3）POS 机中的应用

商场中的 POS 机、自动取款机等均是一个典型的以微控制器为核心的嵌入式应用系统，其账号管理、资金扣除和结算均在微控制器的控制下通过网络协议完成交易。

5. 计算机网络通信应用领域

（1）传感器网络

在传感器网络中，各传感器节点均有微控制器负责信息的采集与简单处理和通信。

（2）物联网

在物联网应用领域，微控制器在感知层的信息获取、网络层的数据传输等环节起着不可替代的作用。

（3）网络设备

由微控制器构成的网络设备（如有线和无线网关、路由器、交换机等）均有嵌入式微控制器的影子。

（4）各种智能通信接口

由微控制器构建的各种智能化通信接口应用在网络通信的各个方面。

6. 智能家居应用领域

微控制器控制的各种智能家电，通过以微控制器为核心的网关及网络设备，即可用手机（或其他手持设备）或用无线（或无线网络）来远程控制家电。包括由以微控制器为核心的嵌入式系统构成的安全保卫监控系统、防盗报警系统、空调系统、照明系统、环境测量系统等,均可通过互联网进行定时控制或实时控制。

7. 办公自动化应用领域

办公自动化中计算机的键盘、打印机、磁盘驱动器、传真机、复印机、电话机、考勤机等均需要现代微控制器的参与。

8. 医用设备应用领域

医用呼吸机、各种分析仪、电子监护仪、超声诊断设备、病床呼叫系统、电子血压计等都是由嵌入式微控制器控制的,其结构简单,使用方便,实现模块化,可靠性高,处理功能强,速度快。

9. 智能交通应用领域

智能交通系统(ITS)主要由交通信息采集、交通状况监视、交通控制、信息发布和通信五大子系统组成。各种信息都是 ITS 的运行基础,而以嵌入式微控制器为主的交通管理嵌入式系统就像人体内的神经系统一样,在 ITS 中起着至关重要的作用。嵌入式微控制器应用在测速雷达(返回数字式速度值)、运输车队遥控指挥系统、车辆导航系统等方面,能对交通数据进行获取、存储、管理、传输、分析和显示,为交通管理者或决策者提供交通现状以进行决策和研究。

10. 公共安全应用领域

公共场合的照明、信号灯控制、应急转移设施的自动控制、灾害预警、人脸识别和其他身份识别、消防自动报警系统等,均由微控制器构建的嵌入式系统来完成。

11. 遥感勘测应用领域

大地勘测、森林、海洋、地震等气候及相关参量的勘测,均需要由微控制器来完成。

12. 节能环保应用领域

许多节能产品离不开功耗的检测,比如:光照度达到一定值就可以自动关闭路灯;室内温度在一定范围内就可自动关闭空调;大气环境的检测;水和空气污染检测(如检测 PM2.5);环境超限报警以上传等,均由微控制器完成。

本章习题

一、选择题

1. 关于嵌入式系统的说法,错误的是(　　　)。

  A. 它是嵌入式计算机系统的简称

  B. 它是嵌入到对象体系中的专用计算机系统

  C. 它具有嵌入式、专用性及计算机系统三个基本要素

D. 它是用于特定场合的通用计算机系统

2. 关于嵌入式系统的硬件组成,以下说法正确的是(　　　)。

　　A. 嵌入式处理器内部通常有内置存储器

　　B. 嵌入式计算机包括嵌入式处理器和外部设备

　　C. 存储器是嵌入式硬件的核心

　　D. 嵌入式系统硬件不包括输入/输出接口

3. 关于微控制器结构说法正确的是(　　　)。

　　A. 微控制器按指令集可分为冯·诺依曼结构和哈佛结构

　　B. 微控制器均采用 CISC 结构

　　C. 51 系列不属于微控制器

　　D. ARM Cortex – M 微控制器采用 RISC 结构

4. ARM Cortex – M 微控制器与其他微控制器相比,以下说法错误的是(　　　)。

　　A. ARM Cortex – M 代码密度大

　　B. ARM Cortex – M 功能低

　　C. ARM Cortex – M 处理速度更快

　　D. ARM Cortex – M 成本高

二、填空题

1. ARM 英文全称为_____。

2. 嵌入式处理器包括嵌入式微处理器、_____、嵌入式 DSP 以及片上系统。

3. 按照指令集结构,可以把嵌入式微控制器分为_____结构和_____结构;按照存储机制,又可以分为_____结构_____和_____结构。

4. ARM Cortex – M0 采用的存储结构为_____,ARM Cortex – M3 采用的存储结构为_____。

三、简述嵌入式微控制器的应用领域。

第 2 章　ARM 嵌入式微控制器

由第 1 章知道,嵌入式系统的硬件核心是嵌入式处理器,而嵌入式微控制器是嵌入式处理器的一种形式,且应用最为广泛。本章首先介绍 ARM 嵌入式处理器的结构特点及典型嵌入式微控制器,然后以目前广泛使用的 ARM 系列处理器为例,详细介绍其体系结构。

2.1　ARM 处理器体系结构

2.1.1　ARM 处理器的主要特点

ARM 内核与其他微控制器内核相比,主要特点是:耗电少,功能强,成本低,16 位 Thumb 与 32 位 Thumb - 2 双指令集并存,具有非常众多的合作伙伴,使用面广泛。这些都是其他处理器所不及的。

ARM 结构的主要特点:采用 RISC 结构,16 位/32 位指令集,多处理器状态模式,采用先进的片内 AMBA 总线技术以灵活、方便连接组件,低功耗设计技术等。

由于 ARM 采用 RISC 结构,因此其结构上的技术特征大多属于 RISC 技术特征。结合 ARM 自身的特点,其具有的技术特征如下:

(1)单周期操作

ARM 指令系统中的指令只需要执行简单而基本的操作,因此其执行过程在一个机器周期内完成。

(2)采用加载/存储指令访问内存

由于需要访问存储器的指令执行时间较长(通过总线对外部访问),因此只采用加载和存储两种指令对存储器进行读和写的操作。所有需要运算部件进行处理的操作数都必须经过加载指令和存储指令,从存储器取出后预先存放在寄存器内,以加快指令的执行速度。

(3)固定的 32 位长度指令(在 16 位代码的 Thumb 工作状态除外)

指令格式固定为 32 位长度,这样可以使指令译码结构简单,效率提高。

(4)三地址指令格式

采用三地址指令格式、较多寄存器和对称的指令格式便于编译器生成优化的代码。

(5)指令流水线技术

ARM 采用多级流水线技术,以提高指令执行的效率,不同的 ARM 内核版本和型号其指令流水线级数不同。如 ARM7 采用冯·诺依曼结构的 3 级指令流水线,ARM9 采用哈佛结构的 5 级指令流水线,ARM10 采用哈佛结构的 6 级指令流水线,ARM11 采用哈佛结构的 8 级指令流水线,Cortex - M0/M1/M3 采用 3 级流水线,Cortex - R4 采用 8 级流水线。

2.1.2　ARM 处理器内核版本

ARM 内核是目前嵌入式技术领域发展最快、技术最先进、应用最广泛的内核之一。ARM 内核存在若干不同的版本,不同版本内核的性能和结构都有较大差别。本章仅以 ARM 内核为背景介绍相关内容。

ARM 处理器采用 RISC 结构设计,使用标准的、固定长度的 32 位指令格式(Thumb 及 Thumb-2 除外),所有 ARM 指令都使用 4 位的条件编码来决定指令是否执行,以解决指令执行的条件判断。

ARM 体系结构自诞生以来,已经发生了很大的演变,至今已定义了 8 种不同的版本。不同的 ARM 内核采用的结构版本不完全相同,如表 2-1 所列。ARMv1~ARMv7 为 32 位架构,而 2012 年底推出的 ARMv8,如 Cortex-A50 系列,为 64 位架构,支持 64 位数据操作和 64 位物理地址。

表 2-1　ARM 内核采用的体系结构版本

ARM 内核名称		体系结构
ARM1		ARMv1
ARM2		ARMv2
ARM2AS,ARM3		ARMv2a
ARM6,ARM600,ARM610,ARM7,ARM700,ARM710		ARMv3
Strong ARM,ARM8,ARM810		ARMv4
ARM7TDMI,ARM710T,ARM720T,ARM740T,ARM9TDMI,ARM920T,ARM940T		ARMv4T
ARM9E-S		ARMv5
ARM10TDMI,ARM1020E,XScale		ARMv5TE
ARM11,ARM1156T2-S,ARM1156T2F-S,ARM1176JZ-S		ARMv6
Cortex-M	Cortex-M0,Cortex-M0+,Cortex-M1	ARMv6-M
	Cortex-M3,Cortex-M4	ARMv7-M
Cortex-R 系列,如 Cortex-R4/R5/R7		ARMv7-R
Cortex-A 系列,如 Cortex-A5/A7/A8/A9/A15		ARMv7-A
Cortex-A50 系列,如 Cortex-A53/A57		ARMv8-A

2.1.3　ARM 处理器内核分类

以 ARM7~ARM11 为内核的系列处理器称为经典 ARM 处理器;以 Cortex-M(Microcontroller)为内核的系列处理器称为 ARM Cortex 嵌入式处理器;以 Cortex-R(Real Time)为内核的系列处理器称为 ARM Cortex 实时嵌入式处理器;分别以 Cortex-A(Application)和 64 位的 Cortex-A50 为内核的系列处理器称为 ARM Cortex 应用处理器;专门用于智能卡安全应用领域的处理器称为 ARM 专家处理器(Secur Core Processors)。ARM 处理器内核应用分类如图 2-1 所示。通常,ARM Cortex-M 和 Cortex-R 统称为嵌入式处理器,并且这一类芯片通常被称为嵌入式微控制器。

目前,高端嵌入式应用可使用 Cortex-A 系列的应用处理器,低端面向控制领域可使用 Cortex-M 系列嵌入式微控制器。

低端市场的 Cortex-M0+是目前全球功耗最低、效率最高的微控制器,Cortex-M0+促成了智能低功耗微控制器的面市,并为物联网中大量无线设备提供了高效连接、管理和维护的支持。

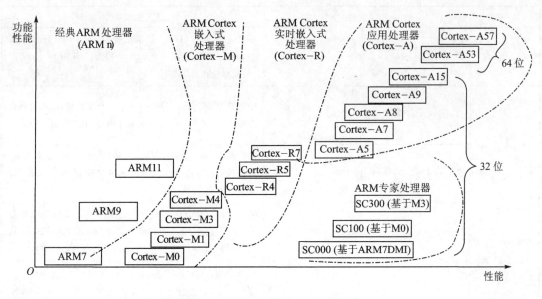

图 2 - 1　ARM 处理器内核应用分类

ARM 处理器内核系列及主要性能特点如表 2 - 2 所列。

表 2 - 2　ARM 处理器内核系列及主要性能特点

系　列	相应内核	主要性能特点
ARM7	ARM7TDMI, ARM7TDMI - S, ARM720T, ARM7EJ	冯·诺依曼结构, 3 级流水线, 无 MMU
ARM9	ARM920T, ARM922T	哈佛结构, 5 级流水线, 单 32 位 AMBA 接口, 有 MMU
ARM9E	ARM926EJ - S, ARM946E - S, ARM966E - S, ARM968E - S, ARM996HS	哈佛结构, 5 级流水线, 支持 DSP 指令, 软核 (soft IP)
ARM10	ARM1020E, ARM1022E, ARM1026EJ -	哈佛结构, 6 级流水线, 分支预测, DSP 指令, 高性能浮点操作, 双 64 位总线接口, 内部 64 位数据通路
ARM11	ARM11MPCore, ARM1136J(F) - S	哈佛结构, 8 级流水线, 分支预测和返回栈, 支持 DSP、SIMD/Thumb - 2 核心技术
	ARM1156T2(F) - S, ARM1176JZ(F) - S	哈佛结构, 9 级流水线, 分支预测和返回栈, 支持 DSP、SIMD/Thumb - 2 核心技术
Cortex - M	Cortex - M0, Cortex - M0＋	冯·诺依曼结构, 3 级流水线, Thumb 指令集, 并包含 Thumb - 2, 嵌套向量中断, Cortex - M0＋内部有 MPU, Cortex - M0 没有
	Cortex - M1	冯·诺依曼结构, 3 级流水线, 支持 FPGA 设计, Thumb 指令集, 并包含 Thumb - 2
	Cortex - M3	哈佛结构, 3 级流水线, Thumb - 2 指令集, 嵌套向量中断, 分支指令预测, 内置 MPU
	Cortex - M4	哈佛结构, 3 级流水线, Thumb - 2 指令集, 嵌套向量中断, 分支指令预测, 内置 MPU, 高效信号处理, SIMD 指令, 饱和运算, FPU

系　列	相应内核	主要性能特点
Cortex - R	Cortex - R4/R4F/R5/R7	实时应用,哈佛结构,8 级流水线,支持 ARM、Thumb 和 Thumb - 2 指令集,F 表示内置 FPU,DSP 扩展,分支预测、超标量执行,MPU
Cortex - A	Cortex - A5,Cortex - A5 MPCore	哈佛结构,MPCore 多核(1~4 核),分支预测,顺序执行指令流水线,支持 ARM、Thumb/ThumbEE 指令集,MMU
	Cortex - A7,Cortex - A7 MPCore	哈佛结构,MPCore 多核(1~4 核)直接和间接分支预测,顺序执行指令流水线,支持 ARM、Thumb/ThumbEE 指令集,L1,L2,MMU
	Cortex - A8,Cortex - A8 MPCore	哈佛结构,MPCore 多核,超标量结构,13 级流水线,动态分支指令预测,分支目标缓冲器 BTB,MMU,FPU,L1,L2,支持 ARM、Thumb/ThumbEE 指令集,SIMD
	Cortex - A9,Cortex - A9 MPCore	哈佛结构,MPCore 多核,超标量,可变长度,乱序执行指令流水线,动态分支指令预测,分支目标缓冲器 BTB,MMU,FPU,L1,L2,支持 ARM、Thumb/ThumbEE 指令集,SIMD,SIMD2,Jazelle RCT 技术
	Cortex - A15,Cortex - A15 MPCore	哈佛结构,MPCore 多核,超标量,可变长度,乱序执行指令流水线,动态分支指令预测,分支目标缓冲器 BTB,MMU,FPU,32 KB 一级 Cache,4 路相关二级 Cache,共享 L2 从 512 KB 到 4 MB,支持 ARM、Thumb/ThumbEE 指令集,SIMD,SIMD2,SIMD2,Jazelle RCT 技术
Cortex - A50	Cortex - A53/A57	哈佛结构,64 位处理器,8 级流水线

2.1.4　ARM 的工作状态及工作模式

1. ARM 处理器工作状态及其切换

在 ARM 体系结构中,它可以工作在三种不同的状态,即 ARM 状态、Thumb 状态(包括 Thumb - 2 状态)及调试状态。除支持 Thumb - 2 的 ARM 处理器外,其他所有 ARM 处理器都可以工作在 ARM 状态。ARM7TDMI 之后的 ARM 处理器具有 Thumb 状态,采用 ARMv7 版本的新型 ARM 处理器,如 Cortex 可以工作在 Thumb - 2 状态。

（1）ARM 状态

ARM 状态是 ARM 处理器工作于 32 位指令的状态,即 32 位状态,所有指令均为 32 位宽度。

（2）Thumb 状态

Thumb 状态是 ARM 执行 16 位指令的状态,即 16 位状态。在 Thumb 模式下,指令代码只有 16 位,使代码密度变大,占用内存空间减小,提供比 32 位程序代码更佳的效能。

但在有些情况下,如异常处理时,必须执行 ARM 状态下的 ARM 指令。如果原来工作于

Thumb 状态,则必须将其切换到 ARM 状态。

Thumb-2 状态是 ARMv7 版本的 ARM 处理器所具有的新状态。新的 Thumb-2 内核技术兼有 16 位及 32 位指令长度,实现了性能更高、功耗更低以及占用内存更少的目标。

Thumb-2 内核技术以先进的 ARM Thumb 代码压缩技术为基础,延续了超高的代码压缩性能,并可与现有的 ARM 技术方案完全兼容,同时提高了压缩代码的性能和功耗利用率。

还有一种 ThumbEE(Thumb Execution Environment)状态,也称为 Thumb-2EE 状态。它采用 Jazelle RCT(Runtime Compiler Target)技术,首先在 Cortex-A8 处理器上采用。ThumbEE 对 Thumb-2 进行了一些扩充,使得它特别适于在运行阶段生成代码(所谓的即编译)。Thumb-2EE 是专为 Java、C♯等语言设计的,编译器能够输出更小的程序代码而不会影响其运行性能。

值得注意的是,经典 ARM 处理器复位后开始执行代码时总是只处于 ARM 状态,如果需要,则可通过下面的方法切换到 Thumb 或 Thumb-2 状态。而 ARM Cortex-M 系列处理器复位后直接进入 Thumb 状态,不支持 ARM 状态。

(3) 调试状态

处理器停机调试时进入调试状态。

经典 ARM 具有 ARM 状态、Thumb 状态及调试状态,而 ARM Cortex-M 只有 Thumb 状态和调试状态。Cortex-M 支持的 Thumb 状态,实际上是 Thumb-2 状态,包括所有 16 位和 32 位 Thumb-2 指令。

(4) ARM 与 Thumb 间的切换

对应具有 ARM 状态的处理器,可以在 ARM 状态与 Thumb 状态间进行相互切换,方法如下:

1) 由 ARM 状态切换到 Thumb 状态

通过 BX 指令,将操作数寄存器的最低位设置为 1,即可将 ARM 状态切换到 Thumb 状态。如果 R0=1,则执行"BX R0"指令将进入 Thumb 状态。

如果 Thumb 状态进入异常处理(异常处理要在 ARM 状态下进行),则当异常返回时,将自动切换到 Thumb 状态。

2) 由 Thumb 状态切换到 ARM 状态

通过 BX 指令,将操作数寄存器的最低位设置为 0,即可将 Thumb 状态切换到 ARM 状态。如果 R0=0,则执行"BX R0"指令将进入 ARM 状态。

当处理器进行异常处理时,则从异常向量地址开始执行,将自动进入 ARM 状态。

对于支持 Thumb-2 指令集的嵌入式处理器来说,由于 Thumb-2 具有 16 位和 32 位指令功能,因此有了 Thumb-2 就无需 Thumb 指令了。

2. ARM 处理器的工作模式

(1) 经典 ARM 处理器的工作模式

经典 ARM 处理器支持 7 种工作模式,取决于当前程序状态寄存器 CPSR 的低 5 位的值。这 7 种工作模式如表 2-3 所列。

表 2-3 ARM 处理器工作模式

工作模式	功能说明	可访问的寄存器	CPSR[M4:M0]
用户模式 USER	程序正常执行工作模式	PC,R14~R0,CPSR	10000
快速中断模式 FIQ	处理高速中断,用于高速数据传输或通道处理	PC,R14_fiq~R8_fiq, R7~R0,CPSR,SPSR_fiq	10001
外部中断模式 IRQ	用于普通中断处理	PC,R14_irq~R13_irq, R12~R0, CPSR,SPSR_irq	10010
管理模式 SVC	操作系统的保护模式,处理软中断 SWI	PC,R14_svc~R13_svc, R12~R0, CPSR,SPSR_svc	10011
中止模式 ABT	处理存储器故障,实现虚拟存储器和存储器保护	PC,R14_abt~R13_abt, R12~R0, CPSR,SPSR_abt	10111
未定义指令模式 UND	处理未定义的指令陷阱,用于支持硬件协处理器仿真	PC,R14_und~R13_und, R12~R0, CPSR,SPSR_und	11011
系统模式 SYS	运行特权级的操作系统任务	PC,R14~R0, CPSR	11111

ARM 处理器工作模式可以相互转换,但是有条件的。当处理器工作于用户模式时,除非发生异常,否则将不能改变工作模式。当发生异常时,处理器自动改变 CPSR[M4:M0]的值,进入相应的工作模式。例如,当发生 IRQ 外部中断时,CPSR[M4:M0]的值置为 10010,而自动进入外部中断模式;当处理器处于特权模式时,用指令向 CPSR[M4:M0]写入特定的值,以进入相应的工作模式。

(2)ARM Cortex-M 系列嵌入式处理器的编程模式及特权级

对于 ARM Cortex-M 系列嵌入式处理器,即微控制器,其工作模式有两种:线程模式(Thread mode)和处理模式(Handler mode)。

线程模式是执行普通代码的工作模式,而处理模式是处理异常中断的工作模式。

复位时系统自动进入线程模式,异常处理结束返回后也进入线程模式,特权和用户代码能在线程模式下运行。当出现异常中断时,处理器自动进入处理模式。在处理模式下,所有代码都是特权访问的。ARM Cortex 嵌入式处理器工作模式的转换如图 2-2 所示。

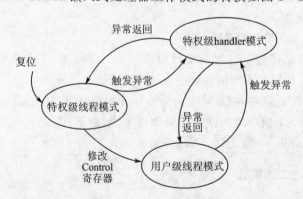

图 2-2 ARM Cortex 嵌入式处理器工作模式的转换

由图 2-2 可知,ARM Cortex-M 系列处理器在复位时自动进入特权级的线程模式,此时如果有异常发生,将自动进入特权级的处理模式,处理完异常中断后返回特权级线程模式继续向下执行程序。用户程序可以通过修改控制寄存器 Control 的最低位由 0 变 1,可以将特权级线程模式切换到用户级线程模式。在用户级线程模式下如果发生异常中断,则自动切换到特权级处理模式,处理完异常中断,再返回原来用户级线程模式被中止的下一条指令继续执行用户程序。

Cortex‐M 系列嵌入式处理器有两种特权(用户级和特权级),以提供对存储器的保护机制。当处理器在线程模式下运行主应用程序时,既可以使用特权级,也可以使用用户级;但在处理模式下执行中断服务程序时,必须在特权级下执行,在用户模式下无权执行中断服务程序。系统复位后自动进入线程模式,且具有特权级访问功能。在特权级下,程序可以访问整个存储器空间,并可以执行所有指令。

2.1.5　ARM 处理器寄存器组织

ARM 处理器在不同状态下寄存器组织略有区别,下面分别介绍 ARM 状态和 Thumb 状态下的寄存器组织。

1. ARM 状态下的寄存器组织

ARM 处理器共有 37 个寄存器,包括 31 个通用寄存器(含 PC)和 6 个状态寄存器。

工作于 ARM 状态下,在物理分配上,寄存器被安排成部分重叠的组,每种处理器工作模式使用不同的寄存器。不同模式下寄存器组如图 2‐3 所示。

模式 寄存器	用户模式	系统模式	管理模式	中止模式	未定义模式	外部中断模式	快速中断模式
通用寄存器	R0						
	R1						
	R2						
	R3						
	R4						
	R5						
	R6						
	R7						
	R8						R8_fiq
	R9						R9_fiq
	R10						R10_fiq
	R11						R11_fiq
	R12						R12_fiq
	R13(SP)	R13_svc	R13_abt	R13_und		R13_irq	R13_fiq
	R14(LR)	R14_svc	R14_abt	R14_und		R14_irq	R14_fiq
	程序计数器 R15(PC)						
状态寄存器	CPSR						
	无	SPSR_svc	SPSR_abt	SPSR_und		SPSR_irq	SPSR_fiq

图 2‐3　ARM 状态下的寄存器组织

从图 2‐3 中可以看出,ARM 处理器工作在不同模式时,使用的寄存器有所不同,但其共同点是:① 无论何种模式,R15 均作为 PC 使用;② CPSR 为当前程序状态寄存器;③ R7～R0为共用的通用寄存器。不同之处在于,高端 7 个通用寄存器和状态寄存器在不同模式下不同。

（1）通用寄存器

31 个通用寄存器中不分组的寄存器共 8 个（R0～R7）；R8～R12 共 2 组计 10 个寄存器；标有 fiq 的寄存器代表快速中断模式专用，与其他模式地址重叠但寄存器内容并不冲突；R13～R14除了用户模式和系统模式分别为 SP（Stack Pointer，堆栈指针）和 LR（Link Register，程序链接寄存器）之外，其他模式下均有自己独特的标记方式，是专门用于特定模式的寄存器，共 6 组计 12 个；加上作为 PC 的 R15，这样通用寄存器共 31 个。所有通用寄存器均为 32 位结构。

（2）程序状态寄存器

程序状态寄存器共 6 个，除了共用的当前程序状态寄存器 CPSR 外，还有分组的备份程序状态寄存器 SPSR（5 组共 5 个）。程序状态寄存器的格式如图 2-4 所示。

31	30	29	28	27	26 ... 8	7	6	5	4	3	2	1	0
N	Z	C	V	Q	状态保留	I	F	T	M4	M3	M2	M1	M0

图 2-4　程序状态寄存器格式

其中，5 个条件码标志位（N，Z，C，V，Q），8 个控制位（I，F，T，M4～M0）。

条件码标志位含义如下：

● N 为符号标志，N=1 表示运算结果为负数，N=0 表示运算结果为正数。

● Z 为全 0 标志，运算结果为 0，则 Z=1；否则 Z=0。

● C 为进借位标志，加法时有进位，C=1，否则 C=0；减法时有借位，C=0，无借位 C=1。

● V 为溢出标志，加减法运算结果有溢出 V=1，否则 V=0。

● Q 为增强的 DSP 运算指令是否溢出的标志，溢出时 Q=1，否则 Q=0。

控制位含义如下：

● I 为中断禁止控制位，I=1 表示禁止外部 IRQ 中断，I=0 表示允许 IRQ 中断。

● F 为禁止快速中断 FIQ 的控制位，F=1 表示禁止 FIQ 中断，F=0 表示允许 FIQ 中断。

● T 为 ARM 与 Thumb 指令切换，T=1 时执行 Thumb 指令，否则执行 ARM 指令。应注意的是，对于不具备 Thumb 指令的处理器，T=1 时表示强制下一条执行的指令产生未定义的指令中断。

● M4～M0 为模式选择位，确定处理器工作于何种模式，具体模式选择详见图 2-4 右方。

CPSR 状态寄存器可分为 4 个域：标志域 F（31:24）、状态域 S（23:16）、扩展域 X（15:8）和控制域 C（7:0）。使用单字节的传送操作可以单独访问这 4 个域中的任何一个，如 CPSR_C 和 CPSR_F。这样可以仅对这个域操作而不影响其他位。

2．Thumb/Thumb-2 状态下的寄存器组织

Thumb 状态下的寄存器组是 ARM 状态下寄存器组的子集，Thumb/Thumb-2 状态下的寄存器如图 2-5 所示。

高位寄存器 R8～R12 在 Thumb 状态下不可见，即不能直接作为通用寄存器使用，在 Thumb-2 下可以使用。也就是说，R8～R12 只有在 32 位指令状态下才可当通用寄存器使用。

通用寄存器	R0	低位寄存器组 （所有 ARM 处理器不同状态均可使用）		
	R1			
	R2			
	R3			
	R4			
	R5			
	R6			
	R7			
	R8	高位寄存器组 （16 位指令模式不能使用，仅提供给 32 位模式，如 Thumb 是不可见的， Thumb-2 可直接使用）		
	R9			
	R10			
	R11			
	R12			
堆栈指针	R13(SP)	PSP(进程堆栈指针)	MSP(主堆栈指针)	
链接寄存器	R14(LR)			
程序计数器	R15(PC)			
状态寄存器	xPSR（APSR，EPSR, IPSR）			

图 2-5　Thumb/Thumb-2 状态下的寄存器

　　R13 为堆栈指针。有两个堆栈指针，一个是主堆栈指针 MSP，另一个是进程堆栈指针 PSP。R14 为链接寄存器 LR，R15 为程序计数器 PC。

　　状态寄存器 PSR 包括 APSR（应用程序状态寄存器）、IPSR（中断程序状态寄存器）及 EPSR（执行程序状态寄存器）。

　　应用程序状态寄存器 APSR 的格式如图 2-6 所示。

Cortex-	31	30	29	28	27	26		8	7	6	5	4	3	2	1	0
M0/1	N	Z	C	V			保留位									
M3/4	N	Z	C	V	Q		保留位									

图 2-6　应用程序状态寄存器 APSR 的格式

　　中断程序状态寄存器 IPSR 的格式如图 2-7 所示。

Cortex-	31	...	9	8	7	6	5	4	3	2	1	0
M0/1	保留					当前异常编号（6 位编码，参见第 4 章）						
M3/4	保留		当前异常编号　（9 位编码，参见第 4 章）									

图 2-7　中断程序状态寄存器 IPSR 的格式

　　执行程序状态寄存器 EPSR 的格式如图 2-8 所示。

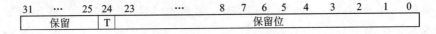

31	...	25	24	23	...	8	7	6	5	4	3	2	1	0
保留			T		保留位									

图 2-8　执行程序状态寄存器 EPSR 的格式

2.1.6　ARM 的存储器格式及数据类型

　　ARM 体系结构将存储器看作是从 0x00000000 地址开始的以字节为单位的线性阵列。每个字数据 32 位，占 4 个字节的地址空间，如从第 0 号单元到第 3 号单元放置第 1 个存储的字数据,从第 4 号单元到第 7 号单元放置第 2 个存储的字数据,依次排列。作为 32 位的处理器,ARM 体系结构所支持的最大寻址空间为 4 GB(2^{32}字节)。但具体的 ARM 芯片不一定提供最大的地址空间。

1. 两种存储字数据的格式

ARM 体系结构可以用两种方法存储字数据,分别为大端模式和小端模式。以下假设 4 字节(1 个字)中字节 1 为最低字节,字节 4 为最高字节。具体说明如下:

(1) 大端模式(big-endian)

在这种模式中,32 位字数据的高字节存储在低地址中,而字数据的低字节则存放在高地址中。这与 PC 机中存储器的信息存放格式正好相反,如图 2 - 9 所示。

	31~24	23~16	15~8	7~0	地址示例
高地址	数据字 D 字节 1	数据字 D 字节 2	数据字 D 字节 3	数据字 D 字节 4	0x3000100C
	数据字 C 字节 1	数据字 C 字节 2	数据字 C 字节 3	数据字 C 字节 4	0x30001008
	数据字 B 字节 1	数据字 B 字节 2	数据字 B 字节 3	数据字 B 字节 4	0x30001004
低地址	数据字 A 字节 1	数据字 A 字节 2	数据字 A 字节 3	数据字 A 字节 4	0x30001000

图 2 - 9 以大端模式存储字数据

例如,一个 32 位字 0x12345678,存放的起始地址为 0x30001000,则大端模式下 0x30001000 单元存放 0x12,0x30001001 单元存放 0x34,0x30001002 单元存放 0x56,而 0x30001003 单元存放 0x78。

(2) 小端模式(little-endian)

与大端模式存储数据完全不同,在小端模式下,32 位字数据的高字节存放在高地址,而低字节存放在低地址。这与 PC 机的存储器的信息存放格式相同,如图 2 - 10 所示。

	31~24	23~16	15~8	7~0	地址示例
高地址	数据字 D 字节 4	数据字 D 字节 3	数据字 D 字节 2	数据字 D 字节 1	0x3000100C
	数据字 C 字节 4	数据字 C 字节 3	数据字 C 字节 2	数据字 C 字节 1	0x30001008
	数据字 B 字节 4	数据字 B 字节 3	数据字 B 字节 2	数据字 B 字节 1	0x30001004
低地址	数据字 A 字节 4	数据字 A 字节 3	数据字 A 字节 2	数据字 A 字节 1	0x30001000

图 2 - 10 以小端模式存储字数据

小端模式与大端模式存储格式相反。在小端模式的存储格式中,低地址中存放的是字数据的低字节,高地址存放的是字数据的高字节。

例如,同样是一个 32 位字 0x12345678,存放的起始地址为 0x30001000,则小端模式下 0x30001000 单元存放 0x78,0x30001001 单元存放 0x56,0x30001002 单元存放 0x34,而 0x30001003 单元存放 0x12。

系统复位时一般自动默认为小端模式,与大家熟悉的 Intel 80X86 一致。

2. 存储器的数据类型

ARM 处理器中支持字节(8 位)、半字(16 位)、字(32 位)三种数据类型。其中字需要 4 字节对齐(地址的低 2 位为 0),半字需要 2 字节对齐(地址的最低位为 0)。其中每一种又支持有符号数和无符号数,因此认为共有 6 种数据类型。

ARM 处理器的指令长度可以是 32 位(在 ARM 状态下),也可以为 16 位(在 Thumb 状态下)。如果是 ARM 指令则必须固定长度,使用 32 位指令,且必须以字为边界对齐;如果使用 Thumb 指令,指令长度为 16 位,则必须以 2 字节为对齐。

必须指出的是,除了数据传送指令支持较短的字节和半字数据类型外,在 ARM 内部,所有操作都是面向 32 位操作数的。当指令从存储器中读出单字节或半字的操作数装入寄存器时,根据指令对数据的操作要求,会自动扩展其符号位使之成为 32 位操作数,进而作为 32 位数据在内部进行处理。

2.1.7　ARM 处理器中的 MMU 和 MPU

1. ARM 处理器中的 MMU

MMU(Memory Management Unit)即存储管理单元,是许多高性能处理器所必需的重要部件之一。基于 ARM 技术的系列微处理器中,ARM720T、ARM922T、ARM920T、ARM926EEJ-S、ARM10、ARM11、XScale 以及 Cortex-A 等系列内部均已集成了 MMU 部件。借助于 ARM 处理器中的 MMU 部件,能把系统中不同类型的存储器(如 Flash、SRAM、SDRAM、ROM、U 盘等)进行统一管理,通过地址映射,使需要运行在连续地址空间的软件可运行在不连续的物理存储器中,需要较大存储空间的软件可以运行在较小容量的物理存储器中。这就是所谓的虚拟存储器技术。使用虚拟存储器的另一个优点是,提供了对存储器的存取保护,在多任务系统中这些都是非常重要的。

(1) MMU 的功能

1) 虚拟地址到物理地址映射

ARM 中 MMU 功能可以被"禁止"或"使能"。当"使能"MMU 后,ARM 处理器产生的地址是虚拟地址。虚拟地址空间分成若干大小固定的块,称为页;物理地址空间也划分为同样大小的页(块的大小可以是 1 MB,也可以是 64 KB、4 KB 或 1 KB)。MMU 的功能就是进行虚拟地址到物理地址的转换,这需要通过查找页表来完成。页表是一张虚拟地址与物理地址的对应表,页表存储在内存储器中。在 ARM 系统中,使用协处理器 CP15 中的寄存器 C2 保存页表在内存中的起始地址(基地址)。

页表比较大,查找整个页表的过程虽然由硬件自动进行,但需要花费较多时间。为此可以把页表中小部分常用的内容复制在一张"快表"(Translation Look-aside Buffers,TLB)中。每次访问内存时,先查快表,查不到时(概率只有 1% 左右)再到内存中去查整个页表。快表的作用类似于 Cache,用 SRAM 可做在处理器中。通常在 ARM 中每个内存接口有一个 TLB,指令存储器和数据存储器分开的系统通常有分开的指令 TLB 和数据 TLB。

2) 存储器访问权限控制

存储器的访问权限可以以块(页)为单位进行设置,分为不可访问、只读、可读写等不同的权限。当访问具有不可访问权限的页时,会产生一个存储器异常的信号通知 ARM 处理器。

当然,存储器允许访问的权限级别也受到程序运行在用户状态还是特权状态的影响。

(2) 存储器访问的顺序

当执行加载/存储指令要访问存储器时,MMU 先查找 TLB 中的转换表。如果 TLB 中没有,则硬件会自动查找主存储器内的页表,找到的虚拟地址到物理地址的转换信息和访问权限信息就可以用来进行存储器的读写操作,同时把这些信息放入 TLB 中,供此后继续使用。如果在页表中也找不到转换信息,则产生中断,通知 OS 进行处理。

通常都可以从 TLB 中查到地址转换信息和访问权限信息。这些信息将被用于:

① 访问权限控制信息用来控制访问是否被允许。如果不允许,则 MMU 将向 ARM 处理器发送一个存储器异常信号,否则访问继续进行。

② 对没有高速缓存(指令 Cache 和数据 Cache)的系统,转换得到的物理地址将被用作访问主存储器的地址。对于有高速缓存的系统,先访问高速缓存,只有在高速缓存没有选中的情况下,才需要真正访问主存储器。

2. ARM 处理器中的 MPU

MPU(Memory Protection Unit)即存储器保护单元,是对存储器进行保护的可选组件。它提供了简单替代 MMU 的方法来管理存储器,这对于没有 MMU 的嵌入式系统而言,相当于简化了硬件设计和软件设计。没有 MMU 就不需要进行复杂的地址转换操作。

MPU 允许 ARM 处理器的 4 GB 地址空间定义 8 对域,分别控制 8 个指令和 8 个数据内存区域。每个域的首地址和界(或长度)均可编程。MPU 中一个区域就是一些属性值及其对应的一片内存。这些属性包括:起始地址、长度、读写权限以及缓存等。带 MPU 的 ARM 处理器使用不同的域来管理和控制指令内存和数据内存。

域和域可以重叠并且可以设置不同的优先级,域的起始地址必须是其大小的整数倍。另外,域的大小可以是 4 KB 到 4 GB 间任意一个 2 的指数,如 4 KB,8 KB,16 KB,…,4 GB。

2.2 ARM 指令流水线技术

指令流水线是 RISC 结构处理器共同的一个特点,ARM 处理器也不例外。不同的 ARM 内核其流水线级数不同。

2.2.1 指令流水线处理

指令流水线(pipeline)技术是 RISC 最重要的特点,在介绍指令流水线之前,先来了解一下微处理器执行指令的过程。

假设某微处理器以 5 个步骤完成一个指令的执行过程。整个指令执行过程如图 2-11 所示。

图 2-11 微处理器执行指令的过程

在没有设计指令流水线的微处理器中,一条指令必须要等前一条指令完成了这 5 个步骤之后,才能进入下一条指令的第一个步骤,如图 2-12 所示。

这样,如果是执行 6 条指令,对于没有指令流水线的微处理器而言,至少要花 $5 \times 6 = 30$ 个时间片的时间。

时间片	1	2	3	4	5	6	7	8	9	10	11	12
指令 1	取指	译码	取数	执指	回写							
指令 2						取指	译码	取数	执指	回写		

图 2-12 无指令流水线的微处理器执行指令的过程

然而在采用指令流水线的微处理器结构中,当指令 1 经过取指令(取指)后,在进入译码阶段的同时,指令 2 便可以进入取指阶段,即采取并行处理的方式,如图 2-13 所示。

时间片	1	2	3	4	5	6	7	8	9	10
指令 1	取指	译码	取数	执指	回写					
指令 2		取指	译码	取数	执指	回写				
指令 3			取指	译码	取数	执指	回写			
指令 4				取指	译码	取数	执指	回写		
指令 5					取指	译码	取数	执指	回写	
指令 6						取指	译码	取数	执指	回写

图 2-13 设计了指令流水线的微处理器内执行指令的过程

图中,把取指令简称为取指,执行指令称为执指。在理想的状况下,设计了指令流水的微处理器,其执行效率要远远高出没有采用指令流水线的微处理器。这里采用指令流水线技术在 10 个时间片内就可执行 6 条指令,而没有采用指令流水线技术在同样的时间段内只能执行 2 条指令。因此采用指令流水线技术将大大提高微处理器的运行效率,基于 ARM 结构的微处理器也都采用指令流水线技术。

2.2.2 ARM 的 3 级指令流水线

ARM7 及以前的版本,采用 3 级指令流水线,即取指、译码和执行,如图 2-14 所示。

ARM 的 3 级指令流水线要求必须有独立的硬件与每一级配套,不允许多级占用一个硬件资源,否则就无法并行流水工作。全部为单周期(一个机器周期执行一条指令)指令的 3 级流水线的操作如图 2-14 所示。从图中可以看出,在第 1 条指令译码时,第 2 条指令开始取指令;而在第 2 条指令执行时,第 3 条指令开始取指操作。每条指令需要 3 个时间片完成执行的操作。从宏观上看,取指、译码和执指的相关硬件是同时进行的。这样,如图 2-14 所示的 6 条指令仅需 8 个时间片完成;如果没有指令流水线,则需要 18 个时间片才能完成 6 条指令的执行。

时间片	1	2	3	4	5	6	7	8
指令 1	取指	译码	执指					
指令 2		取指	译码	执指				
指令 3			取指	译码	执指			
指令 4				取指	译码	执指		
指令 5					取指	译码	执指	
指令 6						取指	译码	执指

图 2-14 ARM 处理器 3 级流水线操作示意图

由图 2-14 可知,采用 3 级指令流水线技术在 8 个时间片内可执行 6 条指令,这显然是在没有到达建立时间时的结果。

对于 m 级指令流水线,其建立时间为 $m\Delta t_0$(假设 m 个时间片时间均等为 Δt_0)。当达到建立时间之后,如果把每级全部充分利用(既没有空白,也无延时),那么在 8 个时间片的理想情况下,最多可以执行 8 条这种简单指令。在理想情况下,每个时间片可执行一条简单指令。如果没有采用指令流水线技术,在 8 个时间片内,理想情况下也只能执行 2 条多指令,所以有指令流水线技术的处理器执行指令的效率大大提高了。通常一个时间片并不是一个时钟周期,而一个时钟周期包含若干个时间片。

实际上,大部分情况下流水线中的每一级所花费的时间不尽相同,通常取最长时间 t_{max} 作为流水线操作周期。一个 m 级流水线,在 t_{max} 操作周期内可以执行一条指令。

对于多周期指令,指令执行流程就不那么规则了。多周期指令需要访问存储器时,情况就比较复杂,除了取指令,还要取操作数(计算地址,数据传送)。图 2-15 示出了多周期指令下 ARM 处理器 3 级指令流水线的操作。

时间片	1	2	3	4	5	6	7	8
指令1	取ADD指令	译码	执行					
指令2		取STR指令	译码	计算操作数地址	存储操作数			
指令3			取ADD指令		译码	执行		
指令4				取ADD指令		译码	执行	
指令5						取ADD指令	译码	执行

图 2-15　ARM 处理器多周期指令 3 级流水线操作示意图

图 2-15 中,第 1,3,4,5 条指令是单周期指令 ADD,而第 2 条指令却是多周期指令。由于每个部件在每个时钟周期都要执行相应的操作,因此决定了不可能同时访问数据存储器和程序存储器。这样就造成流水线中间有间断,如在第 2 条多周期指令 STR 之后的两条 ADD 指令的第 4 个时间片和第 5 个时间片就出现了间断情况,降低了处理器的效率。

2.2.3　ARM 的 5 级指令流水线

由于 ARM7 本身的局限性,不可能同时访问程序存储器和数据存储器,因此指令流水线出现的间断现象是在多周期操作时不可避免的。ARM9TDMI 采用程序存储器和数据存储器分开独立编址的哈佛结构,采用 5 级指令流水线。

ARM 的 5 级指令流水线包括:

① 取指:从程序存储器中取出指令,并放入指令流水线中。

② 译码:对指令进行译码,从寄存器组中读取寄存器操作数。

③ 执行:把一个操作数通过桶形移位寄存器进行移位,产生相应的运算结果和标志位。如果是 LDR 或 STR 指令,则在 ALU 中计算存储器的地址。

④ 缓冲:如果需要(LDR 或 STR),则访问数据存储器,否则简单地缓冲一个时钟周期,以便使所有指令具有同样的流水线流程。

⑤回写:将指令产生的结果写回目的寄存器中,包括从存储器读取的数据。5 级流水线的操作如图 2-16 所示。

时间片	1	2	3	4	5	6	7	8	9
指令 1	取指	译码	执行	缓冲	回写				
指令 2		取指	译码	执行	缓冲	回写			
指令 3			取指	译码	执行	缓冲	回写		
指令 4				取指	译码	执行	缓冲	回写	
指令 5					取指	译码	执行	缓冲	回写

图 2 - 16　ARM 的 5 级流水线操作示意图

2.2.4　ARM 的 6 级指令流水线

ARM10 采用 6 级指令流水线(见图 2 - 17),包括取指、发射、译码、执行、存储和回写。

时间片	1	2	3	4	5	6	7	8	9	10
指令 1	取指	发射	译码	执行	缓冲	回写				
指令 2		取指	发射	译码	执行	缓冲	回写			
指令 3			取指	发射	译码	执行	缓冲	回写		
指令 4				取指	发射	译码	执行	缓冲	回写	
指令 5					取指	译码	发射	执行	缓冲	回写

图 2 - 17　ARM 的 6 级流水线操作示意图

2.2.5　ARM 的 7 级指令流水线

Cortex - R4 和 PXA 250/270 均采用 7 级指令流水线。Cortex - R4 的指令流水线包括预取指令 1、预取指令 2、译码、地址生成(含发射、乘加 1、乘加 2、乘加 3 及回写)。而 PXA 250/270 的指令流水线包括预取指令 1(分支目标缓冲器)、预取指令 2、译码、寄存/移位、ALU 实现、状态执行和回写。7 级流水线的操作如图 2 - 18 所示。其中,预取指令 2 包括进行分支指令预测,乘加 1 通过移位器进行,乘加 2 通过 ALU 进行,乘加 3 通过饱和运算部件进行,最后回写。

处理器	时间片	1	2	3	4	5	6	7	8	9	10	11
Cortex－R	指令 1	预取 1	预取 2	译码	发射	乘加 1	乘加 2	乘加 3 回写				
PXA 250/270	指令 1	预取 1	预取 2	译码	寄存/移位	ALU 实现	状态执行	回写				
Cortex－R	指令 2		预取 1	预取 2	译码	发射	乘加 1	乘加 2	乘加 3 回写			
PXA 250/270	指令 2		预取 1	预取 2	译码	寄存移位	ALU 实现	状态执行	回写			
Cortex－R	指令 3			预取 1	预取 2	译码	发射	乘加 1	乘加 2	乘加 3 回写		
PXA 250/270	指令 3			预取 1	预取 2	译码	寄存移位	ALU 实现	状态执行	回写		
Cortex－R	指令 4				预取 1	预取 2	译码	发射	乘加 1	乘加 2	乘加 3 回写	
PXA 250/270	指令 4				预取 1	预取 2	译码	寄存移位	ALU 实现	状态执行	回写	
Cortex－R	指令 5					预取 1	预取 2	译码	发射	乘加 1	乘加 2	乘加 3 回写
PXA 250/270	指令 5					预取 1	预取 2	译码	寄存移位	ALU 实现	状态执行	回写

图 2 - 18　Cortex - R4 及 PXA 250/270 的 7 级流水线操作示意图

2.2.6 ARM 的 8 级指令流水线

ARM11 采用 8 级指令流水线,包括预取指令 1、预取指令 2、译码、发射、累加 1、累加 2、累加 3 和回写。ARM11 的 8 级流水线操作如图 2-19 所示。其中,累加 1 通过移位器进行存取加,累加 2 通过 ALU 进行累加且利用 L1 Cache,累加 3 通过饱和运算部件累加且利用 L2 Cache。

时间片	1	2	3	4	5	6	7	8	9	10	11	12
指令 1	预取 1	预取 2	译码	发射	乘加 1	乘加 2	乘加 3	回写				
指令 2		预取 1	预取 2	译码	发射	乘加 1	乘加 2	乘加 3	回写			
指令 3			预取 1	预取 2	译码	发射	乘加 1	乘加 2	乘加 3	回写		
指令 4				预取 1	预取 2	译码	发射	乘加 1	乘加 2	乘加 3	回写	
指令 5					预取 1	预取 2	译码	乘加 1	乘加 2	乘加 3	乘加 1	回写

图 2-19 ARM11 的 8 级流水线操作示意图

【例 2-1】已知某 ARM 处理器采用一条 5 级指令流水线,假设每一级所需时间 1 ns,则该 ARM 处理器要执行 100 亿条指令最快需要多少时间?

答:5 级流水线即需要 5 个时间片,而已知一个时间片(1 级)为 1 ns,因此根据流水线操作的原理可知,5 ns(5×1 ns)可以最快执行 5 条指令,1 条流水线在 1 s 之内最多可执行 10 亿(1 000 000 000÷5×5×1=1 000 000 000)条,即 1 s 最快可执行 10 亿条指令。100 亿条指令最快需要 100÷10=10 s。

2.3 典型 ARM 微控制器内核

在高性能的 32 位嵌入式片上系统 SoC(System on Chip)设计中,几乎都是以 ARM 作为处理器核。ARM 核现在已是嵌入式片上系统 SoC 芯片的核心,也是现代嵌入式系统发展的方向。本节将介绍几种典型的 ARM 核。

2.3.1 ARM 内核命名

在 ARM Cortex 之前,ARM 内核的命名规则及含义如图 2-20 所示。

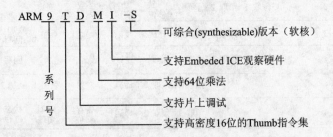

图 2-20 Cortex 之前 ARM 内核命名

ARM11 以后则以 Cortex 命名;分为三个系列,分别是 Cortex - A 系列、Cortex - R 系列和 Cortex - M 系列。

- Cortex - A 系列是面向高端应用的处理器核,具有 MMU,Cache,最快频率、最高性能、合理功耗;
- Cortex - R 系列是面向实时控制的处理器核,具有 MPU,Cache,实时响应、合理性能、较低功耗;
- Cortex - M 系列是面向微控制器的处理器核,没有 MMU,但有 MPU,且性价比极高,最低成本,极低功耗。

由前面可知,ARM 处理器内核很多,适合作为嵌入式微控制器的内核,主要包括 ARM7、ARM9、ARM Cortex - M 和 Cortex - R 等。下面主要介绍可以作为微控制器的内核结构。

2.3.2　ARM7 典型内核 ARM7TDMI

ARM7TDMI 是 ARM7 系列成员中应用非常广泛的 32 位高性能嵌入式 RISC 处理器内核,其指令系统有两个指令集,即 32 位的 ARM 指令集和 16 位的 Thumb 指令集。ARM7TDMI 使用 3 级指令流水线技术,对存储器的访问采用单一 32 位数据总线传送指令和数据(冯·诺依曼结构),只有加载、存储和交换指令可以访问存储器中的数据。数据可以是 8 位(字节)、16 位(半字)和 32 位(字),字必须以 4 字节(32 位)为边界对齐,半字必须以 2 字节(16 位)为边界对齐。采用 32 位寻址空间、32 位移位寄存器和 32 位 ALU 以及 32 位存储器传送。

JTAG (Joint Test Action Group,联合测试行动小组)是一种国际标准测试协议(IEEE 1149.1 兼容),主要用于芯片内部测试。现在多数的高级器件都支持 JTAG 协议,如 DSP、FPGA 器件等。标准的 JTAG 接口是 4 线:TMS、TCK、TDI、TDO,分别为模式选择、时钟、数据输入和数据输出线。

JTAG 最初是用来对芯片进行测试的,基本原理是在器件内部定义一个 TAP(Test Access Port,测试访问口),通过专用的 JTAG 测试工具对内部节点进行测试。JTAG 测试允许多个器件通过 JTAG 接口串联在一起,形成一个 JTAG 链,能实现对各个器件分别测试。现在,JTAG 接口还常用于实现 ISP(In-System Programmable,在线编程),对 Flash 等器件进行编程。

JTAG 编程方式是在线编程,JTAG 接口可对芯片内部的所有部件进行编程和调试。

ARM7TDMI 内核结构如图 2 - 21 所示。主处理器逻辑由地址寄存器、地址增量器、寄存器组、乘法器、桶形移位器、ALU、写数据寄存器、指令流水线读数据寄存器/Thumb 指令译码器、指令译码和控制逻辑及扫描调试控制部件构成。其中,地址寄存器连接 32 条地址线 A [31:0]、地址锁存允许信号 ALE 及地址总线允许信号 ABE;读写数据寄存器连接 32 位数据线 D[31:0];指令译码和控制逻辑连接其他信号线,如图 2 - 21 所示。

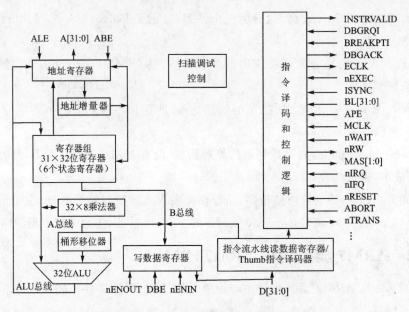

图 2-21　ARM7TDMI 内核结构

2.3.3　ARM9 典型内核 ARM9TDMI

ARM9TDMI 内核内部结构如图 2-22 所示。

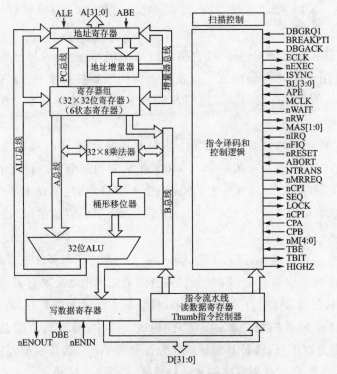

图 2-22　ARM9TMDI 内核结构

ARM9TDMI 的主要性能:支持 Thumb 指令集;含有 Embedded ICE 模块支持片上调试;

采用 5 级流水线以提高时钟频率；分开的指令与数据存储器端口以提高处理器性能。

ARM9TDMI 采用程序存储器与数据存储器总线完全分离的哈佛结构，因此简单的总线接口很容易连接 Cache 或 SRAM 存储器系统。ARM9TDMI 支持与外部存储器的双向或单向连接，支持调试结构。

2.3.4 Cortex－M 典型内核 Cortex－M0/M1/M3/M4

面向微控制器应用的 Cortex 处理器内核包括 Cortex－M0、Cortex－M0＋、Cortex－M1、Cortex－M3 和 Cortex－M4。这 5 款处理器核具有不同性能和价格，各具特色。其中，Cortex－M3 最具代表性，Cortex－M0 和 Cortex－M0＋是面向低端应用超高性价比的 MCU。

Cortex－M 系列处理器具有的显著特点如下：

① 更高的能效：
- 更低的功耗，更长的电池寿命；
- 以更短的活动时段运行；
- 基于架构的睡眠模式支持；
- 比 8/16 位设备的工作方式更智能，睡眠时间更长。

② 更少的代码：
- 更低的硅成本；
- 高密度指令集；
- 比 8/16 位设备每字节完成更多操作；
- 更小的 RAM、ROM 或闪存要求。

③ 易于使用：
- 更快的软件开发和重用；
- 多个供应商之间的全球标准；
- 代码兼容性；
- 统一的工具和操作系统支持。

④ 更高的性能。

⑤ 更有竞争力的产品：
- 每兆赫兹提供更高的性能，如图 2－23 所示；
- 能够以更低的功耗实现更丰富的功能。

1. Cortex－M0

Cortex－M0 处理器基于一个高集成度、低功耗的 32 位处理器内核，采用 3 级流水线，冯·诺依曼结构；采用 ARMv6－M 结构，基于 16 位的 Thumb 指令集，并包含 Thumb－2 技术；提供了一个现代 32 位结构所希望的出色性能，代码密度比其他 8 位和 16 位微控制器都要高。

Cortex－M0 处理器是目前最小的 ARM 处理器。该处理器的芯片面积非常小，能耗极

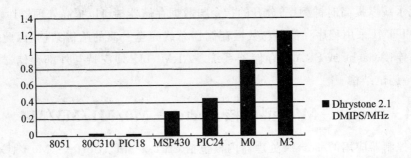

图 2 - 23   不同内核结构的性能比较

低,且编程所需的代码占用量很少。这就使得开发人员可以直接跳过 16 位系统,以接近 8 位系统的成本获取 32 位系统的性能。Cortex - M0 处理器超低的门数,使得它可以用在仿真和数/模混合设备中。

Cortex - M0 处理器在不到 12 000 门的芯片面积内能耗仅有 85 μW/MHz (0.085 mW)。该处理器把 ARM 的 MCU 技术扩展到超低能耗 MCU 和 SoC 应用中,可广泛应用于医疗器械、电子测量、照明、智能控制、游戏装置、紧凑型电源、电源和马达控制、精密模拟系统和 Zig-Bee 及 Z - Wave 等系统中。Cortex - M0 处理器还适合拥有诸如智能传感器和调节器的可编程混合信号处理。Cortex - M0 内核结构如图 2 - 24 所示。

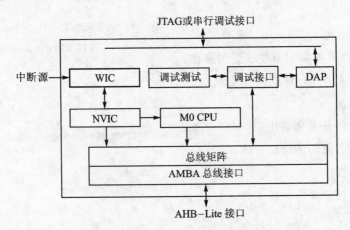

图 2 - 24   Cortex - M0 内核结构

图 2 - 24 中,WIC(Wake - up Interrupt Controller)为唤醒中断控制器,NVIC(Nesting Vector Interrupt Controller)为嵌套向量中断控制器,DAP(Debug Access Port)为调试访问端口。

NVIC 具有以下功能:

① 包含一个不可屏蔽的中断(NMI);

② 提供零抖动中断选项;

③ 提供 4 个中断优先级。

处理器内核和 NVIC 的紧密结合使得中断服务程序(ISR)可以快速执行,极大地缩短了中断延迟。

Cortex - M0 处理器的显著特点如下：

(1) 最小的 ARM 处理器

Cortex - M0 在代码密度和能效比方面的优势意味着它能够顺理成章地在很广大的应用领域里成为 8/16 位系统经济实用的升级换代产品，同时它还保留了与更强大的 Cortex - M3 和 Cortex - M4 处理器的工具及二进制向上兼容性。对于需要更低功耗或更多设计选择的应用，完全兼容的 Cortex - M0 处理器是理想的候选产品。

(2)低功耗

Cortex - M0 处理器在门数低于 12 000 时的能耗仅为 16 μW/MHz(90LP 工艺，最低配置)。这都得益于该处理器是建立在 ARM 作为低能耗技术的领导者以及超低能耗设备的主要推动者所具备的专业知识基础之上的。

(3)简　单

由于仅有 56 个指令，所以可以快速掌握整个 Cortex - M0 指令集及其对 C 语言友好的架构，使开发变得简单而快速。可供选择的具有完全确定性的指令和中断计时使得计算响应时间十分容易。

(4)优化的连接性

支持实现低能耗网络互连设备，如 Bluetooth Low Energy (BLE)、IEEE 802.15 和 Z - wave，尤其是那些需要通过增强数字功能以高效地进行预处理和传输数据的仿真设备。

2. Cortex - M0+

Cortex - M0+ 处理器是能效极高的 ARM 处理器。它以极为成功的 Cortex - M0 处理器为基础，保留了全部指令集和数据兼容性，同时进一步降低了能耗，提高了性能。它与 Cortex - M0 处理器一样，芯片面积很小，功耗极低，并且所需的代码量极少。这就使得开发人员可以直接跳过 16 位系统，以接近 8 位系统的成本获取 32 位系统的性能。

Cortex - M0 处理器的显著特点如下：

(1) 能效最高的 ARM 处理器

由于具有一种优化的架构，而该架构具有一个仅有两级的流水线，Cortex - M0+ 处理器可达到仅 11.2 μW/MHz 的功耗(90LP 工艺，最低配置)，同时将性能提升至 2.15 CoreMark/MHz。

(2)简　单

Cortex - M0+ 处理器保留了处理器的 56 个指令，从而使开发变得简单而快速。Thumb 指令提供了无法匹敌的代码密度，同时提供了 32 位计算性能。

(3)多功能性

每种应用都是不同的，都有其特定需要。为了使其合作伙伴设计出应用广泛的解决方案，Cortex - M0+ 处理器提供了十分丰富的功能。其中，许多功能(如内存保护单元和可重定位的矢量表)对于 Cortex - M3 和 Cortex - M4 处理器来说是共同的；其他功能则为该款新的处理器所特有，即用于提高控制速度的单周期 I/O 接口和用于增强调试的 Micro Trace Buffer。

Cortex－M0＋内核结构如图 2－25 所示。

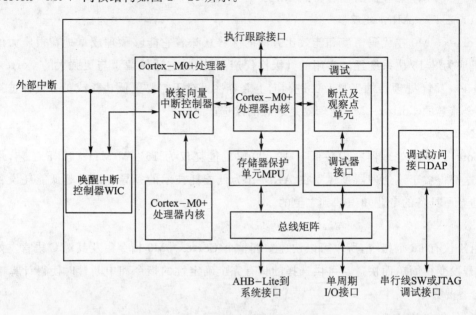

图 2－25　Cortex－M0＋内核结构

Cortex－M0＋处理器的特点促成了智能、低功耗微控制器的面市，并为物联网中大量的无线连接设备提供高效的沟通、管理和维护。众所周知，不断改进功耗效率、安全性和便利性的物联网将最终改变世界。从自适应室内照明、在线视频游戏到智能传感器和电机控制，无处不在的网络连接几乎对任何事物都是有益的。但是，实现这一切需要极低成本、极低功耗并拥有良好性能的处理器。

ARM Cortex－M0＋处理器为轻量级芯片提供了 32 位的强劲性能，适于各种工业与消费应用。NXP 典型 M0＋产品的代表有 LPC800 系列 M0＋微控制器。

3. Cortex－M1

Cortex－M1 处理器是首个在 FPGA 中的实现设计的 ARM 处理器。Cortex－M1 处理器面向所有主要 FPGA 设备并包括对领先的 FPGA 综合工具的支持，允许设计者为每个项目选择最佳实现。Cortex－M1 处理器使 OEM 能够通过在跨 FPGA、ASIC 和 ASSP 的多个项目之间合理地利用软件和工具投资来节省大量成本，此外还能够通过使用行业标准处理器实现更大的供应商独立性。

Cortex－M1 内核结构如图 2－26 所示。

在 FPGA 中使用 ARM Cortex－M1 的主要优点如下：

● 全部使用标准处理器架构；

● 供应商的独立性——Cortex－M1 处理器支持所有主要 FPGA 供应商；

● 软件和工具可以在 FPGA 和 ASIC/ASSP 之间重用；

● 从 FPGA 到 ASIC 的简单迁移路径；

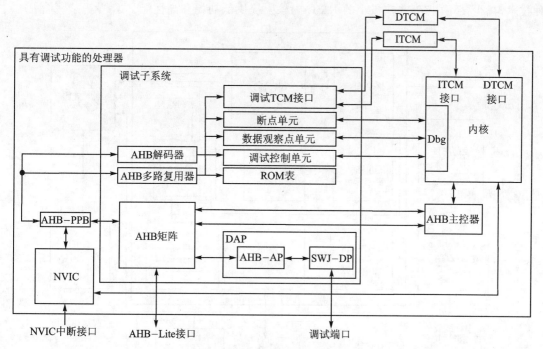

图 2 - 26　Cortex - M1 内核结构

- 最大的体系——ARM Connected Community 的支持；
- 易于将 Cortex - M1 处理器设计迁移到更新和最有效的 FPGA；
- 可提供不同性能解决方案的强大 ARM 处理器路线图的支持；
- ARM 架构已在数十亿 ARM Powered 设备中经过验证。

ARM Cortex - M1 处理器为 FPGA 用户带来了广泛的一系列 ARM Connected Community 工具和操作系统，并提供与 ASIC 优化处理器（如 ARM Cortex - M3 处理器）的软件兼容性。开发人员可以在受行业中最大体系支持的单个架构上进行标准化，以降低其硬件和软件工程的成本。

4. Cortex - M3

ARM Cortex - M3 处理器是行业领先的 32 位处理器，适用于具有较高确定性的实时应用。经过专门开发，它可使合作伙伴针对广泛的设备（包括微控制器、汽车车身系统、工业控制系统以及无线网络和传感器）开发高性能、低成本平台。该处理器具有出色的计算性能以及对事件的优异系统响应能力，可适应对低动态和静态功率的需求；配置十分灵活，从而支持广泛的实现形式（从需要内存保护和强大跟踪技术的实现形式，直至需要极小面积的成本敏感型设备）。

Cortex - M3 是一款低功耗处理器内核，具有门数少、中断延迟短、调试成本低的特点，是为要求有快速中断响应能力的深度嵌入式应用而设计的。

Cortex - M3 内核结构如图 2 - 27 所示。Cortex - M3 采用 ARMv7 - M 结构，它整合了多

种技术,减少使用内存,并在极小的 RISC 内核上提供低功耗和高性能。

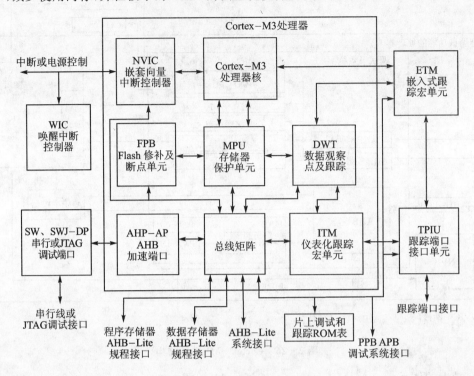

图 2-27　Cortex-M3 内核结构

此外,基本系统外设还具备高度集成化特点,集成了许多紧耦合系统外设,合理利用了芯片空间,使系统能满足下一代产品的控制需求。

图 2-27 中,ETM(Embedded Trace Macrocell,嵌入式跟踪宏单元)和 MPU(存储器保护单元)是可选择的,FPB(Flash Patch Breakpoint)为 Flash 修补及断点单元,DWT(Data Watchpoint and Trace)是数据观察点和跟踪单元,TPIU(Trace Port Interface Unit)为跟踪端口接口单元,ITM(Instrumentation Trace Macrocell)为仪表化跟踪宏单元。

ARM Cortex-M3 内核是面向微控制器应用领域的低成本、少引脚数及低功耗的新一代内核,具有优越的特性。

Cortex-M3 的定位是向专业嵌入式市场提供低成本、低功耗的芯片。在成本和功耗方面,Cortex-M3 具有相当好的性能。

除了使用哈佛结构外,Cortex-M3 还具有其他显著的优点:更小的基础内核,价格更低,速度更快。与内核集成在一起的是一些系统外设,如中断控制器、总线矩阵、调试功能模块,而这些外设通常都是由芯片制造商增加的。Cortex-M3 还集成了睡眠模式和可选的完整的八区域存储器保护单元。它采用 Thumb-2 指令集,最大限度地降低了代码所占存储空间。

Cortex-M3 的另一个创新是嵌套向量中断控制器 NVIC(Nested Vector Interrupt Controller)。相对于 ARM7 使用的外部中断控制器,Cortex-M3 内核中集成了中断控制器,芯片制造厂商可以对其进行配置,提供基本的 32 个物理中断,具有 8 层优先级,最高可达到 240 个物理中断和 256 个中断优先级。

NVIC 使用的是基于堆栈的异常模型。在处理中断时,将程序计数器、程序状态寄存器、链接寄存器和通用寄存器压入堆栈,中断处理完成后,再恢复这些寄存器。堆栈处理是由硬件完成的,无需用汇编语言创建中断服务程序的堆栈操作。

　　Cortex - M3 可实现中断嵌套。中断可以改为使用比之前服务程序更高的优先级,而且可以在运行时改变优先级状态。使用末尾连锁连续中断技术只需消耗 3 个时钟周期,相比 32 个时钟周期的连续压、出堆栈,大大降低了延迟,提高了其性能。

　　如果在更高优先级的中断到来之前,NVIC 已经压堆栈了,那就只需要获取一个新的向量地址,就可以为更高优先级的中断服务了。同样的,NVIC 不会用出堆栈的操作来服务于新的中断。这种做法是完全确定的且具有低延迟性。

　　Cortex - M3 的显著特点如下:

　　(1)更高的性能和更丰富的功能

　　于 2004 年引进最近通过新技术进行更新并更新了可配置性的 Cortex - M3,是专门针对微控制器应用开发的主流 ARM 处理器。

　　(2)性能和能效

　　Cortex - M3 处理器具有较高的性能和较低的动态功耗,因而能够提供领先的能效。将集成的睡眠模式与可选的状态保留功能相结合,Cortex - M3 处理器确保对于同时需要低能耗和出色性能的应用不存在折中。

　　(3)全功能

　　该处理器执行包括硬件除法、单周期乘法和位字段操作在内的 Thumb - 2 指令集,以获取最佳性能和代码大小。Cortex - M3 NVIC 在设计时是高度可配置的,最多可提供 240 个具有单独优先级、动态重设优先级功能和集成系统时钟的系统中断。

　　(4)丰富的连接

　　通过功能与性能的组合,基于 Cortex - M3 的设备可高效处理多个 I/O 通道和协议标准,如 USB OTG (On-The-Go)。

5. Cortex - M4

　　ARM Cortex - M4 处理器是由 ARM 专门开发的最新嵌入式处理器,用于满足需要有效且易于使用的控制和信号处理功能混合的数字信号控制应用。

　　高效的信号处理功能与 Cortex - M 处理器系列的低功耗、低成本及易于使用的优点的组合,旨在提供专门面向电动机控制、汽车、电源管理、嵌入式音频和工业自动化市场的新兴类别的灵活解决方案。

　　Cortex - M4 是用于满足需要有效且易于使用的控制和信号处理功能混合的数字信号控制应用。Cortex - M4 与 Cortex - M3 的外围电路完全一样,只是在核心部分集成了 DSP 组件,以便于对数字信号进行高速处理。

　　Cortex - M4 内核结构如图 2 - 28 所示。

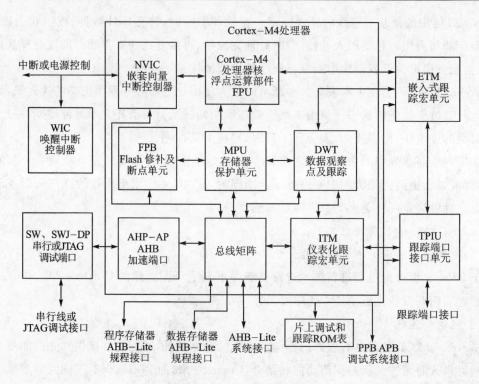

图 2 - 28　Cortex - M4 内核结构

2.3.5　Cortex 典型内核 Cortex - R

ARM Cortex - R 实时处理器为要求可靠性、高可用性、容错功能、可维护性和实时响应的嵌入式系统提供高性能计算的解决方案。

Cortex - R 系列处理器的关键特性如下：

- 高性能：与高时钟频率相结合的快速处理能力；
- 实时：处理能力在所有场合都符合硬实时限制；
- 安全：具有高容错能力的可靠且可信的系统；
- 经济实惠：可实现最佳性能、功耗和面积的功能。

Cortex - R 系列处理器其他主要性能如下：

- 深度流水化微架构；
- 性能增强技术，如指令预取、分支预测和超标量执行；
- 硬件除法器、浮点单元（FPU）选项；
- 硬件 SIMD DSP；
- 带有 Thumb - 2 指令的 ARMv7 - R 架构，可在不牺牲性能的前提下实现高代码密度；
- 带指令和数据 Cache 控制器的哈佛架构；
- 用于获得快速响应代码和数据（例如中断处理程序）的处理器本地的紧密耦合内存；
- 高性能 AMBA3 AXI 总线接口。

Cortex - R 系列目前有 Cortex - R4、Cortex - R5 和 Cortex - R7 三个品种，Cortex - R 系

列是专门应用到要求具有实时操作环境中的处理器内核,性能比 Cortex – M 全系列均优越。

1. Cortex – R4

Cortex – R4 处理器是第一款基于 ARMv7 – R 架构的深度嵌入式实时处理器。它用于产量高、深度嵌入式的片上系统应用,例如硬盘驱动器控制器、无线基带处理器、消费类产品和汽车系统的电子控制单元。

Cortex – R4 处理器可提供更高的性能、实时的响应速度、高可靠性和高容错能力,而且它提供的功能也远远多于同类中的其他处理器。此处理器为 ASIC、ASSP 和 MCU 嵌入式应用提供出色的能效和成本效益。Cortex – R4 处理器非常灵活,还可以进行综合配置以优化其功能集,以便精确匹配应用需求。

Cortex – R 系列处理器通过确保其运行的确定性来推动安全的系统设计,也不会被外部存储系统或者总线主设备阻止运行若干个不可预测的周期,从而保证了它的高可用性。

Cortex – R4 内核结构如图 2 – 29 所示。

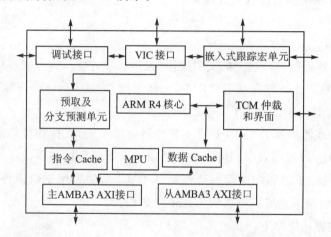

图 2 – 29 Cortex – R4 内核结构

Cortex – R4 主要功能如下:

① 快速——高性能 1.66 DMIPS/MHz:

● 带指令预取和分支预测的高效 8 级双指令流水线;

● ARMv7 – R 架构——Thumb – 2 / ARM 指令;

● 硬件除法、SIMD、DSP、SP/DP FPU 选项;

● 哈佛 I＋D Cache、64 位 AMBA AXI – 3。

② 确定性——快速中断响应:

● 矢量中断控制器端口;

● 低延迟中断模式(LLIM)可尽量加快中断进入速度,而无需等待当前指令或内存访问完成;

● 除了用于存储重要的代码和数据外(如中断服务例程无需等待 Cache 读出再从主内存读取就可以立即执行),紧密耦合存储系统也提供第二个 1 级存储;

● 低延迟外设端口（LLPP）为外设访问提供有保证的低延迟。

③ 可靠性——构建于内核中的错误处理：

● 内存保护单元；

● 1 级内存的 ECC 和奇偶校验保护；

● 双核锁步配置。

④ 经济实惠，成本低，可在综合时配置以实现最佳 PPA。

由于 Thumb－2 指令集运算性能的大幅提升，使 Cortex－R4 处理器能取代以往用在 3G 基带调制解调器中的两颗处理器芯片。这种设计能够在沿用原有程序代码的情况下，降低系统的成本与复杂度。同时其紧耦合内存功能也能提供更小的规格及更高效率的整合，并带来快速的响应时间。而针对汽车电子产品，Cortex－R4 处理器也在各种安全应用上加入容错功能，以及内存保护机制。

ARM Cortex－R4 系列处理器目前包括 ARM Cortex－R4 和 ARM Cortex－R4F 两个型号，主要适用于实时系统中的嵌入式处理器。

2. Cortex－R5

Cortex－R5 处理器针对市场上的实时应用（包括基带、汽车、大容量存储、工业和医疗）提供了高性能解决方案。此处理器基于 ARMv7－R 架构，为从 Cortex－R4 处理器向更高性能的 Cortex－R7 处理器的迁移提供了简单的路径。

Cortex－R5 处理器扩展了 Cortex－R4 处理器的功能集，支持在可靠的实时系统中获得更高级别的系统性能，以提高效率和可靠性并加强错误管理。这些系统级功能包括高优先级的低延迟外设端口（LLPP）和加速器一致性端口（ACP），前者用于快速外设读写，后者用于提高效率并与外部数据源达成更可靠的 Cache 一致性。

Cortex－R5 主要功能如下：

① 1.66 DMIPS/MHz 8 级流水线内核：

● ARMv7－R 架构——Thumb－2 / ARM 指令；

● 硬件除法、SIMD、DSP；

● 浮点单元(FPU) SP/DP 选项；

● 哈佛 I＋D Cache、64 位 AMBA AXI－3。

② 针对实时系统集成的高级技术。

③ 低延迟外设端口（LLPP）：

● 快速访问 I/O 寄存器和 GIC；

● 具有可选 AHB 的 AMBA AXI－3 I/O。

④ 加速器一致性端口（ACP）：

● 性能提高的数据 Cache；

● 微侦测控制单元。

⑤ 增强型内存保护单元（MPU），12 或 16 个区域更小的 FPU。

⑥ 扩展的 ECC/奇偶校验错误管理,ECC 和奇偶校验也在 AXI 总线端口上。

⑦ 双核配置:

● 可获得 2 倍性能(2 倍的 1.66 DMIPS/MHz)或针对安全性至关重要的应用锁步冗余内核;

● ACP 和 μSCU 可借助 DMA I/O 保证两个内核的数据 Cache 一致性;

● 每个内核都具有低延迟外设端口 (LLPP)以实现确定性的 I/O 控制。

3. Cortex - R7

Cortex - R7 处理器为范围广泛的深层嵌入式应用提供了高性能的双核、实时解决方案。Cortex - R7 处理器通过引入新技术(包括乱序指令执行和动态寄存器重命名),与改进的分支预测、超标量执行功能和用于除法、DSP 和浮点函数的更快的硬件支持相结合,提供了比其他 Cortex - R 系列处理器高得多的性能级别。

Cortex - R7 主要功能如下:

① 11 级超标量乱序流水线:

● 带有循环指令缓冲区的高级动态和静态分支预测;

● 动态寄存器重命名;

● 无阻塞加载/存储单元。

② 灵活的多处理器内核(MPCore)配置;

● 带有冗余处理器的锁步配置;

● 对称多处理(SMP);

● 非对称多处理(AMP)。

③集成 GIC、侦测控制单元 (SCU)和计时器。基于 SCU 中的标记 RAM 副本,经过硬件加速的数据 Cache 操作。

④ 可实现硬实时工作的专用低延迟外设和内存端口。

⑤ 针对安全性至关重要的任务的高级错误管理和处理。

⑥ 灵活、可配置的浮点单元(FPU,可选)。

⑦ 可选嵌入式跟踪宏单元 ETMv4。

2.4　ARM 微控制器的 AMBA 总线

为了连接 ARM 内核与处理器芯片中其他各种组件,ARM 公司定义了总线规范,名为 AMBA(Advanced Microcontroller Bus Architecture),即先进的微控制器总线体系结构。它是 ARM 公司公布的总线协议,是用于连接和管理片上系统(SoC)中功能模块的开放标准和片上互连规范,有助于开发带有大量控制器和外设的多处理器系统。标准规定了 ARM 处理器内核与处理器内部高带宽 RAM、DMA 以及高带宽外部存储器等快速组件的接口标准(通常称为系统总线),也规定了内核与 ARM 处理器内部外围端口及慢速设备接口组件的接口标准(通常称为外围总线)。AMBA 基于 ACE、AXI、AHB、APB 和 ATB 等规范为 SoC 模块定义了共同的框架结构,有助于设计的重复使用。

2.4.1　AMBA 总线的发展及版本

从 1995 年的 AMBA1.0 到 2013 年 2 月的 AMBA4,AMBA 共有四个版本,其总线性能也不断提高。AMBA 总线标准的发展如图 2-30 所示。

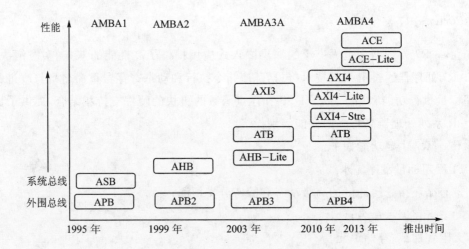

图 2-30　AMBA 总线标准的发展

AMBA 总线版本及基本性能如表 2-4 所列。

表 2-4　AMBA 总线版本及基本性能

AMBA 总线版本	系统总线名称	基本特点及性能	基于该总线版本的 典型 ARM 处理器
AMBA1 1995 年	ASB	连接高性能系统模块,数据宽度 8 位、16 位、32 位	ARM7
AMBA2 1999 年	AHB	用于连接高性能系统组件或高带宽组件,支持多控制器和数据突发传输,数据宽度 8 位、16 位、32 位、64 位及 128 位	ARM9, ARM10, ARM Cortex - M
AMBA3 2003 年	AXI ATB AHB - Lite	面向高带宽、高性能、低延时的总线,支持突发数据传输及乱序访问。AXI 单向通道,能够有效地使用寄存器分段实现更高速度的数据传输,数据宽度为 8 位、16 位、32 位、64 位、128 位、256 位、512 位、1 024 位	ARM11,Cortex - R, Cortex - A(不含 A15)
AMBA4 2013 年	ACE ACE - Lite AXI4 AXI4 - Lite AXI4 - Stream	用于高带宽、高性能通道的连接。 (1) ACE 增加了三个新通道,用于在 ACE 主设备高速缓存和高速缓存维护硬件之间共享数据 (2) ACE - Lite 提供 I/O 或单向一致性,ACE - Lite 主设备的高速缓存一致性由 ACE 主设备维护 (3)AXI4 对 AXI3 的更新,在用于多个主接口时,可提高互连的性能和利用率。增强的功能有:突发长度最多支持 256 位,发送服务质量信号,支持多区域接口 (4)AXI4 - Lite 适于与组件中更简单的接口通信 (5)AXI4 - Stream 用于从主接口到辅助接口的单向数据传输,可显著降低信号路由开销	Cortex - A15

AMBA1 总线标准规定了两种类型的总线,即系统总线和外围总线。先进的系统总线 ASB(Advance System Bus)用于连接高性能系统模块,是第一代 AMBA 系统总线;先进的外围总线 APB(Advance Peripheral Bus)支持低性能的外围接口,主要用于连接系统的周边组件,APB 是第一代外围总线。

APB 与 ASB 之间通过桥接器(bridge)相连,期望能减少系统总线的负载。APB 属于 AMBA 的二级总线,用于不需要高带宽接口的设备互连。所有通用外设组件均连接到 APB 总线上。

AMBA2 标准增强了 AMBA 的性能,定义了两种高性能的总线规范 AHB 和 APB2 以及测试方法。系统总线改为先进的高性能总线 AHB(Advanced High-performance Bus),用于连接高性能系统组件或高带宽组件。

AMBA3 总线包括 AXI(Advanced Extensible Interface,先进的可扩展接口)、ATB(Advanced Trace Bus,先进的跟踪总线)、AHB-Lite 及 APB3 四个总线标准。

AMBA4 在 ATB 的基础上增加了 5 个接口协议:ACE(AXI Coherency Extensions,AXI 一致性扩展)、ACE-Lite、AXI4、AXI4-Lite 及 AXI4-Stream。

表 2-4 中只列出了起关键核心作用的系统总线的变化情况,不同版本的外围总线从 APB 到 APB4 的发展仅仅是所支持的外围硬件组件有所增加,其他没有什么变化。

2.4.2　基于 AMBA 总线的典型 ARM 微控制器或片上系统

基于 AMBA 总线的典型 ARM 片上系统构成如图 2-31 所示。基于 AMBA 总线的微控制器使用系统总线和外围总线构成连接高速系统组件和低速外围组件,高带宽高性能外围接口通常连接系统总线,类似于 X86 系统的北桥,而速度不高的外部接口连接外围总线,类似于 X86 系统的南桥。

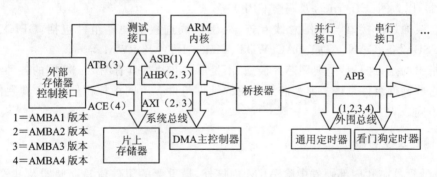

图 2-31　基于 AMBA 总线的典型 ARM 片上系统构成

AMBA1 由 ASB+APB 组合构成总线系统;AMBA2 由 AHB+APB 组合构成总线系统;AMBA3 由 AHB+ATB+AXI+APB 组合构成总线系统;AMBA4 由 ACE+ATB+AXI4(包括-Lite,-Strem)+APB 组合构成总线系统,系统总线信号经过桥接器变换成外围总线 APB 的信号。

2.5 基于 ARM 内核的嵌入式微控制器硬件组成

前面已经介绍了 ARM 内核技术,基于 ARM 内核的嵌入式芯片正是以 ARM 内核为基础,通过 AMBA 总线技术将其他硬件组件连接在一起,构成完整的嵌入式微控制器以及片上系统(SoC)。

基于 ARM 内核的嵌入式微控制器一般硬件组成如图 2-32 所示。

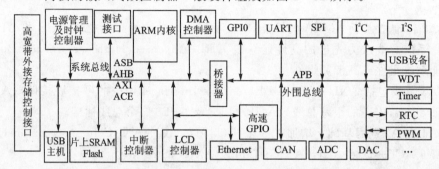

图 2-32 基于 ARM 内核的嵌入式芯片硬件组成

按照 AMBA 总线规范,以 ARM 内核为基础的嵌入式处理芯片采用系统总线与外围总线两个层次结构的方式构建片上系统。系统总线从早期的 ASB、AHB 到 AXI 及 ACE 等,不断发展,性能不断提高,主要用于连接高带宽快速组件;而外围总线 APB 支持的内置外设不断增加,性能也不断增强,它主要连接低带宽组件以及与外部相连的硬件组件。

连接到系统总线上的高带宽组件主要包括:电源管理与时钟控制器、测试接口(如 JTAG)、外部存储器控制接口、DAM 控制器、USB 主机、片上 SRAM 与 Flash、中断控制器、LCD 控制器,以太网(Ethernet)及调整 GPIO 等。

系统总线通过桥接器与外围总线互连,外围总线连接的硬件组件包括:GPIO、UART、SPI、I²C、USB 设备、CAN、ADC、DAC、WDT、Timer、RTC 及 PWM 等。

应该指出的是,这只是个典型芯片模型,不是所有芯片都具有图 2-32 中的各种组件。图中列出的这些硬件组件是许多典型芯片常用的硬件组件。不同微控制器芯片,其硬件组件的数目各有不同。

1. 存储器及控制器

ARM 处理器芯片内部硬件中除 ARM 内核外,最重要的组件就是存储器及其管理组件,用于管理和控制片内的 SRAM、ROM 和 Flash,通过外接存储控制器对外部扩展存储器 Flash 及 DRAM 等进行管理与控制。

片内程序存储器通常用的是 Flash(闪速存储器),一般配有几 KB 到几 MB 不等,不同厂家配置情况不同。片内数据存储器通常使用的是 SRAM(静态随机存取存储器),一般配置有几 KB 到几百 KB,大小不等。

高带宽外接存储器控制接口为外部存储器扩展提供了接口,可以扩展程序存储器和数据存储器。目前程序存储器大都采用 Flash,而数据存储器可采用 SRAM 和 DDR(或 DDR2),或普通的 DRAM。

2. 中断控制器

中断控制器是介于 ARM 内核与其他硬件之间的一个部件,负责对其他硬件组件的中断请求进行管理和控制,一般采用向量中断(VIC)或嵌套向量中断(NVIC)方式管理中断。

当一个外设或组件需要服务时,会向处理器提出一个中断请求,中断控制器提供一套可编程的管理机制,软件通过设置,可以决定什么时刻允许哪一个外设或组件中断处理器。

处理中断有两种形式:标准的中断控制器和向量中断控制器(VIC)。标准中断控制器在一个外设设备需要服务时,发送一个中断请求信号给处理器核。中断控制器可以通过编程设置来忽略或屏蔽某个或某些设备的中断请求。中断处理程序通过读取中断控制器中与各设备对应的表示中断请求的寄存器内容,从而判断哪个设备需要服务。

VIC 比标准中断控制器的功能更为强大些,因为它区分中断的优先级,简化了判断中断源的过程。每个中断都应有相应的优先级和中断处理器程序地址(称为中断向量),只有当一个新的中断其优先级高于当前正在执行的中断处理优先级时,VIC 才向内核提出中断请求。根据中断类型的不同,VIC 可以调用标准的中断异常处理程序。该程序能够从 VIC 中读取设备的处理器地址,也可以使内核直接跳转到设备的处理程序执行。

NVIC 比 VIC 更进一步,可以进行中断的嵌套,即高优先级的中断可以进入低优先级中断的处理过程中,待高优先级中断处理完成后才继续执行低优先级中断。也有人称之为抢占式优先级中断。Cortex - M 系列就支持嵌套的向量中断。

3. DMA 控制器

ARM 处理芯片内部的 DMA 控制器(直接存储器访问控制器)是一种硬件组件,使用它可将数据块从外设传输至内存、从内存传输至外设或从内存传输至内存。数据传输过程中不需要 CPU 参与,因而可显著降低处理器的负荷。通过将 CPU 设为低功率状态并使用 DMA 控制器传输数据,也降低了系统的功耗。在 ARM 处理芯片中,有许多与外部世界打交道的通道,如串行通信端口、USB 接口、CAN 接口、以太网接口等,它们既可以由 ARM 内核控制其数据传输。也可以通过 DMA 控制器控制数据传输。这样可以把 ARM 内核从繁杂的数据传输操作中解放出来,提高数据处理的整体效率。

4. 电源管理与时钟控制器

ARM 处理芯片内部的电源管理主要有正常工作模式、慢时钟模式、空闲模式、掉电模式、休眠模式、深度休眠模式等,以控制不同组件的功耗。

时钟信号是 ARM 芯片定时的关键,时钟控制器负责对时钟的分配,产生不同频率的定时时钟,供片内各组件作为同步时钟使用。例如,有供快速通道的存储器时钟、供 DMA 控制器及中断控制器的时钟,也有经过桥接器之后经过若干分频得到的慢速时钟,供 APB 总线上的各个不同接口作为同步信号。

5. GPIO 端口

GPIO(General Purpose Input/ Output)即通用输入/输出端口,作为通用的输入或输出端口使用。作为输入时具有缓冲功能,作为输出时具有锁存功能。GPIO 也可以作为双向 I/O

使用。在 ARM 处理芯片中,GPIO 引脚通常是多功能使用的,目的是减少芯片引脚数,缩小 PCB 面积,以降低功耗。有的引脚是两功能,也有三功能,甚至四功能的引脚,不同厂家的 ARM 处理器芯片其具体引脚的定义不同。

作为通用 I/O 使用时,GPIO 的输入和输出有多种不同的工作模式,主要包括:高阻输入模式、开漏输出、推挽输出模式、准双向 I/O 模式以及端口的上拉和下拉等。

6. 定时/计数组件

ARM 处理器芯片内部有多个定时/计数组件,主要包括 WDT(Watch Dog Timer,看门狗定时器)、Timer 通用定时器、RTC(Real Time Counter,实时时钟计数器)、PWM(Pulse Width Modulation,脉冲宽度调制器)定时器。

在嵌入式应用中,处理器必须可靠工作,但系统由于种种原因,程序运行时会不按指定指令运行,导致死机,系统无法继续工作下去。这时必须使系统复位,才能使程序重新投入运行。这个能使系统定时复位的硬件或软件称为看门狗定时器 WDT,简称看门狗。它好像一直看着自己的家门一样,监视着程序的运行状态。看门狗的主要功能是在处理器进入错误状态后的一定时间内复位,保证系统的稳定运行。

● Timer 是通用定时器,可用于一般的定时。

● RTC 可直接提供年、月、日、时、分、秒,使应用系统具有自己独立的日期和时间。

● PWM 定时器用于脉冲宽度的调制,比如电机控制,用于变频调整等多种场合。

以上与定时有关的组件有一个共同的特点,就是对特定输入的时钟通过分频后接入计数器进行加 1 或减 1 计数,计数达到预定的数值后将引发一个中断并置一定的标志位。对于 WDT 定时达到后将产生系统复位信号,对于 PWM 定时达到后会产生特定波形。基本的定时单元如图 2-33 所示。

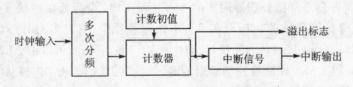

图 2-33　定时部件原理示意图

7. 模拟通道组件

ARM 处理芯片内部的模拟组件包括 ADC 和 DAC,有的还带有比较器等。这对于混合系统(既有数字信号又有模拟信号的系统)提供了完美的解决方案。

ADC 是模拟到数字的转换器,可完成从模拟信号到数字信号的转换。对于嵌入式系统而言,它是一个模拟输入的组件。ARM 芯片内置的 ADC 大部分是多通道通过模拟开关形式切换通道的 ADC,内部只有一个 A/D 变换单元。分辨率为 10 位和 12 位的居多,也有 16 位分辨率的。基本满足了现场数据采集的需求。

DAC 是数字到模拟的转换器,可完成从数字信号到模拟信号的转换。对于嵌入式系统而言,它是一个模拟输出组件。一般内置 DAC 有 10 位、12 位、14 位等分辨率。DAC 主要应用于需要模拟信号输出的场合,一般在后级还需要加功率放大才能接到实际应用系统中。

比较器可方便地对模拟电压信号等与基准信号相比较,可监测电源电压、芯片温度等;通过比较采样值与基准值,就可以判断其是否欠压,温度是否超高等。比较器的主要功能是,当比较器正端电压高于负端电压时,输出电压值接近正电源电压,反之输出电压接近负电源电压。

8. 互连通信组件

ARM 处理器芯片内部有多个可互连通信的组件,主要包括 UART、I^2C、I^2S、SPI、CAN、USB、Ethernet 等。

UART(Universal Asynchronous Receiver/Transmitter,通用异步收发器)为标准的串行通信接口,字符格式按照低位在前、高位在后的次序进行传输,有 1 位起始位,5～8 位数据位,1 位奇偶校验位,1～2 位停止位,是应用最为广泛的串行通信接口,可完成全双工的串行异步通信。外接电平和逻辑转换收发器后可做成 RS-232、RS-422、RS-485 等标准的串行接口。

I^2C(Inter-Integrated Circuit)是集成电路互连的一种总线标准,只用两根信号线(一根是时钟线 SCL,一根是数据线 SDA(双向三态))即可完成数据的传输操作;具有特定的起始位和终止位,可完成同步半双工串行通信,常用于板级芯片之间的短距离低速通信。

I^2S 是一种面向多媒体应用的音频串行总线,是 SONY、Philips 等公司共同推出的接口标准,主要针对数字音频设备,如便携 CD 机、数字音频处理器等,专用于这些音频设备之间的数据传输。

SPI(Serial Peripheral Interface)是串行外设接口,总线系统是一种同步串行外设接口,它可以使 MCU 与各种外围设备以串行方式进行通信。通常用的四线制,包括 MISO(主输入从输出)、MOSI(主输出从输入)、SSL(芯片选择)和 SCK(时钟),可完成全双工的同步串行通信,使用于板级芯片之间的短距离通信。

CAN(Controller Area Network)是控制器局域网络,仅有 CANH 和 CANL 两个信号线,采用差分方式传输数据,可以进行远距离(1 200 m)多机通信。主要用于要求抗干扰能力强的工业控制领域,可组成多主多从系统。

USB(Universal Serial Bus)是一种通用串行总线,主要用于与外部设备短距离通信,也采用差分方式传输数据,其速度快、效率高,是目前应用最广的串行总线接口形式。

Ethernet 是以太网通信接口,在许多新型 ARM 芯片(如 Cortex-M3 系列)中均集成了这一接口,把以太网 MAC 层做到芯片内部,有的连物理层也做进去了,使连接以太网变得非常容易,外部仅需要连接一个 RJ45 连接器即可。

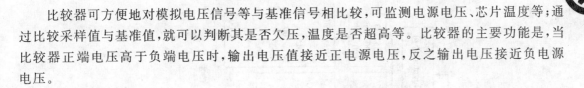

2.6　常用 ARM 嵌入式微控制器厂家及典型芯片

典型的嵌入式微控制器当属基于 ARM 的系列嵌入式微控制器。生产 ARM 微控制器的厂家众多,超过 100 多家,每个厂商生产的 ARM 芯片型号各不相同,除了内核架构外,其内置硬件组件各有特色,性能也有差异。图 2-34 示出了采用 ARM 内核技术的不同系列典型嵌入式微控制器芯片的生产厂商、采用的内核系列及典型的 ARM 芯片。

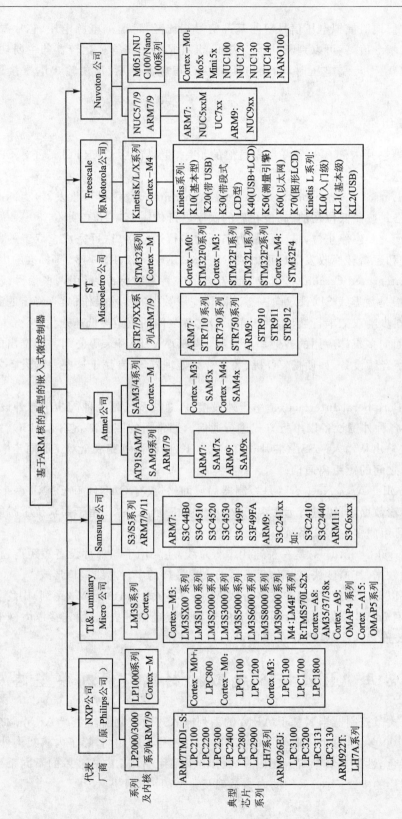

图2-34　基于ARM核的典型的嵌入式处理器系列

2.6.1　NXP 公司的典型 ARM 芯片

荷兰 NXP 半导体公司(原 Philips 公司),主要提供半导体芯片、系统解决方案和软件,为电视、机顶盒、智能识别应用、手机、汽车以及其他形形色色的电子设备提供更好的应用。它的 ARM 芯片侧重于微控制器,以 ARM7,ARM9,Cortex – M3 内核为基础,生产了多个系列的 ARM 处理器芯片,且应用非常广泛。NXP 公司的 ARM 芯片主要有以下几个系列。

1. 基于 ARM7TDMI – S 核的 LPC2000 系列

LPC2000 系列采用 ARM7TDMI – S 内核,并带有 128 KB/256 KB 嵌入式高速 Flash 存储器。128 位宽度的存储器接口和独特的加速结构使 32 位代码能够在最大时钟速率下运行。LPC2000 系列有 5 个子系列:LPC2100、LPC2200、LPC2300、LPC2400 和 LPC2800。

① LPC2100 系列采用非常小的 64 引脚封装,具有极低的功耗、多个 32 位定时器、4 路 10 位 ADC、PWM 输出以及多达 9 个外部中断,这使该系列特别适用于工业控制、医疗系统、访问控制和电子收款机(POS)等应用领域。LPC2100 系列具有丰富的片上外设资源,如 UART 接口、CAN 总线接口、SPI 接口、SSP 接口、I^2C 接口、ADC、DAC、USB 2.0 接口、通用定时器、外部中断、PWM、RTC、LCD 驱动器等。

② LPC2200 系列片上资源包括外部存储器控制器(EMC)、UART 接口、CAN 总线接口、SPI 接口、SSP 接口、I^2C 接口、ADC、DAC、USB 2.0 接口、通用定时器、外部中断、PWM、实时时钟、LCD 驱动器等。通过外部存储器接口可以扩展 64 MB 的异步静态存储器设备。

③ LPC2300 集成 4 个 UART(1 个带有 IrDA)、10/100M 以太网媒体访问控制器(MAC)、USB 2.0 接口、2 路 CAN 总线接口、3 个 I^2C 接口、3 个 SPI/SSP 接口、1 个 I^2S 接口;增强型外设:4 个 32 位捕获/比较定时器、PWM、1 个带有 2 KB 电池 SRAM 的低功耗 RTC、WDT 和 1 个片内 4 MHz 的 RC 振荡器。此外,具有 1 个 SD/MMC 存储卡接口、1 个 8 位存储器控制器(Minibus),支持异步静态存储器设备。

④ LPC2400 支持 STN 和 TFT 显示的 LCD 控制器、10/100M 以太网媒体访问控制器(MAC)、USB 2.0 全速 Device/Host/OTG 控制器、4 个 UART、2 路 CAN 总线接口、1 个 SPI 接口、2 个 SSP 接口、3 个 I^2C 接口和 1 个 I^2S 接口。同时,还带有 1 个片内 4 MHz 内部振荡器、98 KB RAM 以及 1 个支持异步静态存储器设备和动态存储器的外部存储器控制器(EMC)。此外,还带有多个 32 位定时器、ADC、DAC 和 PWM。

⑤ LPC2800 系列 ARM 是一款基于 ARM7 的微控制器,适于要求低功耗和高性能的便携式应用。它包含 1 个 USB 2.0 高速设备接口、1 个能够连接 SDRAM 和 Flash 的外部存储器接口、一个 MMC/SD 存储卡接口、ADC、DAC,以及包含 UART、I^2C、I^2S 在内的串行接口。该芯片能够采用单电池、USB 或已校准的 1.8 V 和 3.3 V 供电。

2. 基于 ARM7TDMI – S 核的 LH7 系列

该系列 ARM 芯片是原 Sharp 公司生产的 ARM 芯片,现被 NXP 公司收购。主要包括 LH75401、LH7411、LH79520 和 LH79524 等。

3. 基于 ARM9 的 LPC2900 和 LPC3000 系列

LPC2900 系列 ARM 是基于高达 125 MHz 的 ARM968 处理器芯片系列,支持 USB 2.0

Device/OTG/Host,带有 CAN-bus 接口和 LIN 主机控制器,具有多达 4 个 UART、16 KB 的 EEPROM、3 个 A/D 转换器和带有正交编码器的 PWM 电机控制接口,非常适于包括工业自动化和车内网络在内的应用。

LPC3000 系列 ARM 采用了带有矢量浮点协处理器的 ARM926EJ-S CPU 内核,大幅提升了数据处理能力;工作频率可高达 266 MHz,这为 USB、以太网、LCD 控制器等外设同时运行提供了强有力的后盾,将各种高速外设性能发挥得淋漓尽致。LPC3000 系列采用了多重 AHB 总线架构,各个高速外设同时运行,没有速度瓶颈。超强的浮点和 DSP 数据处理能力、超高的数据传输速度和丰富的片内高速外设使得 LPC3000 系列 ARM 成为数据处理和通信等应用场合的首选。基于 ARM926EJ-S 内核的 LPC3000 系列,有两个子系列(LPC3100 和 LPC3200)。

4. 基于 ARM922T 的 LH7A 系列

LH7A 系列有两个子系列,分别是 LH7A400 和 LH7A404。

5. 基于 Cortex-M0 的 LPC1000 系列

LPC1000 系列包括 LPC1100 和 LPC1200 两个子系列。

LPC1100 系列 ARM 是以 Cortex-M0 为内核,是为嵌入式系统应用而设计的高性能、低功耗的 32 位微处理器。LPC1100 是市场上定价最低的 32 位微控制器解决方案,其价格和易用性比现有的 8/16 位微控制器更胜一筹。

LPC1200 系列 ARM 是基于 Cortex-M0 内核的微控制器,具有高集成度和低功耗等特性,可用于嵌入式应用。它可为系统提供更高的性能,如增强的调试特性和更高密度的集成。

6. 基于 Cortex-M0+的 LPC800 系列

LPC800 系列是由 Cortex-M0 改进缩减的版本,目标是低功耗、低成本应用,为物联网感知层应用提供了性价比极高的应用方案。

7. 基于 Cortex-M3 的 LPC1300/LPC1700/LPC1800 系列

LPC1300/LPC1700/LPC1800 系列 ARM 是以第二代 Cortex-M3 为内核的微控制器,用于处理要求高度集成和低功耗的嵌入式应用。其采用 3 级流水线和哈佛结构,运行速度高达 100 MHz,带独立的本地指令和数据总线以及用于外设的第三条总线,使得代码执行速度高达 1.25 MIPS/MHz,并包含一个支持随机跳转的内部预取指单元,特别适用于静电设计、照明设备、工业网络、报警系统、白色家电、电机控制等领域。

LPC1700 系列 ARM 增加了一个专用的 Flash 存储器加速模块,使得在 Flash 中运行代码能够达到较理想的性能。其外设组件相当多,包括最高配置 512 KB 片内 Flash 程序存储器、96 KB 片内 SRAM、4 KB 片内 EEPROM、8 通道 GPDMA 控制器、4 个 32 位通用定时器、1 个 8 通道 12 位 ADC、1 个 10 位 DAC、1 路电机控制 PWM 输出(MCPWM)、1 个正交编码器接口、6 路通用 PWM 输出、1 个 WDT 以及 1 个独立供电的超低功耗 RTC。其互连通信接口相当丰富,包括 1 个以太网 MAC、1 个 USB 2.0 全速接口、5 个 UART 接口、2 路 CAN、3 个 SSP 接口、1 个 SPI 接口、3 个 I^2C 接口、2 路 I^2S 输入/输出。

表 2-5 列出了 LPC1700 系列典型微控制器片上组件。USB 2.0 一列中，D＝Device，表示 USB 设备；H＝Host，表示 USB 主机；O＝OTG。

表 2-5　LPC1700 系列典型微控制器片上组件

器件型号	Flash/ KB	SRAM/ KB	以 太 网	USB 2.0	CAN 2.0B	ADC/ (ch· bit^{-1})	Timer	I²S	I²C	PWM/ ch	DAC/ (ch· bit^{-1})	SPI/ SSP	UART	封装
LPC1769	512	64	1	D/H/O	2	8/12	4	1	3	8	1/10	1/2	4	LQFP100
LPC1768	512	64	1	D/H/O	2	8/12	4	1	3	6	1/10	1/2	4	LQFP100
LPC1767	512	64	1	—	—	8/12	4	1	3	6	1/10	1/2	4	LQFP100
LPC1766	256	64	1	D/H/O	2	8/12	4	1	3	6	1/10	1/2	4	LQFP100
LPC1765	256	64	—	D/H/O	2	8/12	4	1	3	6	1/10	1/2	4	LQFP100
LPC1764	128	32	1	D	2	8/12	4	—	3	6	—	1/2	4	LQFP100
LPC1763	256	64	—	—	—	8/12	4	1	3	6	1/10	1/2	4	LQFP100
LPC1759	512	64	—	D/H/O	2	6/12	4	1	3	6	1/10	1/2	4	LQFP80
LPC1758	512	64	1	D/H/O	2	6/12	4	1	3	6	1/10	1/2	4	LQFP80
LPC1756	256	32	—	D/H/O	2	6/12	4	1	3	6	1/10	1/2	4	LQFP80
LPC1754	128	32	—	D/H/O	1	6/12	4	—	3	6	1/10	1/2	4	LQFP80
LPC1752	64	16	—	D	—	6/12	4	—	2	6	—	1/2	4	LQFP80
LPC1751	32	8	—	D	1	6/12	4	—	2	6	—	1/2	4	LQFP80

表 2-5 中没有列出 LPC177X 微控制器系列，这类微控制器还具有 SD 卡、外部总线扩展接口、LCD、EEPROM 片上组件，可根据需求选择合适的微控制器芯片。

LPC1800 系列 ARM 包含高达 1 MB 的片内 Flash、200 KB 的片内 SRAM、四线 SPI Flash 接口(SPIFI)，可配置定时器子系统(SCT)、2 个高速 USB 控制器、1 个以太网、1 个 LCD 接口、1 个外部存储器控制器以及各种数字和模拟外设等。

8. 基于 Cortex-M4＋M0 双核的 LPC4000 系列

LPC4000 系列 ARM 是 NXP 推出的基于 ARM Cortex-M4 内核的数字信号系统处理器。Cortex-M4 处理器完美地融合了微控制器 M0 的基本功能(如集成的中断控制器、低功耗模式、低成本调试和易用性等)和高性能数字信号处理功能(如单周期 MAC、单指令多数据(SIMD)技术、饱和算法、浮点运算单元)。LPC4000 系列 ARM 工作频率高达 150 MHz，采用 3 级流水线和哈佛结构，带有独立的本地指令和数据总线以及用于外设的第三条总线，还包含一个内部预取指单元，支持随机跳转的分支操作。其可以帮助开发者实现多种开发应用，如：马达控制、电源管理、工业自动化、机器人、医疗、汽车配件和嵌入式音频。典型芯片有 LPC4333、LPC4337、LPC4350、LPC4357 等。

2.6.2　TI 公司的典型 ARM 芯片

TI 公司设计、推广和销售基于混合型的嵌入式微控制器超过 270 个品种，主要特色是全部内置 10 位 ADC，并根据不同应用场合特制不同子系列以满足不同应用需求。主要 ARM

芯片有：

① 基于 ARM9 的 ARM 芯片。基于 ARM9 的 TI 公司的 ARM 芯片主要是 AM1x 系列以及 ARM9＋DSP 的 OMAP－L1x 系列。AM1x 系列主要有 AM1705、AM1707、AM1802、AM1806、AM1808 以及 AM1810 等；OMAP－L1x 系列主要有 OMAP－L137 和 OMAP－138。

② 基于 ARM Cortex－M3 的低成本、低功耗 LM3SX00 系列。该系列的 ARM 芯片主要有 LM3S100、LM3S300、LM3S600、LM3S800 等。Flash 大小分别为：LM3S100 系列为 8 KB，LM3S300 系列为 16 KB，LM3S600 系列为 32 KB，LM3S800 系列为 64 KB。SRAM 大小为2～8 KB。

③ 基于 ARM Cortex－M3 的高性能 LM3S1000 系列。LM3S1000 系列主要有 LM3S11xx、LM3S13xx、LM3S14xx、LM3S15xx、LM3S16xx、LM3S19xx 等。

④ 基于 ARM Cortex－M3 带 CAN 控制器的 LM3S2000 系列。LM3S2000 系列主要有 LM3S21xx、LM3S22xx、LM3S24xx、LM3S25xx、LM3S26xx、LM3S27xx、LM3S29xx 等。

⑤ 基于 ARM Cortex－M3 带 USB 接口的 LM3S3000 系列。LM3S3000 系列主要有 LM3S3651、LM3S3739、LM3S3948、LM3S3949 等。

⑥ 基于 ARM Cortex－M3 带 USB＋CAN 接口的 LM3S5000 系列。LM3S5000 系列主要有 LM3S5632、LM3S5652、LM3S5662、LM3S5732、LM3S5737、LM3S5739、LM3S5747、LM3S5752、LM3S5762、LM3S5791 等。

⑦ 基于 ARM Cortex－M3 带 Ethernet 的 LM3S6000 系列。LM3S6000 系列的最大特色是内置以太网 MAC＋PHY，是所有带以太网 ARM 芯片中性价比最高的。这个系列的主要芯片有 LM3S6110、LM3S6420、LM3S6422、LM3S6432、LM3S6537、LM3S6610、LM3S6611、LM3S6618、LM3S6633、LM3S6637、LM3S6730、LM3S6753、LM3S6911、LM3S6918、LM3S6938、LM3S6950、LM3S6952 以及 LM3S6965 等。

⑧ 基于 ARM Cortex－M3 带 Ethernet＋CAN 接口的 LM3S8000 系列。LM3S8000 系列以以太网与 CAN 总线共存为特色著称，主要芯片包括 LM3S8530、LM3S8538、LM3S8630、LM3S8730、LM3S8733、LM3S8738、LM3S8930、LM3S8933、LM3S8938、LM3S8962、LM3S8970 以及 LM3S8971。

⑨ 基于 ARM Cortex－M3 带 Ethernet＋USB＋CAN 接口的 LM3S9000 系列。LM3S9000 系列以以太网、USB 与 CAN 总线共存为特色著称，主要芯片包括 LM3S9790、LM3S9B90、LM3S9792、LM3S9B92、LM3S9B95、LM3S9790、LM3S9B90、LM3S9792、LM3S9B92 以及 LM3S9B95 等。

⑩ 基于 ARM Cortex－M3 带 Cortex－M4 的 LM4F（内置 FPU 浮点运算部件）系列。

⑪ 基于 ARM Cortex－R4 的 TMS570LS2x、Cortex－R4 系列。

⑫ 基于 ARM Cortex－M4F 的 LM4F 系列。LM4F 系列主要包括 LM4F110 系列、LM4F120 系列、LM4F130 系列以及 LM4F230 系列，主要适应高性能、低功耗应用。

2.6.3　Samsung 公司的典型 ARM 芯片

韩国的 Samsung 公司主要生产 ARM7、ARM9 以及 Cortex－A 系列芯片，它们是最早得到应用的 ARM 处理器芯片，已广泛应用于商业用途。主要 ARM 微控制器芯片为标有 S3 开关的所有系列（在 Samsung 公司的 ARM 命名规则中，第二位 3 表示微控制器），包括：

（1）基于 ARM7 内核的 S3C44B0

S3C44B0 是 Samsung 公司专为手持设备和一般应用提供的高性价比和高性能的 16/32 位 RISC 型嵌入式微处理器。它使用 ARM7TDMI 核，工作在 75 MHz。S3C44B0x 采用 0.25 μm 制造工艺的 CMOS 标准宏单元和存储编译器，它功耗低，精简和出色的全静态设计非常适用于对成本和功耗要求较高的场合。S3C44B0 是应用最早且最通用的嵌入式处理器芯片，应用成熟，也是最早被熟悉的 ARM 芯片。

（2）基于 ARM9 内核的 S3C24xx 系列

S3C24xx 系列是 Samsung 公司基于 ARM920T 核的嵌入式微处理器，与基于 ARM7 的 S3C44B0 最大区别在于，S3C24xx 内部带有全性能的 MMU（内存管理单元），它适用于设计移动手持设备类产品，具有高性能、低功耗、接口丰富和体积小等优良特性。

S3C24xx 提供了丰富的内部设备：如双重分离的 16 KB 的指令 Cache 和 16 KB 数据 Cache、MMU 虚拟存储器管理部件、LCD 控制器、支持 NAND Flash 系统引导、外部存储控制器、3 通道 UART、4 通道 DMA、4 通道 PWM 定时器、I/O 端口、定时器、8 通道 10 位 ADC、触摸屏接口、I²C 总线接口、USB 主机、USB 设备、SD 主卡及 MMC 卡接口、2 通道 SPI 以及内部 PLL 时钟倍频器。

S3C24xx 系列包括 S3C2410、S3C2440、S3C2450、S3C2470 等。

（3）基于 ARM11 的 S3C6xxx 系列

S3C6xxx 系列包括 S3C6410、S3C6440、S3C6450、S3C6560 等。

2.6.4　Atmel 公司的典型 ARM 芯片

美国的 Atmel 公司是世界上高级半导体产品设计、制造和行销的领先者。其产品涵盖了先进的微控制器、可编程逻辑器件、Flash 存储器、混合信号器件以及射频（RF）集成电路。Atmel 将高密度非易失性存储器、逻辑和模拟功能集成于单一芯片中，是新兴的精英公司。它的 ARM 芯片主要有：

（1）基于 ARM7 的 SAM7x 系列

SAM7x 系列以 ARM7TDMI 为内核，主要芯片系列包括 SAM7Lx、SAM7Sx、SAM7Ex、SAM7SEx、SAM7Xx、SAM7XCx 等。这里 x 表示芯片内部 Flash 容量的大小，从 12 KB 到 512 KB；E 表示具有外部总线接口的芯片；C 表示内置 CAN 接口的芯片。

（2）基于 ARM9 的 SAM9x 系列

SAM9x 系列以 ARM926EJ - S 为内核，主要有 SAM9XE128、SAM9XE256、SAM9XE512、SAM9G10、SAM9G15、SAM9G20、SAM9G35、SAM9G45、SAM9G46、SAM9260、SAM9261、SAM9263、SAM9R64、SAM9M10、SAM9M11、SAM9X25、SAM9X35 等。

（3）基于 ARM Cortex - M3 的 SAM3x 系列

SAM3x（前缘 SAM3 表示内核为 AMR Cortex - M3）系列。包括 SAM3N、SAM3S、SAM3U 等系列。其中，N 表示基本型，S 表示带 USB，U 表示有高速 USB。SAM3N 系列主要有 SAM3N1A、SAM3N2A、SAM3N4A、SAM3N1B、SAM3N2B、SAM3N4B、SAM3N1C、SAM3N2C、SAM3N4C。其中，1 表示 Flash 容量为 64 KB，2 表示 Flash 容量为 128 KB，4 表示 Flash 容量为 256 KB，A 为 48 引脚封装，B 为 64 引脚封装，C 为 100 引脚封装。

(4) 基于 ARM Cortex - M4 的 SAM4x 系列

SAM4x 系列以 Cortex - M4 为内核,侧重工业控制等应用领域。如 SAM4S8B、SAM4S16B、SAM4S16C、SAM4SD32B、SAM4SD32C 等均带 USB 接口且 Flash 从 512 KB 到 2 MB,SRAM 从 128 KB 到 160 KB,是微控制器领域 Flash 容量最大、SRAM 容量也较大的 ARM 芯片。

2.6.5 ST 公司的典型 ARM 芯片

法国 ST(意法半导体公司)的主要产品有 ARM7 的 STR7 系列、ARM9 的 STR9 系列、Cortex - M0 的 STM32F0 系列、Cortex - M3 的通用型 STM32F1 系列、低功耗型的 STM32L1 系列、高性能的 STM32F2 系列和 Cortex - M4 的 STM32F4 系列 ARM 芯片。

(1) 基于 ARM7 的 STR7 系列

STR7 系列是 ST 公司基于 ARM7TDMI 内核的 ARM 芯片,主要有 STR710FZ2T6、STR710FZ1T6、STR711FR2T6、STR711FR1T6、STR712FR2T6、STR712FR1T6 等。

(2) 基于 ARM9 的 STR9 系列

STR9 系列是 ST 公司基于 ARM9E 内核的 ARM 芯片,主要有 STR910F、STR911F、STR912F 等。

(3) 基于 ARM Cortex - M0 的 STM32F0 系列

ST 的 STM32F0 系列是基于 ARM Cortex - M0 的 ARM 芯片,内部有 12 位 ADC 和 12 位DAC、2 个比较器、CRC 模块、1 个 32 位定时器、6 个 16 位定时器、看门狗、16 位三相电机控制器、I^2C 和 SPI 等外设组件;内部 Flash 从 16 KB 到 64 KB,SRAM 从 4 KB 到 8 KB;有 STM32F050x 和 STM32F051x 两个子系列,有 32 引脚、48 引脚和 64 引脚三种封装,性价比高。

(4) 基于 ARM Cortex - M3 的主流 ARM 芯片 STM32F1 系列

ST 的 STM32F1 系列是基于 ARM Cortex - M3 的主流 ARM 芯片,主要用于满足工业、医疗、消费电子等领域的需求;主要包括超值型系列 STM32F100、基本型系列 STM32F101、USB 基本型系列 STM32F102、增强型系列 STM32F103(电机控制＋CAN＋USB)以及互连型系列 STM32F105/107(以太网 MAC＋USB＋CAN)。

(5) 基于 ARM Cortex - M3 的超低功耗 ARM 芯片 STM32L1 系列

ST 的 STM32L1 系列是基于 ARM Cortex - M3 的超低功耗 ARM 芯片,主要包括 STM32L151 和 STM32L152,主要用于高性能、低功耗场合。

(6) 基于 ARM Cortex - M3 的高性能 ARM 芯片 STM32F2 系列

ST 的 STM32F2 系列是基于 ARM Cortex - M3 的高性能 ARM 芯片,内部 Flash 高达 1 MB,SRAM 达到 192 KB,具有以太网、USB、摄像头接口、硬件加密及外部存储器扩展接口等。主要包括 STM32F205、STM32F207、STM32F215 和 STM32F217 四个子系列。主要用于高性能场合。

(7) 基于 ARM Cortex - M4 的 ARM 芯片 STM32F4 系列

ST 的 STM32F4 系列是基于 ARM Cortex - M4 的高性能 ARM 芯片系列,内部 Flash 容量高达 1 MB,SRAM 达到 128 KB,具有以太网、USB、双路 CAN、摄像头接口、硬件加密及外部存储器扩展接口并具有 DSP 功能等,主要包括 STM32F405、STM32F407、STM32F415 和

STM32F417 四个子系列。

2.6.6　Freescale 公司的典型 ARM 芯片

Freescale 公司是 2004 年从 Motorola 公司半导体器部分离出来的新公司,主要致力于嵌入式处理器芯片的生产和销售。其中 ARM 芯片以 Cortex - M0＋和 Cortex - M4 内核的芯片为主要代表,包括 Kinetis K、Kinetis L(KL0/KL1/KL2)以及 Kinetis X 三大系列。Kinetis 系列共同的特色包括高速 12/16 位 ADC、12 位 DAC、高速模拟比较器、低功率触碰感应,可透过触碰将装置从省电状态唤醒,具有强大的定时器,适于多种应用,如马达控制。

Freescale 公司的 Cortex - M 嵌入式处理器不同特性系列 MCU 如图 2 - 35 所示。

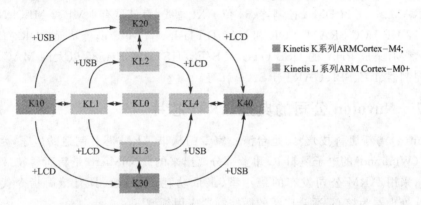

图 2 - 35　Freescale 公司的 Cortex - M 嵌入式处理器系列

1. 基于 ARM Cortex - M0＋的 Kinetis L 系列 ARM 芯片

Kinetis L 系列采用 Freescale 公司曾获奖的创新闪存技术,其闪存所需功率最低。这种技术会产生纳米大小的硅晶片。它改进了传统的硅晶式电荷储存法,而以非薄膜储存电荷,同时也改良了闪存以往不易抗拒数据损失的缺点,可应用于包括小型家电、游戏外围、可携式医疗系统、音响系统、智能型测量计、照明与电力控制等,现可利用 32 位的能力与延展性来扩充未来的产品线。

Kinetis L 系列的主要代表有 Kinetis L0 即 KL0(KL04/KL05;8～32 KB Flash)、Kinetis L1 即 KL1(KL14/KL15;32～256 KB Flash)、Kinetis L2 即 KL2(KL1 基础上增加 USB 2.0)、Kinetis L3 即 KL3(64～256 KB Flash)、Kinetis L4 即 KL4(128～256 KB)。L0 系列估计是目前价格最低的 M0 芯片。

2. 基于 ARM Cortex - M4 的 Kinetis K 系列 ARM 芯片

Freescale 公司的 Kinetis K 系列产品组合有超过 200 个基于 ARM Cortex - M 结构的低功耗、高性能、可兼容的微控制器。它的设计具有可扩展性能、集成、连接性、通信、人机交互(HMI)和安全等特性。这个系列产品的特性是高度集成,包含多种快速 16 位 ADC、DAC 和可编程增益放大器,以及强大、经济、有效的信号转换器,具有低功耗、连接性、人机交互和安全等特性。

Kinetis K 系列是 Freescale 的能源效益解决方案项目和产品长寿项目的一部分。K 系列的主要芯片包括 K10、K20、K30、K40、K50、K60、K70 等。其中，K10 系列为基本型，K20 为带 USB 型，K30 为带段式 LCD 型，K40 为带 USB 和段式 LCD 型，K50 为带测量引擎型，K60 为带以太网及加密功能型，K70 为带图形 LCD 型，等等。

3. 基于 ARM Cortex – M4 的 Kinetis X 系列 ARM 芯片

Freescale 公司的 Kinetis X 系列是业界基于 ARM Cortex – M4 内核构建、速度最快的微控制器。该器件系列具有先进的连接特性和 HMI 外设，内含软件可以支持带有强大图形用户界面的网络系统。Kinetis X 系列 MCU 配置了一系列的软件和工具。

K 系列内部除具有 ARM Cortex – M4 内核固有特征外，还具有指令和数据缓存紧密耦合的 32 KB SRAM、64 通道 DMA 控制器、64 位 AXI 总线，存储器有 1 MB、2 MB、4 MB、0 MB/外部闪存，512 KB ECC SRAM，NOR 和 NAND Flash，串行 Flash，低功耗 DDR2/DDR3 的片外扩展选件，带有集成 PHY 的 USB OTG (LS/FS/HS)、IEEE 1588 以太网 MAC、段码式和图形 LCD 控制器、I^2C、SPI、UART、I^2S、CAN 等。

2.6.7 Nuvoton 公司的典型 ARM 芯片

Nuvoton(台湾新唐科技)公司是台湾一家专门从事 ARM 芯片制造的厂家，是由原来华邦电子公司(Winbond)的电子逻辑 IC 事业部分离出来的。NuMicro 是新唐科技最新一代 32 位微控制器，采用 ARM 公司发布的最小型、最低功耗、低门数、具有精简指令代码特性的 Cortex – M0 处理器为核心，适合广泛的微控制器应用领域。

NuMicro 家族目前已量产的系列有：NUC100 系列；带有 USB2.0 全速设备的低功耗 NUC120/NUC122 系列；内嵌 CAN2.0B 标准的 NUC130/140 系列；继 M051 系列之后的低引脚、低价位的 Mini51 系列；以 200 μA/MHz 常态低功耗运行的 Nano100 超低功耗系列等。应用领域涵盖相当广泛，包括触控屏幕、USB 连接、直流无刷马达(BLDC)、汽车电子、医疗电子等。此前还有 ARM7 和 ARM9 产品。其主要 ARM 芯片系列有：

（1）基于 ARM7 的 NUC5xx 和 NUC7xx 系列

Nuvoton 的 NUC5 和 NUC7 系列是基于 ARM7TDMI 内核的 ARM7 芯片，主要芯片有 NUC501A、NUC501B，NUC710A、NUC740A 和 NUC750。

（2）基于 ARM9 的 NUC9xx 系列

Nuvoton 的 NUC9 系列基于 ARM926EJ，主要芯片有 NUC910A、NUC920B、NUC945A、NUC950A 和 NUC960。

（3）基于 ARM Cortex – M0 的 M051 系列

NuMicro M051 系列为 32 位微控制器，内建 ARM Cortex – M0 内核，最高可运行至 50 MHz，具有 8 KB/16 KB/32 KB/64 KB Flash 存储器、4 KB 内建 SRAM、4 KB 独立 Flash 字节作为在线系统编程 ISP，并配备有丰富的外设，如 GPIOs、Timer、UART、SPI、I^2C、PWM、ADC、模拟比较器、WDT、低电压复位和欠压检测等。其以低成本、低功耗著称，主要芯片有 M052（8 KB Flash）、M054（16 KB Flash）、M058（32 KB Flash）和 M0516（64 KB Flash）等。

（4）基于 ARM Cortex – M0 的 Mini51 系列

NuMicro Mini51 系列也是基于 ARM Cortex – M0 内核的 32 位微控制器，最高可运行至

24 MHz,具有 4 KB/8 KB/16 KB 内建 Flash 存储器、2 KB 内建 SRAM、数据 Flash 大小可配置（与程序 Flash 内存共享）、2 KB 独立 Flash 作为在线系统编程 ISP。为了降低成本,减小空间,Mini51 系列内嵌丰富的外设,如 GPIOs、定时器、UART、SPI、I²C、PWM、ADC、WDT、低电压复位和欠压检测,使 Mini51 系列适于广泛的应用。Mini51 系列主要芯片有 Mini51（4 KB Flash）、Mini52（8 KB Flash）和 Mini54（16 KB Flash）。

（5）基于 ARM Cortex-M0 的 NUC100 系列

NuMicro NUC100 系列为基于 ARM Cortex-M0 内核的 32 位微控制器芯片,最高可运行至 50 MHz,具有 32 KB/64 KB/128 KB 内建 Flash 存储器、4 KB/8 KB/16 KB 内建 SRAM、4 KB 独立 Flash 作为在线系统编程 ISP,并内嵌丰富的外设,如 GPIOs、Timer、WDT、RTC、PDMA、UART、SPI/Microwire、I²C、I²S、PWM、LIN、CAN 2.0B、PS2、USB 2.0 全速设备、12 位 ADC、模拟比较器、低电压复位和欠压检测等。主要芯片包括 NUC100 系列（高集成外设型）、NUC120 系列（内置 USB 2.0 型）、NUC130 系列（内置 CAN 总线型）、NUC140 系列（内置 USB+CAN 型）等。

（6）基于 ARM Cortex-M0 的 Nano100 系列（超低功耗系列）

NuMicro Nano 系列为 Cortex-M0 内核的 32 位微控制器芯片,最高可运行至32 MHz,具有 32 KB/64 KB 内建 Flash 存储器、8 KB/16 KB 内建 SRAM、数据 Flash 大小可配置（与程序 Flash 存储器共享）、4 KB 独立 Flash 作为在线系统编程 ISP。Nano 系列为超低功耗,内嵌丰富的外设,包含 4x40LCD 驱动、12 位 ADC、12 位 DAC、电容触控击键、UART、SPI、I²C、I²S、USB 2.0 全速设备、智能卡接口 ISO-7816-3,并支持多种外设快速唤醒功能。主要芯片包括 Nano100（基本型）、Nano110（内置 LCD 驱动型）、Nano120（内置 USB 型）、Nano130（内置 USB+LCD 驱动型）。

2.6.8　其他厂家的典型 ARM 芯片

美国 Intel 公司的 ARM 处理器主要代表有 Xscale 核的 PXA250 和 PXA270。

此外,美国的 Silicon LABS（益登科技）基于 ARM Cortex-M3 处理器的新型 Precision32 系列产品,包括 SiM3U1xx 和 SiM3C1xx 两大系列 ARM 芯片。

其他生产 ARM 芯片的厂家还有 Altera、Alilent、Cirrus、Hynix、Linkup、Micronas、Motorola、NEC、NetSilion、OKI、Parthus、Qualcomm、Rohm、Triscend 等,国内也有购买 ARM 内核的科研院所和生产厂家。限于篇幅,这里就不一一列举了。

2.7　嵌入式微控制器选型

目前,嵌入式微控制器芯片品种繁多,各具特色,如何从众多的嵌入式处理器芯片中选择满足应用系统需求的芯片,是摆在我们面前的重要任务。只有选定了嵌入式微控制器,才可以着手进行基于微控制器的嵌入式系统硬件设计。选择合适的嵌入式微控制器可以提高产品质量,减少开发费用,缩短开发周期。

嵌入式微控制器的选型应该遵循以下总体原则:性价比越高越好。

在满足功能和性能要求（包括可靠性）的前提下,价格越低越好。性能和价格本身是一对矛盾。

① 性能:应该选择完全能够满足功能和性能要求且略有余量的嵌入式微控制器,够用就行。

② 价格:成本是系统设计的一个关键要素,在满足需求的前题下选择价格便宜的。

除了上述总体选择原则外,还要考虑参数选择原则,可分为功能性参数选择和非功能性参数选择。

2.7.1 功能性参数的选择原则

功能性参数即满足系统功能要求的参数,包括内核类型、处理速度、片上 Flash 及 SRAM 容量、片上集成 GPIO、内置外设接口、通信接口、操作系统支持、开发工具支持、调试接口、行业用途等。

1. 微控制器内核

任何一款基于嵌入式微控制器的芯片都是以某个内核为基础设计的,因此离不开内核的基本功能,这些基本功能决定了实现嵌入式系统最终目标的性能。因此嵌入式微控制器的选择首要任务是考虑基于什么架构的内核。

实际上,对内核的选择取决于许多性能要求,如对指令流水线的要求、指令集的要求、最高时钟频率的限制、最低功耗要求以及低成本要求等。

2. 系统时钟频率

系统时钟频率决定了微控制器的处理速度,时钟频率越高,处理速度也越快。通常微控制器的速度主要取决于内核。

3. 芯片内部存储器的容量

大多数微处理器芯片内部存储器的容量都不是很大,必要时用户可在设计系统时外扩存储器,但也有部分芯片具有相对较大的片内存储空间。片内存储器的大小是要考虑的因素之一,包括内置 Flash 和 SRAM 大小,要估计程序量和数据量以选取合适的 ARM 芯片。目前对于微控制器的应用通常不考虑外部扩展存储器,因此选择能够满足程序存储器要求的内置 Flash 容量以及满足存储数据要求的 SRAM 大小是重点考虑的参数,还要考虑是否有对 EEP-ROM 这样非易失性存储器的要求,以便能长期保存系统设置的参数而无需外部扩展。

4. 片内外围组件

除内核外,所有微控制器芯片或片上系统均根据各自不同的应用领域,扩展了相关的功能模块,并集成在芯片之中,如 USB 接口、SPI 接口、I^2C 接口、I^2S 接口、LCD 控制器、键盘接口、RTC、ADC/DAC、DSP 协处理器等。设计者应分析系统的需求,尽可能采用片内外围硬件组件完成所需的功能。这样既可简化系统的设计,也提高了系统的可靠性,降低了成本。片内外围硬件组件的选择可从以下几个方面考虑:

(1) GPIO 外部引脚数

在系统设计时需要计算实际可以使用的 GPIO 引脚数量,并规划好哪些作为输入引脚,哪些作为输出引脚。必须选择那些至少能满足系统要求的,并留有一定空余引脚的嵌入式微控制器芯片。

（2）定时/计数组件

实际应用中的嵌入式系统需要若干个定时或计数功能,必须考虑微控制器内部定时器的个数,目前定时/计数器一般多为 16 位/24 位或 32 位。

如果是需要脉冲宽度调制(PWM)以控制电机等对象,还要考虑 PWM 定时器。

多数系统需要一个准确的时钟和日历,因此还要考虑微控制器内部是否集成了 RTC(实时时钟)。

还要考虑抗干扰因素,则需要一个看门狗定时器(WDT)等。

（3）LCD 液晶显示控制器组件

对于人机交互界面及用 LCD 液晶显示屏的场合,就需要考虑内部集成了 LCD 控制器的微控制器,根据需要可选择有标准 LCD 控制器和驱动器的微控制器或者有段式 LCD 驱动器的微控制器。

（4）多核处理器

对于特定处理功能的嵌入式系统,要根据其功能特征选用不同搭配关系的多核微控制器或片上系统。对于多核处理器结构的选型,须考虑以下几个方面:

① ARM＋DSP 多处理器可以加强数学运算功能和多媒体处理功能;

② ARM＋FPGA 多处理器的结合可以提高系统硬件的在线升级能力;

③ ARM＋ARM 多处理器的结合可以增强系统多任务处理能力和多媒体处理能力。

（5）模拟与数字间的转换组件

对于实际的工业控制或自动化领域或传感器网络应用领域,必然涉及模拟量的输入,因此要考虑内部具有 ADC 的微控制器,选择时还要考虑 ADC 的通道数、ADC 的分辨率及转换速度。对于有些需要模拟信号输出的场合,还要考虑 DAC,选择时要考虑 DAC 的通道数分辨率。如果没有 DAC,也可考虑使用 PWM 外加运算放大器,通过软件来模拟 DAC 输出。

（6）通信接口组件

嵌入式系统与外部往往连接了许多设备,因此要求内部具有相应的不同互连通信的接口。根据系统需求查询芯片手册,看看哪款芯片基本满足通信接口的要求,如 I^2C、SPI、UART、CAN、USB、Ethernet、I^2S 等。

2.7.2　非功能性参数的选择原则

所谓非功能性需求,是指为满足用户业务需求而必须具有且除功能需求以外的特性。非功能性需求包括系统的性能、可靠性、可维护性、可扩充性和对技术/业务的适应性等。

对于非功能性需求,描述的困难在于很难像功能性需求那样通过结构化和量化的词语来描述清楚。因此在描述这类需求时,经常采用性能要好等较模糊的描述词语。

系统的可靠性、可维护性和适应性是密不可分的。而系统的可靠性是非功能性要求的核心,系统可靠性是根本,它与许多因素有关。

对于以嵌入式微控制器为核心的嵌入式系统来说,非功能性参数是指除满足系统功能外,还要以最小成本、最低功耗保障嵌入式系统长期稳定地可靠运行。这些非功能性要求的参数,包括电压范围、工作温度、封装形式、功耗特性与电源管理、成本、抗干扰能力与可靠性、开发环境的易用性及资源的可重用性等。

为了保障嵌入式系统能够长期、稳定、可靠地工作,还要考虑特殊要求的微控制器。

1. 工作电压要求

不同的微控制器,其工作电压是不相同的,常用微控制器的工作电压有 5 V、3.3 V、2.5 V 和 1.8 V 等不同电压等级。也有些微控制器对电压范围要求很宽,宽电压工作范围如果在 1.8~3.6 V 均能正常工作,那么可以选择 3.3 V 的电源供电。因为 3.3 V 和 5 V 的外围器件可以直接连接到微控制器的引脚上,无需电平的匹配电路。

2. 工作温度要求

工作环境尤其是温度范围,不同地区的环境温度差别非常大,应用于恶劣环境下尤其要特别关注微控制器的适应温度范围,比如有些微控制器只适于在 0~45 ℃ 工作,有的适于 −40~85 ℃,有的适于 −40~105 ℃,也有些适于 −40~125 ℃,因此在价格差别不大的前提下,选择宽温度范围的微控制器可以满足更宽范围的温度要求。

3. 体积及封装形式

对于某些场合,受局部空间的限制,必须考虑体积大小的问题。对于微控制器来说,实际上跟封装有关。封装形式与线路板制作、整体体积要求有关。在初次实验阶段或初学阶段,如果有双列直插式(DIP)封装的,则选用 DIP 封装,这样便于拔插和更换,也便于调试和调整线路。在成型之后,尽量选择贴片封装的微控制器,这样一方面可靠性高,另一方面可以节约 PCB 面积以降低成本。

嵌入式微控制器一般有 QFP、TQFP、PQFP、LQFP、BGA、LBGA 等几种贴片封装。BGA 封装具有芯片面积小的特点,可以减小 PCB 板的面积,但是需要专用的焊接设备,无法手工焊接。另外,一般 BGA 封装的芯片无法用双面板完成 PCB 布线,需要多层 PCB 板布线。最容易焊接且使用广泛的是 LQFP 封装形式。

4. 功耗与电源管理要求

特别是移动产品及手持设备等需要电池供电的产品对功耗的要求特别高,只有选择低功耗或超低功耗的微控制器及其外围电路,才能有效控制整个系统的功耗,才能使电池供电的系统可以长时间持续不间断地工作。

根据 CMOS 电路功耗关系:

$$P_c = f \times V^2 \times \sum A_g \times C$$

式中,f 为时钟频率(器件工作频率);V 为工作电源电压;A_g 为逻辑门在一个时钟周期内翻转的次数(通常为 2);C 为门的负载电容值。

许多微控制器(如 ARM 微控制器)就是利用以上公式,通过降低工作电压、牺牲工作速度、减少或禁止门翻转数目来达到降低功耗的目的的。

微控制器及其外围电路的功耗是一个能量消耗的因素,此外,微控制器是否具备能量管理功能,也是要考虑的因素。在大部分现代微控制器中都具备能量管理功能,可通过软件设置某些不用的内置硬件组件处于关闭状态,需要时再打开,用过再关闭;再加上微控制器的休眠模式,使得需要工作时工作,不需要时休眠,解决了能量控制的难题,延长了电池供电系统的使用时间。

5. 价格因素

一个以嵌入式微控制器为核心的嵌入式产品,性能和价格是一对矛盾体,在满足性能的前提下,应尽可能降低成本。因此,在选择微控制器时,还要考虑价格因素。如果是做实验或研究,价格并不重要,只要有好的结果,完成功能和任务就行,但作为企业,产品的成本控制是关键,因此必须切实考虑微控制器及其外围电路的价格因素。

6. 是否能长期供货

设计的嵌入式产品往往不是单件,都是批量生产,再加上嵌入式系统的易升级性,因此设计完成的嵌入式硬件具有很长的生命周期。因此,选择微控制器时,要关注厂家的生产量以及是否能够长期提供货源;另外,在更新换代后能否保证有可以直接或间接替换的替代品,而不是重新设计。

7. 抗干扰能力与可靠性

嵌入式微控制器的可靠性是指在一定时间内、在一定条件下无故障地执行指定功能的能力或可能性。可通过可靠度、失效率、平均无故障间隔来衡量产品的可靠性。

可靠性包含了耐久性、可维修性、设计可靠性三大要素。

耐久性:使用无故障性或使用寿命长就是耐久性。例如,当空间探测卫星发射后,人们希望它能无故障地长时间工作,否则,它的存在就没有太大的意义了。但从另一个角度来说,任何产品不可能 100% 不发生故障。因此,耐久性是相对的。

可维修性:当产品发生故障后,能够快连且很容易地通过维护或维修排除故障,就是可维修性。产品的可维修性与产品的结构有很大的关系,即与设计可靠性有关。

设计可靠性:这是决定产品质量的关键,由于人-机系统的复杂性,以及人在操作中可能存在的差错和操作使用环境因素的影响,发生错误的可能性依然存在,所以设计的时候必须充分考虑产品的易使用性和易操作性。这就是设计可靠性。

影响可靠性的因素很多,除了微控制器本身的可靠性以外,外界的干扰对系统的可靠性也产生很大影响,经常会出现在恶劣环境下系统不能正常运行的情形。这大都是干扰引起的,因此抗外部干扰的能力也是一个很重要的考虑因素。现代工业基于 ARM Cortex－M 系列的微控制器在这方面考虑得比较多,许多厂家增加了多种抗干扰措施,如硬件消抖、内置硬件看门狗、欠压自动检测、内置 CRC 校验机制等。

8. 支持的开发环境及资源的丰富性

在选择微控制器时,还要考虑该微控制器支持的开发环境如何,是不是常用的经典开发环境,提供的资源是否丰富,是否有足够的技术支持。这些是快速设计以该微控制器为核心的嵌入式系统的重要手段。目前比较流行的常用微控制器支持的开发环境有:ARM 公司的 KEIL MDK 和 IAR 公司的 EWARM。

总之,在选择 ARM 处理器芯片时,以上各因素考虑之后,还应分出权重,哪个性能或要求更重要,就宜选用哪个特定要求的微控制器,如系统要求采用 CAN 总线进行通信,其他通用性要求差不多时,那么首要选择带 CAN 总线控制器的微控制器。

本章习题

一、选择题

1. 关于 ARM 微控制器特点的说法错误的是(　　)。

 A. 耗电省   B. 功能强大

 C. 成本高   D. RISC 结构

2. 关于 ARM 具有的技术特征,以下说法正确的是(　　)。

 A. 多周期操作   B. 采用加载和存储指令访问内存

 C. 两地址指令格式   D. CISC 结构

3. 关于 ARM 内核版本,以下说法正确的是(　　)。

 A. 所有 ARM 内核均为 32 位字长

 B. ARM Cortex - M0 和 Cortex - M3 采用的内核版本是一样的,均采用 ARMv7 - M

 C. Cortex - R 与 Cortex - A 属于同一内核版本

 D. Cortex - A50 为 ARMv8 体系结构

4. 关于 ARM 处理器分类,以下说法错误的是(　　)。

 A. ARM7/ARM9/ARM11 被称为经典 ARM 处理器

 B. ARM Cortex - M 被称为 ARM Cortex 嵌入式处理器

 C. ARM Cortex - R 被称为 ARM Cortxex 应用处理器

 D. SecurCore 被称为 ARM 专家处理器

5. 关于 ARM 内核的主要特征,以下说法正确的是(　　)。

 A. ARM7 内部没有 MMU,具有 3 级指令流水线,哈佛结构

 B. ARM9 内部有 MMU,具有 5 级流水线,哈佛结构

 C. ARM Cortex - M0 和 M3 均采用哈佛结构,3 级流水线

 D. ARM Cortex - R 采用哈佛结构,5 级流水线

6. ARM Cortex - M3 的工作状态,以下说法正确的是(　　)。

 A. 可以工作在 ARM 状态,还可以工作在 Thumb 状态

 B. 支持调试状态

 C. 可以在 ARM 状态和 Thumb 状态之间进行切换

 D. 除了调试状态外,仅工作在 Thumb - 2 状态

7. 以下属于 ARM Cortex - M 工作模式的是(　　)。

 A. 快速中断模式   B. 外部中断模式

 C. 中止模式   D. 线程模式

8. 程序状态寄存器中,以下标志位的描述错误的是(　　)。

 A. N 为符号标志,N=1 表示运算结果为负数,否则为正数

 B. Z 为全零标志,运算结果为 0 则 Z=1,否则 Z=0

 C. C 为进借位标志,有借位 C=1,否则 C=0

 D. V 为溢出标志,运算结果有溢出 V=1,否则 V=0

9. 关于 ARM 状态和 Thumb 状态下的寄存器,以下说法正确的是(　　)。

　　A. R13 作为链接寄存器 LR 使用

　　B. R14 作为堆栈指针 SP 使用

　　C. R15 作为程序计数器 PC 使用

　　D. 任何时候 R0~R12 均可作为通用寄存器使用

10. 以下关于 ARM 处理器说法错误的是(　　)。

　　A. 大端格式是指数据的高字节存储在高地址中,低字节数据存放在低字节地址中

　　B. ARM 处理器支持 8 位、16 位和 32 位数据处理

　　C. MPU 为 ARM 处理器的存储器保护单元

　　D. MMU 为 ARM 处理器的存储器管理单元

二、填空题

1. ARM Cortex‑M 的工作模式包括_____和_____两种模式,它们之间可以相互切换。切换的条件为有异常发生,将自动进入_____模式,当异常处理结束返回时,自动回到_____。

2. 在 Thumb/Tumb‑2 状态下的程序状态寄存器 xPSR 包括 APSR、IPSR 以及 EPSR,它们分别称为_____程序状态寄存器、_____程序状态寄存器以及_____程序状态寄存器。

3. 已知某 ARM 微控制器,哈佛结构,采用 5 级指令流水线,假设每一级平均执行时间为 1 ns,则指令在达到建立时间后,执行一条指令最快需要_____ ns,执行这样的指令 1 000 条,需要的时间为_____ ns。

4. ARM Cortex‑M 微控制器内部的 WIC 的全称为_____,NVIC 的全称为_____。

5. 对于一般嵌入式应用,可以选择的 ARM 处理器为_____,对于实时性很高的嵌入式应用,最佳选择的处理器为_____,对于面向高端的应用,选择的处理器为_____。

6. ARM 微控制器总线 AMBA 中,连接内置存储器的总线为先进的系统总线,英文缩写为_____或先进的高性能总线,英文缩写为_____,连接片上低速外设的总线为先进的外围总线,英文缩写为_____。

7. GPIO 是嵌入式微控制器重要的内置硬件组件,其英文全称为_____;WDT 为看门狗定时器,英文全称为_____。

8. 在互连通信接口中,UART 是最常用的接口之一,称为通用异步收发器,英文全称为_____;仅用两根信号线 SDA 和 SCL 的集成电路互连总线标准为_____;通常采用四线连接的串行外设接口英文缩写为_____,CAN 总线是控制器局域网络,使用两个信号线一个是_____,另一个是_____。

9. 对于嵌入式微控制器的造型,总体原则是_____,功能参数的选择原则中要考虑的问题包括_____、系统时钟频率、芯片片内部存储器的_____以及片内外围组件等。

10. 为保证嵌入式系统长期稳定工作,还要考虑非功能性参数的要求,主要包括工作电压要求、_____要求、体积及封装要求、_____、价格因素、是否能长期供货、抗干扰能力与_____以及支持的开发环境及资源的丰富性。

第 3 章　嵌入式微控制器中断系统

本章主要介绍 ARM 处理器的异常中断的相关概念、嵌套向量中断控制器、典型 ARM 微控制器片上中断源及中断向量，以及功率控制及外部中断。

3.1　ARM 处理器异常中断处理概述

3.1.1　中断的概念

1. 中断的含义

处理器与外部设备之间输入/输出的控制方式，主要包括直接程序控制方式、中断控制方式以及 DMA 控制方式。与直接程序控制方式相比，中断控制方式无需等待，即当外部设备满足传输条件时才向处理器发中断请求信号，然后处理器在中断服务程序中处理数据传输任务，由此提高了处理器的效率。

中断是指处理器在执行正常程序过程中，当出现某些异常情况或某种外部设备请求时，处理器暂时停止正在执行的程序，转而去执行某一个特定的程序（称为中断服务程序），并在执行特定服务后返回原来被中止的程序处继续向下执行的过程。

一般把由外部设备引起的异步发生的中断称为中断，而由内部异常情况发生而引发的中断称为异常或例外（exception），所以后面有时用异常或异常中断或中断，都是广义的中断。

2. 中断的目的

中断的目的就是让处理器在条件满足后能自动去执行所设计的中断服务程序。这个中断服务程序可以是用户所要求处理器做的一切事务，包括内部数据处理以及 I/O 操作等。

3. 中断向量及中断向量表

中断向量是指中断服务程序的入口地址信息，由于中断有多个，所以把存放中断向量地址信息的内存区域称为中断向量表。

4. 中断过程

从中断源请求中断到中断返回所经历的时间称为中断过程或中断操作过程。中断过程分为五个阶段：中断请求、中断判优、中断响应、中断处理和中断返回。

（1）中断请求

引起中断的原因很多，把能够引起中断的来源，统称为中断源。由外部硬件中断源产生中断请求信号或内部产生某种异常，都通知微处理器，这就是中断请求。

（2）中断判优

由于中断是随机的，可能会出现两个或两个以上的中断源同时请求中断的情形，在这种情

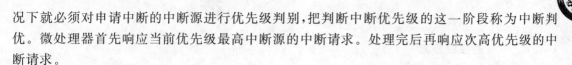

况下就必须对申请中断的中断源进行优先级判别,把判断中断优先级的这一阶段称为中断判优。微处理器首先响应当前优先级最高中断源的中断请求。处理完后再响应次高优先级的中断请求。

（3）中断响应

处理器在没有接到中断请求信号时,一直执行原来的程序。从接到中断请求到中断处理之前(转中断服务程序入口地址),这一段时间称为中断响应过程。

（4）中断处理

处理器在中断响应过程中得到了处理(服务)程序的入口地址,便转入中断服务程序,执行中断服务程序的过程称为中断处理过程,简称中断处理。

（5）中断返回

中断服务程序的最后一条指令都无一例外地使用中断返回指令。该指令使原来在中断响应过程中的断点地址和标志状态寄存器中的内容,依次从堆栈中弹出,以便继续执行原来被中断的程序。

5. 中断源的识别方法

不同中断源的中断向量存放的地址不同,由于中断源不止一个,因此必须识别是哪个中断源引发的中断,知道了中断源是哪一个就能确定它的中断服务程序入口地址。

识别中断源的方法有软件查询法和硬件识别法两大类。

（1）软件查询法

所谓软件查询法,就是采用程序查询技术来确定发出中断请求的中断源以及中断优先级别。这是通过程序来查询是哪一个中断源提出的中断请求。查询的顺序决定了中断的优先级。最先查询的是最高优先级的中断源,最后查询的则为最低优先级的中断源。如果中断请求正好是最后查询的那个中断源,则前面多个查询程序段就白白浪费了时间,只有最后查询到该中断源时才得以确认。因此软件查询效率低。

（2）硬件识别法

为提高处理效率,通常使用硬件处理方法。即采用如编码器和比较器的优先权排队电路以及专用中断控制器等硬件电路来管理中断,识别中断源。其包括强置程序计数器法、向量中断法和嵌套向量中断法。

强置程序计数器法:这是用于 8080、Z80 等 8 位 CPU 的一种方法,早已被淘汰。它的基本做法是:在 CPU 响应中断时,用硬件方法产生一条特殊指令(重新启动指令),该指令将程序计数器 PC 强行置成中断服务程序入口地址,从而进入中断服务程序。

向量法:向量法识别中断源是硬件方法之一,主要靠向量中断控制器 VIC 硬件来完成识别任务。在中断响应时,由硬件产生请求中断且在当前所有请求中级别最高的中断源的中断标识码。中断标识码是中断源的识别标志,可用来形成相应的中断服务程序的入口地址。该方法需要硬件支持。当有中断源提出请求时,中断排队与编码器进行判优并产生级别最高中断源的中断标识码。用向量法识别中断源不占用 CPU 额外的时间,在中断响应周期即可完成,所以得到广泛的应用。在 ARM 微控制器应用领域均采用向量法。

嵌套向量法:嵌套向量中断法是采用嵌套向量中断控制器 NVIC 对中断源进行识别,可进行多级中断向量中断的嵌套。ARM Cortex － M 微控制器采用的就是这种嵌套向量中断方法。

6. 中断的多级嵌套

当处理器在处理级别低的中断过程中,又出现级别高的中断请求时,应立即停止低级别的中断处理而去响应级别高的中断,等高级中断处理完毕再返回去执行低级别的中断。这种中断处理方式称为多级中断嵌套。图 3-1 为 2 级中断过程的示例,图中示出了 2 级中断嵌套的情况。

当主程序执行到第 n 条指令时,突然 1 号设备发出中断请求,这时微处理器执行完第 n 条指令后,将标志状态寄存器和下一条指令(第 $n+1$ 条)的地址(断点地址)压入堆栈后,转 1 号中断服务程序。

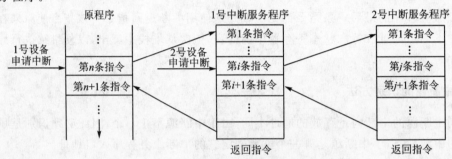

图 3-1 2 级中断嵌套过程示意图

当 1 号中断服务程序执行到第 i 条指令时,又有更高一级的 2 号设备产生中断请求信号,执行完该第 i 条指令后,保护标志与断点(1 号中断服务程序的第 $i+1$ 条指令所在地址),进入 2 号中断服务程序。

当在 2 号程序中执行到最后一条返回指令时,将 1 号断点地址与标志寄存器的内容从堆栈中弹出,从而返回到 1 号中断程序第 $i+1$ 条指令处,执行该指令,并直到执行到 1 号服务程序的返回指令时,又从堆栈中弹出标志寄存器中的内容和原程序的断点地址,返回到主程序的第 $n+1$ 条指令处继续执行,直到整个程序结束。

3.1.2 ARM Cortex - M 微控制器的异常中断

1. Cortex - M 异常状态

ARM Cortex - M 微控制器异常状态主要有:未激活(inactive)状态、挂起(pending)状态、激活(active)状态、激活且挂起(active and pending)状态。

未激活状态为没有请求,也没有被响应的异常状态;挂起状态为申请有效,但还没有被响应的异常状态;激活状态是异常的申请已被响应但处理还没有结束的异常状态;激活且挂起状态是指申请已被响应又有新的申请有效。

2. Cortex - M 异常中断种类、异常中断向量表及优先级

在 ARM 体系结构中,不同内核结构的异常中断种类是有区别的,而基于 ARM Cortex - M 的异常中断类型有:系统复位(Reset)、不可屏蔽中断(NMI)、硬件故障(Hard

Fault)、存储器管理故障(MemManage)、总线故障(预取中止或数据中止)、使用故障(usage)、SVC 指令产生的异常(SVCall)、可挂起的系统服务异常(PendSV)、系统滴答定时器中断(SysTick)以及外部中断(Interrupt,IRQ0～IRQ239)。与其他架构的 ARM 处理器不同的是,ARM Cortex - M 架构没有 FIQ 快速中断,因为新的 ARM Cortex - M 采用 NVIC,因此具备快速中断的方式,速度快。

它们的优先级及其对应的中断向量地址如表 3 - 1 所列。

表 3 - 1　基于 ARM Cortex - M 系列微控制器的异常类型、优先级及向量地址

Cortex - M 系列	异常中断类型号 ID	中断号	异常中断类型	优先级别	异常向量地址	说　明
M0/M1/M3/M4	0	−16	NA	NA	0x00000000	初始主堆栈指针 MSP 的值
M0/M1/M3/M4	1	−15	系统复位	−3(最高)	0x00000004	当复位引脚 RESET 有效时进入该异常
M0/M1/M3/M4	2	−14	不可屏蔽中断	−2	0x00000008	不可屏蔽中断,外部不可屏蔽中断引脚 NMI
M0/M1/M3/M4	3	−13	硬件故障	−1	0x0000000C	用户定义的中断指令,可用于用户模式下的程序调用特权操作
M3/M4	4	−12	存储器管理故障	可编程	0x00000010	MPU 访问冲突及访问非法位置异常
M3/M4	5	−11	总线故障	可编程	0x00000014	总线错误(预取中止/数据中止异常)
M3/M4	6	−10	使用故障	可编程	0x00000018	程序错误导致的异常
M0/M1/M3/M4	7～10	—	保留	NA	NA	NA
M0/M1/M3/M4	11	−5	SVCall	可编程	0x0000002C	系统服务调用异常(系统 SVC 指令调用)
M3/M4	12	−4	保留	NA	—	NA
M3/M4	13	—	保留	NA	—	NA
M0/M1/M3/M4	14	−2	PendSV	可编程	0x00000038	为系统设备而设置的可挂起请求
M0/M1/M3/M4	15	−1	SysTick	可编程	0x0000003C	系统节拍定时溢出异常
M0/M1/M3/M4	16	0	IRQ0	可编程	0x00000040	外部中断 0
M0/M1/M3/M4	17	1	IRQ1	可编程	0x00000044	外部中断 1
M0/M1	47	31	IRQ31	可编程	0x000000BC	外部中断 31
M3/M4	255	239	IRQ239	可编程	0x000003FC	外部中断 239

ARM Cortex - M 系列处理器最多可处理 256 个异常中断。其中,系统内部异常中断的类型编号从 0 开始编号,内部异常编号为 0～15,外部中断编号为 16～255,即中断类型号从 0 开始到 255。由于每个异常中断向量占 4 个字节(直接为物理地址,无需转换),因此异常中断向量表占据内存最低端 1 KB 的地址范围为 0x00000000～0x000003FF。其中,Cortex - M0/M1 外部中断仅提供了 32 个(IRQ0～IRQ31),Cortex - M3/M4 外部中断提供了 240 个(IRQ0～IRQ239)。

如果以外部中断 IRQ0 为 0 开始编号,称为中断号,则内部异常就为负数编号。中断类型 ID 与中断号 IRQ 的关系为 IRQ＝ID−16 或 ID＝IRQ＋16,因此无论已知 ID 还是已知 IRQ 均可知中断服务程序入口地址所存地址。

异常中断类型号 ID 与中断向量存放首地址 Iadd0 的关系为

$$Iadd0 = ID \times 4 \tag{3-1}$$

如类型号为 11 的系统调用指令异常,那么其中断向量(中断服务程序入口地址)的首地址

为 $11×4＝44(0x0000002C)$。

外部中断 IRQi 中断向量地址的求法为

$$Iadd0 = (16 + i) × 4 \qquad (3-2)$$

如 IRQ20 异常中断服务程序入口地址的首地址为 $(16+20)×4＝144(0x00000090)$。

复位异常的优先级最高,因此在任何情况下,只要进入复位状态,系统就会无条件地将 PC 指向 0x00000004 处,去执行系统的第一条指令。通常此处放一条无条件转移指令,转移到系统初始化程序处。

除了不可编程的固定异常优先级的复位、不可屏蔽中断 NMI 和硬件故障外,其他异常中断的优先级别均可编程为 0~255 的任何一级。

3. Cortex - M 系列处理器的堆栈

ARM Cortex - M 系列处理器的堆栈采用递减地址方式先进后出(FILO)的操作原则,压入堆栈时地址减小(地址减 4),弹出堆栈时地址增加(地址加 4),最先压入的要最后弹出。Cortex - M 系列处理器支持两个堆栈区域,一是主堆栈,二是进程堆栈,采用两种不同的堆栈指针来指示。

在线程模式下使用主堆栈或进程堆栈,在处理模式下使用主堆栈。具体是使用主堆栈还是使用进程堆栈,由控制寄存器 CONTROL 中的 CONTROL[1]＝SPSEL 决定。当 SPSEL＝0 时选择主堆栈指针 MSP 作为当前堆栈指针,当 SPSEL＝1 时选择进程堆栈指针 PSP 作为当前堆栈指针。

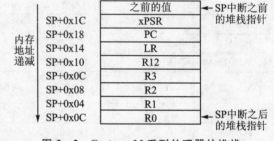

	之前的值	
SP+0x1C	xPSR	← SP中断之前的堆栈指针
SP+0x18	PC	
SP+0x14	LR	
SP+0x10	R12	
SP+0x0C	R3	
SP+0x08	R2	
SP+0x04	R1	
SP+0x0C	R0	← SP中断之后的堆栈指针

（内存地址递减）

图 3 - 2　Cortex - M 系列处理器的堆栈

如图 3 - 2 所示,当有异常发生时,系统自动将 R0~R3、R12、LR、PC 和 xPSR 压入堆栈,即压入堆栈的信息包括了断点地址 PC、链接寄存器 LR、状态寄存器 xPSR、通用寄存器 R0~R3 以及 R12。

4. Cortex - M 异常的中断响应过程

中断响应过程是指从中断申请有效到转中断程序入口地址,执行中断服务程序之前这段时间。发生异常后,除了复位异常立即中止当前指令之外,其余情况都是处理器完成当前指令后才去执行异常处理程序。ARM 处理器对异常的响应过程如下:

(1) 入栈保护

由于异常或中断是随机发生的,因此在进入中断服务程序之前必须保存好断点地址以及程序状态及相关寄存器的内容,这样在返回源程序时就能恢复到原来的状态,不影响原程序的执行。入栈保护就是系统自动依次将 xPSR、PC、LR、R12、R3、R2、R1 和 R0 压入堆栈,每压入一个寄存器,地址减 4。8 个寄存器入栈后,堆栈指针 SP 在原来的基础上减去 32(即 0x20)。应该说明的是,如果当前正在使用的是线程堆栈,则这些寄存器全部压入由 PSP 指示的线程堆栈区;如果当前正在使用的是主堆栈,则压入 MSP 指示的主堆栈区。

(2) 取中断向量求得入口地址

通过异常类型号在中断向量表中取出申请中断的中断源对应的中断向量,具体向量地址由式(3 – 1)决定。

（3）更新寄存器

入栈保护后或得到中断向量之后,在执行中断服务程序之前,还需要更新一些寄存器的内容。

堆栈指针 SP 会在入栈后把堆栈指针更新到新的位置,在执行中断服务程序之前 MSP 作为堆栈指针来访问堆栈。

更新中断服务寄存器 IPSR 的值为新响应的异常类型编号。

PC 指向中断服务程序入口地址。

LR 的值自动更新为特殊的值"EXC_RETURN",在异常进入时由系统自动计算后装入 LR 中。

5. 从异常处理程序中返回

复位异常发生后,由于系统自动从 0x00000004 开始重新执行程序,因此复位异常处理程序执行完无需返回,而其他所有异常处理完毕后必须返回到原来程序处继续向下执行。为达到这一目的,需要执行以下操作:

① 恢复原来被保护的 8 个寄存器,先后依次从堆栈中恢复 R0,R1,R2,R3,R12,LR,PC,xPSR 的值。

② 在中断服务程序结束时返回给 LR。EXC_RETURN 的值可以为:

● 如果 EXC_RETURN＝0xFFFFFFF1,那么将返回处理模式,并使用主堆栈 MSP;

● 如果 EXC_RETURN＝0xFFFFFFF9,那么将返回线程模式,并使用主堆栈 MSP;

● 如果 EXC_RETURN＝0xFFFFFFFD,那么将返回处理模式,并使用线程堆栈 PSP。

由于异常中断是随机的,所以随时都会发生。为保证在 ARM 处理器发生异常时不至于处于未知状态,在应用程序的设计中,首先要进行异常向量的初始化处理。采用的方法是在异常向量表中的特定位置放置一条跳转指令,跳转到异常处理程序。当 ARM 处理器发生异常时,程序计数器 PC 会被强制设置为对应的异常向量,从而跳转到异常处理程序。当异常处理完成以后,返回到主程序继续执行。

6. Cortex – M 的中断流程

ARM Cortex – M 的中断流程包括中断处理、占先以及返回。中断处理流程如图 3 – 3 所示,正在执行指令的过程中有一个优先级高的中断请求之后,被这个高优先级抢占。

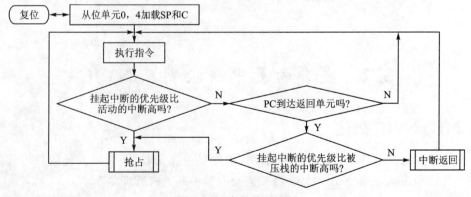

图 3 – 3　中断处理流程

图 3-4 显示了当异常中断抢占了当前的 ISR 时执行的操作。

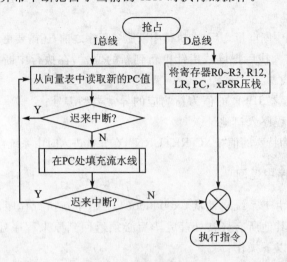

图 3-4　中断抢占流程

处理器执行完中断服务程序后，恢复被压栈的 ISR 或末尾连锁到优先级比被压栈的 ISR 更高的迟来中断，返回流程如图 3-5 所示。

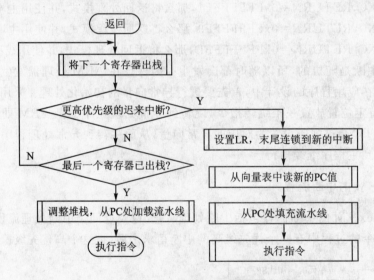

图 3-5　中断返回流程

3.2　嵌套向量中断控制器 NVIC

3.2.1　NVIC 概述

中断控制器是介于 ARM 内核与其他硬件之间的一个部件，负责对其他硬件组件的中断请求进行管理和控制，一般采用向量中断或嵌套向量中断方式管理中断。

当一个外设或组件需要服务时,会向处理器提出一个中断请求,中断控制器提供一套可编程的管理机制,软件通过设置,可以决定什么时刻允许哪一个外设或组件中断处理器。

处理中断有两种形式:标准中断控制器和向量中断控制器 VIC(Vectored Interrupt Controller)。标准中断控制器在一个外设设备需要服务时,发送一个中断请求信号给处理器核。中断控制器可以通过编程设置来忽略或屏蔽某个或某些设备的中断请求。中断处理程序通过读取中断控制器中与各设备对应的表示中断请求的寄存器内容,从而判断哪个设备需要服务。

VIC 比标准中断控制器的功能更为强大,因为它区分中断的优先级,简化了判断中断源的过程。每个中断都应有相应的优先级和中断处理程序地址(称为中断向量),只有当一个新的中断其优先级高于当前正在执行的中断处理优先级时,VIC 才向内核提出中断请求。根据中断类型的不同,VIC 可以调用标准的中断处理程序。

NVIC(Nested Vectored Interrupt Controller)比 VIC 更进一步,可以进行中断的嵌套,即高优先级的中断可以进入低优先级中断的处理过程中,待高优先级中断处理完成后再去继续执行低优先级中断。也有人称之为抢占式优先级中断。Cortex-M 系列就支持嵌套向量中断控制。典型的基于 NVIC 的中断系统如图 3-6 所示,MCU 各组件模块的中断连接到 NVIC,即由 NVIC 控制器控制各模块的中断。NVIC 与内核直接相连,完成对中断的控制与管理。

图 3-6　基于 NVIC 的中断系统

当中断发生时,系统执行完当前指令后,将跳转到相应的中断处理程序处执行。当中断处理程序执行完成后,程序返回到发生中断的指令的下一条指令处执行。在进入中断处理程序时,要保存被中断的程序的执行现场。从中断处理程序退出时,要恢复被中断的程序的执行现场。

由于 NVIC 是对外部中断进行多级嵌套中断管理的控制器,因此对于 ARM Cortex-M0/M1 支持的外部中断源有 IRQ0~IRQ31;对于 ARM Cortex-M3/M4,支持的外部中断源有 IRQ0~IRQ239。

必须说明的是,允许不同厂家生产的 ARM 芯片,对 IRQ0~IRQ239 所定义的外设组件对应中断源有所不同,应用时要详细阅读厂家手册。例如,NXP 公司生产的 LPC1700 系列把 IRQ0(中断类型编号为 16)定义为 WDT 中断,IRQ1(中断类型编号为 17)定义为定时/计数器 0 中断;而 TI 公司的 LM3S1000 系列的 IRQ0 定义给了 GPIO PortA,而 IRQ1 定义给了 GPIO PortB;Nuvoton 公司的 NANO100 系列则把 IRQ0 定义给了欠压检测,IRQ1 定义给了 WDT。只有充分了解不同厂家的芯片对外部中断的定义,才能正确设置中断向量到向量表的位置。

ARM Cortex-M 系列微控制器内部包含的嵌套向量中断控制器主要特点如下:
- 支持低中断延时,可对系统外设中断进行控制;
- 支持 33 个嵌套向量中断、32 个可编程的中断优先级、硬件优先级屏蔽、可重定位的向量表;

- 支持不可屏蔽中断 NMI；
- 软件中断功能，通过系统功能调用 SVC 指令可调用中断程序。

3.2.2 ARM Cortex－M 微控制器 NVIC 寄存器

Cortex－M 系列微控制器采用嵌套向量中断控制器 NVIC 来管理中断，涉及中断相关的控制器寄存器，除了可以直接操作寄存器外，系统还提供了 CMSIS 来访问这些寄存器。

以下为了叙述方便，把 ARM Cortex－M0、ARM Cortex－M1、ARM Cortex－M3 和 ARM Cortex－M4 分别简称为 CM0、CM1、CM3 和 CM4。

1. 中断设置允许寄存器 ISER

中断设置允许寄存器 ISER 可以允许或禁止指定中断，每个位控制一个中断，只有写 1 才允许中断，而写 0 无效。

如果读该位为 0，则表示已禁止中断；如果读该位为 1，则表示已允许中断。

对于 CM0 和 CM1 只有一个中断设置允许寄存器 ISER，可控制 32 个中断源，而 CM3 和 CM4 有 8 个 ISER，分别为 ISER0～ISER7，可设置 256 个(实际最多 240 个)外部中断是否被允许。

2. 中断清除允许寄存器 ICER

中断清除允许寄存器 ICER 可以禁止指定中断，每个位控制一个中断，只有写该位为 1 时，才清除允许中断(禁止中断)，而写 0 时无效。

如果读该位为 0，则表示已禁止中断；如果读该位为 1，则表示已允许中断。

对于 CM0 和 CM1 只有一个中断清除允许寄存器 ICER，可控制 32 个中断源，而 CM3 和 CM4 有 8 个 ICER，分别为 ICER0～ICER7，可设置 256 个(实际最多 240 个)外部中断是否被禁止。

3. 中断设置挂起寄存器 ISPR

所谓中断挂起，是指当有中断请求在等待处理器处理时，把这个中断请求保存起来以便后面的处理器去处理。中断挂起寄存器相当于中断请求寄存器，记录请求中断但还没有被响应的中断。

中断设置挂起寄存器 ISPR 可以设置指定中断的请求被挂起，每个位控制一个中断，只有写该位为 1 时，才可以挂起该中断，而写 0 时无效。

如果读该位为 0，则表示中断未被挂起，即没有有效中断请求或中断已处理；如果读该位为 1，则表示中断已挂起，即有中断请求但还没有被响应。

对于 CM0 和 CM1 只有一个中断清除允许寄存器 ISPR，可控制 32 个中断源，而 CM3 和 CM4 有 8 个 ISPR，分别为 ISPR0～ISPR7，可设置 256 个(实际最多 240 个)外部中断是否被挂起。

4. 中断清除挂起寄存器 ICPR

中断清除挂起寄存器 ICPR 可以清除指定中断的申请被挂起位，每个位控制一个中断，只有写该位为 1 时，才可以清除挂起位，而写 0 时无效。

如果读该位为 0,则表示中断未被挂起;如果读该位为 1,则表示中断已挂起,即有中断请求但还没有被响应。

对于 CM0 和 CM1 只有一个中断清除允许寄存器 ICPR,可控制 32 个中断源,而 CM3 和 CM4 有 8 个 ICPR,分别为 ICPR0~ISPR7,可设置 256 个(实际最多 240 个)外部中断是否被挂起。

5. 中断优先级寄存器 IPR

中断优先级寄存器 IPR 可以设置外部中断源的优先级别:数字越低级别越高。每 8 位编码决定一个中断源的优先级,因此一个 IPR 可设置 4 个中断源的优先级。

对于 CM0 和 CM1,由于支持 32 个外部中断,因此需要 8 个中断优先级寄存器 IPR0~IPR7,而 CM3 和 CM4 支持 240 个外部中断,因此需要有 60 个 IPR,分别为 IPR0~IPR59。

6. 中断程序状态寄存器 IPSR

中断程序状态寄存器 IPSR 记录了外部设备申请中断的中断类型编号 ID,格式如表 3-2 所列。

表 3-2　IPSR 寄存器格式

CM0/CM1	31~6	5 4 3 2 1 0
CM3/M4	31~9	8 7 6 5 4 3 2 1 0
IPSR	保留	ID

对于 CM0、CM1,其低 6 位编码 ID 决定 0~63,实际最多用到 0~47;对于 CM3、CM4,其低 9 位编码 ID 决定 0~511,实际用到 0~239。通过 IPSR 得到 ID,由式(3-2)可得到中断向量存放地址,从而找到中断服务程序入口地址,最终可转入中断服务程序。

3.2.3　用 CMSIS 访问 NVIC 寄存器

1. 中断和异常使能指令对应的 CMSIS 函数

控制中断和异常(即使能和禁止)指令对应的 CMSIS 函数如表 3-3 所列,这是全局中断的使能和禁止。

3-3　CMSIS 中断使能和禁止函数

Cortex-M 指令	CMSIS 函数	功　能
CPSIE I	void __enable_irq(void)	使能中断
CPSID I	void __disable_irq(void)	禁止中断
CPSIE F	void __enable_fault_irq(void)	使能异常
CPSID F	void __disable_fault_irq(void)	禁止异常

2. 访问 NVIC 片上外设中断相关的重要 CMSIS 函数

(1)NVIC_EnableIRQ(IRQn_Type IRQn)

NVIC_EnableIRQ(IRQn_ Type IRQn)为允许基于 NVIC 的外部中断 IRQn_Typ 的函数。

IRQn 为中断号(n 的值),当中断号≥0 时,表示外部中断;当中断号<0 时,表示内部异常。中断号参见表 3-1 和 3.3.4 小节的外设中断源。对应中断的名称,调用格式如下:

NVIC_EnableIRQ(外设中断标识_IRQn);

如果使能 LPC1700 系列微控制器的 UART0 中断,则可以如下调用 CMSIS 函数:

NVIC_EnbaleIRQ(UART0_IRQn);

(2)NVIC_DisableIRQ(IRQn_Type IRQn)

NVIC_DisableIRQ(IRQn_ Type IRQn)为禁止基于 NVIC 的外部中断 IRQn_Typ 的函数。

例如,禁止 LPC1700 的定时器 2 中断,可如下调用:

NVIC_DisableIRQ(TIMER2_IRQn);

(3)NVIC_SetPriority(IRQn_Type IRQn, uint32_t priority)

NVIC_SetPriority(IRQn_Type IRQn, uint32_t priority)为设置中断优先级的函数。

如 js 设置 TIMER0 的中断优先级为 3,可如下调用:

NVIC_SetPriority(TIMER0_IRQn,3);

如果设置 UART0 的中断优先级为 5,可如下调用:

NVIC_SetPriority(UART0_IRQn,5);

此外,还有 NVIC_GetPendingIRQ(IRQn_Type IRQn)(获取中断挂起寄存器值的函数)、NVIC_SetPendingIRQ(IRQn_ Type IRQn)(设置中断挂起寄存器值的函数)、NVIC_ClearPendingIRQ(IRQn_Type IRQn)(清除挂起寄存器值的函数)、NVIC_GetPriority(IRQn_Type IRQn)(获取中断优先级的函数)等。

3.3 典型 Cortex-M 微控制器片上外设中断源及中断向量表

由表 3-1 可知,Cortex-M 系列微控制器有内部异常和外部中断多个中断源,其中直接连接到 NVIC 的中断源(即片内外设对应的中断源)由 IRQn 指示。对于 CM0,IRQn 从 IRQ0~IRQ31共 32 个;对于 CM3,IRQn 从 IR0~IRQ239共 240 个。不同厂家的微控制器芯片,中断源个数以及对应中断号均不相同。中断向量存储在向量表中的地址由式(3-1)或式(3-2)决定。

3.3.1 Nuvoton 公司的 Cortex-M0 微控制器中断源及中断向量表

Nuvoton 公司的 Cortex-M0 微控制器 Nano1xx 系列的外设中断源及中断号如表 3-4 所列。

表 3 - 4 Nano1xx 系列微控制器的外设中断源

中断类型号	中断号	IRQn	中断源标识	中断向量地址	片上外设中断源含义
16	0	IRQ0	BOD	0x00000040	低压检测中断
17	1	IRQ1	WDT	0x00000044	看门狗定时器 WDT 中断
18	2	IRQ2	EINT0	0x00000048	外部中断 EINT0 中断
19	3	IRQ3	EINT1	0x0000004C	外部中断 EINT1 中断
20	4	IRQ4	GPABC	0x00000050	PA[15:0]/PB[15:0]/PC[15:0]外部中断
21	5	IRQ5	GPDEF	0x00000054	PD[15:0]/PE[15:0]/PF[7:0]外部中断
22	6	IRQ6	PWM0	0x00000058	PWM0 中断
23	7	IRQ7	PWM1	0x0000005C	PWM1 中断
24	8	IRQ8	TMR0	0x00000060	定时/计数器 Timer0 中断
25	9	IRQ9	TMR1	0x00000064	定时/计数器 Timer1 中断
26	10	IRQ10	TMR2	0x00000068	定时/计数器 Timer2 中断
27	11	IRQ11	TMR3	0x0000006C	定时/计数器 Timer3 中断
28	12	IRQ12	UART0	0x00000070	UART0 中断
29	13	IRQ13	UART1	0x00000074	UART1 中断
30	14	IRQ14	SPI0	0x00000078	SPI0 中断
31	15	IRQ15	SPI1	0x0000007C	SPI1 中断
32	16	IRQ16	SPI2	0x00000080	SPI2 中断
33	17	IRQ17	HIRC	0x00000084	HIRC 中断
34	18	IRQ18	I2C0	0x00000088	I^2C0 中断
35	19	IRQ19	I2C1	0x0000008C	I^2C1 中断
36	20	IRQ20	SC2	0x00000090	SC2 中断
37	21	IRQ21	SC0	0x00000094	SC0 中断
38	22	IRQ22	SC1	0x00000098	SC1 中断
39	23	IRQ23	USBD	0x0000009C	USB 设备中断
40	24	IRQ24	TK	0x000000A0	触摸按键中断
41	25	IRQ25	LCD	0x000000A4	LCD 中断
42	26	IRQ26	PDMA	0x000000A8	PDMA 中断
43	27	IRQ27	I2S	0x000000AC	I^2S 中断
44	28	IRQ28	PDWU	0x000000B0	电源掉电唤醒中断
45	29	IRQ29	ADC	0x000000B4	ADC 中断
46	30	IRQ30	DAC	0x000000B8	DAC 中断
47	31	IRQ31	RTC	0x000000BC	实时钟中断

3.3.2 NXP 公司的 Cortex - M 微控制器中断源及中断向量表

1. Cortex - M0 微控制器 LPC1100 系列的外部中断

NXP 公司的 Cortex - M0 微控制器 LPC1100 系列的外设中断源及中断号如表 3 - 5 所列。

表 3 - 5 LPC1100 系列微控制器的外设中断源

中断类型号	中断号	IRQn	中断源标识	中断向量地址	片上外设中断源含义
16	0	IRQ0	PIO0_0	0x00000040	启动引脚 PIO0_0 唤醒中断
17	1	IRQ1	PIO0_1	0x00000044	启动引脚 PIO0_1 唤醒中断
18	2	IRQ2	PIO0_2	0x00000048	启动引脚 PIO0_2 唤醒中断
19	3	IRQ3	PIO0_3	0x0000004C	启动引脚 PIO0_3 唤醒中断
20	4	IRQ4	PIO0_4	0x00000050	启动引脚 PIO0_4 唤醒中断
21	5	IRQ5	PIO0_5	0x00000054	启动引脚 PIO0_5 唤醒中断
22	6	IRQ6	PIO0_6	0x00000058	启动引脚 PIO0_6 唤醒中断
23	7	IRQ7	PIO0_7	0x0000005C	启动引脚 PIO0_7 唤醒中断
24	8	IRQ8	PIO0_8	0x00000060	启动引脚 PIO0_8 唤醒中断
25	9	IRQ9	PIO0_9	0x00000064	启动引脚 PIO0_9 唤醒中断
26	10	IRQ10	PIO0_10	0x00000068	启动引脚 PIO0_10 唤醒中断
27	11	IRQ11	PIO0_11	0x0000006C	启动引脚 PIO0_11 唤醒中断
28	12	IRQ12	PIO0_12	0x00000070	启动引脚 PIO0_12 唤醒中断
29	13	IRQ13	—	0x00000074	保留
30	14	IRQ14	SSP1	0x00000078	SSP1 中断
31	15	IRQ15	I2C	0x0000007C	I²C 中断
32	16	IRQ16	CT16B0	0x00000080	16 位定时/计数器 0 通道
33	17	IRQ17	CT16B1	0x00000084	16 位定时/计数器 1 道
34	18	IRQ18	CT32B0	0x00000088	32 位定时/计数器 0 通道
35	19	IRQ19	CT32B1	0x0000008C	32 位定时/计数器 1 道
36	20	IRQ20	SSP0	0x00000090	SSP0 中断
37	21	IRQ21	UART	0x00000094	UART 中断
38	22	IRQ22	—	0x00000098	保留
39	23	IRQ23	—	0x0000009C	保留
40	24	IRQ24	ADC	0x000000A0	ADC 中断
41	25	IRQ25	WDT	0x000000A4	WDT 中断
42	26	IRQ26	BOD	0x000000A8	掉电检测中断
43	27	IRQ27	—	0x000000AC	保留
44	28	IRQ28	PIO_3	0x000000B0	PIO_3 的 GPIO 中断
45	29	IRQ29	PIO_2	0x000000B4	PIO_2 的 GPIO 中断
46	30	IRQ30	PIO_1	0x000000B8	PIO_1 的 GPIO 中断
47	31	IRQ31	PIO_0	0x000000BC	PIO_0 的 GPIO 中断

2. Cortex－M0＋微控制器 LPC800 系列的外部中断

NXP 公司的 Cortex－M0＋微控制器 LPC800 系列的外设中断源及中断号如表 3－6 所列。

表 3－6　LPC800 系列微控制器的外设中断源

中断类型号	中断号	IRQn	中断源标识	中断向量地址	片上外设中断源含义
16	0	IRQ0	SPI0_IRQ	0x00000040	SPI0 中断
17	1	IRQ1	SPI1_IRQ	0x00000044	SPI1 中断
18	2	IRQ2	—	—	保留
19	3	IRQ3	UART0_IRQ	0x0000004C	UART0 中断
20	4	IRQ4	UART1_IRQ	0x00000050	UART1 中断
21	5	IRQ5	UART2_IRQ	0x00000054	UART2 中断
22	6	IRQ6	—	—	保留
23	7	IRQ7	—	—	保留
24	8	IRQ8	I2C0_IRQ	0x00000060	I^2C0 中断
25	9	IRQ9	STC_IRQ	0x00000064	状态配置定时器中断
26	10	IRQ10	MRT_IRQ	0x00000068	全局多速率定时器中断
27	11	IRQ11	CMP_IRQ	0x0000006C	比较器中断
28	12	IRQ12	WDT_IRQ	0x00000070	看门狗定时器 WDT 中断
29	13	IRQ13	BOD_IRQ	0x00000074	掉电检测中断
30	14	IRQ14	FLASH_IRQ_	0x00000078	Flash 中断
31	15	IRQ15	WTK_IRQ	0x0000007C	自唤醒定时器中断
32～39	16～23	IRQ16～IRQ23	—	—	保留
40	24	IRQ24	PININT0_IRQ	0x000000A0	引脚中断 0
41	25	IRQ25	PININT1_IRQ	0x000000A4	引脚中断 1
42	26	IRQ26	PININT2_IRQ	0x000000A8	引脚中断 2
43	27	IRQ27	PININT3_IRQ	0x000000AC	引脚中断 3
44	28	IRQ28	PININT4_IRQ	0x000000B0	引脚中断 4
45	29	IRQ29	PININT5_IRQ	0x000000B4	引脚中断 5
46	30	IRQ30	PININT6_IRQ	0x000000B8	引脚中断 6
47	31	IRQ31	PININT7_IRQ	0x000000BC	引脚中断 7

3. Cortex－M3 微控制器 LPC1700 系列的外部中断

NXP 公司的 Cortex－M3 微控制器 LPC1700 系列的外设中断源及中断号如表 3－7 所列。

表 3－7　LPC1700 系列微控制器的外设中断源

中断类型号	中断号	IRQn	中断源标识	中断向量地址	片上外设中断源含义
16	0	IRQ0	WDT	0x00000040	看门狗定时器 WDT 中断
17	1	IRQ1	Timer0	0x00000044	定时/计数器 0 中断
18	2	IRQ2	Timer1	0x00000048	定时/计数器 1 中断
19	3	IRQ3	Timer2	0x0000004C	定时/计数器 2 中断

中断类型号	中断号	IRQn	中断源标识	中断向量地址	片上外设中断源含义
20	4	IRQ4	Timer3	0x00000050	定时/计数器 3 中断
21	5	IRQ5	UART0	0x00000054	UART0 中断
22	6	IRQ6	UART1	0x00000058	UART1 中断
23	7	IRQ7	UART2	0x0000005C	UART2 中断
24	8	IRQ8	UART3	0x00000060	UART3 中断
25	9	IRQ9	PWM1	0x00000064	脉冲调制器 PWM1 中断
26	10	IRQ10	I2C0	0x00000068	I^2C0 中断
27	11	IRQ11	I2C1	0x0000006C	I^2C1 中断
28	12	IRQ12	I2C2	0x00000070	I^2C2 中断
29	13	IRQ13	SPI	0x00000074	SPI 中断
30	14	IRQ14	SSP0	0x00000078	SSP0 中断
31	15	IRQ15	SSP1	0x0000007C	SSP1 中断
32	16	IRQ16	PLL0	0x00000080	主锁相环时钟中断
33	17	IRQ17	RTC	0x00000084	实时钟中断
34	18	IRQ18	EINT0	0x00000088	外部中断 0
35	19	IRQ19	EINT1	0x0000008C	外部中断 1
36	20	IRQ20	EINT2	0x00000090	外部中断 2
37	21	IRQ21	EINT3	0x00000094	外部中断 3
38	22	IRQ22	ADC	0x00000098	ADC 中断
39	23	IRQ23	BOD	0x0000009C	掉电检测中断
40	24	IRQ24	USB	0x000000A0	USB 中断
41	25	IRQ25	CAN	0x000000A4	CAN 总线中断
42	26	IRQ26	GPDMA	0x000000A8	DMA0 和 DMA1 状态中断
43	27	IRQ27	I2S	0x000000AC	I^2S 中断
44	28	IRQ28	Ethernet	0x000000B0	以太网中断
45	29	IRQ29	RITINT	0x000000B4	节拍定时中断
46	30	IRQ30	MPWM	0x000000B8	电机控制 PWM 中断
47	31	IRQ31	QEN	0x000000BC	正交编码器中断
48	32	IRQ32	PLL1	0x000000D0	PLOCK 时钟中断
49	33	IRQ33	USBAI	0x000000D4	USB 时钟中断
50	34	IRQ34	CANAI	0x000000D8	CAN1 和 CAN2 唤醒中断

3.3.3　TI 公司的 Cortex - M3 微控制器中断源及中断向量表

TI 公司的基于 CM3 的 LM3S13xx 微控制器的外设中断源如表 3 - 8 所列。

表 3-8　LM3S13xx 系列微控制器的外设中断源

中断类型号	中断号	IRQn	中断源标识	中断向量地址	片上外设中断源含义
16	0	IRQ0	GPIO Port A	0x00000040	GPIO A 口中断
17	1	IRQ1	GPIO Port B	0x00000044	GPIO B 口中断
18	2	IRQ2	GPIO Port C	0x00000048	GPIO C 口中断
19	3	IRQ3	GPIO Port D	0x0000004C	GPIO E 口中断
20	4	IRQ4	GPIO Port E	0x00000050	GPIO F 口中断
21	5	IRQ5	UART0	0x00000054	UART0 中断
22	6	IRQ6	UART1	0x00000058	UART1 中断
23	7	IRQ7	SSI0	0x0000005C	SSI0 中断
24～29	8～13	IRQ8～IRQ13	—	—	保留
30	14	IRQ14	ADC0 Sequence 0	0x00000078	ADC0 序列 0 中断
31	15	IRQ15	ADC0 Sequence 1	0x0000007C	ADC0 序列 1 中断
32	16	IRQ16	ADC0 Sequence 2	0x00000080	ADC0 序列 2 中断
33	17	IRQ17	ADC0 Sequence 3	0x00000084	ADC0 序列 3 中断
34	18	IRQ18	WDT0	0x00000088	看门狗定时器 0 中断
35	19	IRQ19	Timer0 A	0x0000008C	定时/计数器 0 A 中断
36	20	IRQ20	Timer0 B	0x00000090	定时/计数器 0 B 中断
37	21	IRQ21	Timer1 A	0x00000094	定时/计数器 1 A 中断
38	22	IRQ22	Timer1 B	0x00000098	定时/计数器 1 B 中断
39	23	IRQ23	Timer2 A	0x0000009C	定时/计数器 2 A 中断
40	24	IRQ24	Timer2 B	0x000000A0	定时/计数器 2 B 中断
41	25	IRQ25	AC0	0x000000A4	模拟比较器 0 中断
42	26	IRQ26	AC1	0x000000A8	模拟比较器 1 中断
43	27	IRQ27	AC2	0x000000AC	模拟比较器 2 中断
44	28	IRQ28	SC	0x000000B0	系统控制中断
45	29	IRQ29	FMC	0x000000B4	Flash 存储器控制中断
46	30	IRQ30	GPIO Port F	0x000000B8	GPIO F 口中断
47	31	IRQ31	GPIO Port G	0x000000BC	GPIO G 口中断
48	32	IRQ32	GPIO Port H	0x000000C0	GPIO H 口中断
49～50	33～34	IRQ33～IRQ34	—	—	保留
51	35	IRQ35	Timer3 A	0x000000CC	定时/计数器 3A 中断
52	36	IRQ36	Timer3 B	0x000000D0	定时/计数器 3B 中断
53～58	37～42	IRQ37～IRQ42	—	—	保留
59	43	IRQ43	Hibernation	0x000000EC	休眠模式中断

3.3.4　Freescale 公司的 Cortex - M0＋微控制器中断源及中断向量表

Freescale 公司的 Cortex - M0＋的 Kinetis KL02 微控制器的外设中断源如表 3 - 9 所列。

表 3 - 9　KL02 系列微控制器的外设中断源

中断类型号	中断号	IRQn	中断源标识	中断向量地址	片上外设中断源含义
16～20	0～4	IRQ0～IRQ4	—	—	—
21	5	IRQ5	FTFA	0x00000054	Command complete and read
22	6	IRQ6	PMC	0x00000058	低电压检测及电压报警
23	7	IRQ7		0x0000005C	—
24	8	IRQ8	I2C0	0x00000060	—
25	9	IRQ9	I2C0	0x00000064	—
26	10	IRQ10	SPI0	0x00000068	—
27	11	IRQ11		0x0000006C	—
28	12	IRQ12	UART0	0x00000070	UART0
29～30	13～14	IRQ13～IRQ14	—	—	—
31	15	IRQ15	ADC0	0x0000007C	ADC0
32	16	IRQ16	CMP0	0x00000080	CMP0
33	17	IRQ17	TPM0	0x00000084	TPM0
34	18	IRQ18	TPM1	0x00000088	TPM1
35～42	19～26	IRQ19～IRQ26	—	—	—
43	27	IRQ27	MCG	0x000000AC	MCG
44	28	IRQ28	LPTMR0	0x000000B0	LPTMR0
45	29	IRQ29	—	0x000000B4	—
46	30	IRQ30	PORTA	0x000000B8	PORTA
47	31	IRQ31	POTRB	0x000000BC	PORTB

KL14 系列微控制器的外设中断源如表 3 - 10 所列。

表 3 - 10　KL14 系列微控制器的外设中断源

中断类型号	中断号	IRQn	中断源标识	中断向量地址	片上外设中断源含义
16	0	IRQ0	DMA0	0x00000040	DMA0
17	1	IRQ1	DMA1	0x00000044	DMA1
18	2	IRQ2	DMA2	0x00000048	DMA2
19	3	IRQ3	DMA3	0x0000004C	DMA3
20	4	IRQ4	—	0x00000050	—
21	5	IRQ5	FTFA	0x00000054	—
22	6	IRQ6	PMC	0x00000058	低电压检测和低电压报警
23	7	IRQ7	LLWU	0x0000005C	低电压唤醒

中断类型号	中断号	IRQn	中断源标识	中断向量地址	片上外设中断源含义
24	8	IRQ8	I2C0	0x00000060	—
25	9	IRQ9	I2C0	0x00000064	—
26	10	IRQ10	SPI0	0x00000068	—
27	11	IRQ11	SPI1	0x0000006C	—
28	12	IRQ12	UART0	0x00000070	—
29	13	IRQ13	UART1	0x00000074	—
30	14	IRQ14	UART2	0x00000078	—
31	15	IRQ15	ADC0	0x0000007C	—
32	16	IRQ16	CMP0	0x00000080	—
33	17	IRQ17	TPM0	0x00000084	—
34	18	IRQ18	TPM1	0x00000088	—
35	19	IRQ19	TPM2	0x0000008C	—
36	20	IRQ20	RTC Alarm	0x00000090	报警中断
37	21	IRQ21	RTC Second	0x00000090	秒中断
38	22	IRQ22	PIT	0x00000090	所有通道单一中断向量
39~42	23~26	IRQ23~IRQ26	—	—	—
43	27	IRQ27	MCG	0x000000AC	—
44	28	IRQ28	LPTMR0	0x000000A4	—
45	29	IRQ29	—	—	—
46	30	IRQ30	PORTA	0x000000B8	PORTA
47	31	IRQ31	POTRB	0x000000BC	PORTB

由以上不同厂家、不同系列 ARM 微控制器的中断向量表可以看出,不同厂家芯片除了保持与内核硬件组件中断向量一致外,其对应片上外设组件的中断类型不一样,同一种硬件组件的类型也不一样。在初始化时要特别注意。

3.4 ARM Cortex-M 微控制器芯片功率控制及外部中断

3.4.1 功率控制

ARM Cortex-M 微控制器之所以功耗低,除了由内核特性决定之外,还缘于它对功率的精确控制能力。Cortex-M3/M0 支持多种功率控制的特性:睡眠模式、深度睡眠模式、掉电模式和深度掉电模式。

处理器时钟速率可通过改变时钟源、重新配置 PLL 值或改变处理器时钟分频器值来控制,允许用户根据应用要求在功率和处理速度之间进行权衡。此外,"外设功率控制器"可以关断每个片内外设,从而对系统功耗进行良好的调整。

ARM Cortex-M 处理器利用 SLEEPING 和 SLEEPDEEP 两个信号以指示处理器进入

睡眠的具体时间。

1. 内核提供的功率控制方式

（1）SLEEPING

该信号有效时处理器进入睡眠状态，表示处理器时钟可以停止运行。在接收到一个新的中断后，NVIC 会使该信号变无效，使内核退出睡眠。

在低功耗状态利用 SLEEPING 来门控处理器的 HCLK 时钟以降低功耗的实例如图 3-7 所示。图中 FCLK 为自由振荡的处理器时钟，HCLK 为处理器时钟。当 SLEEPING＝0 时，使能 HLCK 的时钟就是 FCLK；当 SLEEPING＝1 时，时钟使能禁止，HCLK 将没有时钟输入，这就是所谓的睡眠状态，不消耗功率，降低了能耗。

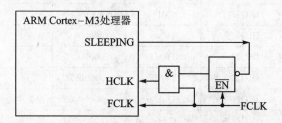

图 3-7　SLEEPING 功耗控制

（2）SLEEPDEEP

当系统控制寄存器的 SLEEPDEEP 位（bit2）置位时，该信号有效，使处理器进入深度睡眠状态。该信号被传送给时钟控制器，用来控制处理器和包含锁相环（PLL）的系统元件以降低功耗。在接收到新的中断时，嵌套向量中断控制器（NVIC）将 SLEEPDEEP 信号变无效，并在时钟控制器时钟稳定时让内核退出深度睡眠。

在低功耗状态利用 SLEEPDEEP 来停止时钟控制器以进一步降低功耗的实例如图 3-8 所示。退出低功耗状态时，当 PLL 时钟 PLLCLKIN 稳定后 LOCK＝0 时才使能 Cortex-M 时钟，这样可以保证处理器不会重启直至时钟稳定。LOCK＝1 则 HCLK 禁止，当 SLEEP-DEEP＝0 时，时钟控制器禁止关闭时钟。

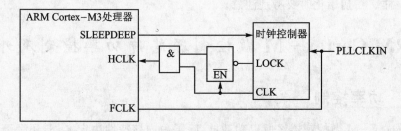

图 3-8　SLEEPDEEP 功耗控制

为了检测中断，处理器在低功耗状态下必须接收自由振荡的 FCLK。因此在 SLEEP-DEEP 有效期间可以通过降低 FCLK 频率进一步降低功耗。

2. 低功耗模式

通过 Cortex-M 执行 WFI（等待中断）或 WFE（等待异常）指令进入任何低功耗模式。

Cortex - M 内部支持两种低功耗模式:睡眠模式和深度睡眠模式。它们通过 Cortex - M 系统控制寄存器中的休眠深度位,如 SLEEPDEEP 来选择,如图 3 - 8 所示。掉电和深度掉电模式通过 PCON 寄存器中的位来选择。

Cortex - M3 具有一个独立电源域,可为 RTC 和电池 RAM 供电,以便在维持 RTC 和电池 RAM 正常操作时,关闭其他设备的电源。

(1) 睡眠模式

当进入睡眠模式时,内核时钟停止,且 PCON 的 SMFLAG 位置位。从睡眠模式中恢复并不需要任何特殊的序列,但要重新使能 ARM 内核的时钟。

在睡眠模式下,指令的执行被中止,直至复位或中断出现。外设在 CPU 内核处于睡眠模式期间继续运转,并可产生中断使处理器恢复执行指令。睡眠模式下,处理器内核自身、存储器系统、有关控制器及内部总线停止工作,因此这些器件的动态功耗会降低。

只要出现任何使能的中断,CPU 内核就会从睡眠模式中唤醒。

(2) 深度睡眠模式

当芯片进入深度睡眠模式时,主振荡器掉电且所有内部时钟停止,PCON 的 DSFLAG 位置位。IRC 保持运行并且可配置为驱动看门狗定时器,允许看门狗唤醒 CPU。由于 RTC 中断也可用作唤醒源,32 kHz 的 RTC 振荡器不停止。Flash 进入就绪模式,这样可以实现快速唤醒。PLL 自动关闭并断开连接。CCLK 和 USBCLK 时钟分频器自动复位为 0。

在深度睡眠模式期间,保存处理器状态以及寄存器、外设寄存器和内部 SRAM 的值,并且将芯片引脚的逻辑电平保持为静态。可通过复位或某些特定中断(能够在没有时钟的情况下工作)来终止深度睡眠模式和恢复正常操作。由于芯片的所有动态操作被中止,因此深度睡眠模式使功耗降低为一个极小的值。

在唤醒深度睡眠模式时,如果 IRC 在进入深度睡眠模式前被使用,则 2 位 IRC 定时器开始计数,并且在定时器超时(4 周期)后,恢复代码执行和外设活动。如果使用主振荡器,则12 位主振荡器定时器开始计数,并且在定时器超时(4 096 周期)时恢复代码执行。用户必须记得在唤醒后要重新配置所需的 PLL 和时钟分频器。

只要相关的中断使能,器件就可以从深度睡眠模式中唤醒。这些中断包括 NMI、外部中断 EINT0～EINT3、GPIO 中断、以太网 Wake - On - LAN 中断、掉电检测、RTC 报警中断、看门狗定时器超时、USB 输入引脚跳变或 CAN 输入引脚跳变。

(3) 掉电模式

掉电模式执行在深度睡眠模式下的所有操作,但也关闭了 Flash 存储器。进入掉电模式使 PCON 中的 PDFLAG 位置位。这降低了更多功耗。但是唤醒后,在访问 Flash 存储器中的代码或数据前,必须等待 Flash 恢复。

当芯片进入掉电模式时,IRC、主振荡器和所有时钟都停止。如果 RTC 已使能则它继续运行,RTC 中断也可用来唤醒 CPU。Flash 被强制进入掉电模式。PLL 自动关闭并断开连接。CCLK 和 USBCLK 时钟分频器自动复位为 0。

掉电模式唤醒时,如果在进入掉电模式前使用了 IRC,那么经过 IRC 的启动时间(60 s)后,2 位 IRC 定时器开始计数并且在 4 个周期内停止计数(expiring)。如果用户代码在 SRAM 中运行,那么在 IRC 计数 4 个周期后,用户代码会立即执行;如果代码在 Flash 中运行,那么在 IRC 计数 4 个周期后,启动 Flash 唤醒定时器,100 s 后完成 Flash 的启动,开始执行代码。当定时器超时时，可以访问 Flash。用户必须记得在唤醒后要重新配置 PLL 和时钟分频器。

只要相关的中断使能，器件就可以从深度睡眠模式中唤醒。这些中断包括 NMI、外部中断 EINT0～EINT3、GPIO 中断、以太网 Wake‑On‑LAN 中断、掉电检测、RTC 报警中断、USB 输入引脚跳变或 CAN 输入引脚跳变。

（4）深度掉电模式

在深度掉电模式中，关断整个芯片的电源（实时时钟、RESET 引脚、WIC 和 RTC 备用寄存器除外）。进入深度掉电模式使 PCON 中的 DPDFLAG 位置位，见表 3‑11。为了优化功率，用户若有其他的选择，可关断或保留 32 kHz 振荡器的电源。

当使用外部复位信号或使能 RTC 中断和产生 RTC 中断时，可将器件从深度掉电模式中唤醒。

3. 外设功率控制

外设的功率控制特性允许在应用中关闭不需要的片上外设，从而节省额外的功率。这在 PCONP 寄存器中将详细描述。关于功率控制功能使用的寄存器，如表 3‑11 所列。

表 3‑11　LPC1700 系列微控制器的功率控制寄存器

名　称	描　述	访　问
PCON	功率控制寄存器。该寄存器含有使能 Cortex‑M3 微控制器的一些低功耗模式的控制位	R/W
PCONP	外设寄存器的功率控制。该寄存器含有使能和禁止各个外设功能的控制位，可通过关闭应用中不需要的外设来降低功耗	R/W

（1）功率模式控制寄存器

低功耗模式通过表 3‑12 所列的 PCON 寄存器来控制。

表 3‑12　LPC1100 系列 M0 微控制器的功率模式控制寄存器 PCON 位描述

位	符　号	位描述	复位值
0	—	保留	0
1	DPDEN	深度掉电模式使能： 1＝使用 WFI 指令将进入深度掉电模式，0＝使用 WFI 指令进入休眠模式	0
10:2	—	保留	0
11	DPDFLAG	深度掉电标志： 1＝读出表示进入深度掉电模式，写表示清除掉电标志； 0＝读出表示不进入深度掉电模式，写无效	0
31:12	—	保留，用户软件不要向其写入 1。从保留位读出的值未被定义	NA

表 3‑13 为 LPC1700 系列 M3 微控制器的功率模式控制寄存器各位的含义，表 3‑14 为低功耗模式编码。

表 3 - 13　LPC1700 系列 M3 微控制器的功率模式控制寄存器位描述

位	符　号	位描述	复位值
0	PM0	功率模式控制位 0。该位控制进入掉电模式。详见表 3 - 14	0
1	PM1	功率模式控制位 1。该位控制进入深度掉电模式。详见表 3 - 14	0
2	BODRPM	掉电低功耗模式。当 BODRPM 为 1 时,掉电检测电路将在芯片进入掉电模式或深度睡眠模式时关断,使功耗进一步降低。此时,不能使用掉电检测作为掉电模式的唤醒源。当该位为 0 时,掉电检测功能在掉电模式和深度睡眠模式中保持有效	0
3	BOGD	掉电全局禁止。当 BOGD 为 1 时,掉电检测电路一直被完全禁止,且不消耗功率。当该位为 0 时,掉电检测电路被使能	0
4	BORD	掉电复位禁止。当 BORD 为 1 时,低压检测的第二阶段(2.6 V)将不会导致芯片复位。当 BORD 为 0 时,复位被使能。低压检测的第一阶段(2.9 V) Brown - out 中断不受影响	0
7:5	—	保留,用户软件不要向其写入 1。从保留位读出的值未被定义	NA
8	SMFLAG	睡眠模式进入标志。当成功进入睡眠模式时该位置位。通过向该位写入 1 由软件将其清零	0
9	DSFLAG	深度睡眠进入标志。当成功进入深度睡眠模式时该位置位。通过向该位写入 1 由软件将其清零	0
10	PDFLAG	掉电进入标志。当成功进入掉电模式时该位置位。通过向该位写入 1 由软件将其清零	0
11	DPDFLAG	深度掉电进入标志。当成功进入深度掉电模式时该位置位。通过向该位写入 1 由软件将其清零	0
31:12	—	保留,用户软件不要向其写入 1。从保留位读出的值未被定义	NA

表 3 - 14　低功耗模式的编码

PM1	PM0	描　述
0	0	SLEEPDEEP 位为 1 时,执行 WFI 或 WFE 进入睡眠或深度睡眠模式
0	1	SLEEPDEEP 位为 1 时,执行 WFI 或 WFE 进入掉电模式
1	0	保留,不应使用这些设置
1	1	SLEEPDEEP 位为 1 时,执行 WFI 或 WFE 进入深度掉电模式

（2）从低功耗模式中唤醒

任何使能的中断均可将 CPU 从睡眠模式中唤醒。某些特定的中断可将处理器从深度睡眠模式或掉电模式中唤醒。

若特定的中断使能则允许中断将 CPU 从深度睡眠模式或掉电模式中唤醒。唤醒后,将继续执行适当的中断服务程序。这些中断为 NMI、外部中断 EINT0～EINT3、GPIO 中断、以太网 Wake - On - LAN 中断、掉电检测中断、RTC 报警中断。此外,如果看门狗定时器由 IRC 振荡器驱动,则看门狗定时器也可将器件从深度睡眠模式中唤醒。

可以将 CPU 从深度睡眠或掉电模式中唤醒的其他功能有 CAN 活动中断(由 CAN 总线引脚上的活动产生)和 USB 活动中断(由 USB 总线引脚上的活动产生)。相关的功能必须映射到引脚且对应的中断必须使能才能实现唤醒。

（3）外设功率控制寄存器 PCONP

可通过 PCONP 寄存器关闭特定外设模块的时钟源来关闭外设，以实现节电的目的。除了看门狗定时器、引脚连接模块和系统控制模块等少数外设功能不能被关闭外，其他外设均可以关闭。

那些含有模拟功能的外设的功耗大部分与时钟无关。这些外设有独立的禁能控制，可关闭其电路来降低功耗。有关外设特定的降低功耗的信息，请参考描述该外设的相关章节。PCONP 中的每个位都控制一个外设。M3 微控制器 LPC1700 系列外设功率控制寄存器 PCONP 位描述如表 3-15 所列。

如果外设控制位为 1，则外设被使能；如果外设控制位为 0，则外设的时钟被禁能（关闭）以降低功耗。例如，如果位 1 为 1，则定时/计数器 0 接口使能；如果位 1 为 0，则定时/计数器 0接口禁止。

表 3-15　M3 微控制器 LPC1700 外设功率控制寄存器 PCONP 位描述

位	符 号	描　述	复位值	位	符 号	描　述	复位值
0	—	保留	NA	16	PCRIT	重复中断定时器功率/时钟控制位	0
1	PCTIM0	定时/计数器 0 功率/时钟控制位	1	17	PCMC	电机控制 PWM	0
2	PCTIM1	定时/计数器 1 功率/时钟控制位	1	18	PCQEI	正交编码器接口功率/时钟控制位	0
3	PCUART0	UART0 功率/时钟控制位	1	19	PCI2C1	I²C1 接口功率/时钟控制位	1
4	PCUART1	UART1 功率/时钟控制位	1	20	—	保留	NA
5	—	保留	NA	21	PCSSP0	SSP0 接口功率/时钟控制位	1
6	PWM1	PWM1 功率/时钟控制位	1	22	PCTIM2	定时器 2 功率/时钟控制位	0
7	PCI2C0	I²C0 接口功率/时钟控制位	1	23	PCTIM3	定时器 3 功率/时钟控制位	0
8	PCSPI	SPI 接口功率/时钟控制位	1	24	PCUART2	UART2 功率/时钟控制位	0
9	PCRTC	RTC 功率/时钟控制位	1	25	PCUART3	UART3 功率/时钟控制位	0
10	PCSSP1	SSP1 接口功率/时钟控制位	1	26	PCI2C2	I²C 接口 2 功率/时钟控制位	1
11	—	保留	NA	27	PCI2S	I²S 接口功率/时钟控制位	0
12	PCAD	ADC 功率/时钟控制位	0	28	—	保留	NA
13	PCCAN1	CAN 控制器 1 功率/时钟控制位	0	29	PCGPDMA	GP DMA 功能功率/时钟控制位	0
14	PCCAN2	CAN 控制器 2 功率/时钟控制位	0	30	PCENET	以太网模块功率/时钟控制位	0
15	PCGPIO	GPIO	1	31	PCUSB	USB 接口功率/时钟控制位	0

需要注意的是，DAC 外设在 PCONP 中没有控制位。要使能 DAC，必须通过配置 PIN-SEL1 寄存器在相关的引脚 P0.26 上来选择其输出，参见表 5-11。

4. 功率控制注意事项

复位后，PCONP 寄存器的值设置成使能所选的接口和外围功能（受 PCONP 控制的）。因此，除了对外设相关的寄存器进行配置外，用户应用程序可能还需要访问 PCONP 寄存器，使能对应的外设。

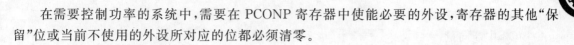

在需要控制功率的系统中,需要在 PCONP 寄存器中使能必要的外设,寄存器的其他"保留"位或当前不使用的外设所对应的位都必须清零。

3.4.2　外部中断相关寄存器描述

在 NXP 的 CM0 和 CM3 中各有 4 个外部引脚中断输入可选的引脚,外部中断可以从 CPU 掉电模式下唤醒。

外部中断功能具有 4 个相关的寄存器。EXTINT 寄存器包含中断标志。EXTMODE 和 EXTPOLAR 寄存器用来指定引脚是使用电平还是边沿触发方式。

外部中断标志寄存器 EXTINT 包括 4 个外部中断的标志,与相应外部中断引脚相对应,格式如表 3-16 所列。外部中断模式决定引脚的触发形式是电平还是边沿,具体含义如表 3-17 所列,外部中断的极性由表 3-18 所列的寄存器相关位决定。

表 3-16　外部中断标志寄存器 EXTINT

D7~D4	D3	D2	D1	D0
保留	EINT3	EINT2	EINT1	EINT0

表 3-17　外部中断模式寄存器 EXTMODE

D7~D4	D3	D2	D1	D0
保留	EXTMODE3 0=$\overline{EINT3}$引脚电平触发 1=$\overline{EINT3}$引脚边沿触发	EXTMODE2 0=$\overline{EINT2}$引脚电平触发 1=$\overline{EINT2}$引脚边沿触发	EXTMODE1 0=$\overline{EINT1}$引脚电平触发 1=$\overline{EINT1}$引脚边沿触发	EXTMODE0 0=$\overline{EINT0}$引脚电平触发 1=$\overline{EINT0}$引脚边沿触发

表 3-18　外部中断极性寄存器 EXTPOLAR

D7~D4	D3	D2	D1	D0
保留	EXTPOLAR3 0=$\overline{EINT3}$低或下降 1=$\overline{EINT3}$高或上升	EXTPOLAR2 0=$\overline{EINT2}$低或下降 1=$\overline{EINT2}$高或上升	EXTPOLAR1 0=$\overline{EINT1}$低或下降 1=$\overline{EINT1}$高或上升	EXTPOLAR0 0=$\overline{EINT0}$低或下降 1=$\overline{EINT0}$高或上升

例如,让 4 个外部中断全部处于下降沿触发,则可设置相关寄存器的值为

```
EXTMODE = 0x0F;        //全部设置为边沿触发
EXTPLOAR = 0x00;       //全部设置为下降
```

应该指出的是,对于 LPC1700 系列微控制器,GPIO 端口 P0 和 P2 均可以设置为上升沿和下降沿触发的中断输入,而它们的中断则是利用 EXTINT3 中断向量通过查询中断状态得到哪个引脚产生的中断的,详见 5.4.2 小节。

本章习题

一、选择题

1. 以下不属于中断过程的是(　　　)。

　A. 中断请求

B. 中断响应

    C. 中断向量

    D. 中断返回

2. 关于 ARM Cortex - M 的异常状态以下说法错误的是（   ）。

    A. 未激活（Inactive）状态为没有中断请求的状态

    B. 挂起（Pending）状态为中断请求有效但还没有被响应的状态

    C. 激活（Active）状态为异常中断请求已被响应的状态

    D. 激活且挂起（Active and Pending）状态是指异常中断已响应且没有新的中断请求

3. 关于 ARM Cortex - M 的异常中断，以下说法正确的是（   ）。

    A. 优先级最高是复位向量

    B. 总线故障是外部中断

    C. 系统复位后，第一条指令的地址 0 为 0x00000000

    D. 看门狗中断是内部异常

4. 关于 ARM Cortex - M 的堆栈，以下说法错误的是（   ）。

    A. 采用递减地址方式先进后出，压栈时地址减 4

    B. 支持两个堆栈区，一个主堆栈，一个进程堆栈

    C. 在线程模式下使用主堆栈或进程堆栈，而在处理模式下使用主堆栈

    D. 当发生异常时，系统自动将 R0～R15 以及 xPSR 压入堆栈

5. 关于 ARM Cortex - M 的中断响应过程，以下说法错误的是（   ）。

    A. 主要过程包括入栈保护、取中断向量得到入口地址、更新寄存器

    B. 采用递减地址方式先进后出，压栈时地址减 4

    C. 支持两个堆栈区，一个主堆栈，一个进程堆栈

    D. 在线程模式下使用主堆栈或进程堆栈，而在处理模式下使用主堆栈

    E. 当发生异常时，系统自动将 R0～R15 以及 xPSR 压入堆栈

6. 以下关于 ARM Cortex - M 的 NVIC 寄存器说法正确的是（   ）。

    A. ISER 是中断允许寄存器，每一位对应的是外部中断源，某位为 0，表示该位对应的中断源允许中断

    B. ISPR 是中断挂起寄存器，某位为 1 表示对应位的中断源有中断请求但还没有被响应

    C. IPR 为中断程序状态寄存器，记录外设请求中断的类型编号

    D. IPSR 为中断优先级寄存器，记录中断的优先级别

7. ARM Cortex - M 的 CPSIE 指令对应的 CMSIS 函数为（   ）。

    A. void __enable_fault(void)

    B. void __disable_fault(void)

    C. void __disable_irq(void)

    D. void __enable_irq(void)

8. 以下关于 ARM Cortex - M 的低功耗模式的说法，正确的是（   ）。

    A. 低功耗模式包括睡眠模式、深度睡眠模式、掉电模式和深度掉电模式

    B. 睡眠模式比掉电模式更省电

C. 掉电模式比深度掉电模式更省电

　　D. 深度掉电模式下，ADC 中断可以唤醒

二、填空题

　　1. ARM Cortex – M 系列处理器可以处理_____个异常中断，其中内部异常编号为_____～_____，外部中断编号从_____～_____。异常中断向量表占据内存地址范围为_____～_____。

　　2. 已知异常中断类型号为 n，IRQi 中断号为 m，则 n 对应中断向量的地址为_____，m 对应中断向量地址为_____。

　　3. ARMCortex – M 处理器的工作模式包括_____和_____两种模式，它们之间可以相互切换。切换的条件为有异常发生，将自动进入_____模式，当异常处理结束返回时，自动回到_____。

　　4. NVIC_EnableIRQ(RTC_IRQn) 的功能是_____，NVIC_DisableIRQ(PWM1_IRQn) 的功能是_____，设置 ADC 中断优先级为 6 的 CMSIS 函数是_____。

　　5. 查表 3 – 7，禁止 LPC1700 的 WDT 中断的 CMSIS 函数为_____，允许 LPC1700 的 UART2 中断且中断优先级设置为 4 的 CMSIS 函数分别为_____和_____。

　　6. ARM Cortex – M 内核提供的功能控制方式中，某信号有效，睡眠时处理器时钟可以停止运行，有中断时退出睡眠，该信号为_____。深度睡眠时可以停止处理器时钟以及锁相环时钟，进一步降低功耗，有中断时退出深度睡眠状态，该信号为_____。

　　7. 进入功耗模式的指令有_____和_____。

　　8. 如果在某嵌入式应用系统中使用 LPC1700 系列微控制器，则使用的片上外设有 UART0、UART1 以及定时/计数器 0 和 1。其中，片上外设禁止，则 PCONP＝0x_____。如果要使 EINT0～EINT3 全部采用边沿触发，而 EINT0 和 EINT1 选择上升沿，EINT2 和 EINT3 为下降沿触发，则寄存器 EXTMODE 的值为 0x_____，EXTPOLAR 的值为 0x_____。

第4章 基于 ARM 微控制器的嵌入式程序设计

由第2章可知,ARM 处理器既支持 32 位的 ARM 指令集,也支持 16 位的 Thumb 指令集。从 ARMv6 开始,新的 ARM 处理器支持 16/32 位的 Thumb – 2 指令集,ARMv7 – M 仅支持 Thumb – 2 指令集。由于 Cortex – M0/M1 系列微控制器采用 ARMv6 – M,而 Cortex – M3 采用 AMMv7 – M 架构,仅支持 Thumb – 2 指令系统,因此本章主要介绍 ARM 微控制器 Thumb/Thumb – 2 指令集,进而介绍用 ARM 汇编语言及 C 语言相结合的方法进行嵌入式应用程序设计。

4.1 Thumb/Thumb – 2 指令系统

由于 ARM 处理器是 RISC 结构,因此 ARM 微处理器的指令集是加载/存储型的,也即指令集仅能处理寄存器中的数据,而且处理结果都要放回寄存器中。无论对外部设备还是对系统存储器的访问,都需要通过加载/存储指令来完成。

ARM 微处理器的指令集可以分为分支指令、数据处理指令、程序状态寄存器(CPSR)处理指令、加载/存储指令、异常产生指令六大类,具体的指令及功能如表 3 – 1 所列(表中指令为基本指令,不包括派生指令,如加条件等)。

1. 指令格式及条件码后缀

(1) 指令的一般格式

<opcode>{<cond>}{S} <Rd>,<Rn>{,<op2>}

其中,<>中为不可省,{}可省略,opcode、cond 与 S 之间没有分隔符,{S}与 Rd 之间用空格隔开。格式中具体项目的含义如表 4 – 1 所列。

表 4 – 1　指令格式说明

项　目	含　义	备　注
<opcode>	指令的操作码	即助记符,如 MOV,ADD,B 等
{cond}	条件域,满足条件才执行指令	可不加条件,即可省略条件,如 EQ,NE 等
{S}	指令执行时是否更新 CPSR	可省略
Rd	目的寄存器	Rd 可为任意通用寄存器
Rn	第一个源操作数	Rn 可为任意通用寄存器,Rn 可以与 Rd 相同
op2	第二个源操作数	可为♯imm8m、寄存器 Rm

说明:

① 对于 Thumb 指令集,♯imm8m 表示一个由 8 位立即数经左移任意位次形成的 32 位操作数。

② 对于 Thumb 指令条件,{cond}仅有一条指令 B 可带条件。

（2）指令的条件域

当处理器工作在 ARM 状态时，几乎所有的指令均根据 CPSR 中条件码的状态和指令的条件域有条件地执行。当指令的执行满足条件时，指令被执行，否则指令被忽略。

在 Thumb 状态仅有 B 指令支持条件域。

4 位的条件码，位于指令的最高 4 位[31:28]。条件码共有 16 种，每种条件码可用两个字符表示。这两个字符可以添加在指令助记符的后面和指令同时使用。例如，跳转指令 B 可以加上后缀 EQ 变为 BEQ，表示"相等则跳转"，即当 CPSR 中的 Z 标志置位时发生跳转。

在 16 种条件标志码中，只有 15 种可以使用，如表 4 - 2 所列，第 16 种（1111）为系统保留，暂时不能使用。另外，条件是指第一个源操作数与第二个源操作数之间的关系。

表 4 - 2 指令的条件码及后缀

条件码	助记符后缀	标　志	含　义
0000	EQ	Z 置位	相等
0001	NE	Z 清零	不相等
0010	CS 或 HS	C 置位	无符号数大于或等于
0011	CC 或 LO	C 清零	无符号数小于
0100	MI	N 置位	负数
0101	PL	N 清零	正数或零
0110	VS	V 置位	溢出
0111	VC	V 清零	未溢出
1000	HI	C 置位 Z 清零	无符号数大于
1001	LS	C 清零 Z 置位	无符号数小于或等于
1010	GE	N 等于 V	带符号数大于或等于
1011	LT	N 不等于 V	带符号数小于
1100	GT	Z 清零且（N 等于 V）	带符号数大于
1101	LE	Z 置位或（N 不等于 V）	带符号数小于或等于
1110	AL	可为任意值	无条件执行

（3）标准 Thumb 代码格式

在标准 Thumb 指令格式中，如果目的寄存器 Rd 为源寄存器之一，则使用两个操作数。例如：原来 ARM 指令集中的指令格式为"＜opcode＞{S}　＜Rd＞,＜Rm＞,＜Rn＞"，当 d＝m 时，Thumb 指令集中使用"＜opcode＞{S}　＜Rd＞,＜Rn＞"；当 d＝n 时，指令变为 ＜opcode＞{S}　＜Rd＞,＜Rm＞"。

如果将 R0 中的值与 R1 的值相加，和放 R0 中，Thumb 标准指令则为"ADD　R0,R1"。

另外，在标准 Thumb 代码格式中，数据操作类指令的操作均影响标志位（影响 APSR），因此不用加状态 S 同样会更新 APSR 相关标志状态，如上述"ADD　R0,R1"会影响标志的更新，等效于"ADDS　R0,R1"。

（4）统一汇编语言（UAL）代码格式

在统一汇编语言格式中，即使目的寄存器与源寄存器有一个相同，有些数据操作类指令仍然使用三个操作数。如：

<opcode>{S}　<Rd>,<Rd>,<Rn>

如果将 R0 中的值与 R1 的值相加,和放 R0 中,则统一汇编语言标准指令为"ADDS　R0, R0,R1"。

在统一汇编语言中,数据操作类指令的操作必须由影响标志位特征 S 为后缀,不加汇编就不会通过。如上述加法指令如果不用 S,那么指令"ADD　R0,R0,R1"就是错误的。

在 Keil MDK 开发工具中支持 UAL 代码格式。

4.1.1　ARM Cortex - M0 支持的 Thumb 指令集

从 ARMv4T 开始,ARM 体系结构支持 16 位的 Thumb 指令集。Thumb 指令集是 ARM 指令系统的一个子集,允许指令编码为 16 位的长度。与等价的 32 位代码相比较,Thumb 指令集在保留 32 位代码优势的同时,大大节省了系统的存储空间。

1. 数据处理指令

大部分 Thumb 数据处理类指令均采用两地址格式,操作结果放入其中一个操作数寄存器。Thumb 状态下的寄存器结构特点决定了其他指令只能访问 R0～R7 寄存器。具体数据处理指令如表 4-3 所列。

表 4-3　ARM Cortex - M0 支持的 Thumb 数据处理类指令

操　作	指令格式	功能说明	影响标志
数据传送	MOVS Rd,#imm_8	Rd←imm_8(imm_8 为 0～255),更新标志	N,Z
	MOVS Rd,Rm	Rd←Rm,更新标志	—
	MOV Rd,Rm	Rd←Rm	—
	MVNS Rd,Rm	Rd←NOT Rm 取反后数据传送,更新标志	—
加法	ADDS Rd Rn,#imm_3	Rd←Rn+imm_3 (imm_3=0-7),更新标志	N,Z,C,V
	ADDS Rd,Rn,Rm	Rd←Rn+Rm ,更新标志	N,Z,C,V
	ADD　Rd,Rd,Rm	Rd←Rd+Rm	N,Z,C,V
	ADDS Rd,Rd,#imm8	Rd←Rd+imm_8,更新标志	N,Z,C,V
带进位加法	ADCS Rd,Rd,Rn	Rd←Rd++Rn+C,更新标志	N,Z,C,V
减法	SUBS Rd,Rn,#imm_3	Rd←Rn-imm_3	N,Z,C,V
	SUBS Rd,Rn,Rm	Rd←Rn-Rm	N,Z,C,V
	SUBS Rd,Rd,#imm_8	Rd←Rn-imm_8	N,Z,C,V
	RSBS Rd,Rn,#0	Rd←-Rn	N,Z,C,V
带借位减法	SBCS Rd,Rd,Rm	Rd←Rn-Rm-C	N,Z,C,V
乘法	MULS Rd,Rm,Rd	Rd←Rm×Rd	N,Z
逻辑与	ANDS Rd,Rd,Rm	Rd←Rd AND Rm	N,Z
逻辑异或	EORS Rd,Rd,Rm	Rd←Rd EOR Rm	N,Z
逻辑或	ORRS Rd,Rd,Rm	Rd←Rd OR Rm	N,Z
位清除	BICS Rd,Rd,Rm	Rd←Rd and NOT Rm	N,Z

操　作	指令格式	功能说明	影响标志
算术右移	ASRS Rd,Rm,#＜shift＞	Rd←Rm 算术右移 shift 位(0～31 位)	N,Z,C
	ASRS Rd,Rd,Rs	Rd←Rd 算术右移 Rs 位	N,Z,C
逻辑左移	LSLS Rd,Rd,Rs	Rd←Rd 逻辑左移 Rs 位	N,Z,C
	LSLS Rd,Rm,#＜shift＞	Rd←Rm 逻辑左移 shift 位(0～31 位)	N,Z,C
逻辑右移	LSRS Rd,Rm,#＜shift＞	Rd←Rd 逻辑右移 shift 位(0～31 位)	N,Z,C
	LSRS Rd,Rd,Rs	Rd←Rn 逻辑右移 Rs 位	N,Z,C
循环右移	RORS Rd,Rd,Rs	Rd←Rd 循环右移 Rs 位	N,Z,C
比较	CMP Rn,Rm	根据 Rn－Rm 的结果,修改 CPSR 状态位	N,Z,C,V
	CMP Rn,#imm_8	根据 Rn－imm_8 的结果,修改 CPSR 状态位	N,Z,C,V
比较非值	CMN Rn,Rm	根据 Rn＋Rm 的结果,修改 CPSR 状态位	N,Z,C,V
测试	TST Rn,Rm	根据 Rn and Rm 的结果,修改 CPSR 状态位	N,Z

如果没有特别声明,则表 4 - 3 中的 Rd、Rn 及 Rm 为 R0～R7,imm_8 为 8 位立即数,imm_3 为 3 位立即数。

2. 分支指令

Thumb 指令集中的分支指令与 ARM 指令集中的分支指令相比,跳转的范围有较大限制,除了 B 指令有条件执行功能外,其他分支指令不带条件执行。Thumb 分支指令共有 4 条:B、BL、BX、BLX。其中 BLX 仅限于具有 v5T 结构的 ARM 处理器。Thumb 分支指令及其功能如表 4- 4 所列。

表 4 - 4　Thumb 分支指令及其功能

指令格式	操　作	功能说明
B ＜Lable＞	无条件转移	PC←Lable;短分支指令
B{cond} ＜Lable＞	条件转移	如果{cond},则 PC←Lable;短分支指令
BL ＜Lable＞	带链接转移	PC←Lable,R14←PC＋4;长分支指令
BX Rm	带状态切换的转移	PC←Rm 且切换处理器状态;长分支指令
BLX Rm/Lable	带链接和切换的转移	PC←Rm/Lable 且切换处理器状态,R14←下一条指令地址;长分支指令
MRS Rd, PSR	PSR 到寄存器	Rd ←PSR
MSR PSR, Rm	寄存器到 PSR	PSR←Rm

分支指令的典型用法有三种:
① 短距离条件分支指令可用于控制循环的退出;
② 中等距离无条件分支指令可用于实现类似于 GOTO 的功能;
③ 长距离条件分支指令可用于子程序调用。
注意:如果使用指令"B. ;"(这里的"."表示当前地址,类似于 X86 系统中的＄),那么本条

指令执行的效果是自循环,即进入死循环以等待系统复位,等于"Label B Lable"。

【例 4 - 1】指出完成以下 Thumb 指令后,R0,R1,R2 中的值。

```
        MOVS R0,#100      ;① R0 = 100
        MOVS R1,#0x99     ;② R1 = 0x99FF
        MVNS R2,R1        ;③ R2 = 0xFFFFFF66
        ADDS R0,R1,R2     ;④ R0 = R1 + R2 = 0xFFFFFFFF
        SUBS R0,R1,R2     ;⑤ R0 = R1 - R2 = 0x99
        LSLS R0,R0,#8     ;⑥ R0 = - x9900
        ORRS R1,R1,R0     ;⑦ R1 = 0x99FF
        CMP  R1,R2        ;⑧
        BHI  LP1          ;⑨
        MOVS  R2,#1       ;⑩
        B LP2             ;⑪
LP1     MOVS R2,#2        ;⑫
LP2     B .               ;⑬
```

通过对以上各条指令的分析可知,①~⑦,R0 = 100,R1 = 0x99FF,R2 = 0xFFFFFF66;⑧为比较的结果,由于 R1<R2,所以执行⑩而不执行⑪,由此,R2 = 1,R0 = 0。其结果是:R0 = 0,R1 = 1,R2 = 0xFFFFFF66。

3. 加载/存储指令

在 Thumb 指令集中,由于寄存器结构的限制,大部分加载/存储指令只能访问 R0~R7 寄存器。此外,堆栈操作使用 PUSH 和 POP。这类指令如表 4 - 5 所列。

表 4 - 5 **Thumb 加载/存储指令**

指令格式	操 作	功能说明
LDR Rd,[Rn,#imm]	立即数偏移字加载	Rd←[Rn+imm],即 Rn+imm 指示的存储器地址中的一个字数据装入 Rd 寄存器中; 若 Rn 为 PC 或 SP,则 imm 为 5 位立即数;否则为 8 位立即数,为 4 的倍数(按字对齐)
LDR Rd,[Rn,Rm]	寄存器偏移字加载	Rd←[Rn+Rm],即 Rn+Rm 指示的存储器地址中的一个字数据装入 Rd 寄存器中
LDRH Rd,[Rn,#imm_5]	立即数偏移无符号半字加载	Rd←[Rn+imm_5],即 Rn+imm_5 指示的存储器地址中的无符号半字数据装入 Rd 寄存器中,imm_5 必须是 2 的倍数(按半字对齐)
LDRH Rd,[Rn,Rm]	寄存器偏移无符号半字加载	Rd←[Rn+Rm],即 Rn+Rm 指示的存储器地址中的无符号半字数据装入 Rd 寄存器中
LDRB Rd,[Rn,#imm_5]	立即数偏移无符号字节加载	Rd←[Rn+imm_5],即 Rn+imm_5 指示的存储器地址中的无符号字节数据装入 Rd 寄存器中
LDRB Rd,[Rn,Rm]	寄存器偏移无符号字节加载	Rd←[Rn+Rm],即 Rn+Rm 指示的存储器地址中的一个字节无符号数据装入 Rd 寄存器中
LDRSH Rd,[Rn,Rm]	寄存器偏移有符号半字加载	Rd←[Rn+Rm],即 Rn+Rm 指示的存储器地址中的有符号半字数据装入 Rd 寄存器中
LDRSB Rd,[Rn,Rm]	寄存器偏移有符号字节加载	Rd←[Rn+Rm],即 Rn+Rm 指示的存储器地址中的有符号字节数据装入 Rd 寄存器中

续表 4－5

指令格式	操　作	功能说明
LDR Rd,Lable	标号偏移加载	Rd←[Lable]，即 Lable 指示的存储器地址中的一个字数据装入 Rd 寄存器中
STR Rd,[Rn,♯imm]	立即数偏移字存储	[Rn＋imm]←Rd，即 Rd 寄存器中的一个字数据存储到 Rn＋imm 指示的存储器单元中；Rn 为 PC 或 SP，则 imm 为 5 位立即数；否则为 8 位立即数，且为 4 的倍数（按字对齐）
STR Rd,[Rn,Rm]	寄存器偏移字存储	[Rn＋Rm]←Rd，即 Rd 寄存器中的一个字数据存储到 Rn＋Rm 指示的存储器单元中
STRH Rd,[Rn,♯imm_5]	立即数偏移无符号半字存储	[Rn＋imm_5]←Rd，即 Rd 寄存器中的一个无符号半字数据存储到 Rn＋Rm 指示的存储器单元中，imm_5 必须是 2 的倍数（按半字对齐）
STRH Rd,[Rn,Rm]	寄存器偏移无符号半字存储	[Rn＋Rm]←Rd，即 Rd 寄存器中的一个无符号半字数据存储到 Rn＋Rm 指示的存储器单元中
STRB Rd,[Rn,♯imm_5]	立即数偏移无符号字节存储	[Rn＋imm_5]←Rd，即 Rd 寄存器中的一个无符号字节数据存储到 Rn＋imm_5 指示的存储器单元中
STRB Rd,[Rn,Rm]	寄存器偏移无符号字节存储	[Rn＋Rm]←Rd，即 Rd 寄存器中的一个无符号字节数据存储到 Rn＋Rm 指示的存储器单元中
LDM Rd!,{Regs}	数据块加载	Regs←以 Rd 为起始地址的连续字数据，即以 Rd 指示的连续多字数据装入 Regs 寄存器列表中。Regs 为寄存器列表，如 R1－R7。地址自动更新
STM Rd!,{Regs}	数据块存储	以 Rd 为起始地址的存储区域←Regs，即 Regs 寄存器列表中的连续字数据存储到由 Rd 指示的起始地址的存储区域，地址自动更新
PUSH {Regs,LR}	进栈操作	[SP]←Regs 列表寄存器中的内容，即将 Regs 列表寄存器中的内容压入 SP 指示的堆栈中
POP　{Regs,PC}	出栈操作	Regs←[SP]，即由 SP 指示的堆栈中的内容弹出放入 Regs 列表寄存器中

【例 4－2】已知从内存 0x10000010 开始以小端模式存放的 6 个字的数据分别为 0x00001122，0x00003344，0x00005566，0x00007788，0x000099AA，0x0000BBCC，指出完成以下 Thumb 指令后，R0，R1，R2，R3，R4，R7 中的值。

```
LDR R0, = 0x10000010    ;这是用一条伪指令来定义地址 0x10000010
LDR R1,[R0,♯4]          ;R1 = 0x00003344
STRH R1,[R0,♯2]         ;0x3344 存放到 0x10000012 和 0x10000013 中
LDM R0!,{R2 - R4,R7}
;R2 = 0x33441122,R3 = 0x00003344,R4 = 0x00005566,R7 = 0x00007788,R0 = 0x10000020
LDR R1,[R0]            ;R1 中的内容就是 0x100020 开始的一个字，即 0x000099AA
```

因此最后寄存器的值为：R0＝0x10000020，R1＝0x000099AA，R2＝0x33441122，R3＝00003344，R4＝00005566，R7＝00007788。

4. 异常中断指令

Thumb 指令集中有系统中断调用、中断允许和禁止以及休眠等指令，如表 4－6 所列。

表 4 - 6　异常中断相关指令

指令格式	操　作	功能说明
SVC　imm_8	超级用户调用异常指令	SVC 指令引起指定的异常中断,处理器自动切换到管理模式,同时 CPSR 保存到管理模式中的 SPSR 中,执行转移到指定的向量地址。imm_8 为 8 位立即数,为中断类型号(0~256)
BKPT　imm_8	一断点异常中断指令	BKPT 指令引起处理器进入调试模式
CPSID <iflags>	一禁止指定的中断	用途:禁止中断,这里 iflags 为 I(中断),如 CPSID I 以禁止中断
CPSIE <iflags>	允许指定的中断	允许中断(启用中断),如 CPSIE I 以允许中断
WFE	等待事件	进入休眠状态,等待事件唤醒
WFI	等待中断	进入休眠状态,等待中断唤醒

4.1.2　ARM Cortex - M3 支持的 Thumb - 2 指令集

具有 Thumb - 2 指令集的内核技术保留了紧凑代码质量与现有 ARM 方案的代码兼容性,并提供改进的性能和能量效率。Thumb - 2 是一种新型混合指令集,融合了 16 位和 32 位指令,用于实现密度和性能的最佳平衡。在不对性能进行折中的情况下,可节省许多高集成度系统级设计的总体存储成本。ARM、Thumb、Thumb - 2 指令集的密度及性能比较如图 4 - 1 所示。

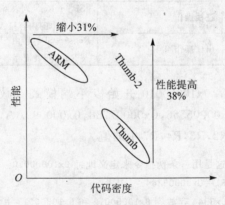

图 4 - 1　不同指令集的密度及性能比较

由图 4 - 1 可见,Thumb - 2 为降低成本,与 ARM 指令集相比,其代码密度缩小 31%,与 Thumb 指令集相当,但与 Thumb 指令集相比其性能提高了 38%。这就是 Thumb - 2 的优势所在。

1. 数据处理指令

Thumb - 2 数据处理指令如表 4 - 7 所列。

表 4 - 7　**Thumb - 2 的数据处理器指令表**

指令格式	操作	功能说明
MOV{S} Rd，<Operand2>	数据传送	Rd←Operand2
MVN{S} Rd，<Operand2>	取反后传送	Rd←0xFFFFFFFF EOR Operand2
MOVT Rd，#<imm16>	传送到高位	Rd[31:16] imm16,Rd[15:0]不受影响，imm16＝0～65 535
MOVW Rd，#<imm16>	宽传送	Rd[15:0]←imm16，Rd[31:16]←0
ADD{S} Rd Rn，<Operand2>	加法	Rd←Rn＋Operand2
ADDW Rd,Rn,#<imm12>	宽加法	Rd←Rn＋imm12;imm12＝0～4 095
ADC{S} Rd,Rn,<Operand2>	带进位加法	Rd←Rn＋Rm＋Operand2＋C
SUB{S} Rd，Rn，<Operand2>	减法	Rd←Rn－Operand2
SBC{S} Rd，Rn，<Operand2>	带借位减法	Rd←Rn－Operand2－NOT(C)
SUBW Rd，Rn，#<imm12>	宽减法	Rd←Rn－imm12
MUL{S} Rd，Rm，Rs	乘法	Rd←(Rm＊Rs)[31:0]
MLA{S} Rd，Rm，Rs，Rn	乘加	Rd←(Rn＋(Rm＊Rs))[31:0]
MLS Rd，Rm，Rs，Rn	乘减	Rd←(Rn－(Rm＊Rs))[31:0]
SDIV Rd，Rn，Rm	有符号除法	Rd←Rn/Rm（注：有符号除法，ARMv7 - R 和 ARMv7)- M 特有
UDIV Rd，Rn，Rm	无符号除法	Rd←Rn/Rm（注：无符号除法，ARMv7 - R 和 ARMv7 - M 特有）
ASR{S} Rd，Rm，<Operand2>	算术右移	Rd←ASR(Rm，Rs|sh)同 MOV{S}　Rd,Rm，ASR <Rs|sh>
LSL{S} Rd，Rm，<Operand2>	逻辑左移	Rd←LSL(Rm，Rs|sh)同 MOV{S}　Rd，Rm，LSL <Rs|sh>
LSR{S} Rd，Rm，<Operand2>	逻辑右移	Rd←LSR(Rm，Rs|sh)同 MOV{S}　Rd，Rm，LSR <Rs|sh>
ROR{S} Rd，Rm，<Operand2>	循环右移	Rd←ROR(Rm，Rs|sh)同 MOV{S} Rd，Rm，ROR <Rs|sh> N
RRX{S} Rd，Rm	扩展的循环右移	Rd←RRX(Rm)同 MOV{S} Rd，Rm，RRX
CMP Rn，<Operand2>	比较	更新 Rn－Operand2 的 CPSR 标记
CMN Rn，<Operand2>	取反比较	更新 Rn＋Operand2 的 CPSR 标记
TST Rn，<Operand2>	测试	更新 Rn AND Operand2 的 CPSR 标记
TEQ Rn，<Operand2>	相等测试	更新 Rn EOR Operand2 的 CPSR 标记
AND{S} Rd，Rn，<Operand2>	与	Rd←Rn AND Operand
EOR{S} Rd，Rn，<Operand2>	异或	Rd←Rn EOR Operand2
ORR{S} Rd，Rn，<Operand2>	或	Rd←Rn OR Operand2
ORN{S} Rd，Rn，<Operand2>	或非	Rd←Rn OR NOT Operand2
BIC{S} Rd，Rn，<Operand2>	位清除	Rd←Rn AND NOT Operand2
BFC Rd，#<lsb>，#<width>	位域清除	Rd[(width＋lsb－1):lsb]←0,Rd 的其他位不受影响
BFI Rd，Rn，#<lsb>，#<width>	位域插入	Rd[(width＋lsb－1):lsb←Rn[(width－1):0],Rd 的其他位不受影响

指令格式	操 作	功能说明
SBFX Rd, Rn, #<lsb>, #<width>	有符号数域提取	Rd[(width − 1):0] ← Rn[(width + lsb − 1): lsb],Rd[31:width] ←复制(Rn[width+lsb−1])
UBFX Rd, Rn, #<lsb>, #<width>	无符号数域提取	Rd[(width − 1):0] ← Rn[(width + lsb − 1): lsb],Rd[31:width] ←0
RBIT Rd, Rm	字中的位反转	For (I = 0; I < 32; i++): Rd[i] = Rm[31− i]

注:imm8m 为 32 位常数,由 8 位值左移任意位生成;Operand2 可为 imm8m、寄存器、移位的寄存器;{}表示可省;
   <>表示不可省。

2. 分支指令与程序状态指令

Thumb - 2 分支指令及程序状态指令功能见表 4 - 8 所列。

表 4 - 8 Thumb - 2 分支类指令及程序状态类指令

指令格式	操 作	功能说明
B <label>	无条件跳转	PC←label。label 为此指令±16 MB
B{cond}<lable>	条件跳转	如果{cond}则 PC←label
BL <label>	带链接跳转	LR←返回地址,PC←label。label 为此指令±16 MB
BLX Rm	带链接跳转	LR←返回地址,PC←Rm,且不进行处理器状态切换
CB{N}Z Rn,<label>	比较,为(非)0 跳转	如果 Rn {==或!=} 0,则 PC←label。(label 为此指令 +4～130)
TBB [Rn, Rm]	表跳转字节	PC← PC + ZeroExtend(Memory(Rn + Rm,1) << 1)。跳转范围为 4～512。Rn 可为 PC
TBH [Rn, Rm, LSL #1]	表跳转半字	PC ← PC + ZeroExtend(Memory(Rn + Rm ≪ 1,2) ≪ 1)。跳转范围为 4～131 072。Rn 可为 PC
MRS Rd, <PSR>	PSR 到寄存器	Rd ←PSR
MSR PSR>, Rm	寄存器到 PSR	PSR←Rm

注:PSR 可为 CPSR 或 SPSR。

【例 4 - 3】指出以下 Thumb - 2 指令片段执行后 R1,R2,R3 的值。

```
        LDR R0, = 0x12000000    ;① R0 = 0x12000000,LDR R0, = Lable 是一条伪指令
        EOR R1,R0,♯0xF6         ;② R1 = 0x120000F6
        CBZ R1,LABL1            ;③ 由于 R1≠0,因此转移到下一条指令(不去 LABL1)
        ORN R2,R0,R1            ;④ R2 = R0 OR NOT(R1) = 0xFFFFFF09
        B    LABL2              ;⑤ 去 LABL2
LABL1   BIC R2,R1,♯0x07        ;⑥ R2 = R1 AND NOT(0X07) = 0x120000F0
LABL2   …                      ;⑦
```

解:上述被执行的指令①～⑤和⑥,⑦ 没有被执行,因此各寄存器的值分析见后面注释,
最后,R0=0x12000000,R1=0x120000F6,R2=0xFFFFFF09。

如果指令③改为"CBNZ   R1,LABL1",则指令④和⑤不被执行,结果为

$$R0 = 0x12000000, R1 = 0x120000F6, R2 = 0x120000F0$$

3. 加载与存储指令

在 Thumb - 2 指令集中的加载与存储指令更加灵活,这类指令如表 4 - 9 所列。

表 4 - 9　Thumb - 2 加载/存储指令

指令格式	操　作	功能说明
LDR{size} Rd,[addressing]	加载地址到 Rd 中	Rd←[address,size]
LDRD Rd1,Rd2,[addressing]	加载双字到 Rd 中	Rd1←[address],Rd2←[address+4]
STR{size} Rd,[addressing]	将 Rd 存储到指定地址	[address,size]←Rd
STRD Rd1,Rd2,[addressing]	存储双字到存储器中	[address]←Rd1,[address+4]:Rd2
LDMIA Rn{!},{Regs} LDMFD Rn{!},{Regs}	数据块加载	连续加载多个存储器字到 Rn 开始的寄存器列表中, 如果使用"!",则地址自动更新
LDMDB Rn{!},{Regs}	返回并切换加载	连续加载多个存储器字到 Rn 开始的寄存器列表中, 如果使用"!",则地址自动更新
STMIA Rn{!},{Regs} STMEA Rn{!},{Regs}	存储寄存器列表内容到 存储器	将寄存器列表中多个寄存器的值存储到[Rn]存储器 中,如果使用"!",则地址自动更新
STMDV Rn{!},{Regs} STMFD Rn{!},{Regs}	存储寄存器列表内容到 存储器	将寄存器列表中多个寄存器的值存储到[Rn]存储器 中,如果使用"!",则地址自动更新
PUSH {Regs}	压栈操作	STMDB SP!,<reglist> 的规范格式
POP {Regs}	弹栈操作	LDM SP!,<reglist> 的规范格式

注:{size}省略表示字的操作,size 可为 B(字节)、H(半字)、和字(不带任何后缀)。

【例 4 - 4】已知小端模式下的存储器数据如表 4 - 10 所列,指出以下指令片段执行后 R1,R2,R3,R4 中的值,并指出最后存储器中的变化。

```
LDR   R0, = 0x30100000    ;R0 = 0x30100000
LDRB R1,[R0,♯0x02]!       ;R1 = [R0 + 0x02] = [0x30100002]取一个字节到 R1 中,R0 = 0x30100002
LDRH R2,[R0,R1]           ;R2 = [R0 + R1] = 取两个字节(半字)
LDRD R3,R4,[R0],♯8        ;R3 = [R0 + 8]取一个字,R4 = [R0 + 8 + 4] 取一个字
STRD R3,R4,[R0]           ;[R0]→R3,[R0 + 4]→R4
```

表 4 - 10　例 4 - 4 用表

地　址	数　据	地　址	数　据	地　址	数　据
0x30100000	0x00	0x30100008	0x31	0x30100010	0x00
0x30100001	0x70	0x30100009	0xA6	0x30100011	0x40
0x30100002	0x08	0x3010000A	0x11	0x30100012	0xF2
0x30100003	0x36	0x3010000B	0x47	0x30100013	0x01
0x30100004	0x75	0x3010000C	0x32	0x30100014	0x00
0x30100005	0x39	0x3010000D	0x30	0x30100015	0x00
0x30100006	0x2A	0x3010000E	0x30	0x30100016	0x1F
0x30100007	0x00	0x3010000F	0x39	0x30100017	0xFF

解:第一条伪指令使 R0=0x30100000,第二条指令使 R1 为 0x30100002 中的内容,因此由表 4 - 4 可知 R1 = 0x08,R0 更新为 0x30100002。第三条指令使 R2 为 R0 + R1 = 0x31010002+0x08=0x3010000A 开始的两个字节(半字),即 R2=0x4711;第四条指令使 R3 为 R0+8=0x30100002+8=0x3010000A 开始的一个字,即 R3=0x30324711;R4 为 R0+8+4=0x3010000E 开始的一个字, 即 R4 = 0x40003930;最后一条指令把 R3 中的内容 0x30324711 存储到 R0=0x30100002 开始的四个单元,将 R4 中的内容 0x40003930 存入 R0+

4＝0x30100005 开始的区域,内存变化如表 4－11 所列,变化的是 0x36363638～0x3636363F 中的内容。

表 4－11　存储器中的变化

地　址	原数据	现数据	地　址	原数据	现数据
0x30100002	0x08	0x11	0x30100006	0x2A	0x30
0x30100003	0x36	0x47	0x30100007	0x00	0x39
0x30100004	0x75	0x32	0x30100008	0x31	0x00
0x30100005	0x39	0x30	0x30100009	0xA6	0x40

4. 中断相关指令

Thumb 与 Thumb－2 的中断相关指令一样,有 SVC,BKPT,CPSID,CPSIE,WFE,WFI。

4.1.3　ARM 处理器支持的伪指令

前面介绍的指令是可以执行的指令,称为指令性指令,还有一类称伪指令,是一种指示性语句。指示性语句是不可执行的指令。指令性语句是可执行的,汇编后由相应的机器代码所取代,指示汇编程序为数据分配内存空间或相应寄存器,不产生任何机器代码。

ARM 处理器支持的伪指令有 ADR,LDR,NOP。

1. ADR 伪指令

格式:ADR{cond} Rd,expr

用途:ADR 指令用于相对偏移地址加载到通用寄存器中。

【例 4－5】

```
Mloop   MOV   R1,＃0xf9
        ADR   R0,mloop        ;将 Mloop 对应的相对偏移地址传送到 R0 中
```

2. LDR 伪指令

格式:LDR{cond} Rd,＝[expr|lable-expr]

用途:LDR 指令用于一个 32 位常数的加载或地址的加载。

使用 LDR 伪指令有两个目的:

① 当用 MOV 或 NMV 指令无法加载符合要求的 32 位立即数时,可用 LDR 伪指令加载任意 32 位操作数到寄存器。因为 MOV 或 NMV 指令加载的 32 位数据只能是 8 位立即数通过移位的方式得到的,所以不能加载任意 32 位常数,如 0x12345678 这样的操作数不能用 MOV 指令完成。

② 当需要程序相对偏移地址或外部地址加载到寄存器时,可使用 LDR 伪指令。

【例 4－6】

```
        LDR   R1,＝0x1234      ;R1 = 0x1234
Mloop   LDR   R2,＝0xABCDEF98  ;R2 = 0xABCDEF98
```

```
        LDR   R3,=Mloop          ;将 Mloop 对应地址传送到 R3 中
```

注意：LDR 与 ADR 在形式上的区别是是否有"="。LDR 的源操作数前有"="！

3. NOP——空操作

格式：NOP

用途：产生所需的 ARM 无操作代码，用于简单延时，与"MOV Rd,Rd"等效。

【例 4 - 7】

```
        LDR R7,=0x1020
LOOPM   NOP                      ;作为延时主体
        SUBS R7,R7,#1
        BNZ LOOPM
```

4.2　ARM 汇编语言程序设计

ARM 汇编语言与 C 语言等高级语言不同，它是面向机器的一种低级语言。可直接对硬件进行操作，执行效率高，但进行复杂的程序设计时难度有点大。本节主要介绍 ARM 汇编语言程序设计的一般方法，目的是进一步巩固已有的 ARM 指令系统，利用这些指令进行相应程序的设计，包括顺序、分支、循环以及子程序调用等程序设计，最后进行 C 语言与汇编语言的混合程序设计。

4.2.1　ARM 汇编器所支持的伪指令

在 ARM 汇编语言程序中，有一些特殊指令助记符，这些助记符与指令系统的助记符不同，没有相对应的操作码，通常称这些特殊指令助记符为伪指令。它们所完成的操作称为伪操作。伪指令在源程序中的作用是为完成汇编程序做各种准备工作。这些伪指令仅在汇编过程中起作用的，一旦汇编结束，伪指令的使命就完成了。

伪指令一般与编译程序有关，因此 ARM 汇编语言的伪指令在不同的编译环境下有不同的编写形式和规则。目前，世界上有几十家公司提供不同类型的 ARM 开发工具和产品，而 ADS、RealView MDK、IAR 以及 GNU 等为主流集成开发环境。自从 ARM 公司收购了 Keil 公司之后，ADS 就不再支持新的 Cortex 内核，而让大家选用 RealView MDK。目前，RealView MDK 使用面很广，支持所有 ARM 处理器。而 ADS 和 MDK 使用同样的汇编工具 armasm 和链接工具 armlink，因此本小节主要介绍基于 armasm 汇编器的伪指令及程序设计。值得注意的是，基于 Linux 的 GNU 汇编器 AS（其对应的链接器为 LD）以及 IAR 与 armasm 不尽相同，支持的汇编语言伪指令及格式不同。以下若不加说明，均以 armasm 支持的格式介绍程序设计。本小节介绍的基于 armasm 汇编器的伪指令主要包括符号定义伪指令、数据定义伪指令、汇编控制伪指令、宏指令以及其他伪指令。

1. AREA 段定义伪指令

格式：AREA　　段名,属性 1,属性 2,……

用途：AREA 伪指令用于定义一个代码段或数据段。其中，段名若以数字开头，则该段名需用"|"括起来，如|1_test|；一般以字母开头，如 MYCODE。

属性字段表示该代码段（或数据段）的相关属性，多个属性用逗号分隔。常用的属性如下：
- CODE 属性：用于定义代码段，默认为 READONLY。
- DATA 属性：用于定义数据段，默认为 READWRITE。
- NOINIT 属性：用于定义不需要初始化操作的段，可以是可读可写的。
- READONLY 属性：指定本段为只读，代码段默认为 READONLY。
- READWRITE 属性：指定本段为可读可写，数据段的默认属性为 READWRITE。
- ALIGN 属性：使用方式为 ALIGN 表达式。在默认时，ELF（可执行连接文件）的代码段和数据段是按字对齐的，表达式的取值范围为 0～31，相应的对齐方式为 2 的幂次。对于 Cortex - M 处理器，可以不按对齐排列。ALIGN 属性还可以单独使用，如单独一行 ALIGN 表示默认以 4 字节的一个字对齐。
- COMMON 属性：该属性定义一个通用的段，不包含任何用户代码和数据。各源文件中同名的 COMMON 段共享同一段存储单元。

一个汇编语言程序至少要包含一个段，当程序太长时，也可以将程序分为多个代码段和数据段。

【例 4 - 8】

```
AREA    Init,CODE,READONLY
```

以上这一行伪指令由 AREA 段定义伪指令，定义了一个代码段（CODE），段名为 Init，属性为只读，即只能读不能写的代码段。

【例 4 - 9】

```
AREA    STACK, NOINIT, READWRITE, ALIGN = 3
```

该伪指令定义了一个无需初始化（NOINIT）的名为 STACK 的段，属性为可读写（READWRITE），8 字节对齐（ALIGN＝3，2^3＝8）。

2. PRESERVE8

PRESERVE8 是在段的开始前与 ALGIN＝3 相呼应的指示代码，以 8 字节对齐。

3. THUMB 伪指令

格式：THUMB

用途：THUMB 伪指令通知编译器，其后的指令序列为 Thumb 指令（含 Thumb - 2 指令）。

在 ARM Cortex - M0/M3 的启动文件中，要用 Thumb 伪指令指示其后的代码是 Thumb/Thumb - 2 指令代码。

【例 4 - 10】

```
AREA    Init,CODE,READONLY
  ⋮
THUMB              ;通知编译器其后的指令为 THUMB 指令
```

```
LDR   R0, = __main    ;将跳转地址__main放入寄存器R0,实际这通常是C语言main()的入口
BX    R0              ;程序跳转到新的位置执行,并将处理器切换到Thumb工作状态
⋮
END                  ;程序结束
```

4. ENTRY 程序入口指示伪指令

格式:ENTRY

用途:ENTRY 伪指令用于指定汇编程序的入口点。在一个完整的汇编程序中至少要有一个 ENTRY(也可以有多个,当有多个 ENTRY 时,程序的真正入口点由链接器指定),但在一个源文件里最多只能有一个 ENTRY(也可以没有)。

【例 4 - 11】

```
AREA   Init,CODE,READONLY
ENTRY        ;指定应用程序的入口点
⋮
```

5. END 程序结束指示伪指令

格式:END

用途:END 伪指令用于通知编译器已经到了源程序的结尾。

6. EQU 等于伪指令

格式:名称　EQU　表达式{,类型}

用途:EQU 伪指令用于为程序中的常量、标号等定义一个等效的字符名称,类似于 C 语言中的♯define。

【例 4 - 12】

```
Test  EQU  50                 ;定义标号 Test 的值为 50
Addr  EQU  0x55000000         ;定义 Addr 的值为 0x55000000
```

7. EXPORT 全局标号声明伪指令

格式:EXPORT　标号{[WEAK]}

用途:EXPORT 伪指令用于在程序中声明一个全局的标号。该标号可在其他的文件中引用。[WEAK]选项声明其他的同名标号优先于该标号被引用。

【例 4 - 13】

```
EXPORT   Reset_Handler  [WEAK];声明一个可全局引用的标号 Reset_Handler,属于 WEAK
EXPORT   __Vectors        ;当前文件引用标号__Vectors,但__Vectors在其他源文件中有定义
```

8. IMPORT 标号引入并加入声明伪指令

格式:IMPORT　标号{[WEAK]}

用途:IMPORT 伪指令用于通知编译器要使用的标号在其他的源文件中定义,但要在当

前源文件中引用。无论当前源文件是否引用该标号,该标号均会被加入到当前源文件的符号表中。

【例 4 - 14】

```
IMPORT  SystemInit  ;引用标号 SystemInit,但 SystemInit 在其他源文件中已定义,可以是汇编程序
                    ;的文件,也可以是 C 语言文件中的一个函数
```

9. DCB 伪指令

格式:标号 DCB 表达式

用途:DCB 伪指令用于分配一片连续的字节存储单元,并用伪指令中指定的表达式初始化。其中,表达式可以为 0~255 的数字或字符串。DCB 也可用"="代替。

【例 4 - 15】

```
Str  DCB  "This is a test!"  ;分配一片连续的字节存储单元,并初始化 str = "This is a test!"
```

10. DCW(或 DCWU)伪指令

格式:标号 DCW(或 DCWU) 表达式

用途:DCW(或 DCWU)伪指令用于分配一片连续的半字存储单元并用伪指令中指定的表达式初始化。其中,表达式可以为程序标号或数字表达式。

用 DCW 分配的存储单元是半字对齐的,而用 DCWU 分配的存储单元并不严格半字对齐。

【例 4 - 16】

```
DataTest  DCW  1,2,3;分配一片连续的半字存储单元并初始化为 0x0001,0x0002,0x0003
```

11. DCD 伪指令

格式:标号 DCD 表达式

用途:DCD 伪指令用于分配一片连续的字存储单元并用伪指令中指定的表达式初始化。其中,表达式可以为程序标号或数字表达式。DCD 也可用"&"代替。

用 DCD 分配的字存储单元是字对齐的,而用 DCDU 分配的字存储单元并不严格字对齐。

【例 4 - 17】

```
DataTest  DCD  4,5,6;分配一片连续的字存储单元并初始化
```

分配的内存空间为 12 个字节,数据为 0x00000004,0x00000005,0x00000006。

12. IF、ENDIF 条件汇编伪指令

语法格式:

IF 逻辑表达式

  指令序列

ENDIF

IF、ENDIF 伪指令能根据条件的成立与否决定是否执行指令序列。当 IF 后面的逻辑表达式为真时,执行指令序列。

IF、ELSE、ENDIF 伪指令可以嵌套使用。

【例 4 - 18】

```
GBLL                SEMIHOSTED;声明一个全局的逻辑变量,变量名为 SEMIHOSTED
SEMIHOSTEDSETL      {FALSE}
            ⋮
IF SEMIHOSTED
    LDR     R0, [R13, #24]        ; Get previous PC
    LDRH    R1, [R0]              ; Get instruction
    LDR     R2, = 0xBEAB          ; The sepcial BKPT instruction
    CMP     R1, R2        ; Test if the instruction at previous PC is BKPT
    BNE     HardFault_Handler_Ret ; Not BKPT
    ADDS    R0, #4                ; Skip BKPT and next line
    STR     R0, [R13, #24]        ; Save previous PC
    BX      LR
HardFault_Handler_Ret
  ENDIF
```

4.2.2 ARM 汇编语言的语句格式及程序结构

1. ARM 汇编语言的语句格式

ARM(Thumb)汇编语言的语句格式如下:

{标号} {指令或伪指令} {;注释}

在汇编语言程序设计中,每一条指令的助记符可以全部用大写,或全部用小写,但不允许在一条指令中大小写混用。另外,如果一条语句太长,可将该长语句分为若干行来书写,在行的末尾用"\"表示下一行与本行为同一条语句。另外,标号必须顶格写,不允许前面有空格。

值得注意的是,ARM 汇编语言的标号后面是没有":"的,这与 X86 汇编语言、IAR 汇编器及 GNU 汇编器有所不同。

2. ARM 汇编语言的程序结构

在 ARM(Thumb)汇编语言程序中,以程序段为单位组织代码。段是相对独立的指令或数据序列,具有特定的名称。段可以分为代码段和数据段,代码段的内容为执行代码,数据段存放代码运行时需要用到的数据。一个汇编程序至少应该有一个代码段,当程序较长时,可以分割为多个代码段和数据段,多个段在程序编译、链接时最终形成一个可执行的映像文件。

可执行映像文件通常由以下几部分构成:

① 一个或多个代码段,代码段的属性为只读。

② 零个或多个包含初始化数据的数据段,数据段的属性为可读写。

③ 零个或多个不包含初始化数据的数据段,数据段的属性为可读写。

链接器根据系统默认或用户设定的规则,将各个段安排在存储器中的相应位置。因此源程序中段之间的相对位置与可执行的映像文件中段的相对位置一般不会相同。

以下是一个汇编语言源程序的基本结构:

```
        AREA    Init,CODE,READONLY
        ENTRY
Start
        LDR   R0, = 0x3FF5000
        MOV   R1,♯0xFF    ;或 LDR R1, = 0xFF
        STR   R1,[R0]
        LDR   R0, = 0x3FF5008
        MOV   R1,♯0x01   ;或 LDR R1, = 0x01
        STR   R1,[R0]
        ⋮
Handler1  PROC      ;子程序名 Handler1
        ⋮          ;子程序主体
        ENDP      ;子程序结束
        END       ;整个汇编语言程序结束
```

在汇编语言程序中,用 AREA 伪指令定义一个段,并说明所定义段的相关属性。本例定义一个名为 Init 的代码段,属性为只读。ENTRY 伪指令表示程序的入口点,接下来为指令序列,程序以 END 伪指令结束。该伪指令告诉编译器源文件的结束,每一个汇编程序都必须且只需一条 END 伪指令,指示代码段的结束。

4.2.3　汇编语言程序设计

在嵌入式系统的应用中,很少只用汇编语言来编写应用程序,而是用汇编语言与 C 或 C++语言结合起来混合编程。汇编语言仅仅做一些用 C 或 C++语言不能做的事情,如启动程序,负责系统的中断向量表的设置,设置堆栈以及引入 C 程序入口等。而真正的实际应用程序都使用 C 或 C++语言来编程。

因此本小节并不介绍如何用汇编语言来进行复杂的算法等程序设计,只给出子程序设计框架以及常规顺序程序、分支程序、循环程序的简单设计等。

1. 子程序设计

ARM 汇编语言子程序设计与 X86 的子程序设计有异同之处。相同点是都有一个子程序的名称,也有子程序的返回指令;不同之处在于 ARM 汇编的返回不是 RET 等,而是采用"MOV　PC,LR"返回。如果一个子程序不在调用的同一个文件中,则需要先用 IMPORT 声明是外部的,否则无法正常调用该子程序。子程序在同一文件中无需声明。IMPORT 声明可以放在 AREA 语句之前。

在 ARM 汇编语言程序中,子程序的调用一般是通过 BL 指令来实现的。在程序中,使用指令:

BL　子程序名

即可完成子程序的调用。

该指令在执行时完成如下操作:将子程序的返回地址存放在链接寄存器 LR 中,同时将程序计数器 PC 指向子程序的入口点,当子程序执行完毕需要返回调用处时,只需将存放在 LR 中的返回地址重新复制给程序计数器 PC。在调用子程序的同时,也可以完成参数的传递和从子程序返回运算的结果,通常可以使用寄存器 R0～R3 完成。

图 4-2 给出了使用汇编指令 BL 调用子程序的过程,描述如下:

程序节点①:程序 A 执行过程中用 BL 调用以 MySub1 为标号的子程序 B。

程序节点②:程序跳转至标号 MySub1,执行程序 B;同时,硬件将"BL　MySub1"指令的下一条指令所在地址(即地址 A)存入 LR。

程序节点③:程序 B 执行完后,将 LR 寄存器的内容放入 PC,返回到程序 A 的地址 A 处继续向下执行。

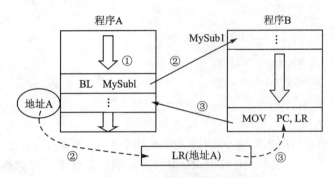

图 4-2　BL 调用子程序过程

对于 Keil MDK 集成环境,子程序及子程序调用的格式如下:

```
        AREA    主程序名,CODE,READONLY
        ENTRY
        THUMB                           ;Thumb 代码
START   ……                            ;主程序初始化
MainLP  ……                            ;主循环体开始
        ⋮
        BL  SUB1                        ;调用一个子程序 SUB1
        ⋮
        B  MainLP
SUB1    PROC                            ;MDK 汇编器支持的子程序过程名与 ADS 不同
        ……                            ;子程序 SUB1 主体
        BL  SUB2                        ;子程序 SUB1 调用子程序 SUB2
        MOV  PC,LR                      ;子程序返回
        ENDP                            ;MDK 子程序结束标志
SUB2    PROC
        ⋮                              ;子程序 SUB2 主体
        MOV  PC,LR                      ;子程序返回
        ENDP
        END                             ;整个程序结束
```

子程序除了可以使用 PROC/ENDP 外,还可以使用 FUNCTION/ENDFUNC。

2. 顺序程序设计

顺序程序设计也称简单程序设计或直接程序设计,没有分支,也没有循环,是一条指令一条指令接下去执行的程序结构。

【例 4 - 19】在小端模式下,执行下面 START 程序后,R0、R1、R2 和 R3 的值以及内存 0x30100000～0x301000003 中的值是多少?

```
            AREA    EXAMPLE1,CODE,READONLY
            THUMB
START       LDR   R0, = 0x12345678              ;①
            LDR   R1, = 0x30100000              ;②
            LDR   R2, = 0x87654321              ;③
            STR   R2,[R1]                       ;④
            LDR   R3,[R1]                       ;⑤
            AND   R3,R3,♯0x000000FF             ;⑥
            ADD   R0,R0,R3,LSL ♯2               ;⑦
            STR   R0,[R1]                       ;⑧
            END
```

解:①R0＝0x12345678;②R1＝0x30100000;③R2＝0x87654321;④把 R2 中的数据写入 R1 指示的内存单元 0x30100000 中;⑤取 R1 指示区域的数据到 R3,即数据 0x87654321 取到 R3 中,R3 = 0x87654321;⑥ R3 的值与 0x87654321、0x000000FF 相"与"后得到 R3 0x00000021;⑦将 R3 左移 2 位后得到 0x00000084,与 R0 相加,结果返回 R0,因此 R0 = 0x123456FC;⑧R0 中的值存入 0x00100000 开始的区域。

最后 R0 = 0x123456FC,R1 = 0x3010000,R2 = 0x87654321,R3 = 0x00000021,内存 0x30100000～0x30100003 中的值分别是 0xFC、0x56、0x34、0x12。

思考:如果以大端模式,内存 0x30100000～0x30100003 中的值是多少?

3. 分支程序设计

ARM 分支程序结构通常用分支指令 B 加上条件执行来实现。

假设要把连续存放在内存区域 0x30007000～0x3000700B 中的三个 32 位无符号数按递减次序排列,并在其后写入一个字节的标志 0x0D。为了实现排序操作,可以对三个数两两进行比较,比较后的大数放在前面,从而达到三个数按递减次序排列之目的。图 4－3 是实现该算法的流程图。

图 4－3 中 a,b,c 分别代表三个排序的数。

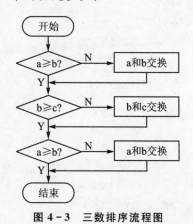

图 4－3　三数排序流程图

【例 4 - 20】程序清单如下:

```
            AREA    EXAMPLE2,CODE,READONLY
            ENTRY
CMPA        LDR   R0, = 0x30007000             ;指向首地址
            LDR   R1,[R0]                       ;取第一个数 a
            LDR   R2,[R0,♯4]                    ;取第二个数 b
            CMP   R1, R2                         ;第一个数与第二个数比较
```

```
            BHI   NEXT1              ;a≥b?
            STR   R2,[R0]            ;a,b 交换
            STR   R1,[R0,#4]         ;a,b 交换
NEXT1       LDR   R1,[R0,#4]         ;取中间的数
            LDR   R2,[R0,#8]         ;取第三个数
            CMP   R1,R2              ;b≥c?
            BHI   NEXT2
            STR   R2,[R0,#4]         ;b,c 交换
            STR   R1,[R0,#8]         ;b,c 交换
NEXT2       LDRR1,[R0]
            LDR   R2,[R0,#4]
            CMP   R1,R2              ;a≥b?
            BHI   NEXT3
            STR   R2,[R0]            ;a,b 交换
            STR   R1,[R0,#4]         ;a,b 交换
NEXT3       MOV R1,#0x0D
            STRB R1,[R0,#0x0C]       ;0x0D 写入 0x3000700C 单元
            END
```

思考:(1)如果是有符号的三个数比较,程序如何修改?

(2)如果是递增排序,程序如何修改?

4. 循环程序设计

当需要重复执行某段程序时,可以利用循环程序结构。循环结构一般是根据某一条件判断为真或假来确定是否重复执行循环体。循环结构的程序通常由 3 个部分组成:

● 循环初始部分:为开始循环准备必要的条件,如循环次数、循环体需要的初始值等。

● 循环体部分:重复执行的程序代码,其中包括对循环条件修改的程序段。

● 循环控制部分:判断循环条件是否成立,决定是否继续循环。

其中,循环控制部分是编程的关键和难点。循环条件判断的循环控制可以在进入循环之前进行,即形成"先判断后循环"的循环程序结构。如果循环之后进行循环条件判断,则形成"先循环后判断"的循环程序结构。图 4 - 4 列出了这两种结构的区别。

ARM 的循环程序控制通常用比较指令 CMP、ADD 或 SUB 等能产生条件的指令,然后用 B 指令加条件分支来达到目的。对于先循环后判断的结构,首先用一个通用寄存器(如 R0)做循环次数计数器,在主循环体内对 R0 做减 1 操作,并判断 R0 是否为 0,不为 0 则继续,为 0 则结束循环。

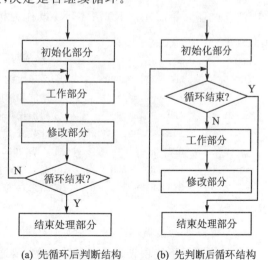

(a) 先循环后判断结构 (b) 先判断后循环结构

图 4 - 4 两种基本的循环结构

（1）由计数控制循环

用一个通用寄存器 Rn(n＝0,1,2,…,7) 作为计数器,先给初始值,然后每循环一次减1,直到循环次数为0结束循环。程序结构如下：

```
        LDR Rn, = Counter        ;循环体初始化部分
        ⋮
LPM     ……                      ;循环体
        SUBS    Rn,Rn,＃1         ;修改计数值
        BCC     LPM              ;控制循环部分
```

或

```
        LDR  Rn, = Counter       ;循环体初始化部分
        ⋮
LPM     ……                      ;循环体
        SUB  Rn,Rn,＃1            ;修改计数值
        CMP  Rn,＃0               ;与0比较
        BNE  LPM                 ;控制循环部分
```

用一个通用寄存器 Rn(n＝0,1,…,7) 作为计数器,先给初始值清零,然后每循环一次加1,直到循环次数为总次数则结束循环。程序结构如下：

```
        MOV  Rn,0                ;循环体初始化部分
        ⋮
LPM     ……                      ;循环体
        ADD  Rn,Rn,＃1            ;修改计数值
        CMP  Rn,＃Conter          ;
        BNE  LPM                 ;控制循环部分
```

【例 4－21】计算 1～2 000 的整数之和,并将结果存入字变量 SUM 中。

分析：程序要求 SUM＝1＋2＋3＋…＋2 000,这是一个典型的计数循环,完成 2 000 次简单加法。循环开始前先把 R0 清零,R1 既作为相加次数计数器又作为加数,简化循环体。

```
EXAMPLE3    PROC
SUM         DCD  0              ;定义 32 位字变量 SUM(分配 4 字节单元)并赋值为 0
LOOPS       LDR  R0, = 2000     ;①循环次数
            MOV  R1,＃0          ;②累加和清除
LOPPA       ADD  R1,R1,R0       ;③累加操作和在 R1 中
            SUBS R0,R0,＃1       ;④计数减 1,产生标志进位 CPSR
            BCC  LOPPA          ;⑤不满 2000 继续循环
            LDR  R0, = SUM      ;⑥变量指针指向 R0
            STR  R1,[R0]        ;⑦结果存入 SUM 中
            ENDP
```

（2）由条件控制循环

有些情况是不能预先知道计数次数的,要通过一定的条件来控制循环,这种情况的循环控制就要用到相关条件,通过相关条件来控制循环是否结束。

【例 4－22】从 0x30500000 开始的内存区域存放着若干个字节的 BCD 码数据,并以 0x0D

结束。编程对这些数据进行累加和计算,取累加和的前两个字节,把它放到这个数据结束字符之后的两个字节中,并把数据个数写入后一个单元中。

分析:以 0x0D 为循环判断依据,初始化时,用一个通用寄存器计数,先将计数值清 0,再用一个通用寄存器存累加和结果,累加和也清 0,内存数据首地址用另外一个寄存器存放,循环体内取一个数据判断是否结束,是否为 0x0D。如果不是,则数据累加、地址加 1 并个数加 1;如果是 0x0D 就结束循环,最后存结果和数据个数。

```
EXAMPLE4    PROC
MYADD       MOV   R0,♯0          ;①计数个数清 0
            MOV   R1,♯0          ;②累加和清 0
            LDR   R2,= 0x30500000 ;③内存首地址
LOPPA       LDRB  R3,[R2]        ;④取内存中的一个字节数据
            CMP   R3,♯0x0D       ;⑤与结束符比较
            BNE   LOPPOUT        ;⑥是结束符则退出,结束循环
            ADD   R1,R1,R3       ;⑦累加和在 R1 中
            ADD   R2,R2,♯1       ;⑧修改地址指针,指向下一个单元
            ADD   R0,R0,♯1       ;⑨计数值加 1
            B     LOPPA          ;⑩继续循环
LOPPOUT     STRH R1,[R2]         ;⑪存累加和低 16 位的两字节数据
            STRB R0,[R2,♯1]      ;⑫结果和数据个数
            ENDP
```

4.2.4 嵌入式 C 语言与汇编语言混合程序设计

不同于一般形式的软件编程,嵌入式系统编程建立在特定的硬件平台上,势必要求其编程语言具备较强的硬件直接操作能力。无疑,汇编语言具备这样的特质。实际应用时,关键底层的初始化及驱动使用汇编语言,而大部分应用程序则普遍使用 C 语言,因此实际嵌入式系统的应用程序是汇编语言与 C 语言相结合的混合编程。

在应用系统的程序设计中,若所有的编程任务均用汇编语言来完成,其工作量是可想而知的,并且不利于系统升级或应用软件移植。事实上,ARM 体系结构支持 C 语言以及与汇编言的混合编程。在一个完整的程序设计中,除了初始化部分用汇编语言完成以外,其主要的编程任务一般都用 C 语言完成。

汇编语言与 C 语言的混合编程通常有以下几种方式:

① 在汇编程序和 C 程序之间进行变量的互访。

② 在汇编程序和 C 程序间进行相互调用。

③ 在 C 代码中嵌入汇编指令。

在以上几种混合编程技术中,必须遵守一定的调用规则,如物理寄存器的使用、参数的传递等。在实际编程应用中,使用较多的方式是:程序的初始化部分用汇编语言完成,然后用 C 语言完成主要的编程任务。程序在执行时首先完成初始化过程,然后跳转到 C 程序代码中,汇编程序和 C 程序之间一般没有参数的传递,也没有频繁的相互调用,因此,整个程序的结构显得相对简单,容易理解。

ATPCS(ARM - Thumb Produce Call Standard)规定了一些子程序之间调用的基本规则,

这些基本规则包括子程序调用过程中寄存器的使用规则、数据栈的使用规则和参数的传递规则。这也使得单独编译的 C 程序和汇编程序之间能够相互调用。

在汇编程序中使用 EXPORT 伪指令来声明本程序,使得本程序可以被别的程序调用。在 C 程序中使用 EXTERN 关键词来声明该汇编程序。

1. C 程序调用汇编程序

在 C 程序中调用汇编语言函数时应注意的主要事项有:

① 如果改变了寄存器 R4～R11 中的任何值,则必须将原来的值保存到栈中,并且返回到 C 程序之前恢复原来的值。除非用它们进行参数传递。

② 如果在汇编程序中调用另外一个函数,则将 LR 的值保存到栈中,并利用它执行返回操作。

③ 函数返回值一般保存在 R0 中。

【例 4 - 23】有一个两数相加的汇编语言函数 My_ADDS,在 C 程序中调用这个汇编函数。
C 程序部分:

```
extern int My_ADDS(int  x1,int  x2);
int  main()
{    int  mysum;
mysum = My_ADDS(100,,3000)
}
```

汇编程序部分:

```
EXPORT My _ADDS          ;声明 My_ADDS 在其他文件中引用
My_ADDS  PROC
         ADDS   R0,R0,R1
         BX     LR        ;返回值在 R0 中
         ENDP
         BNE    DIF
```

2. 汇编程序调用 C 程序

在 C 程序中,不需要使用任何关键词来声明将被汇编语言调用的 C 程序,但是在汇编语言程序调用该 C 程序之前,需要在汇编程序中使用 IMPORT 伪操作来声明该 C 程序。

此外,还要注意的主要事项有:

① 寄存器 R0～R3、R12 以及 LR 需要保存在栈中;

② SP 值必须是双字对齐的;

③ 需要输入的参数要确保存储在正确的寄存器中;

④ 返回的值在 R0 中;

⑤ 汇编语言程序调用 C 函数使用 BL 函数名。

【例 4 - 24】下面是一个汇编程序调用 C 程序的例子,找出三个数中最小的数,并返回。
C 程序函数:

```
int  SerchMin(int a,int b,int c)
```

```
    {
int  t;
    If (a>b) {t=a;a=b;b=t;}
    If (a>c) {t=a;a=c;c=t;}
    If (b>c) {t=b;b=c;c=t;}
    return a;
    }
```

汇编程序部分:汇编语言程序调用 C 程序 SerchMin()。

```
EXPORT FINDMin
AREA   FINDMin,CODE,READONLY
IMPORT SerchMin
MOV R0,#3
MOV R1,#1
MOV R2,#7
BL   SerchMin  ;调用 C 语言编写的函数
```

3. C 程序嵌入汇编的方法

除了 C 语言和汇编语言可以相互调用之外,还可以在 C 语言程序中直接嵌入汇编语句,这样可以提高执行效率。

实际上,大多数情况下,也许只要一到两个简单的汇编函数,因此可以将这些汇编代码嵌入到 C 程序文件中。

内嵌汇编的主要特点如下:

① 内嵌的操作数只能是无符号数且可以是寄存器、常量或 C 语言表达式。

② 内嵌汇编使用物理寄存器有以下限制:一是不能直接向 PC 寄存器赋值,程序的跳转只能用 B 指令和 BL 指令实现。二是 C 语言编译时会用到 R0~R3,R12,R13,R14,因此尽量不要用这些物理寄存器,使用 R4~R7 比较安全。最好用 C 语言的变量,因为 C 语言编译时会分配使用这些通用寄存器,容易冲突。

③ 嵌入汇编可以使用 C 语言的标号,但只能通过 B 指令使用 C 语言中的标号,BL 不能使用 C 语言中的标号。

④ 内嵌汇编不支持用于内存分配的伪指令,所有内存分配均由 C 语言完成。

在 C 语言中,由汇编语言编写函数的语法格式如下:

```
__ASM  void 函数名(void)
{
汇编指令序列;
BX   LR
}
```

这里 ASM 可同时大写也可同时小写,但不能大小写混写,前面的"__"为两个下画线"_"。

如果汇编函数得到的结果是数值,则可用如下格式:

```
__ASM  int  函数名(void)
{
```

汇编指令序列；

BX   LR

}

此处的 int 可以根据数据结果的类型为 uint16_t,uint32_t 等。

这种嵌入方式,也只是用 __ASM 命令做一个汇编函数,然后在 C 程序中调用该函数。只是这种方式无论是汇编程序还是 C 程序均不需要作声明,可直接调用函数。

【例 4 - 25】下面是一个 C 程序内嵌汇编指令的例子,主要完成对 ARM 处理器中断的操作。函数 set_MSP(uint32_t mainStackPointer)非 0,则可设置主栈指针。

汇编语言编写的函数：

```
__ASM  void __set_MSP(uint32_t  mainStackPointer)
{
  MSR   MSP, R0    ;将 R0 值写入 MSP,即设置主栈指针
  BX   LR         ;返回的主栈指针
}
```

C 程序嵌入汇编：

```
uint32_t  mainStackPointer
__set_MSP(0x0000400);    ;将主栈指针指向 0x000400
```

4.3   存储器映射及外设寻址

如果直接对微控制器寄存器进行访问,那么必须知道它的地址及寄存器详细格式,再用汇编语言进行相关存储或加载的操作来完成。不同微控制器其存储器映射及片上外设地址分配是不一样的,要参见不同微控制器技术手册中的相关信息。

4.3.1   存储器映射

典型 ARM Cortex - M3 微控制器 LPC1700 系列存储器分布如表 4 - 12 所列。

从中可以看出,ARM 微控制器采用存储器映射编址即统一编址方式,把存储器与 I/O 端口统一混合编址。这与以 PC 平台的通用计算机系统的存储器编址完全不同,PC 系统存储器采用 I/O 映射编址的方式,把存储器与 I/O 分开独立编址。

表 4 - 12   Cortex - M3 微控制器 LPC1700 系列存储器分布

地址范围	用　途	描　述
0x00000000~0x0003FFFF	片上非易失性存储器	Flash 存储器(512 KB)
0x10000000~0x10007FFF	片上 SRAM	本地 SRAM - Bank0(32 KB)
0x2007C000~0x2007FFFF	片上 SRAM,通常用于存储外设数据	AHB SRAM - Bank0(16 KB)
0x20080000~0x20083FFF	片上 SRAM,通常用于存储外设数据	AHB SRAM - Bank1(16 KB)
0x2009C000~0x2009FFFF	通用 I/O GPIO	GPIO

地址范围	用　途	描　述
0x40000000～0x4007FFFFF	APB0 外设	32 个外设模块,每个 16 KB
0x40080000～0x400FFFFF	APB1 外设	32 个外设模块,每个 16 KB
0x50000000～0x501FFFFF	AHB 外设	DMA 控制器、以太网接口和 USB 接口
0xE0000000～0xE00FFFFF	Cortex - M3 相关功能	包括 NVIC 和系统节拍定时器

片上程序存储器 Flash 从最低端 0 开始编址,共 512 KB;片上 SRAM 从 0x10000000 开始编址,本地 32 KB,连接到系统总线 AHB 上的 32 KB;GPIO 从 0x2009C000～0x2009FFFF 开始编址,连接到外围总线 APB0 上的外设地址被分配在 0x40000000～0x4007FFFFF,连接到外围总线 APB1 上的外设地址为 0x40080000～0x400FFFFF 和 0x50000000～0x501FFFFF,而 0xE0000000～0xE00FFFFF 被分配给嵌套向量中断控制器以及系统节拍定时器等内核相关组件。

4.3.2　外设寻址

表 4 - 13 和表 4 - 14 分别为连接在外围总线 APB0 和 APB1 上外设的地址映射关系。APB 外设不会全部使用分配给它的 16 KB 空间。通常,每个器件的寄存器在各个 16 KB 范围内采用"别名"。

表 4 - 13　APB0 外设和基址

APB0 外设	基　址	外设名称	APB0 外设	基　址	外设名称
0	0x40000000	WDT	11	0x4002C000	引脚连接模块
1	0x40004000	Timer0	12	0x40030000	SSP1
2	0x40008000	Timer1	13	0x40034000	ADC
3	0x4000C000	UART0	14	0x40038000	CAN 验收滤波器 RAM
4	0x40010000	UART1	15	0x4003C000	CAN 验收滤波器寄存器
5	0x40014000	未使用	16	0x40040000	CAN 公共寄存器
6	0x40018000	PWM1	17	0x40044000	CAN 控制器 1
7	0x4001C000	I²C0	18	0x40048000	CAN 控制器 2
8	0x40020000	SPI	19～22	0x4004C000～0x40058000	未使用
9	0x40024000	RTC	23	0x4005C000	I²C1
10	0x40028000	GPIO 中断	24～31	0x40060000～0x4007C000	未使用

表 4 - 14　APB1 外设和基址

APB1 外设	基　址	外设名称	APB1 外设	基　址	外设名称
0	0x40080000	未使用	9	0x400A4000	未使用
1	0x40084000	保留	10	0x400A8000	I²S
2	0x40088000	SSP0	11	0x400AC000	未使用
3	0x4008C000	DAC	12	0x400B0000	重复性中断定时器
4	0x40090000	Timer2	13	0x400B4000	未使用
5	0x40094000	Timer3	14	0x400B8000	电机控制 PWM
6	0x40098000	UART2	15	0x400BC000	正交编码器接口
7	0x4009C000	UART3	16～30	0x400C0000～0x400F8000	未使用
8	0x400A0000	I²C2	31	0x400FC000	系统控制

　　表 4 - 13 和表 4 - 14 仅仅描述了不同外设在地址分配中赋予的基地址,由于同一个外设有多个不同的寄存器,因此地址不止一个。以后在访问不同寄存器时,需要知道该外设的基地址,同时还要了解要访问的寄存器在该外设的具体偏移量。因此该寄存器的地址＝基址＋偏移量。

　　例如,LPC1700 系列微控制器 UART0 的线路控制寄存器 U0LCR 地址为 0x4000C00C,由于 UART0 的基地址为 0x4000C000,因此偏移量为 0x0C,以后定义一个指针(如 LPC_UART0_BASE)指示 UART0 的基地址为 0x4000C000,则访问 U0LCR 的地址就可用 LPC_UART0_BASE＋0x0C 来表示。基于这个基地址的其他相关寄存器,都可以用该方法表示。

4.4　CMSIS 及其规范

　　如果直接对微控制器寄存器进行访问,则必须知道它的地址及寄存器的详细格式,再用汇编语言进行相关存储或加载的操作。这对于初学者或习惯使用 C 语言的开发者来说,有一定难度。自从 ARM Cortex - M 系列内核推出以后,访问寄存器就非常直观,因为 ARM Cortex - M处理器封装了所有可操作的寄存器形成可直接访问的函数,这就是 CMSIS。

　　CMSIS(Cortex Microcontroller Software Interface Standard)是 ARM Cortex 微控制器软件接口标准,CMSIS 是 Cortex - M 处理器系列与供应商无关的硬件抽象层。使用 CMSIS,可以为处理器和外设实现一致且简单的软件接口,从而简化软件的重用,缩短微控制器新开发人员的学习过程,并缩短新产品上市时间。

4.4.1　CMSIS 软件结构及层次

　　ARM 联手 Atmel、IAR、Keil、LuminaryMicro、Micrium、NXP、SEGGER 和 ST 等诸多芯片和软件工具厂商,将所有 Cortex 芯片厂商产品的软件接口标准化,制定了 CMSIS 标准。CMSIS 提供了内核与外设、实时操作系统和中间设备之间的通用接口。

1. 基于 CMSIS 应用程序的软件层次

CMSIS 可以分为多个软件层次,分别由 ARM 公司、芯片供应商提供,其结构层次如图4－5所示。

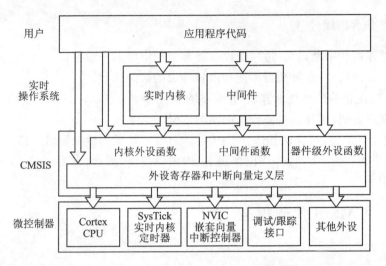

图 4－5　基于 CMSIS 应用程序的基本结构

从图4－5中可以看到,基于 CMSIS 标准的软件架构主要分为以下四层:用户应用层、操作系统层、CMSIS 层及微控制器硬件寄存器层。其中,CMSIS 层起着承上启下的作用。一方面,该层对硬件寄存器层进行了统一的实现,屏蔽了不同厂商对 Cortex－M 系列微处理器核内外设寄存器的不同定义;另一方面,又向上层的操作系统和应用层提供接口,简化了应用程序开发的难度,使开发人员能够在完全透明的情况下进行一些应用程序的开发。也正是如此,CMSIS 层的实现也相对复杂,下面对 CMSIS 层次结构进行简要分析。

CMSIS 层次结构主要分为以下 3 个部分。

(1)内核外设访问层 CPAL(Core Peripheral Access Layer)

该层由 ARM 负责实现。包括对寄存器名称、地址的定义,对核寄存器、NVIC、调试子系统的访问接口定义以及对特殊用途寄存器的访问接口(例如:CONTROL、xPSR)定义。由于对特殊寄存器的访问以内联方式定义,所以针对不同的编译器 ARM 统一用__INLINE 来屏蔽差异。该层定义的接口函数均是可重入的。

(2)中间件访问层 MWAL(Middleware Access Layer)

该层定义了访问中间件的一些通用 API 函数。该层也由 ARM 公司负责,但芯片厂家也要根据自己器件的设备特性更新。

(3)片上外设访问层 DPAL(Device Peripheral Access Layer)

该层由芯片厂商负责实现。该层的实现与 CPAL 类似,负责对硬件寄存器地址以及外设访问接口进行定义。该层可调用 CPAL 层提供的接口函数,同时根据设备特性对异常向量表进行扩展,以处理相应外设的中断请求。

对于一个 Cortex－M 微控制器,有了 CMSIS 函数标准,就意味着:

● 定义了访问外设寄存器和异常向量的通用方法;

- 定义了核内外设的寄存器名称和核异常向量的名称；
- 为 RTOS 核定义了与设备独立的接口，包括 Debug 通道。

由此，芯片厂商就能专注于产品外设特性的差异化设计，并且消除他们对微控制器进行编程时需要维持不同的、互相不兼容的标准需求，从而降低了开发成本。

2. CMSIS 包含的组件

- 外围寄存器和中断定义：适用于设备寄存器和中断的一致接口。
- 内核外设函数：特定处理器功能和内核外设的访问函数。
- DSP 库：优化的信号处理算法，并为 SIMD 指令提供 Cortex－M4 支持。
- 系统视图说明：描述设备外设和中断的 XML 文件。

该标准完全可扩展，可确保其适合于所有 Cortex－M 系列微控制器从最小的 8 KB 设备到具有复杂通信外设（如以太网或 USB）的设备（内核外设函数的内存要求小于 1 KB 代码，小于 10 字节 RAM）。

4.4.2　CMSIS 代码规范

1. 基本规范

- CMSIS 的 C 代码遵照 MISRA2004 规则。
- 使用标准 ANSIC 头文件＜stdint. h＞中定义的标准数据类型。
- 由 ♯define 定义的包含表达式的常数必须用括号括起来。
- 变量和参数必须有完全的数据类型。
- CPAL 层的函数必须是可重入的。
- CPAL 层的函数不能有阻塞代码，也就是说，等待、查询等循环必须在其他的软件层中。
- 定义每个异常/中断的处理函数：每个异常处理函数的后缀是 _Handler，每个中断处理器函数的后缀是 _IRQHandler。如看门狗中断处理函数为 WDT_IRQHandler 等。
- 默认的异常中断处理器函数（弱定义）包含一个无限循环。
- 用 ♯define 将中断号定义为后缀为 _IRQn 的名称。

2. 推荐规范

- 定义核寄存器、外设寄存器和 CPU 指令名称时使用大写。
- 定义外设访问函数、中断函数名称时首字母大写。
- 对于某个外设相应的函数，一般用该外设名称作为其前缀。
- 按照 Doxygen 规范撰写函数的注释。注释使用 C90 风格（/＊注释＊/）或者 C＋＋风格（//注释），函数的注释应包含一行函数简介、参数的详细解释、返回值的详细解释、函数功能的详细描述等内容。

值得说明的是，在后面的章节中使用的注释，不限于单纯的 C90 或 C＋＋注释风格，许多地方采用两者混合使用的注释方式，因为采用的 Keil－MDK－ARM 开发环境支持混合使用注释的方式。

3. 数据类型及 I/O 类型限定符

HAL 层使用标准 ANSIC 头文件 stdint. h 定义的数据类型。I/O 类型限定符用于指定外设寄存器的访问限制,定义如表 4 – 15 所列。

表 4 – 15　I/O 类型限定符

I/O 类型限定符	# define	描　述
_I	Volatile const	只读
_O	Volatile	只写
_IO	Volatile	读写

4. Cortex 内核定义

对于 Cortex – M0 处理器,在头文件 core_cm0. h 中定义:# define_CORTEX_M(0x00)。
对于 Cortex – M3 处理器,在头文件 core_cm3. h 中定义:# define__CORTEX_M(0x03)。

5. 工具链

CMSIS 支持目前嵌入式开发的三大主流工具链:ARM ReakView(armcc)、IAR EWARM (iccarm)和 GNU 工具链(gcc)。

通过在 core_cm0. c 和 core_cm3. c 中的如下定义,来屏蔽一些编译器内置关键字的差异。

```
/* define compiler specific symbols */
#if   defined( __CC_ARM)
    #define__ASM__asm      /*基于 ARM 编译器的 ARM 关键字*/
    #define__INLINE__inline/*基于 ARM 编译器 INLINE 关键字*/
#elif defined( __ICCARM__)
    #define__ASM__asm       /*基于 IAR 编译器的 ARM 关键字*/
    #define__INLINE inline  /*基于 ARM 编译器的 INLINE 关键字*/
#elif defined( __GNUC__)
    #define__ASM__asm       /*基于 GNU 编译器的 ARM 关键字*/
    #define__INLINE inline  /*基于 GNU 编译器的 INLINE 关键字*/
#elif defined( __TASKING__)
    #define__ASM__asm       /*基于 TASKING 编译器的 ARM 关键字*/
    #define__INLINE inline  /*基于 TASKING 编译器的 INLINE 关键字*/
#endif
```

这样,CPAL 中的功能函数就可以被定义成静态内联类型(static__INLINE),以实现编译优化。

4.4.3　CMSIS 文件结构

CMSIS 文件结构如图 4 – 6 所示,由内核外设访问层文件(core_cm0. h 和 core_cm3. h)、内核相关的内部函数(core_cm0. c 和 core_cm3. c)、中断号及外设寄存器定义(system_device. h)、系统函数 (system_device. c)、片上外设访问层及额外的访问函数以及启动代码文件等构成。

1. Cortex – M 内核及其设备访问层 CPAL 文件

这里 x 可为 0(代表 0(Cortex – M0)或 3(Cortex – M3))。core_cm0. h 和 core_cm0. c 两个文件是实现 Cortex – M0 处理器 CMSIS 标准的内核外设访问层 CPAL;core_cm3. h 和 ccore_cm3. c 两个文件是实现 Cortex – M3 处理器 CMSIS 标准的 CPAL 层。

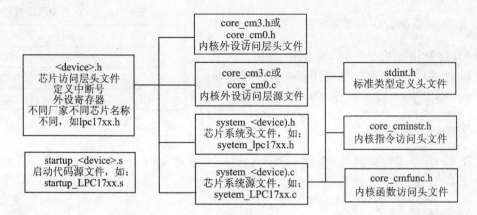

图 4 - 6　CMSIS 文件结构

头文件 core_cmx. h 定义了 Cortex - M0/M3 核内外设的数据结构及其地址映射,它也提供一些访问 Cortex - M0/M3 核内寄存器及外设的函数,这些函数定义为静态内联。c 文件 core_cmx. c 定义了一些访问 Cortex - M0/M3 核内寄存器的函数,例如对 xPSR、MSP、PSP 等寄存器的访问;另外还将一些汇编语言指令也定义为函数。

两个文件结合起来的主要功能:

- 访问 Cortex - M0/M3 内核及其设备:NVIC,SysTick 等;
- 访问 Cortex - M0/M3 的 CPU 寄存器和内核外设的函数。

2. Cortex - M 微控制器片上外设访问层 DPAL 文件

(1)device. h

device. h 由芯片厂商提供,是工程中 C 源程序的主要包含文件。其中"device"是指处理器型号,例如 nano1xx 系列 Cortex - M0 微控制器的头文件为 nano1xx. h,STM32F10x 系列 Cortex - M3 微控制器对应的头文件是 stm32f10x. h,LPC700 系列的是 lpc17xx. h。

DPAL 层提供所有处理器片上外设的定义,包含数据结构和片上外设的地址映射。一般数据结构的名称定义为"处理器或厂商缩写_外设缩写_TypeDef",也有些厂家定义的数据结构名称为"外设缩写_TypeDef"。

device. h 所包括的主要信息有:

1) 中断号的定义

提供所有内核及处理器定义的所有中断及异常的中断号。

【例 4 - 26】对于 lpc17xx. h 定义的中断号(参见表 3 - 1 和表 3 - 6),如下述。

```
typedef enum IRQn
{
/****** Cortex - M3 Processor Exceptions Numbers *****************************/
  NonMaskableInt_IRQn = - 14,           /*! < 2 Non Maskable Interrupt */
  MemoryManagement_IRQn = - 12,         /*! < 4 Cortex - M3 Memory Management Interrupt */
  BusFault_IRQn = - 11,                 /*! < 5 Cortex - M3 Bus Fault Interrupt */
  UsageFault_IRQn = - 10,               /*! < 6 Cortex - M3 Usage Fault Interrupt */
  SVCall_IRQn = - 5,                    /*! < 11 Cortex - M3 SV Call Interrupt */
```

```
    DebugMonitor_IRQn = -4,                /*! < 12 Cortex - M3 Debug Monitor Interrupt */
    PendSV_IRQn = -2,                      /*! < 14 Cortex - M3 Pend SV Interrupt */
    SysTick_IRQn = -1,                     /*! < 15 Cortex - M3 System Tick Interrupt */

/****** LPC17xx Specific Interrupt Numbers **********************************/
    WDT_IRQn = 0,                          /*! < Watchdog Timer Interrupt */
    TIMER0_IRQn = 1,                       /*! < Timer0 Interrupt */
    TIMER1_IRQn = 2,                       /*! < Timer1 Interrupt */
    TIMER2_IRQn = 3,                       /*! < Timer2 Interrupt */
    TIMER3_IRQn = 4,                       /*! < Timer3 Interrupt */
    UART0_IRQn = 5,                        /*! < UART0 Interrupt */
    UART1_IRQn = 6,                        /*! < UART1 Interrupt */
    UART2_IRQn = 7,                        /*! < UART2 Interrupt */
    UART3_IRQn = 8,                        /*! < UART3 Interrupt */
    PWM1_IRQn = 9,                         /*! < PWM1 Interrupt */
    I2C0_IRQn = 10,                        /*! < I2C0 Interrupt */
    I2C1_IRQn = 11,                        /*! < I2C1 Interrupt */
    I2C2_IRQn = 12,                        /*! < I2C2 Interrupt */
    SPI_IRQn = 13,                         /*! < SPI Interrupt */
    SSP0_IRQn = 14,                        /*! < SSP0 Interrupt */
    SSP1_IRQn = 15,                        /*! < SSP1 Interrupt */
    PLL0_IRQn = 16,                        /*! < PLL0 Lock (Main PLL) Interrupt */
    RTC_IRQn = 17,                         /*! < Real Time Clock Interrupt */
    EINT0_IRQn = 18,                       /*! < External Interrupt 0 Interrupt */
    EINT1_IRQn = 19,                       /*! < External Interrupt 1 Interrupt */
    EINT2_IRQn = 20,                       /*! < External Interrupt 2 Interrupt */
    EINT3_IRQn = 21,                       /*! < External Interrupt 3 Interrupt */
    ADC_IRQn = 22,                         /*! < A/D Converter Interrupt */
    BOD_IRQn = 23,                         /*! < Brown - Out Detect Interrupt */
    USB_IRQn = 24,                         /*! < USB Interrupt */
    CAN_IRQn = 25,                         /*! < CAN Interrupt */
    DMA_IRQn = 26,                         /*! < General Purpose DMA Interrupt */
    I2S_IRQn = 27,                         /*! < I2S Interrupt */
    ENET_IRQn = 28,                        /*! < Ethernet Interrupt */
    RIT_IRQn = 29,                         /*! < Repetitive Interrupt Timer Interrupt */
    MCPWM_IRQn = 30,                       /*! < Motor Control PWM Interrupt */
    QEI_IRQn = 31,                         /*! < Quadrature Encoder Interface Interrupt */
    PLL1_IRQn = 32,                        /*! < PLL1 Lock (USB PLL) Interrupt */
    USBActivity_IRQn = 33,                 /* USB Activity interrupt */
    CANActivity_IRQn = 34,                 /* CAN Activity interrupt */
} IRQn_Type;
```

2) 厂商实现处理器时 Cortex - M 核的配置

Cortex - M 处理器在具体实现时,有些部件是可选的,有些参数是可以设置的,例如 MPU、NVIC 优先级位等。在 device. h 中包含头文件 core_cm0. h 和 core_cm3. h 的预处理命令之前,需要先根据处理器的具体实现对表 4-16 所列参数进行设置。

表 4-16　实现处理器时 Cortex-M 核的配置

#define	文　件	值	描　　述
__NVIC_PRIO_BITS	core_cm0.h	2	实现 NVIC 时优先级位的位数
__NVIC_PRIO_BITS	core_cm3.h	2~8	实现 NVIC 时优先级位的位数
__MPU_PRESENT	core_cm0.h/core_cm3.h	0,1	是否实现 MPU
__Vendor_SysTickConfig	core_cm0.h/core_cm3.h	1	定义为 1,则 core_cm0.h/core_cm3.h 中的 SysTickConfig 函数被排除在外;这种情况下厂商必须在 devic.h 中实现该函数

（2）system_device.h 和 system_device.c

system_device.h 和 system_device.c 文件是由 ARM 提供模板,各芯片厂商根据自己芯片的特性来实现。一般是提供处理器的系统初始化配置函数以及包含系统时钟频率的全局变量。按 CMSIS 标准的最低要求,system_<device>.c 中必须定义 SysGet_HCLKFreq（或者 SetSysClock）和 SystemCoreClockUpdate 两个函数,还要有一个全局变量 SystemCoreClock。system_device.c 中的函数 SystemInit 用来初始化微控制器。这两个文件对于 LPC1700 系列名为 system_lpc17xx.h 和 system_lpc17xx.c。

3. 编译器供应商+微控制器专用启动文件

汇编文件 startup_device.s 是在 ARM 提供的启动文件模板基础上,由各芯片厂商各自修订而成的,它主要有三个功能。

① 配置并初始化堆栈。

② 设置中断向量表及相应的中断处理函数。

③ 将程序引导至__main()函数,完成 C 库函数初始化并最终引导到应用程序的 main() 函数去。

典型的启动文件详见 4.5.5 小节。

4. Cortex-M 某些特殊功能寄存器访问对应的 CMSIS 函数

有些特殊功能寄存器,如控制寄存器 CONTRL、主栈指针 MSP 及线程堆栈指针 PSP 等对应的 CMSIS 函数,如表 4-17 所列。

表 4-17　特殊功能寄存器对应的 CMSIS 函数

特殊功能寄存器	访　问	CMSIS 函数
PRIMASK	读	uint32_t __get_PRIMASK (void)
PRIMASK	写	void __set_PRIMASK (uint32_t value)
FAULTMASK	读	uint32_t __get_FAULTMASK (void)
FAULTMASK	写	void __set_FAULTMASK (uint32_t value)
BASEPRI	读	uint32_t __get_BASEPRI (void)
BASEPRI	写	void __set_BASEPRI (uint32_t value)

特殊功能寄存器	访问	CMSIS 函数
CONTROL	读	uint32_t __get_CONTROL (void)
	写	void __set_CONTROL (uint32_t value)
MSP	读	uint32_t __get_MSP (void)
	写	void __set_MSP (uint32_t TopOfMainStack)
PSP	读	uint32_t __get_PSP (void)
	写	void __set_PSP (uint32_t TopOfProcStack)

4.5　嵌入式 C 程序设计

4.5.1　嵌入式程序设计过程

　　嵌入式系统的程序设计简称为嵌入式程序设计过程,主要包括 4 个阶段:源程序的编辑阶段、编译阶段(汇编语言的汇编以及 C/C++的编译统称为编译)、链接与重定位阶段以及下载和调试阶段,如图 4-7 所示。

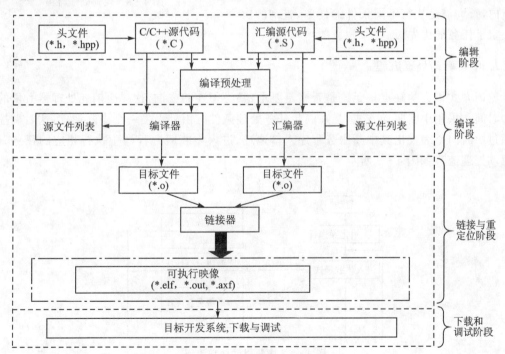

图 4-7　嵌入式程序设计过程

　　ARM 汇编语言源程序以.S 为扩展名,C 源程序和 C++源程序分别以.C 和.CPP 为扩展名,可以用任何文本编辑器进行编辑修改。通过集成开发环境有自己的编辑器,方便修改。编辑源文件时注意语言的规范和要求。

编译过程的完成由源文件到目标文件的转换,链接器把多个目标文件链接成可执行的映像文件,通过烧写或下载程序工具,即可将目标代码写入目标板的 Flash 程序存储器中。可通过集成开发环境提供的模拟器进行模拟仿真,更可以通过硬件仿真器在线仿真。

通常在现在的集成开发环境,既可以单独编译如 Keil 开发环境 MDK 的 F7 功能键,也可以编译和链接一起直接生成目标文件和映像文件,如 Ctrl+F7(构建目标文件)。

4.5.2　嵌入式应用程序的处理流程

嵌入式应用程序有 4 种基本的处理流程,即基于轮询的处理流程、基于中断驱动的处理流程、基于轮询与中断相结合的处理流程和基于处理并发任务的处理流程。

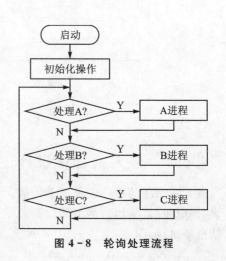

图 4-8　轮询处理流程

1. 轮询处理流程

对于简单的嵌入式应用系统,其应用程序用轮询的方式便于实现,结构简单明了,通常适于简单任务。轮询处理流程如图 4-8 所示。轮询结构适于简单应用,程序设计实际是一个死循环。在这个循环体内,查询满足执行不同条件的任务,查询的次序也决定了任务的优先级。

2. 中断驱动处理流程

轮询方式最大的缺点是无论是否满足要求,都必须逐一查询,这样会消耗处理器大量的能耗和时间。采用中断驱动方式,是在满足任务处理条件时由外设发一个中断请求,这时微控制器通过中断向量表找出其中断服务程序入口地址,进入中断服务程序中执行相应的任务。中断驱动处理流程如图 4-9 所示。

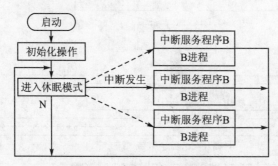

图 4-9　中断驱动处理流程

3. 轮询与中断相结合的处理流程

在许多情况下,如果任务全部交由中断服务程序处理,则由于在中断服务程序中处理事务持续的时间比较长,当比该中断级别低的事务发生时将无法进入中断嵌套来处理。因此通常的做法是,在中断服务程序中处理的事务尽可能少,中断处理程序仅做相关标志状态及关键事务的处理。返回后大量的运算处理尽量在主流程中完成。这样相互结合,取长补短,既可以在没有任务时进入休眠状态以节约能耗,当中断发生时才唤醒去处理,又能平衡所有任务的处理。轮询与中断结合的处理流程如图 4 - 10 所示。

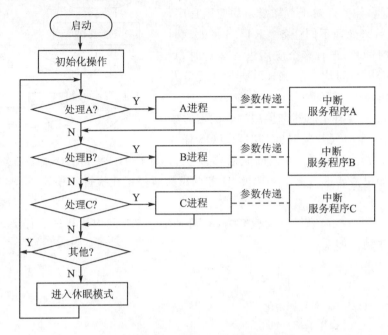

图 4 - 10　轮询与中断结合的处理流程

以上几种处理方式,它的程序结构就是一个超级循环或死循环,如下所示。

```
int main (void)
{
SystemInit();        /* 系统初始化   */
GPIOInit();          /* GPIO 初始化   */
UARTInit();          /* UART 初始化   */
  ⋮                  /*其他外设初始化及变量初始化*/
while (1) {
  ⋮                  /*主循环体要处理的所有事务*/
    }
}
```

4. 并发任务处理流程

在实际应用系统中,有些情况下一个处理任务可能要占用大量时间,如图 4 - 4 所示的处理方式就不太适宜了。如果任务执行的时间过长,任务 B 和 C 不能及时响应外设的中断请求,将导致系统的失败。为解决这一问题,一般有如下两种方法:

第一种方法是将一个长时间的处理划分为一系列的状态,每次处理任务时,只执行一种状态。这种方式把一个任务划分为若干部分,可以使用软件变量跟踪任务的状态,每次执行任务时,状态信息就会得到更新,这样接着执行这个任务时就可以继续上次的处理了。

在应用程序的大循环中,任务处理的时间减少了,主循环中的其他任务就可以获得更多的执行机会。尽管任务处理的总时间基本不变,但系统的响应时间更短,速度更快了。

当然,当应用程序相当复杂时,用纯手工的拆分任务是很困难的,可采用第二种方法。

第二种方法就是使用嵌入式实时操作系统(RTOS)来处理多任务。对于更加复杂的应用程序,可借助于 RTOS 来处理不同任务。RTOS 将处理时间划分为多个时间片,在有多个应用进程运行时,只有一个进程会获得时间片。基于 RTOS 的多任务并发执行流程如图 4-11 所示。

使用 RTOS 需要有定时器产生周期性的定时中断请求信号,当一个时间片的时间到时,RTOS 任务调试器会由定时器中断触发,并判断是否需要执行上下文切换。如果需要进行上下文切换,任务调试会暂停正在执行的任务,并切换到下一个准备就绪的任务。

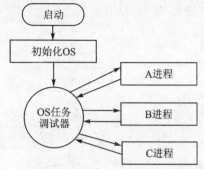

图 4-11　基于 RTOS 的多任务并发执行流程

使用 RTOS 可以提高系统的反应能力,能确保在一定时间内执行所有任务。使用嵌入式操作系统的程序结构如下:

```
int  main (void)
{
    SystemInit(); /＊系统初始化＊/
    OSInit();  /＊操作系统初始化＊/
/＊产生要让操作系统执行的各种任务＊/
    OSTaskCreate(mainTask, (void ＊)0, &stkMainTask[sizeof(stkMainTask) / 4 - 1], 4);
    OSStart();  /＊启动操作系统,让任务交给操作系统执行＊/
}
```

说明:OSTaskCreate(task,pdata,ptos,prio)是 μC/OS-Ⅱ 的建立任务的函数,有四个参数。第一个参数 task 是指向任务代码的指针;第二个参数 pdata 是任务开始执行时,传送给任务的参数指针;第三个参数 ptos 是分配给任务的堆栈栈顶指针;第四个参数 prio 是分配给任务的优先级。关于 μC/OS-Ⅱ 详见有关资料。

4.5.3　嵌入式 C 语言支持的数据类型及运算符

1. C 语言典型数据类型

C 语言支持多个标准数据类型,但数据类型的使用应结合处理器的体系结构以及编译器来正确使用。包括基于 ARM Cortex-M 在内的 ARM 处理器,所有的 C 编译器都支持的数据类型如表 4-18 所列。

表 4-18　C 编译器支持的数据类型

位　数	C 和 C99(stdint. h)数据类型	含　义	有符号数范围	无符号数范围
8	char int8_t uint8_t	字节数 有符号字节数 无符号字节数	$-2^{n-1} \sim 2^{n-1}-1$ $(n=8)$	$0 \sim 2^{n}-1$ $(n=8)$

位　数	C 和 C99(stdint. h) 数据类型	含　义	有符号数范围	无符号数范围
16	short	16 位数	$-2^{n-1} \sim 2^{n-1}-1$ ($n=16$)	$0 \sim 2^n-1$ ($n=16$)
	int16_t	16 位有符号数		
	uint16_t	16 位无符号数		
32	int	32 位整型数	$-2^{n-1} \sim 2^{n-1}-1$ ($n=32$)	$0 \sim 2^n-1$ ($n=32$)
	int32_t	32 位有符号数		
	uint32_t	32 位无符号数		
	long	32 位数整型数		
	float	32 位浮点数,8 个点		
64	long long	64 位整型数	$-2^{n-1} \sim 2^{n-1}-1$ ($n=64$)	$0 \sim 2^n-1$ ($n=64$)
	int64_t	64 位有符号数		
	uint64_t	64 位无符号数		
	double	双精度浮点数,16 个点		
	long double	长双精度浮点数,32 个点		

ARM 对数据的操作有多种,可以按照位的长度来操作,如字节操作、半字(16 位)操作、字(32 位)操作和双字(64 位)操作等。

在实际应用中,可以根据需要合理地定义变量为以上类型中的某种类型。如果变量 my-var 的数据仅有一个字节,且它的数据范围为 0~255,则可以定义一个字节的无符号整数如下:

```
uint8_t  myvar;
```

如果该变量为 32 位的无符号数,则可定义为

```
uint32_t  myvar;
```

如果该变量要经过各种算术运算得到的结果,则通常需要定义浮点数;如果是 8 个点的 32 位浮点数,则定义如下:

```
float  myvar;
```

2. C 语言典型运算符

C 语言中的运算符包括算术运算符、逻辑运算符、关系运算符以及位运算符。

在嵌入式系统软件设计中,C 语言中运算符如表 4 - 19 所列。

表 4 - 19　C 语言运算符分类表

优先级	运算符	名称及含义	使用形式
算术运算符	＋	加	表达式＋表达式
	－	减	表达式－表达式
	*	乘	表达式 * 表达式
	/	除	表达式/表达式
	%	余数(取模)	整数表达式％整数表达式
	＋＋	自增	＋＋变量名或变量名＋＋
	－－	自减	－－变量名或变量名－－

续表 4 - 19

优先级	运算符	名称及含义	使用形式
关系运算符	＞	大于	表达式＞表达式
	＜	小于	表达式＜表达式
	＞=	大于或等于	表达式＞=表达式
	＜=	小于或等于	表达式＜=表达式
	==	等于	表达式==表达式
	！=	不等于	表达式！=表达式
逻辑运算符	&&	逻辑与	表达式&&表达式
	||	逻辑或	表达式||表达式
	！	逻辑非	！表达式
位操作符	&	按位"与"	表达式&表达式
	ˆ	按位"异或"	表达式ˆ表达式
	|	按位"或"	表达式|表达式
	＜＜	左移	变量＜＜表达式
	＞＞	右移	变量＞＞表达式
	～	按位取反	～表达式
赋值运算符	=	赋值	变量=表达式
	/=	除后赋值	变量/=表达式
	* =	乘后赋值	变量 * =表达式
	%=	取模后赋值	变量%=表达式
	+=	加后赋值	变量+=表达式
	-=	减后赋值	变量-=表达式
	＜＜=	左移后赋值	变量＜＜=表达式
	＞＞=	右移后赋值	变量＞＞=表达式
	&=	"与"后赋值	变量&=表达式
	|=	"或"后赋值	变量|=表达式
	ˆ=	"异或"后赋值	变量ˆ=表达式
条件	?:	条件	表达式1? 表达式2;表达式3
特殊运算符	[ ]	数据下标	数组名[常数表达式]
	( )	圆括号	(表达式)或函数名(形参表)
	.	成员选择(对象)	对象.成员表
	-＞	成员选择(指针)	对象指针-＞成员表
指针运算符	*	取值	* 指针变量
	&	取地址	& 变量名
长度运算符	sizeof	长度	Sizeof(表达式)
逗号运算符	,	逗号	表达式,表达式,表达式,…

　　运算符是有优先级的,详细的优先顺序参见 C 语言相关教程,简单的记忆方式就是:

括号＞"!"＞算术运算符＞关系运算符＞"&&"＞"||"＞赋值运算符

4.5.4　嵌入式系统的程序映像

基于 ARM Cortex - M 微控制器的嵌入式系统程序映像包括了向量表的设置、C 启动例程、程序代码(包括应用程序代码和数据)以及 C 库等。

1. 向量表

Keil MDK 开发工具将向量表作为汇编启动代码的一部分,用汇编语言编写。为了将向量表置于系统存储器映射的以 0x00000000 开始的存储区域,向量表要有一个段名,以便链接文件或命令行选项正确识别向量并将其进行地址映射。

【例 4 - 27】 以下为基于 ARM Cortex - M0 某芯片对应的向量表。

```
                AREA      STACK, NOINIT, READWRITE , ALIGN = 3
Stack_Mem       SPACE     0x00000400
__initial_sp

                AREA      HEAP, NOINIT, READWRITE, ALIGN = 3
__heap_base
Heap_Mem        SPACE     0x00000400
__heap_limit

                PRESERVE8
                THUMB
                AREA      RESET, DATA, READONLY
EXPORT   __Vectors
__Vectors       DCD       __initial_sp          ; 栈顶
                DCD       Reset_Handler         ; 复位处理
                DCD       NMI_Handler           ; 不可屏蔽中断处理
                DCD       HardFault_Handler     ; 硬件错误处理
                DCD       0                     ; 保留
                DCD       0                     ; 保留
                DCD       0                     ; 保留
                DCD       0                     ; 保留
                DCD       0                     ; 保留
                DCD       0                     ; 保留
                DCD       0                     ; 保留
                DCD       SVC_Handler           ; SVCall 处理
                DCD       0                     ; 保留
                DCD       0                     ; 保留
                DCD       PendSV_Handler        ; PendSV 处理
                DCD       SysTick_Handler       ; SysTick 处理
                ; 上面是内核相关中断,以下为片上外设中断
                DCD       BOD_IRQHandler        ; 低电压检测中断
                DCD       WDT_IRQHandler        ; 看门狗定时中断
                  ⋮
                DCD       ADC_IRQHandler        ; ADC 中断
```

```
DCD        DAC_IRQHandler                ；DAC 中断
DCD        RTC_IRQHandler                ；RTC 中断
```

同一内核的向量表中，内核中断对应的向量完全相同，不同的是不同厂家的芯片，其片上外设中断向量的位置不同，由各自厂家自行定义。应用时要特别注意。

复位向量一般指向 C 启动代码的开头，当然也可以自行定义复位处理，在跳转到 C 启动代码前执行附加的初始化程序。

2. 系统启动程序的设计

由第 2 章可知，嵌入式微控制器内部都有片上程序存储器 Flash，用来存储用户程序的代码。这些代码是以二进制形式存放在 Flash 中的。因此，汇编语言要通过汇编程序编写目标文件，C 语言必须通过编译程序进行编译生成目标文件，并以二进制形式写入 Flash 程序存储器中。有些嵌入式微控制器内部配有一个独立的启动 ROM，里面存放着 Boot Loader 程序，微控制器启动后，在执行 Flash 中和用户程序之前，Boot Loader 程序会首先运行。对应特定的微控制器，大部分 Boot Loader 是固定的，只有 Flash 中的应用程序是因应用的不同而不一样。

在用户程序烧写到 Flash 之后，处理器在复位后就可以执行用户程序。ARM 微控制器复位流程如图 4-12 所示。

图 4-12　ARM 微控制器复位流程

进入复位流程，如果微控制器设计了 Boot Loader，则加载 Boot Loader 程序，为复位处理做准备工作。大部分微控制器没有设置 Boot Loader，而直接进入复位处理。对于没有 Boot Loader 程序的微控制器，复位处理需要做类似于 Boot Loader 的工作，比如要取出主堆栈指针 MSP 的初始值以及复位向量，进行复位的系统初始化操作等。

以上处理均使用汇编语言完成，而以 main 为名的 C 程序是用 C 或 C++编写的应用程序，必须由 C 启动程序引导到 main 程序处。因此，C 启动程序的任务就是通过汇编语言的无条件转移指令将地址指向 C 应用程序的 main 入口，从而去执行 C 应用程序。

对于 ARM Cortex-M 系列微控制器，其系统启动程序由 CMSIS 规范来规定，详见基于 CMSIS 的启动文件设计部分。

C 启动代码用于设置全局变量之类的数据，同时加载未被初始化的内存区域。初始化完成后，启动代码跳转到 main()程序处执行。

C 启动代码由编译器和链接器自动嵌入到程序中，并且与开发工具链相关，若只使用汇编语言编程则可以不存在 C 启动代码。对于 ARM 编译器，C 启动代码被标识为"__main"。如果使用 GNU C 编译器生成的代码，则用"__statrt"，要特别注意的是，"__"是两个纯英文状态的下画线"_"。

用 Keil MDK 开发工具，采用汇编语言编写的基于 ARM Cortex-M3 的芯片的典型 C 启动代码如下：

```
Reset_Handler PROC
              EXPORT Reset_Handler [WEAK]      ;声明一个可全局引用的标号 Reset_Handler
              IMPORT __main                    ;引入一个外部标号__main(C 语言入口)
              LDR R0, = __main
              BX R0                            ;转 C 程序入口 main()
              ENDP
```

3. 程序代码

用户程序 C 语言为主导,结构如下:

① 以 #include 开始的头文件,说明片上外设寄存器定义文件、C 语言库文件。

② 定义程序中用到的常量和变量。

③ 各种函数,包括中断处理函数。

④ 主函数 main()。

主函数是一个超级循环,在主循环体之前,对所用使用的硬件组件进行初始化操作,对变量初始化。在主循环体内执行不同任务。

【例 4 - 28】以 LPC1700 系列 ADC 检测为例说明程序代码,具体结构如下:

```
# include "LPC17xx.h"                          /* 片上外设寄存器头文件 */
# include <stdio.h>
# include <string.h>
# define UART_BPS 9600                          /* 参数定义 */
char GcRcvBuf[20];                              /* 变量定义   */
char ADCFlag = 0;
static uint32_t ulADCbuf;
void myDelay (uint32_t ulTime)                  /* 延时函数 */
{
uint32_t i;

    while (ulTime — ) {
    for (i = 0; i < 5000; i ++);
    }
}

void uart0Init (void)                           /* 初始化串口函数 */
{
    uint16_t usFdiv;

    LPC_PINCON ->PINSEL0 | = (0x01 << 4)|(0x01 << 6);  /* 引脚定义为 P0.2 和 P0.3,配置为
                                                          UART0 的 TXD0 和 RXD0 */
    LPC_UART0 ->LCR = 0x83;                      /* 使能除数寄存器,准备设置波特率 */
    LPC_UART0 ->DLM = usFdiv / 256;              /* 波特率设置为 9 600 bps */
    LPC_UART0 ->DLL = usFdiv % 256;
    LPC_UART0 ->LCR = 0x03;                      /* 字符格式定义,8,N,1 */
    LPC_UART0 ->FCR = 0x06;                      /* 发送和接收 FIFO 初始化 */
```

```
    }
void uart0SendByte (uint8_t ucData)
{
    LPC_UART0 ->THR =  ucData;                          /* 发送数据 ucData 到串口 0 */
    while ( (LPC_UART0 ->LSR & 0x40) ==  0 );
}
void ADC_IRQHandler(void) /* ADC 中断服务程序 */
{
    ulADCbuf  =  LPC_ADC ->ADDR0;
    ulADCbuf  =  (ulADCbuf >> 4) & 0xfff;
    ADCFlag = 1;
}
int   main (void)                                       /* C 主函数以 */
{
    static uint8_t   ulADCData;
     SystemInit();                                      /* 系统初始化 */
     uart0Init();                                       /* 串口初始化 */
     adcInit();                                         /* ADC 初始化 */
     NVIC_EnableIRQ(ADC_IRQn)
     LPC_ADC ->ADCR | = 1 << 24;                        /* 启动 A/D 转换 */
     __enable_irq();                                    /* 开中断 */
  while (1) {
    if (ADCFlag == 1)
    {ulADCData = (ulADCbuf&0xFFF) >> 8;                 /* 取 ADC 转换结果的高 4 位 */
    uart0SendByte(ulADCData) ;                          /* 向串口发送高 4 位转换结果 */
    ulADCData = (ulADCbuf&0xFF);                        /* 取 ADC 转换结果的低 8 位 */
    uart0SendByte(ulADCData) ;                          /* 向串口发送低 8 位转换结果 */
    ADCFlag = 0;                                        /* 请 ADC 中断结束标志 */
   }
 }
}
```

4.5.5 基于 CMSIS 规范的启动文件编程示例

按照 CMSIS 规范，系统启动文件 startup_device. s 具有堆栈设置、中断向量设置与中断处理函数设置以及引导系统由汇编语言到 C 语言 main() 入口三大功能。

不同芯片的启动文件名按照 CMSIS 规范命名为 startup_device. s，仅仅是 device 不同而已，如 NANO100 系列 ARM Cortex − M0 的启动文件名为 startup_nano1xx. s，LPC1700 系列 ARM Cortex − M3 的启动文件名为 startup_lpc17xx. s。

1. ARM Cortex − M0 的 NANO100 启动文件

（1）堆栈设置

栈大小定义为 0x400，可读写，8 字节对齐，初始化栈指针为__initial_sp；堆大小为 0x400，8 字节对齐，初始化堆基地址为__heap_base。

用汇编语言编写的程序如下：

```
Stack_Size      EQU     0x00000400
                AREA    STACK, NOINIT, READWRITE, ALIGN = 3
Stack_Mem       SPACE   Stack_Size                  ;分配栈空间大小为 0x400
__initial_sp
Heap_Size       EQU     0x00000400
                AREA    HEAP, NOINIT, READWRITE, ALIGN = 3
__heap_base
Heap_Mem        SPACE   Heap_Size                   ;分配堆空间大小为 0x400
__heap_limit
```

（2）异常中断向量表定义

定义内核相关异常向量地址及外设向量地址。用汇编语言编写的程序如下：

```
                PRESERVE8   ;8 字节对齐
                THUMB       ;Thumb 指令
                AREA    RESET, DATA, READONLY   ;定义只读的复位数据段
EXPORT   __Vectors
__Vectors       DCD     __initial_sp        ;栈顶指针定义
                DCD     Reset_Handler       ;复位处理
                DCD     NMI_Handler         ;不可屏蔽中断处理
                DCD     HardFault_Handler   ;硬件错处理
                DCD     0                   ;保留
                DCD     0                   ;保留
                DCD     0                   ;保留
                DCD     0                   ;保留
                DCD     0                   ;保留
                DCD     0                   ;保留
                DCD     SVC_Handler         ;超级用户中断处理
                DCD     0                   ;保留
                DCD     0                   ;保留
                DCD     PendSV_Handler      ;为系统设备而设置的可挂起请求处理
                DCD     SysTick_Handler     ;系统节拍定时溢出处理
    ;以下为外设中断处理向量(不同芯片有所不同,按照向量表逐一通过 DCD 伪指令定义)
                DCD     BOD_IRQHandler      ;低压检测中断
                DCD     WDT_IRQHandler      ;看门狗定时器 WDT 中断
                DCD     EINT0_IRQHandler    ;外部中断 EINT0 中断
                ;其他外设中断略,但要保持与向量地址一致
                DCD     ADC_IRQHandle       ;ADC 中断
                DCD     DAC_IRQHandler      ;DAC 中断
                DCD     RTC_IRQHandler      ;实时钟中断
```

（3）复位处理代码段

用汇编语言编写的程序如下：

```
                AREA    |.text|, CODE, READONLY
Reset_Handler   PROC
EXPORT   Reset_Handler [WEAK]
IMPORT   SystemInit
IMPORT   __main
                LDR     R0, = SystemInit
                BLX     R0
                LDR     R0, = __main
                BX      R0
                ENDP
```

（4）各种异常中断处理入口标识定义

其中，内核异常由系统自行处理，不用用户编程，而片上外设中断由用户在 C 程序中编写中断服务程序。这里不涉及外设中断服务程序，仅给中断服务程序分配地址标识。用户程序的中断服务程序入口必须是这里定义的标识，如看门狗中断必须是 WDT_IRQHandler。

```
NMI_Handler     PROC
EXPORT   NMI_Handler [WEAK]
                B.
                ENDP
HardFault_Handler\
                PROC
EXPORT   HardFault_Handler [WEAK]
                B.
                ENDP
SVC_Handler     PROC
EXPORT   SVC_Handler [WEAK]
                B.
                ENDP
PendSV_Handler  PROC
EXPORT   PendSV_Handler [WEAK]
                B .
                ENDP
SysTick_Handler PROC
EXPORT   SysTick_Handler [WEAK]
                B.
                ENDP
Default_Handler PROC
EXPORT   BOD_IRQHandler [WEAK]
EXPORT   WDT_IRQHandler [WEAK]
EXPORT   EINT0_IRQHandler [WEAK]
    ⋮               ;保持与向量表一致的位置
EXPORT   ADC_IRQHandler [WEAK]
EXPORT   DAC_IRQHandler [WEAK]
EXPORT   RTC_IRQHandler [WEAK]
BOD_IRQHandler
```

```
WDT_IRQHandler
EINT0_IRQHandler
    ⋮              ;保持与上述定义一致
ADC_IRQHandler
DAC_IRQHandler
RTC_IRQHandler
                B.
                ENDP
```

（5）初始化用户堆栈

```
                ALIGN                          ;以字对齐(4 字节对齐)
                IF      :DEF:__MICROLIB
EXPORT  __initial_sp
EXPORT  __heap_base
EXPORT  __heap_limit
                ELSE
IMPORT  __use_two_region_memory
EXPORT  __user_initial_stackheap
__user_initial_stackheap
                LDR     R0，= Heap_Mem
                LDR     R1，=(Stack_Mem + Stack_Size)
                LDR     R2，= (Heap_Mem +  Heap_Size)
                LDR     R3，= Stack_Mem
                BX      LR
                ALIGN
                ENDIF
                END
```

2．ARM Cortex – M3 的 LPC1700 启动文件

```
Stack_Size      EQU     0x00000200
                AREA    STACK, NOINIT, READWRITE, ALIGN = 3
Stack_Mem       SPACE   Stack_Size
__initial_sp
Heap_Size       EQU     0x00000000
                AREA    HEAP, NOINIT, READWRITE, ALIGN = 3
__heap_base
Heap_Mem        SPACE   Heap_Size
__heap_limit
                PRESERVE8
                THUMB
                AREA    RESET, DATA, READONLY
EXPORT  __Vectors
__Vectors       DCD     __initial_sp           ; Top of Stack
                DCD     Reset_Handler          ; Reset Handler
```

```
        DCD     NMI_Handler                 ; NMI Handler
        DCD     HardFault_Handler           ; Hard Fault Handler
        DCD     MemManage_Handler           ; MPU Fault Handler
        DCD     BusFault_Handler            ; Bus Fault Handler
        DCD     UsageFault_Handler          ; Usage Fault Handler
        DCD     0                           ; Reserved
        DCD     0                           ; Reserved
        DCD     0                           ; Reserved
        DCD     0                           ; Reserved
        DCD     SVC_Handler                 ; SVCall Handler
        DCD     DebugMon_Handler            ; Debug Monitor Handler
        DCD     0                           ; Reserved
        DCD     PendSV_Handler              ; PendSV Handler
        DCD     SysTick_Handler             ; SysTick Handler
; External Interrupts
        DCD     WDT_IRQHandler              ; 16: Watchdog Timer
        DCD     TIMER0_IRQHandler           ; 17: Timer0
        DCD     TIMER1_IRQHandler           ; 18: Timer1
        DCD     TIMER2_IRQHandler           ; 19: Timer2
        DCD     TIMER3_IRQHandler           ; 20: Timer3
        DCD     UART0_IRQHandler            ; 21: UART0
        DCD     UART1_IRQHandler            ; 22: UART1
        DCD     UART2_IRQHandler            ; 23: UART2
        DCD     UART3_IRQHandler            ; 24: UART3
        DCD     PWM1_IRQHandler             ; 25: PWM1
        DCD     I2C0_IRQHandler             ; 26: I2C0
        DCD     I2C1_IRQHandler             ; 27: I2C1
        DCD     I2C2_IRQHandler             ; 28: I2C2
        DCD     SPI_IRQHandler              ; 29: SPI
        DCD     SSP0_IRQHandler             ; 30: SSP0
        DCD     SSP1_IRQHandler             ; 31: SSP1
        DCD     PLL0_IRQHandler             ; 32: PLL0 Lock (Main PLL)
        DCD     RTC_IRQHandler              ; 33: Real Time Clock
        DCD     EINT0_IRQHandler            ; 34: External Interrupt 0
        DCD     EINT1_IRQHandler            ; 35: External Interrupt 1
        DCD     EINT2_IRQHandler            ; 36: External Interrupt 2
        DCD     EINT3_IRQHandler            ; 37: External Interrupt 3
        DCD     ADC_IRQHandler              ; 38: A/D Converter
        DCD     BOD_IRQHandler              ; 39: Brown - Out Detect
        DCD     USB_IRQHandler              ; 40: USB
        DCD     CAN_IRQHandler              ; 41: CAN
        DCD     DMA_IRQHandler              ; 42: General Purpose DMA
        DCD     I2S_IRQHandler              ; 43: I²S
        DCD     ENET_IRQHandler             ; 44: Ethernet
        DCD     RIT_IRQHandler              ; 45: Repetitive Interrupt Timer
```

```
            DCD     MCPWM_IRQHandler        ; 46: Motor Control PWM
            DCD     QEI_IRQHandler          ; 47: Quadrature Encoder Interface
            DCD     PLL1_IRQHandler         ; 48: PLL1 Lock (USB PLL)
            DCD     USBActivity_IRQHandler  ; USB Activity interrupt to wakeup
            DCD     CANActivity_IRQHandler  ; CAN Activity interrupt to wakeup


            IF      :LNOT::DEF:NO_CRP
            AREA    |.ARM.__at_0x02FC|, CODE, READONLY
CRP_Key     DCD     0xFFFFFFFF
            ENDIF
            AREA    |.text|, CODE, READONLY
Reset_Handler   PROC
EXPORT  Reset_Handler [WEAK]
IMPORT  __main
            LDR     R0, = __main
            BX      R0
            ENDP
NMI_Handler     PROC
EXPORT  NMI_Handler [WEAK]
            B.
            ENDP
HardFault_Handler\
            PROC
EXPORT  HardFault_Handler[WEAK]
            B.
            ENDP
MemManage_Handler\
            PROC
EXPORT  MemManage_Handler [WEAK]
            B.
            ENDP
BusFault_Handler\
            PROC
EXPORT  BusFault_Handler [WEAK]
            B.
            ENDP
UsageFault_Handler\
            PROC
EXPORT  UsageFault_Handler [WEAK]
            B.
            ENDP
SVC_Handler     PROC
EXPORT  SVC_Handler [WEAK]
            B.
            ENDP
```

```
DebugMon_Handler\
                PROC
EXPORT   DebugMon_Handler  [WEAK]
                B .
                ENDP
PendSV_Handler  PROC
EXPORT   PendSV_Handler  [WEAK]
                B.
                ENDP
SysTick_Handler PROC
EXPORT   SysTick_Handler  [WEAK]
                B.
                ENDP
Default_Handler PROC
EXPORT   WDT_IRQHandler  [WEAK]
EXPORT   TIMER0_IRQHandler   [WEAK]
EXPORT   TIMER1_IRQHandler   [WEAK]
EXPORT   TIMER2_IRQHandler   [WEAK]
EXPORT   TIMER3_IRQHandler   [WEAK]
EXPORT   UART0_IRQHandler   [WEAK]
EXPORT   UART1_IRQHandler   [WEAK]
EXPORT   UART2_IRQHandler   [WEAK]
EXPORT   UART3_IRQHandler   [WEAK]
EXPORT   PWM1_IRQHandler   [WEAK]
EXPORT   I2C0_IRQHandler   [WEAK]
EXPORT   I2C1_IRQHandler   [WEAK]
EXPORT   I2C2_IRQHandler   [WEAK]
EXPORT   SPI_IRQHandler   [WEAK]
EXPORT   SSP0_IRQHandler   [WEAK]
EXPORT   SSP1_IRQHandler   [WEAK]
EXPORT   PLL0_IRQHandler   [WEAK]
EXPORT   RTC_IRQHandler  [WEAK]
EXPORT   EINT0_IRQHandler   [WEAK]
EXPORT   EINT1_IRQHandler   [WEAK]
EXPORT   EINT2_IRQHandler   [WEAK]
EXPORT   EINT3_IRQHandler   [WEAK]
EXPORT   ADC_IRQHandler  [WEAK]
EXPORT   BOD_IRQHandler  [WEAK]
EXPORT   USB_IRQHandler  [WEAK]
EXPORT   CAN_IRQHandler  [WEAK]
EXPORT   DMA_IRQHandler  [WEAK]
EXPORT   I2S_IRQHandler  [WEAK]
EXPORT   ENET_IRQHandler   [WEAK]
EXPORT   RIT_IRQHandler  [WEAK]
EXPORT   MCPWM_IRQHandler  [WEAK]
```

```
        EXPORT    QEI_IRQHandler    [WEAK]
        EXPORT    PLL1_IRQHandler   [WEAK]
        EXPORT    USBActivity_IRQHandler    [WEAK]
        EXPORT    CANActivity_IRQHandler    [WEAK]
WDT_IRQHandler
TIMER0_IRQHandler
TIMER1_IRQHandler
TIMER2_IRQHandler
TIMER3_IRQHandler
UART0_IRQHandler
UART1_IRQHandler
UART2_IRQHandler
UART3_IRQHandler
PWM1_IRQHandler
I2C0_IRQHandler
I2C1_IRQHandler
I2C2_IRQHandler
SPI_IRQHandler
SSP0_IRQHandler
SSP1_IRQHandler
PLL0_IRQHandler
RTC_IRQHandler
EINT0_IRQHandler
EINT1_IRQHandler
EINT2_IRQHandler
EINT3_IRQHandler
ADC_IRQHandler
BOD_IRQHandler
USB_IRQHandler
CAN_IRQHandler
DMA_IRQHandler
I2S_IRQHandler
ENET_IRQHandler
RIT_IRQHandler
MCPWM_IRQHandler
QEI_IRQHandler
PLL1_IRQHandler
USBActivity_IRQHandler
CANActivity_IRQHandler
                B.
                ENDP
                ALIGN
; User Initial Stack & Heap
                IF      :DEF:__MICROLIB
        EXPORT    __initial_sp
```

```
EXPORT   __heap_base
EXPORT   __heap_limit
                 ELSE
IMPORT   __use_two_region_memory
EXPORT   __user_initial_stackheap
__user_initial_stackheap
                 LDR    R0, = Heap_Mem
                 LDR    R1, = (Stack_Mem + Stack_Size)
                 LDR    R2, = (Heap_Mem + Heap_Size)
                 LDR    R3, = Stack_Mem
                 BX     LR
                 ALIGN
                 ENDIF
                 END
```

3. 关于使用启动文件的说明

应该指出的是,基于 CMSIS 的启动文件是由生产芯片的厂家提供的,无需用户编写,但了解其结构及规范有助于应用程序的开发。具体需要说明的是:

① 实际应用程序设计无需用户来编写启动文件,由厂家直接提供。

② 对于外设组件的中断服务程序的编写,在 main.c 的源文件中必须严格按照启动文件定义的标识作为中断服务程序的函数名。

如 ADC 中断服务程序的函数应该按照如下定义:

```
void   ADC_IRQHandler(void)
{
   ;ADC 中断服务程序主体
}
```

看门狗定时器 WDT 的中断服务程序的函数应该按照如下定义:

```
void   WDT_IRQHandler(void)
{
   ;WDT 中断服务程序主体
}
```

4.5.6　用 C 语言操作片上外设

嵌入式微控制器程序设计中除了对普通变量的操作以外,还有相当一部分是对片上外设的操作,如 UART、WDT、I²C、SP、ADC 等。对于 ARM Cortex - M 系列微控制器,片上外设寄存器被映射到系统的存储器空间中,通过指针进行访问。使用芯片供应商提供的设备驱动,可以简化开发任务,增强软件的可移植性。如果要直接访问外设,可使用以下方法。

1. 直接访问外设的方法

直接操作外设,需要知道每个外设端口对应的地址,因此需要定义相关寄存器的指针,以指示对应的地址,访问这些寄存器,就直接采用指针来访问。

例如:LPC1700 系列 Cortex - M3 微控制器对 GPIO 地址定义如下:

```
# define GPIO_BASE        (0x2009C000UL)
# define PINEL0           (0x4002 C000UL)
# define FIO0DIR          (GPIO_BASE + 0x0)
# define FIO0PIN          (GPIO_BASE + 0x14)
# define FIO0SET          (GPIO_BASE + 0x18)
# define FIO0CLR          (GPIO_BASE + 0x1C)
```

【例 4 - 29】让 GPIO 的 P0.0 输出高电平。

程序片段如下:

```
PINSEL0& = 0xFFFFFFFC;       //引脚 P0.0 配置为第一功能通用 I/O,此处使用 C ++ 注释方式,下同
FIO0DIR| = 0x00000001;       //P0.0 设置为输出
FIO0SET = 0x00000001;        //让 P0.0 输出高电平(逻辑 1)
```

【例 4 - 30】让 GPIO 的 P0.0 输出低电平。

程序片段如下:

```
PINSEL0& = 0xFFFFFFFC;       //引脚 P0.0 配置为第一功能通用 I/O
FIO0DIR| = 0x00000001;       //P0.0 设置为输出
FIO0CLR = 0x00000001;        //让 P0.0 输出低电平(逻辑 0)
```

【例 4 - 31】让 GPIO 的 P0.0 作为输入,检测 P0.0 是否为低,如果为低电平,则输出低电平,置标志位 Flag 为 1,否则为 0。

程序片段如下:

```
uint8_t Flag;
PINSEL0 & = 0xFFFFFFFC;       //引脚 P0.0 配置为第一功能通用 I/O
FIO0DIR & = ~0x00000001;      //P0.0 设置为输入
if(FIO0PIN & 0x00000001 = = 0) Flag = 1;
else  Flag = 0;
```

2. 将外设作为结构体指针的操作方式

如果是简单应用程序,以上直接地址定义及访问的方式是可行的,但如果系统用到同种外设的多个部分时,就需要为每个这种设备定义寄存器,这样就会使程序维护变得非常困难。另外,由于每次寄存器操作都会有对应的常量存储在程序存储器 Flash 中,为每个寄存器定义单独的指针还会增加程序代码。

为了简化程序代码,可以将每个外设寄存器组定义为一个结构体,而将外设当作指向这个结构体的指针。如 GPIO 端口,采用结构体操作的方法,先定义基地址,然后定义结构体。

定义基地址:

```
# define LPC_GPIO_BASE              (0x2009C000UL)
# define LPC_GPIO0_BASE         (LPC_GPIO_BASE + 0x00000)
# define LPC_GPIO1_BASE         (LPC_GPIO_BASE + 0x00020)
# define LPC_GPIO2_BASE         (LPC_GPIO_BASE + 0x00040)
```

```
# define LPC_GPIO3_BASE          (LPC_GPIO_BASE + 0x00060)
# define LPC_GPIO4_BASE          (LPC_GPIO_BASE + 0x00080)
```

定义结构体：

```
typedef struct
{
union {
    __IO uint32_t FIODIR;         // FIODIR 地址为 0x2009C000,偏移量为 + x0
struct {
    __IO uint16_t FIODIRL;
    __IO uint16_t FIODIRH;
    };
struct {
    __IO uint8_t  FIODIR0;
    __IO uint8_t  FIODIR1;
    __IO uint8_t  FIODIR2;
    __IO uint8_t  FIODIR3;
    };
  };
  uint32_t RESERVED0[3];          //保留 12(0x0C)个地址空间
union {
    __IO uint32_t FIOMASK;        //FIOMASK 地址为 0x2009C010,偏移量为 + x10
struct {
    __IO uint16_t FIOMASKL;
    __IO uint16_t FIOMASKH;
    };
struct {
    __IO uint8_t  FIOMASK0;
    __IO uint8_t  FIOMASK1;
    __IO uint8_t  FIOMASK2;
    __IO uint8_t  FIOMASK3;
    };
  };
union {
    __IO uint32_t FIOPIN;         // FIOPIN 地址为 0x2009C014,偏移量为 + x14
struct {
    __IO uint16_t FIOPINL;
    __IO uint16_t FIOPINH;
    };
struct {
    __IO uint8_t  FIOPIN0;
    __IO uint8_t  FIOPIN1;
    __IO uint8_t  FIOPIN2;
    __IO uint8_t  FIOPIN3;
    };
```

```
    };
union {
    __IO uint32_t FIOSET;// FIOSET 地址为 0x2009C018,偏移量为 + x18
struct {
    __IO uint16_t FIOSETL;
    __IO uint16_t FIOSETH;
    };
struct {
    __IO uint8_t   FIOSET0;
    __IO uint8_t   FIOSET1;
    __IO uint8_t   FIOSET2;
    __IO uint8_t   FIOSET3;
    };
    };
union {
    __O   uint32_t FIOCLR;         // FIOCLR 地址为 0x2009C01C,偏移量为 + x1C
struct {
    __O   uint16_t FIOCLRL;
    __O   uint16_t FIOCLRH;
    };
struct {
    __O   uint8_t   FIOCLR0;
    __O   uint8_t   FIOCLR1;
    __O   uint8_t   FIOCLR2;
    __O   uint8_t   FIOCLR3;
    };
    };
} LPC_GPIO_TypeDef;
typedef struct
{
  __IO uint32_t PINSEL0;
  __IO uint32_t PINSEL1;
  __IO uint32_t PINSEL2;
  __IO uint32_t PINSEL3;
  __IO uint32_t PINSEL4;
  __IO uint32_t PINSEL5;
  __IO uint32_t PINSEL6;
  __IO uint32_t PINSEL7;
  __IO uint32_t PINSEL8;
  __IO uint32_t PINSEL9;
  __IO uint32_t PINSEL10;
      uint32_t RESERVED0[5];
  __IO uint32_t PINMODE0;
  __IO uint32_t PINMODE1;
  __IO uint32_t PINMODE2;
```

```
      __IO uint32_t PINMODE3;
      __IO uint32_t PINMODE4;
      __IO uint32_t PINMODE5;
      __IO uint32_t PINMODE6;
      __IO uint32_t PINMODE7;
      __IO uint32_t PINMODE8;
      __IO uint32_t PINMODE9;
      __IO uint32_t PINMODE_OD0;
      __IO uint32_t PINMODE_OD1;
      __IO uint32_t PINMODE_OD2;
      __IO uint32_t PINMODE_OD3;
      __IO uint32_t PINMODE_OD4;
      __IO uint32_t I2CPADCFG;
 } LPC_PINCON_TypeDef;
```

必须注意的是,在定义结构体时,要参照芯片数据手册,仔细核对所定义的地址,保证偏移地址准确无误。

有了结构体就可以参考 C 语言运算符中的特殊运算符成员选择(指针)对外设进行直接访问了,用结构体访问外设的方法是:

结构体名称→外设操作表达式;

【例 4 - 32】采用结构体方式让 P0.0 输出高电平。

程序如下:

```
LPC_PINCON ->PINSEL0& = 0xFFFFFFFC;      //引脚 P0.0 配置为第一功能通用 I/O
LPC_GPIO0 ->FIO0DIR| = 0x00000001;       //P0.0 设置为输出
LPC_GPIO0 ->FIO0SET = 0x00000001;        //让 P0.0 输出高电平(逻辑 1)
```

后面各章对外设的操作若不加说明均采用这种结构体的访问方法。

3. 使用芯片厂家提供的驱动

生产 ARM 芯片的厂家会按照 CMSIS 规范编写驱动函数,所以用户对外设的操作可以使用这些定义好的标准 CMSIS 函数。外设函数文件名为 device_name. h。device 为芯片名称,name 为片上外设名称。ARM Cortex - M0 芯片 NANO100 的 GPIO 的相关驱动函数如下所示。

① 打开 GPIO 端口

```
GPIO_Open(GPIO_TypeDef * port, uint32_t mode, uint32_t mask)
```

这里的 Port 可以是 GPIOA、GPIOB 和 GPIOC 等;mode 为端口工作模式;mask 为端口屏蔽值,指明哪些引脚可用于 I/O,哪些引脚不可用于 I/O。

② 关闭 GPIO 端口

```
GPIO_Close(GPIO_TypeDef * port, uint32_t bit)
```

③ 从指定 GPIO 输入寄存器获取指定引脚的值

```
GPIO_GetBit(GPIO_TypeDef * port, uint32_t bit)
```

④ 让指定引脚输出 0

```
GPIO_ClrBit(GPIO_TypeDef * port, uint32_t bit)
```

⑤ 让指定引脚输出 1

```
GPIO_SetBit(GPIO_TypeDef * port, uint32_t bit)
```

⑥ 输出数值到指定端口

```
GPIO_SetPortBits(GPIO_TypeDef * port, uint32_t data)
```

⑦ 获取指定端口数值

```
GPIO_GetPortBits(GPIO_TypeDef * port)
```

【例 4 - 33】将 Nano100 的 PA.0 配置为输出。PA.1 配置为输出。当 PA.1＝0 时；让 PA.1 输出 0；否则输出 PA.1＝1 且置标志 i32Err＝1，然后关闭使用的端口。

程序片段如下：

```
GPIO_Open(GPIOA, 1, 3);                     //PA.0 为输出,使能 PA.0
GPIO_Open(GPIOA, 0x000000000, 0x00000000c); //PA.1 为输出,使能 PA.1
GPIO_ClrBit(GPIOA, 0x00000000);             //PA.0 = 0
if (GPIO_GetBit(GPIOA, 1) != 0)
{
    GPIO_SetBit(GPIOA,0x00000001);
    i32Err = 1;
}
else
{
    GPIO_CLRBit(GPIOA,0x00000001)  ;
    i32Err = 0;
}
    GPIO_Close(GPIOA, 0);     //关闭 PA.0
    GPIO_Close(GPIOA, 1);     //关闭 PA.1
```

本章习题

一、选择题

1. 以下 Thumb 数据处理类指令错误的是(　　)。

A. MOVS R1,R2　　　B. ADD R1,R2,R3　　　C. SUBS R1,R2,R3　　　D. CMP R1,R2

2. 以下 Thumb 存储或加载指令正确的是(　　)。

A. LDR R0,[R1,♯3]　　　　　　　　　B. STRH R5,[R1,♯1]!

C. LDM R1,[R1－R5]　　　　　　　　　D. STR R5,[R1]

3. 以下可以直接调用类型号为 100 的指令为(　　)。

A. BKPT 100　　　　B. BKPT ♯100　　　　C. CPSIE 100　　　　D. SVC 100

4. Thumb-2 指令"LDR　R0,[R1,♯4]!"执行后,R1 中的值为(　　)。

A. R1 不变　　　　　　B. R1＝R1＋1　　　　　C. R1＝R1＋4　　　　　D. R1＝4

5. 将一个操作数 1234 装入 R5 中的正确指令或伪指令是(　　)。

A. MOV R5,♯1234　　　　　　　　　　B. MOVS R5,♯1234

C. LDR R5,♯1234　　　　　　　　　　D. LDR R5,＝1234

6. 以下伪指令中用来定义一个段的伪指令的是(　　)。

A. AREA　　　　　　　B. ENTRY　　　　　　　C. DD　　　　　　　　D. EXPORT

7. 现在要在内存中保留 16 字节的空间,且让该空间所有区域的值为 0,并起名为 Myvar,
以下伪指令正确的是(　　)。

A. Myvar equ 0x0000000000000000

B. Myvar DCD 0,0,0,0

C. Myvar DCB 0,0,0,0,0,0,0,0

D. Myvar DCW 0,0,0,0,0,0,0,0,0,0,0,0,0,0,0,0

8. 以下关于 CMSIS 的说法错误的是(　　)。

A. CMSIS 是 Cortex 微控制器软件接口标准的英文缩写

B. CMSIS 主要分成四层,即用户应用层、操作系统层、CMSIS 层以及微控制器硬件寄存
器层

C. CMSIS 层又分为内核外设访问层、中间件访问层和片上外设访问层等三层

D. Cortex-M3 的 CMSIS 内核访问层文件为 core_cm3.c。

二、填空题

1. 将 R1 中的值逻辑左移 4 位后,结果放 R0 中的 Thumb 指令为＿＿＿＿＿,如果 R0＝
0xFF00FF00,R2＝0x00550055,则指令"ORRS R0,R0,R2"后,R0 的值为＿＿＿＿＿。

2. 将从 0x10000000 开始的内存 1 个字的数据加载到 R0 寄存器中,由 R1 指示内存地址,
需要两条指令:一条伪指令为＿＿＿＿＿,一条指令为＿＿＿＿＿。

3. 无条件转移到 LP1 标号处的指令是＿＿＿＿＿,当无符号数不为零时转移到 LP2 标号的
指令是＿＿＿＿＿。

4. 将 R1 的值与 R2 的值相加,结果存放在 R1 中,使用标准 Thumb 代码格式的指令为
＿＿＿＿＿,使用统一汇编语言(UAL)代码格式的指令为＿＿＿＿＿。

5. 等待中断进入睡眠(休眠)状态的指令是＿＿＿＿＿,等待事件进行睡眠状态的指令
是＿＿＿＿＿。

6. 将 R1 的值传递到 PSR 是的指令＿＿＿＿＿,将 PSR 的值传递到 R0 的指令为＿＿＿＿＿。

7. 用于在程序中声明一个全局标号 RTCInit,该标号 RTCInit 在其他文件中引用的伪指
令为＿＿＿＿＿,标号引入并加入声明伪指令通知编译器要使用的标号,如 MySub 在其他源文件
中定义,这一伪指令是＿＿＿＿＿。

8. 小端模式下,如果从 0x30001010 开始存放的一个双字为 0x123456789ABCDEF0,且
R1＝0x30001010,则加载指令"LDRB R0,[R1]"使 R0＝0xF0,加载指令"LDRH R2,[R1,
♯2]"使 R2＝＿＿＿＿＿,Thumb-2 指令"LDRD R3,R4,[R1]",则 R3＝＿＿＿＿＿,R4＝＿＿＿＿＿。

9. 若 R2＝0xFF998877,Thumb-2 指令"ANDS R1,R2,♯0x10"执行后,R1＝＿＿＿＿＿。

10. 已知 R0＝0x10,R1＝0x01,指令执行"ORRS R0,R0,R1"后,R0＝＿＿＿＿＿。

11. 已知 C＝1，R0＝100，R1＝99，执行指令"ADDC R0，R0，R1"后，R0＝＿＿＿＿。

12. 按照 CMSIS 规范，ADC，RTC，TIMER0 对应的中断服务程序名称分别为＿＿＿＿、

＿＿＿＿和＿＿＿＿。

三、完善汇编语言程序

对于 ARM Cortex－M3，以下不完整的程序完成的功能是取内存单元 0x38000000 的值（无符号数）。如果该值超过 0x80000000，则循环累加由 Array2 指示队列中的所有元素，直到碰到结束标志 0xAA55AA55 为止。结果放在 R4（累加和超过 32 位只保留 32 位），R0 指向队列头，累加结束继续回到 NEXT2；否则把一个由 Array1 指示的包括 64 个带符号 16 位数据组成的队列求平方和放 R5 中。试填写 ARM 汇编程序片段中的空白，完善该程序。

```
            AREA    MyExCode,CODE,READONLY
Addr1       (1)  0x38000000                  ;(1)定义 Addr1 地址为 0x38000000
Data1       EQU  0x80000000
START       LDR R1，＝Addr1                    ;将内存地址装入寄存器 R1 中
            (2)                              ;(2)取内存数据到 R0 中
            CMP  R0，＃0x80000000
            (3)                              ;(3)超过 0x80000000 转向 GOING1
            MOV R7，＃64                       ;64 个带符号数据,数据个数
            LDR R0，＝Array1                    ;取 16 位数据队列首地址
            MOV R5，＃0                        ;平方和初始化为 0
NEXT1       (4)                              ;(4)取 16 位的数(半字)到 R1
            MUL R6，R1，R1                      ;求数据平方放 R6 中
            (5)                              ;(5)求平方和放 R5 中
            ADD R0，R0，＃2                      ;指向下一个数据的地址
            (6)                              ;(6)数据个数减 1
BNE         (7)                              ;(7)64 个数据未处理完继续
GOING1      MOV  R4，＃0                       ;累加和初始化为 0
            (8)                              ;(8)取待累加的数据首地址到 R0
LOOPM       LDR R1，[R0]                       ;取待累加的数据放 R1 中
            ADD R0，R0，＃4                      ;更新地址
            (9)                              ;(9)判断是不是结束了(特征 0xAA55AA55)
            BEQ  NEXT2                        ;如果遇到结束标志到 NEXT2
            ADD R4，R4，R1                      ;累加数据到 R4 中
            (10)  LOOPM                       ;(10)直接返回 LOOPM 继续累加
NEXT2       B  START
            AREA  BUFDATA,DATA,READWRITE      ;定义一个可读写的数据段 BUFDATA
Array1      DCW 0x0123,1,4,0x6789,0x0f,…     ;64 个 16 位有符号数
Array2      DCD 0x11                          ;若干个 32 位无符号数,以 0 为结束
            DCD 0x22
            DCD 0x33
            ⋮
            DCD   0xAA55AA55
            END                              ;整个程序结束
```

第5章 嵌入式微控制器 GPIO 及应用

5.1 GPIO 概述

GPIO 端口(General Purpose Input Output Port)即通用输入/输出端口。GPIO 是可编程的通用并行 I/O 接口,主要用于需要数字量输入/输出的场合。

GPIO 可编程为输入/输出端口,作为输入端口使用时具有缓冲功能,即当读取该端口时,端口的数据才被 CPU 读取,读操作完毕,端口内部的三态门缓冲器关闭;作为输出端口使用时具有锁存功能,即当数据由 CPU 送到指定 GPIO 端口时,数据就被锁存或寄存在端口对应的寄存器,GPIO 引脚的数据就是被 CPU 写入的数据,并且保持到重新写入新的数据为止。

GPIO 端口可以对整个一个并行接口进行操作,如读取一个 GPIO 端口的数据(可能是 8 位、16 位或 32 位),也可以直接送数据到 GPIO 端口(可能是 8 位、16 位或 32 位)。在嵌入式微控制器应用领域,通常可以单独对 GPIO 指定引脚进行操作,即所谓的布尔操作或位操作。这样可以只改变某一引脚的状态,而对同一 GPIO 端口的其他引脚没有影响。例如:作为输出时可以对继电器、LED、蜂鸣器等的控制,作为输入时可以获取传感器状态、高低电平等信息。

嵌入式微控制器一般有多个通用 I/O 引脚,这些引脚可以和其他功能引脚共享。这取决于芯片的配置。这些引脚分配在多个 GPIO 端口,如 GPIOA、GPIOB、GPIOC、GPIOD 、GPIOE 以及 GPIOF 等端口上。不同微控制器,端口个数和每个端口引脚数各有不同。但每个引脚都是独立的,都有相应的寄存器位来控制引脚功能模式与数据。

5.2 GPIO 基本工作模式

GPIO 的 I/O 引脚上 I/O 类型可由软件独立地配置为不同的工作模式,主要工作模式包括输入模式、输出模式和开漏模式等。每个 I/O 引脚有一个阻值 100 kΩ 以上的上拉电阻接到 V_{DD} 上。

ARM Cortex - M 系列微控制器 GPIO 的主要特征包括:
- 支持输入/输出,开漏模式;
- 可编程的消抖时间;
- 具有中断功能的 GPIO 每个 I/O 引脚可以设置成边沿或电平触发中断;
- 具有中断功能的 GPIO 每个 I/O 引脚可以设置成低电平有效或高电平触发中断;
- 具有中断功能的 GPIO 每个 I/O 引脚可以设置成下降沿触发或上升沿触发中断。

5.2.1 GPIO 的高阻输入模式

GPIO 端口的输入模式决定了 GPIO 具有输入缓冲功能,由其内部三态门控制,如图 5-1 所示。由于三态门控制输入状态的读取,输入模式在读无效时呈高阻状态,故输入模式又称为高阻输入模式。在高阻输入模式下,只有在读 GPIO 端口时,该端口的三态门 U1 才打开(图中 on/off＝1),端口引脚的状态(0 或 1)经具有施密特触发器功能的三态门缓冲器 U1 到达内部总线,通过内部总线加载到 CPU 内部通用寄存器。读操作结束,三态门关闭(图中 on/off＝0),U1 处于高阻状态,外部引脚的状态进入不了微控制器内部总线。任凭端口数据如何变化,内部总线状态不变,所以起到了隔离的作用,只有在读的时刻三态门才打开。图中 D1 和 D2 为起保护作用的二极管,参见 5.3 小节。

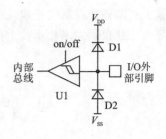

图 5－1　GPIO 端口的高阻输入模式

5.2.2　GPIO 的输出模式

首先回顾一下 MOS 管的基本工作原理,MOS 管有三个电极(即栅极、源极和漏极),如图 5－2 所示。由作为开关使用的 MOS 管工作原理可知,对于 P－MOS(P 沟道的 MOS),当栅极加入一定电压时源极与漏极之间导通,当电压取消后源极和漏极截止,处于高阻状态;对于 N－MOS(N 沟道的 MOS),当栅极没有加入电压时源极与漏极之间导通,当加入一定电压后源极和漏极截止,处于高阻状态。

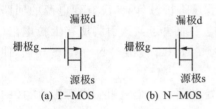

图 5－2　MOS 管示意图

GPIO 的输出模式决定了它具有输出锁存功能,锁存的数据经过如图 5－3 所示的电路,写指定 GPIO 端口时控制引脚有效,数据通过混合器进入输出控制单元的输入端,在写使能等控制信号的作用下,再经 P 沟道和 N 沟道两只 MOS 管输出。

当锁存输出的数据为逻辑 1 时,输出控制单元的 O1 端输出逻辑 0,使 P－MOS 管导通,外部引脚呈高电平(接近 V_{DD}),从而输出逻辑 1。与此同时,O2 端输出逻辑 0,使 N－MOS 管截止,保持引脚输出逻辑 1 不变,完成逻辑 1 输出。当锁存输出的数据为逻辑 0 时,输出控制单元的 O1 端输出逻辑 1,使 P－MOS 管截止,而此时 O2 端输出逻辑 1,使 N－MOS 管导通,其外部引脚呈低电平(接近 V_{SS}),从而输出逻辑 0,完成逻辑 0 输出。

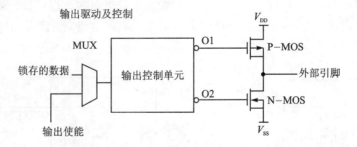

图 5－3　GPIO 端口的输出模式

1. GPIO 的开漏输出模式

GPIO 的开漏输出模式是在普通输出模式基础上,使输出 MOS 管的漏极开路的一种输出方式。开漏输出在低电平输入时可提供 20 mA 的电流,开漏输出控制如图 5-4 所示。应用时要求外部根据需求接上拉电阻。

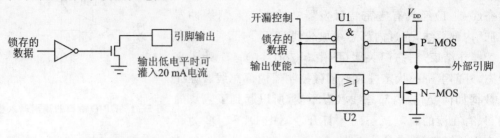

(a) 开漏输出示意图　　　　　　　　　　　(b) 开漏输出控制原理图

图 5-4　GPIO 端口的开漏输出控制

当开漏控制信号无效(逻辑 0)时,写数据 1 到端口时输出使能引脚有效,U1 输出 0,P-MOS 管导通,U2 输出 0,N-MOS 截止,因而使外部引脚为逻辑 1;当输出使能引脚为 0 时,U1 输出 1,P-MOS 截止,U2 输出 1,N-MOS 导通,使外部引脚输出逻辑 0。这与普通输出模式一样。

当开漏控制信号有效(逻辑 1)时,无论写什么数据均使 U1 输出 1,迫使 P-MOS 管截止,相当于断开了 P-MOS 管。这时 N-MOS 管的漏极呈开路状态(内部没有到电源的回路),当写数据 1 时,U2 输出 0,N-MOS 截止,开漏输出的电平取决于与该引脚所接上拉电阻(见 5.2.4 小节)及外部的电源电压情况;当输出使能引脚为 0 时,U2 输出 1,N-MOS 导通,使外部引脚输出逻辑 0。

因此,为了输出正常的逻辑电平,在开漏输出引脚处必须接一个电阻到电源上,所接的电阻称为上拉电阻。上拉电阻的阻值决定负载电源的大小。

开漏输出模式下负载的具体接法如图 5-5 所示,图(a)为仅接 1 kΩ 上拉电阻的情况,图(b)为利用开漏输出,驱动发光二极管 LED,限流电阻为 510 Ω。这时流过 LED 管的最大电流约为 $(V_{CC}-V_{led})/330$。假设 $V_{CC}=3.3$ V,$V_{led}=1$ V,则流过 LED 管的电流约为 6.97 mA。这是一般发光二极管正常发光所需要的电流。如果亮度不够,可以适当减小限流电阻 R 的值,但一定要注意参阅微控制器文档,电流不能超过 GPIO 引脚最大灌入电流。当输出的数据为 1 时,GPIO 引脚输出高电平(接近 V_{CC})。图(b)所示的发光二极管由于没有电流流过,所以不发光(灭)。当输出的数据为 0 时,输出低电平,发光二极管有 6.97 mA 左右的电流流过而发光(亮)。

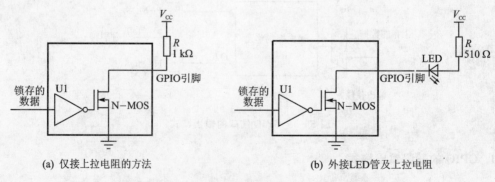

(a) 仅接上拉电阻的方法　　　　　　　　　(b) 外接LED管及上拉电阻

图 5-5　GPIO 端口开漏输出模式下的上拉电阻接法

LPC1700 系列微控制器开漏引脚模式选择寄存器（PINMODE_0D0～PINMODE_0D4）决定端口是否开漏输出。

每个开漏引脚模式选择寄存器都有 32 位，每一位决定一个引脚的开漏模式。当该位为 1 时设置为开漏模式，为 0 时设置为正常模式。

LPC1700 系列微控制器可以通过开漏引脚模式选择寄存器来设置引脚的开漏模式。

PINMOD_0D0 控制 P0 口，PINMOD_0D1 控制 P1 口，PINMOD_0D2 控制 P2 口，PIN-MOD_0D3 控制 P3 口，PINMOD_0D4 控制 P4 口。

2. GPIO 的推挽输出模式

推挽输出原理是指输出端口采用推挽放大电路以输出更大的电流。在功率放大器电路中，大量采用推挽放大器电路。在这种电路中，用两只三极管（或 MOS 管）构成一级放大器电路，两只三极管（或 MOS 管）分别放大输入信号的正半周和负半周。即用一只三极管（或 MOS 管）放大信号的正半周，用另一只三极管（或 MOS 管）放大信号的负半周，两只三极管（或 MOS 管）输出的半周信号在放大器负载上合并后得到一个完整周期的输出信号。

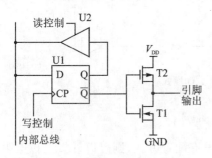

图 5-6 GPIO 端口的推挽输出模式

推挽放大器电路中，一只三极管（或 MOS 管）工作在导通放大状态时，另一只三极管（或 MOS 管）处于截止状态；当输入信号变化到另一个半周后，原先导通放大的三极管（或 MOS 管）处于截止状态，而原先截止的三极管（或 MOS 管）处于导通放大状态。两只三极管（或 MOS 管）在不断地交替导通放大和截止变化，所以称为推挽放大器。

图 5-6 所示为 GPIO 端口的推挽输出模式示意图。

U1 是输出锁存器，执行 GPIO 引脚写操作时，在写控制信号的作用下，数据被锁存到 Q 和 $\overline{Q}$。T1 和 T2 构成 CMOS 反相器，T1 导通或 T2 导通时都表现出较低的阻抗，但 T1 和 T2 不会同时导通或同时截止，最后形成的是推挽输出。在推挽输出模式下，GPIO 还具有读回功能，实现读回功能的是一个简单的三态门 U2。

推挽输出的目的是增大输出电流，即增加输出引脚的驱动能力。

值得注意的是：执行读回功能时，读回的是引脚原来输出的锁存状态，而不是外部引脚的实际状态。

5.2.3 GPIO 的准双向 I/O 模式

GPIO 的准双向 I/O 模式就是可以在需要输入的时候读外部的数据（输入），需要输出的时候就向端口发送数据。如图 5-7 所示，当需要读取外部引脚输入状态时，通过读操作，外部引脚的数据通过 U1 和 U2 两次反相变为同相数据，进入输入数据的内部总线。当引脚为逻辑 1 时，经 U1 反相输出 0，则弱上拉的 P-MOS 管导通，外部引脚继续呈逻辑 1（即高电平状态）；当外部引脚为逻辑 0 时，经 U1 反相输出 1，则弱上拉的 P-MOS 管截止，引脚保持逻辑 0 不变。当需要输出数据到外部引脚时，如写数据 1，一路经过 U3 反相输出 0，此时 N-MOS 管截止，很弱上拉 P-MOS 管导通，输出逻辑 1；另一路经过 U4 输出 1，两个 CPU 的延时无效，而输出 1,经过"或门"输出 1,这样强上拉 P－MOS 管截止,禁止强上拉输出,保持很弱上拉输出 1。当输出数据 0 时,经 U3 反相输出 1,使 N－MOS 管导通,输出为 0 逻辑,此时 U4 输出 0,两个 CPU 的延时有效,经过延时后输出 0,但由于 U3 输出 1,则 U5 输出 1。这样强上拉 P－MOS 管截止,禁止强上拉输出,同时也使很弱上拉的 P－MOS 管截止,使引脚输出保持 0,经 U1 反馈又输出 1,使弱上拉也无效。

需要指出的是,由于准双向输入/输出是用于检测外部的逻辑以及输出逻辑给外部,故输出时的驱动能力很弱,一般仅提供数百 μA 的电流,不能直接连接功率器件。如果要连接功率器件(如 LED、继电器等),则需要外加驱动。

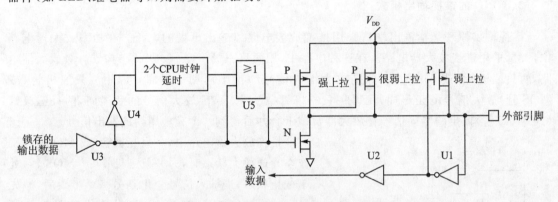

图 5－7 GPIO 端口的准双向 I/O 模式

5.2.4 GPIO 的上拉和下拉

GPIO 的引脚内部可配置为上拉或下拉,如果内部没有配置方式,则可以外接上拉电阻或下拉电阻。

所谓上拉指的是引脚与电源 V_{DD}(或 V_{CC})之间接一个 100 kΩ 左右的电阻,下拉指的是引脚与负电源 V_{SS}(或地)之间接一个 100 kΩ 左右的电阻。

在开漏模式下必须有一个上拉电阻才能输出正常的逻辑状态,其他模式接一个大小合适的上拉电阻也可以起到一定的抗干扰作用,电阻越小,抗干扰越强。但一般还要考虑 GPIO 承受电流的能力,要根据芯片资料而定,不同芯片 GPIO 引脚能承受的最大电流不一样。

GPIO 端口内部上拉与下拉配置如图 5－8 所示。R_{pu} 为上拉电阻,R_{pd} 为下拉电阻。选配置为上拉时,开关 K1 合上,上拉电阻 R_{pu} 接入引脚,开关 K2 断开,下拉电阻 R_{pd} 与引脚分离;当需要配置为下拉时,开关 K1 断开,R_{pu} 与引脚分离,开关 K2 闭合,下拉电阻 R_{pd} 接入引脚。

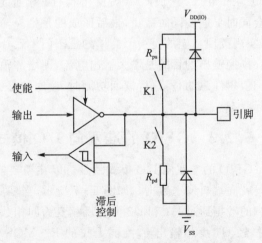

图 5－8 GPIO 端口内部上拉与下拉配置

5.3 GPIO 端口保护措施

GPIO 作为输入/输出基本端口直接与外界相连接。由于外部 GPIO 引脚受到环境及外部连接器件的影响,使 GPIO 引脚上呈现的信号干扰很多(如受到强干扰尖脉冲的侵入,容易造成引脚的损坏),因此当今嵌入式微控制器的 GPIO 引脚已在内部加上了一定的保护措施。主要有两种形式的保护,一种是采用二极管钳位的方式来保护,另一种是采用 ESD 器件的方式保护,如图 5-9 所示。

二极管钳位保护的原理:当外部引脚信号电平高于 V_{DD} 时,通过 D1 将引脚信号的电平钳位在 V_{DD} 左右;当外部引脚信号电平低于 V_{SS} 时,被钳位在 V_{SS} 左右。这样既保证信号输入的大小在 $V_{SS} \sim V_{DD}$ 之间,也不会超出微控制器 I/O 引脚所能接受的高电平,而且也保护了 GPIO 端口不被烧坏。

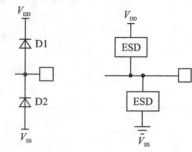

(a) 二极管钳位保护　　(b) ESD 专用器件保护

图 5-9　GPIO 端口的保护

ESD(Electro-Static Discharge)的意思是静电释放,相比较而言 ESD 器件范围更广些,包括保护电路避免脉冲、电源瞬变、浪涌等现象损坏芯片。常用的 ESD 器件有 TVS 二极管、压敏电阻以及专用 ESD 器件等,其作用就是很快吸收或阻止,避免元器件的损坏。

一般常用 TVS 器件,它们在电路板上的布局非常重要。TVS 布局前的导线长度应该减到最小,因为快速(0.7 ns)ESD 脉冲可能产生导致 TVS 保护能力下降的额外电压。

TVS(Transient Voltage Suppressor)即瞬态电压抑制器,它的特点是响应速度特别快(为 ns 级);其耐浪涌冲击能力较放电管和压敏电阻差,其 10/1 000 μs 波脉冲功率为 0.4～30 kW,脉冲峰值电流为 0.52～544 A;击穿电压有 6.8～550 V 的系列值,便于各种不同电压的电路使用。

尽管大部分现代微控制器内部均有 GPIO 保护措施,但由于引脚连接的外部有引线长度,因此还经常需要额外添加保护措施,在最接近外部边缘处添加 ESD 器件。

实际上,采用 ESD 器件对 GPIO 端口的保护也可以提高抗干扰能力。

5.4 GPIO 端口的中断

普通的 GPIO 端口作为输入端口时,可随时读取其状态,但微控制器在处理其他事务时,靠不断查询引脚的状态,效率是很低的。解决这一问题的有效方法是采用中断机制。当引脚有变化时产生一个中断请求,微控制器在中断服务程序中读引脚的状态,从而提高了效率。

5.4.1 GPIO 端口中断触发方式

目前,ARM Cortex-M 系列(包括 M0 和 M3 这两个典型系列微控制器生产厂家)对 GPIO 均配置有中断输入方式,可实现单边沿触发(只在上升沿触发或只在下降沿触发)、双边沿触发(上升沿和下降沿均触发)以及电平触发(高电平或低电平触发)的多种中断输入方式。

GPIO 中断触发方式如表 5 - 1 所列。表 5 - 1 包括了不同芯片 GPIO 引脚的中断方式,多数仅有上升沿和下降沿中断。

表 5 - 1　GPIO 中断触发方式

GPIO 中断触发方式	描　述	引脚信号图示
高电平触发	当 GPIO 引脚有高电平时,将产生 GPIO 中断请求	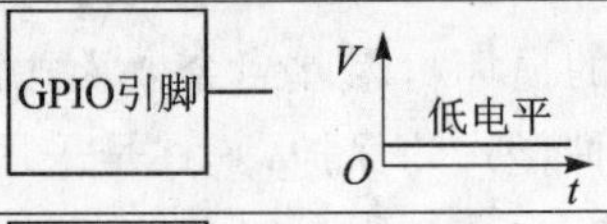 GPIO引脚 —— (低电平)
低电平触发	当 GPIO 引脚有低电平时,将产生 GPIO 中断请求	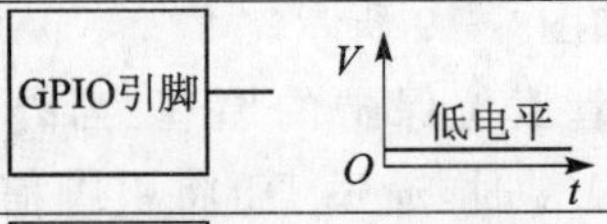 GPIO引脚 —— (低电平)
上升沿触发	当 GPIO 引脚有上升沿电平时,将产生 GPIO 中断请求	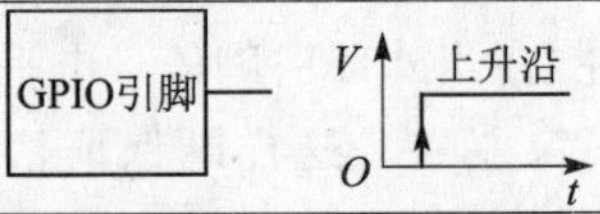 GPIO引脚 —— (上升沿)
下降沿触发	当 GPIO 引脚有下降沿时,将产生 GPIO 中断请求	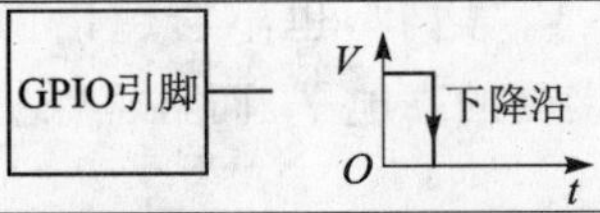 GPIO引脚 —— (下降沿)
双边沿触发	当 GPIO 引脚有上升沿时和下降沿时均将产生 GPIO 中断请求	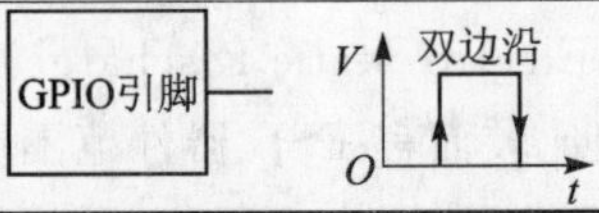 GPIO引脚 —— (双边沿)

5.4.2　典型 ARM Cortex - M3 微控制器 GPIO 中断

LPC1700 微控制器的 GPIO 引脚具有上升沿和下降沿两种中断方式。

1. GPIO 整体中断状态寄存器(IOIntStatus)

如表 5 - 2 所列,该寄存器为只读寄存器,它反映了所有支持 GPIO 中断的 GPIO 端口上挂起的中断状态。每个端口只使用一个状态位。

表 5 - 2　GPIO 整体中断状态寄存器位描述

位	符　号	值	描　述	复位值
0	P0Int	0	P0 口 GPIO 中断挂起状态	0
1	—	—	保留。从保留位读出的值未定义	NA
2	P2Int	0	P2 口 GPIO 中断挂起状态	0
31:2	—	—	保留。从保留位读出的值未定义	NA

2. 上升沿寄存器 GPIO 中断使能寄存器(IO0IntEnR 和 IO2IntEnR)

如表 5 - 3 所列,这两个寄存器的每个位使能相应 GPIO 端口引脚的上升沿中断。

表 5 - 3　上升沿寄存器 GPIO 中断使能寄存器位描述

位	符　号	值	描　　　述	复位值
31:0	P0xER	0	禁止上升沿中断	0
	P2xER	1	使能上升沿中断	

3. 下降沿寄存器 GPIO 中断使能寄存器(IO0IntEnF 和 IO2IntEnF)

如表 5 - 4 所列,这两个寄存器的每个位使能相应 GPIO 端口引脚的下降沿中断。

表 5 - 4　下降沿寄存器 GPIO 中断使能寄存器位描述

位	符　号	值	描　　　述	复位值
31:0	P0xEF	0	禁止下降沿中断	0
	P2xEF	1	使能下降沿中断	

4. 上升沿寄存器 GPIO 中断状态寄存器(IO0IntStatR 和 IO2IntStatR)

如表 5 - 5 所列,这两个只读寄存器的每个位表示相应端口的上升沿中断状态。

表 5 - 5　上升沿寄存器 GPIO 中断状态寄存器位描述

位	符　号	值	描　　　述	复位值
31:0	P0xREI	0	对应引脚上没有上升沿中断	0
	P2xREI	1	对应引脚上出现上升沿中断	

5. 下降沿寄存器 GPIO 中断状态寄存器(IO0IntStatF 和 IO2IntStatF)

如表 5 - 6 所列,这两个只读寄存器的每个位表示相应端口的下降沿中断状态。

表 5 - 6　下降沿寄存器 GPIO 中断状态寄存器位描述

位	符　号	值	描　　　述	复位值
31:0	P0xFEI	0	对应引脚上没有下降沿中断	0
	P2xFEI	1	对应引脚上出现下降沿中断	

6. GPIO 中断清零寄存器(IO0IntClr 和 IO2IntClr)

如表 5 - 7 所列,向这两个寄存器的位写入 1,将清零相应 GPIO 端口引脚的中断。

表 5 - 7　GPIO 中断清零寄存器位描述

位	符　号	值	描　　　述	复位值
31：0	P0xCI	0	在 IOxIntStatR 和 IOxIntStatF 中的相应位不改变	0
	P2xCI	1	在 IOxIntStatR 和 IOxIntStatF 中的相应位清零	

5.5　GPIO 的典型应用

GPIO 在应用中会遇到各种各样的问题,包括逻辑电平匹配、抗干扰等问题。

5.5.1　数字信号的逻辑电平

由于嵌入式微控制器的 GPIO 引脚通常要连接外部设备,而微控制器引脚的逻辑电平与外部设备的逻辑电平通常是不一致的,如果不进行电平转换是不能直接连接使用的,因此有必要进行逻辑电平的转换。

GPIO 引脚的高低电平并没有确切规定超过多少伏就属于高电平,低于多少伏就是低电平,因为现代的微控制器工作电源电压往往不是 5 V(也有 5 V 供电的),主要工作电压有3.3 V、3 V、2.8 V、2.5 V,甚至 1.8 V。

比如,对于一个工作电压为 1.8 V 的微控制器,要按照传统 TTL 电平来说,逻辑 1(高电平)需要有 2.4 V 以后才有效,而 1.8 V 是微控制器的工作电压,引脚电压不能超过工作电压,也就不可能出现逻辑 1(高电平),因此不能用笼统的绝对电压来描述高低电平。通常采用约占电源电压的百分比来规定高低电平。要规定确切的电平必须说明其信号类型是 TTL,N-MOS,CMOS,还是其他逻辑电压范围。

属于 TTL 逻辑电平的数字逻辑器件包括:普通系列 74XX、低功耗系列 74LSXX、高级 LS系列 74ALSXX、高速 TTL 系列 74FXX 等。

属于 CMOS 逻辑电平的数字逻辑器件包括:带 CMOS 兼容输入的高速 CMOS 系列74HCXX、带 TTL 兼容输入的高速 CMOS 系列 74HCTXX、高速 CMOS 的 TTL 兼容输入系列 74FCTXX、带 TTL 兼容输入的高级高速系列 74ACTXX 以及带 TTL 兼容输入的最高速系列 74BCTXX。

TTL 与 CMOS 逻辑电平的示意图如图 5 - 10 所示。

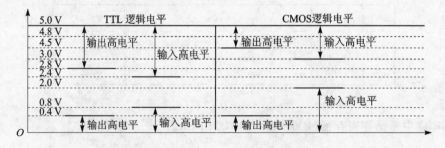

图 5 - 10　TTL 与 CMOS 逻辑电平示意图

对于 TTL 逻辑电平,输入逻辑电平的范围是:逻辑 0(低电平)为 0~0.8 V,逻辑 1(高电平)为 2.4～5 V;输出逻辑电平的范围是:逻辑 0(低电平)为 0～0.4 V,逻辑 1(高电平)为 2.8～5 V。

对于 CMOS 逻辑电平,输入逻辑电平的范围是:逻辑 0(低电平)为 0～2 V,逻辑 1(高电平)为 3～5 V;输出逻辑电平的范围是:逻辑 0(低电平)为 0～0.4 V,逻辑 1(高电平)为 4.5～5 V。

由图 5-10 可知,当 TTL 器件与 CMOS 器件连接时,由于输入/输出逻辑电平的规定不同,容易产生电平不匹配的问题。比如当 TTL 的输出接 CMOS 输入时,就出现问题,即当 TTL 输出(逻辑 1)时,最低 2.8 V 为高电平(逻辑 1),但 CMOS 器件要求输入最低 3 V,所以逻辑关系混乱。必须进行逻辑电平的转换才行。但是,如果是 CMOS 输出接 TTL 输入,就不存在逻辑混乱问题,比如 CMOS 输出高电平最低 4.5 V,在 TTL 输入高低电平的范围;CMOS 输出逻辑 0 时最大 0.4 V,也在 TTL 输入低电平范围之内。图 5-11 为 CMOS 输出接 TTL 输入的连接方式,由于逻辑电平是符合要求的,因此不需要逻辑电平的转换。图 5-12 为 TTL 输出接 CMOS 输入的连接方式,中间是逻辑电平的转换电路,不能直接连接。电平转换有专用转换芯片,也可以采用其他方式转换,参见其他相关小节。

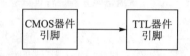

图 5-11　CMOS 输出接 TTL 输入的连接方式

图 5-12　TTL 输出接 CMOS 输入的连接方式

由于微控制器的 GPIO 引脚电源电压跟器件的门限电压有关,CMOS 工作在非 5 V 状态时,门限电压为 $V_{CC}/2$(V_{CC} 为工作电压)。

随着许多器件工作在非 5 V 电压状态,高电平(逻辑 1)只能以电源电压的百分比衡量。通常高电平是指 GPIO 引脚的电压达到或超过 GPIO 模块供电电源电压的 70%,而低电平一般定义为小于 0.8 V。

此外,还有通信常用的 RS-232 逻辑电平,详见 8.1.3 小节。

5.5.2　逻辑电平的转换

1. 用限流电阻加钳位二极管方式进行同相逻辑电平转换接口

对于两个不同逻辑电平的连接,一般需要逻辑电平的转换电路。当逻辑电平电压高的一方作为输出,而逻辑电平电压低的一方作为输入时,可通过一限流电阻直接连接,不需要复杂的转换电路即可完成不同电平接口的连接,如图 5-13 所示。图中假设 $V_{DD}>V_{CC}$,在两个不同逻辑电平的 GPIO 引脚之间连接一个 47 kΩ 左右的电阻,并在低逻辑电压 V_{CC} 器件的引脚端接两个二极管。当高逻辑电压 V_{DD} 供电的器件输出逻辑 1(接近 V_{DD})时,经过限流电阻 R 和电容 C,到达低逻辑电压 V_{CC} 供电的器件输入端,高出 V_{CC} 的电压部分被二极管 D1 钳位在 V_{CC},在 R 上有 $V_{DD}-V_{CC}$ 的电压,当输出逻辑 0(接近 V_{SS}),低于 V_{SS} 时,被二极管 D2 钳位在 V_{SS} 附近,满足了电平转换的要求。

2. 用电阻与三极管构成的逻辑电平转换接口

在双方电平不匹配时还可以用电阻及三极管构成的射极跟踪器完成电平转换的接口电

路,如图 5 - 14 所示。

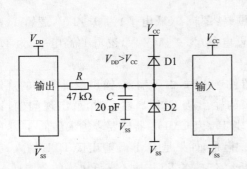
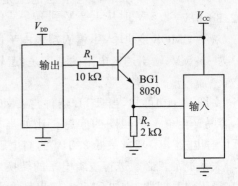

图 5 - 13 用限流电阻方式进行逻辑电平的转换　　图 5 - 14 用分离元件构建的逻辑电平转换接口

假设 V_{DD} 与 V_{CC} 不同,无论哪个逻辑电平高,当输出方引脚端输出逻辑 1(高电平时)经过电阻 R_1、R_2 以及三极管 BG1 构建的电路时,由于 BG1 的 b - e 有电流流过,使 BG1 发射极 e 输出逻辑 1;当输出逻辑为 0 时,BG1 的发射极输出低电平(逻辑 0),与输出端的逻辑是一致的。

3. 仅用两只电阻构成的逻辑电平转换接口

更为简单的方法是采用分离元件进行单向逻辑转换,仅用两只电阻 R_1 和 R_2,连接方法如图 5 - 15 所示。使电源电压 V_{DD} 高的一端的 GPIO 引脚设置为开漏输出模式,断开内部上拉电阻。这样一来,当输出逻辑 1 时,经 R_1、R_2 和 V_{CC} 在由 V_{CC} 供电的另一端得到接近 V_{CC} 的电压,呈逻辑 1;当输出逻辑 0 时,在另一端仍然是 0,完成了简单实用的不同电压等级的逻辑电平的转换。

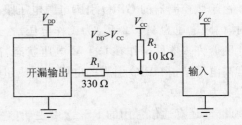

图 5 - 15 用两只电阻构成的单向逻辑电平转换接口

4. 用专用逻辑电平转换芯片进行逻辑电平转换

当需要转换电平的引脚比较多时,可以采用多路逻辑电平转换专用芯片来完成电平的转换。它的特点是转换电平的连接简单,使用方便可靠,但成本略高。

专用电平转换芯片有单向和双向以及单路和多路之分。双向转换芯片由两组电源供电,以提供给转换逻辑的双向分别使用,如多路双向的 74LVC4245;单向的单路逻辑转换芯片如 SN74AUP1T17DCKR。

SN74AUP1T17DCKR 为 1.8 V 系统与 3.3 V 系统、1.8 V 系统与 2.5 V 系统、2.5 V 系统与 3.3 V 系统之间的逻辑电平提供了单路转换策略,芯片引脚及转换连接方式如图 5 - 16 所示。V_{CC} 为目标电源电压(与输出转换的一方电源一致),A 为输入引脚,Y 为转换输出引脚。

用 SN74AUP1T17DCKR 芯片,可以构成以下的电平转换关系:

① V_{CC} = 3.3 V 时从 1.8 V 到 3.3 V 的逻辑转换;

② $V_{CC}=3.3$ V 时从 2.5 V 到 3.3 V 的逻辑转换；

③ $V_{CC}=2.5$ V 时从 1.8 V 到 2.5 V 的逻辑转换；

④ $V_{CC}=2.5$ V 时从 3.3 V 到 2.5 V 的逻辑转换。

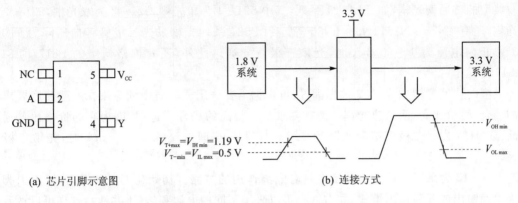

(a) 芯片引脚示意图　　　　　　　　　(b) 连接方式

图 5 - 16　典型专用电平转换芯片 SN74AUP1T17DCKR 及连接方式

多路双向逻辑电平转换专用芯片 SN74LVC4245 为 8 路双向，5 V 与 3.3 V 系统之间的逻辑转换电路，芯片引脚及内部结构如图 5 - 17 所示。

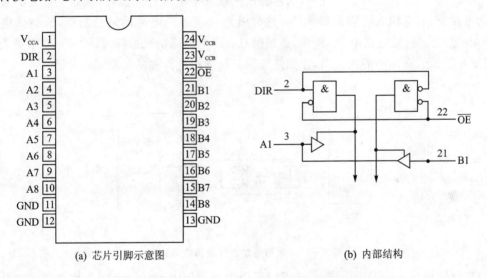

(a) 芯片引脚示意图　　　　　　　　　(b) 内部结构

图 5 - 17　典型双向多路电平转换芯片 SN74LVC4245

V_{CCA} 为 A 端电源，V_{CCB} 为 B 端电源，A1～A8 为 A 端逻辑引脚。B1～B8 为 B 端逻辑引脚。转换的关系是：当 DIR 为高电平且 $\overline{OE}$ 为低电平时，由 A 向 B 端转换；当 DIR 为低电平且 $\overline{OE}$ 为低电平时，由 B 向 A 端转换。连接时 A 端和 B 端均可以接 5 V 电源，也可以接 3.3 V 电源，视转换需要来定。

5. 采用光电耦合器实现逻辑电平隔离转换

在不同逻辑电平之间除了采用上述转换方法之外，还可以用光电耦合器（简称光耦）来完成。一方面，光耦可进行逻辑电平的转换；另一方面，还起到光电隔离的作用，提高了抗干扰的能力。

光耦按照速度快慢可以分为普通光耦(速度一般)和快速光耦两种。普通光耦应用在电平转换速度要求不高的场合,如 LED 指示灯、控制外部继电器动作等普通 I/O 控制的应用,而快速光耦应用在要求速度比较快的场合,如 CAN 总线高速传送等的应用。

典型的普通型光耦,如 TLP521 系列,其中 521-1 为单光耦,521-2 为双光耦,521-4 为四光耦,还有 4N25,4N26,4N35,4N36 等。TLP521 系列光耦发光二极管正向压降为 1.0~1.3 V,正向电流为 1~50 mA 时,光敏三极管导通。此外,还有价格低廉的 P817/FL817/EL817 等。

典型的快速光耦如 6N137 单光耦等,可根据需要选用。普通光耦应用在一般速度要求不高的场合,性价比高,而高速光耦一般在要求速度很高的场合才选用,因为它的价格比普通光耦高。6N137 发光二极管正向压降为 1.2~1.7 V,正向电流 6.5~15 mA 时,光敏三极管导通。

图 5-18 为采用光耦进行转换且具有隔离作用的电路。初始化 GPIO 时,将输出引脚设置为推挽输出或开漏输出模式,左右双方可以采用不同的电源和地(不共地),这样可以达到电器隔离的目的,同时也具有逻辑转换的功能。当左方输出逻辑 0 时,光耦发光二极管发光,而浮置的三极管基极感应到光照,从而三极管的集电极与发射极导通,右方输入引脚逻辑为 0,当输出 1 时,光耦发光二极管不发光,而浮置的三极管基极没有光照射,从而三极管的集电极与发射极截止,右方输入引脚逻辑为 1。这样就完成了逻辑电平的转换功能,而与供电电压 V_{DD} 和 V_{CC} 无关。只是电路中 R_1 和 R_2 要根据双方供电电压情况选择,具体应用时参见光耦手册,使发光二极管有足够的光发出,才能使光耦三极管集电极和发射极完成导通。

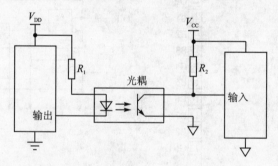

图 5-18 采用光耦进行逻辑电平转换

当需要转换电平的引脚比较多时,可以采用多路逻辑电平转换专用芯片来完成电平的转换。它的特点是转换电平连接简单,使用方便可靠。

5.5.3 GPIO 端口引脚功能选择

LPC1700 系列微控制器引脚如图 5-19 所示。从中可以看出,除了特殊引脚外,有 5 个通用 GPIO 端口(P0,P1,P2,P3,P4),每个 GPIO 端口都对应若干引脚。这些引脚往往是多功能的,把基本输入/输出功能(通用 I/O 模式)排在最前面,后面依次是第二功能、第三功能,最多是第四功能。不同功能的选择由 10 个引脚功能选择寄存器决定。

10 个 32 位的引脚功能选择寄存器 PINSEL0~PINSEL9,寄存器每两位确定一个引脚的工作模式,如表 5-8 和表 5-9 所列。

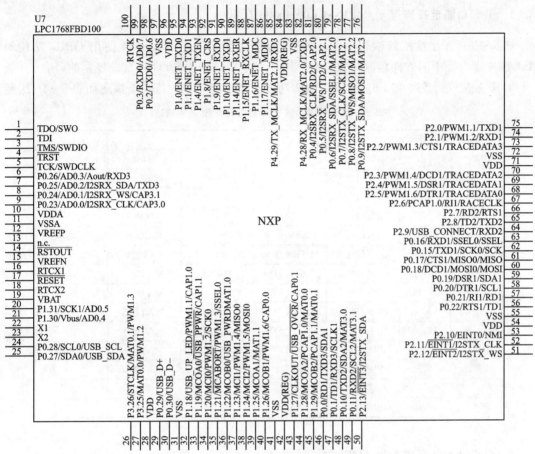

图 5-19　LPC1700 系列微控制器引脚示意图

表 5-8　PINSEL～PINSEL9 决定引脚

寄存器	控制的引脚	寄存器	控制的引脚
PINSEL0	P0.0～P0.15	PINSEL5	保留
PINSEL1	P0.16～P0.30	PINSEL6	保留
PINSEL2	P1.0～P1.15(以太网)	PINSEL7	P3.25,P3.26
PINSEL3	P1.16～P1.31	PINSEL8	保留
PINSEL4	P2.0～P2.12	PINSEL9	P4.28,P4.29

表 5-9　引脚功能选择

PINSELi 引脚值	功　能	复位后的值
00	基本功能,GPIO 端口	
01	第一个可选功能	0
10	第二个可选功能	
11	第三个可选功能	

1. 引脚功能选择寄存器 0（PINSEL0—0x4002C000）

PINSEL0 寄存器控制端口 0 低半部分的位功能。仅当引脚选择使用 GPIO 功能时，FIO0DIR 寄存器中的方向控制位才有效。对于其他功能来说，方向是自动控制的。

对于 LPC700 系列 100 引脚封装，引脚功能选择寄存器 0 的位功能描述如表 5 - 10 所列。

表 5 - 10　引脚功能选择寄存器 0 位功能描述

引脚名称	PINSEL0	00	01	10	11	复位值
P0.0	1:0	GPIO P0.0	RD1	TXD3	SDA1	00
P0.1	3:2	GPIO P0.1	TD1	RXD3	SCL1	00
P0.2	5:4	GPIO P0.2	TXD0	AD0.7	保留	00
P0.3	7:6	GPIO P0.3	RXD0	AD0.6	保留	00
P0.4	9:8	GPIO P0.4	I2SRX_CLK	RD2	CAP2.0	00
P0.5	11:10	GPIO P0.5	I2SRX_WS	TD2	CAP2.1	00
P0.6	13:12	GPIO P0.6	I2SRX_SDA	SSEL1	MAT2.0	00
P0.7	15:14	GPIO P0.7	I2STX_CLK	SCK1	MAT2.1	00
P0.8	17:16	GPIO P0.8	I2STX_WS	MISO1	MAT2.2	00
P0.9	19:18	GPIO P0.9	I2STX_SDA	MOSI1	MAT2.3	00
P0.10	21:20	GPIO P0.10	TXD2	SDA2	MAT3.0	00
P0.11	23:22	GPIO P0.11	RXD2	SCL2	MAT3.1	00
—	29:24	保留	保留	保留	保留	0
P0.15	31:30	GPIO P0.15	TXD1	SCK0	SCK	00

2. 引脚功能选择寄存器 1（PINSEL1—0x4002C004）

PINSEL1 寄存器控制端口 0 高半部分的位功能。仅当引脚选择使用 GPIO 功能时，FIO0DIR 寄存器中的方向控制位才有效。对于其他功能来说，方向是自动控制的。引脚功能选择寄存器 1 的位功能描述如表 5 - 11 所列。

表 5 - 11　引脚功能选择寄存器 1 位功能描述

引脚名称	PINSEL1	00	01	10	11	复位值
P0.16	1:0	GPIO P0.16	RXD1	SSEL0	SSEL	00
P0.17	3:2	GPIO P0.17	CTS1	MISO0	MISO	00
P0.18	5:4	GPIO P0.18	DCD1	MOSI0	MOSI	00
P0.19	7:6	GPIO P0.19	DSR1	保留	SDA1	00
P0.20	9:8	GPIO P0.20	DTR1	保留	SCL1	00
P0.21	11:10	GPIO P0.21	RI1	保留	RD1	00
P0.22	13:12	GPIO P0.22	RTS1	保留	TD1	00
P0.23	15:14	GPIO P0.23	AD0.0	I2SRX_CLK	CAP3.0	00
P0.24	17:16	GPIO P0.24	AD0.1	I2SRX_WS	CAP3.1	00
P0.25	19:18	GPIO P0.25	AD0.2	I2SRX_SDA	TXD3	00

续表 5 - 11

引脚名称	PINSEL1	00	01	10	11	复位值
P0.26	21:20	GPIO P0.26	AD0.3	AOUT	RXD3	00
P0.27	23:22	GPIO P0.27	SDA0	USB_SDA	保留	00
P0.28	25:24	GPIO P0.28	SCL0	USB_SCL	保留	00
P0.29	27:26	GPIO P0.29	USB_D+	保留	保留	00
P0.30	29:28	GPIO P0.30	USB_D−	保留	保留	00
—	31:30	保留	保留	保留	保留	00

3. 引脚功能选择寄存器 2(PINSEL2—0x4002C008)

PINSEL2 寄存器控制端口 1 低半部分的位功能,它包含以太网相关功能引脚。仅当引脚选择使用 GPIO 功能时,FIO1DIR 寄存器中的方向控制位才有效。对于其他功能来说,方向是自动控制的。

引脚功能选择寄存器 2 的位功能描述如表 5 - 12 所列。

表 5 - 12　引脚功能选择寄存器 2 位功能描述

引脚名称	PINSEL2	00	01	10	11	复位值
P1.0	1:0	GPIO P1.0	ENET_TXD0	保留	保留	0
P1.1	3:2	GPIO P1.1	ENET_TXD1	保留	保留	0
—	7:4	保留	保留	保留	保留	0
P1.4	9:8	GPIO P1.4	ENET_TX_EN	保留	保留	0
—	15:10	保留	保留	保留	保留	0
P1.8	17:16	GPIO P1.8	ENET_CRS	保留	保留	0
P1.9	19:18	GPIO P1.9	ENET_RXD0	保留	保留	0
P1.10	21:20	GPIO P1.10	ENET_RXD1	保留	保留	0
—	27:22	保留	保留	保留	保留	0
P1.14	29:28	GPIO P1.14	ENET_RX_ER	保留	保留	0
P1.15	31:30	GPIO P1.15	ENET_REF_CLK	保留	保留	0

4. 引脚功能选择寄存器 3(PINSEL3—0x4002C00C)

PINSEL3 寄存器控制端口 1 高半部分的位功能。仅当引脚选择使用 GPIO 功能时,FIO1DIR 寄存器中的方向控制位才有效。对于其他功能来说,方向是自动控制的。

引脚功能选择寄存器 3 的位功能描述如表 5 - 13 所列。

表 5 - 13　引脚功能选择寄存器 3 位功能描述

引脚名称	PINSEL3	00	01	10	11	复位值
P1.16	1:0	GPIO P1.16	ENET_MDC	保留	保留	00
P1.17	3:2	GPIO P1.17	ENET_MDIO	保留	保留	00

引脚名称	PINSEL1	00	01	10	11	复位值
P1.18	5:4	GPIO P1.18	USB_UP_LED	PWM1.1	CAP1.0	00
P1.19	7:6	GPIO P1.19	MC0A	PPWR_USB	CAP1.1	00
P1.20	9:8	GPIO P1.20	MCFB0	PWM1.2	SCK0	00
P1.21	11:10	GPIO P1.21	MCABORT	PWM1.3	SSEL0	00
P1.22	13:12	GPIO P1.22	MC0B	USB_PWRD	MAT1.0	00
P1.23	15:14	GPIO P1.23	MCFB1	PWM1.4	MISO0	00
P1.24	17:16	GPIO P1.24	MCFB2	PWM1.5	MOSI0	00
P1.25	19:18	GPIO P1.25	MC1A	CLKOUT	MAT1.1	00
P1.26	21:20	GPIO P1.26	MC1B	PWM1.6	CAP0.0	00
P1.27	23:22	GPIO P1.27	CLKOUT	OVRCR_USB	CAP0.1	00
P1.28	25:24	GPIO P1.28	MC2A	PCAP1.0	MAT0.0	00
P1.29	27:26	GPIO P1.29	MC2B	PCAP1.1	MAT0.1	00
P1.30	29:28	GPIO P1.30	保留	VBUS	AD0.4	00
P1.31	31:30	GPIO P1.31	保留	SCK1	AD0.5	00

5. 引脚功能选择寄存器 4(PINSEL4—0x4002C010)

PINSEL4 寄存器控制端口 2 低半部分的位功能。仅当引脚选择使用 GPIO 功能时，FIO2DIR 寄存器中的方向控制位才有效。对于其他功能来说，方向是自动控制的。

对于 100 引脚封装，引脚功能选择寄存器 4 的位功能描述如表 5 - 14 所列。

表 5 - 14　引脚功能选择寄存器 4 位功能描述

引脚名称	PINSEL4	00	01	10	11	复位值
P2.0	1:0	GPIO P2.0	PWM1.1	TXD1	保留	00
P2.1	3:2	GPIO P2.1	PWM1.2	RXD1	保留	00
P2.2	5:4	GPIO P2.2	PWM1.3	CTS1	保留	00
P2.3	7:6	GPIO P2.3	PWM1.4	DCD1	保留	00
P2.4	9:8	GPIO P2.4	PWM1.5	DSR1	保留	00
P2.5	11:10	GPIO P2.5	PWM1.6	DTR1	保留	00
P2.6	13:12	GPIO P2.6	PCAP1.0	RI1	保留	00
P2.7	15:14	GPIO P2.7	RD2	RTS1	保留	00
P2.8	17:16	GPIO P2.8	TD2	TXD2	ENET_MDC	00
P2.9	19:18	GPIO P2.9	USB_CONNECT	RXD2	ENET_MDIO	00
P2.10	21:20	GPIO P2.10	0EINT	NMI	保留	00
P2.11	23:22	GPIO P2.11	1EINT	保留	I2STX_CLK	00
P2.12	25:24	GPIO P2.12	2EINT	保留	I2STX_WS	00
P2.13	27:26	GPIO P2.13	3EINT	保留	I2STX_SDA	00
—	31:28	保留	保留	保留	保留	0

以上罗列了最为常用的引脚功能的选择,后续各章节使用引脚的应用均需要这些功能选择寄存器。

5.5.4　GPIO 端口操作 C 语言函数设计

对于 GPIO 端口的操作,主要包括端口输入和输出,因此可以设计相应的专用函数来操作 GPIO 端口。下面将设计这两个函数。

1. 指定端口引脚输出函数设计

以下将参照 CMSIS 规范来编写函数,对于 LPC1700 系列,首先要配置指定的引脚为通用 I/O 引脚,然后设置方向为输出,最后确定是输出高电平还是输出低电平。

端口的输入/输出方向由 PIODIR 寄存器中对应的位决定,为 0 表示输入,为 1 表示输出。32 位寄存器 PIODIR 的每一位对应一个引脚。

引脚输出值由 PIOSET(置位寄存器)和 FIOLCR 寄存器(清除寄存器)中的位决定,寄存器各位 1 有效,0 无效。当要输出 1 时用 FIOSET 寄存器相应的位置 1,当要输出 0 时用 FIO-CLR 寄存器相应的位置 1。32 位寄存器 PIOSET 和 PIOCLR 的每一位对应一个引脚。

下面给定一个指定端口和指定引脚输出 0 和 1。

需要输入的参数是端口,用 Port 指示端口值为 0,1,2,3,4,分别表示 P0、P1、P2、P3 和 P4 口;用 PinBit 表示指定要操作的位(0～31);用 Logic 表示要输出的电平,0 表示低电平,1 表示高电平。函数名为 GPIO_OutPut(uint8_t Port,uint8_t PinBit,uint8_t Logic)。

首先要根据 Port 的值配置引脚功能为基本 GPIO 功能,仅改变两位信息。实际上,通常作为 I/O 使用的有 P0、P1 和 P2 口,而 P3 和 P4 仅有几根引脚,很少作为 I/O 使用。因此本函数仅限于 P0～P2 口的操作。

下面先定义 4.5.6 小节提到的结构体:

```
# define LPC_GPIO0 ((LPC_GPIO_TypeDef * ) LPC_GPIO0_BASE)
# define LPC_GPIO1 ((LPC_GPIO_TypeDef * ) LPC_GPIO1_BASE)
# define LPC_GPIO2 ((LPC_GPIO_TypeDef * ) LPC_GPIO2_BASE)
# define LPC_GPIO3 ((LPC_GPIO_TypeDef * ) LPC_GPIO3_BASE)
# define LPC_GPIO4 ((LPC_GPIO_TypeDef * ) LPC_GPIO4_BASE)
typedef struct
{
  __IO uint32_t PINSEL0;
  __IO uint32_t PINSEL1;
  __IO uint32_t PINSEL2;
  __IO uint32_t PINSEL3;
  __IO uint32_t PINSEL4;
  __IO uint32_t PINSEL5;
  __IO uint32_t PINSEL6;
  __IO uint32_t PINSEL7;
  __IO uint32_t PINSEL8;
  __IO uint32_t PINSEL9;
  __IO uint32_t PINSEL10;
```

```
        uint32_t RESERVED0[5];
    __IO uint32_t PINMODE0;
    __IO uint32_t PINMODE1;
    __IO uint32_t PINMODE2;
    __IO uint32_t PINMODE3;
    __IO uint32_t PINMODE4;
    __IO uint32_t PINMODE5;
    __IO uint32_t PINMODE6;
    __IO uint32_t PINMODE7;
    __IO uint32_t PINMODE8;
    __IO uint32_t PINMODE9;
    __IO uint32_t PINMODE_OD0;
    __IO uint32_t PINMODE_OD1;
    __IO uint32_t PINMODE_OD2;
    __IO uint32_t PINMODE_OD3;
    __IO uint32_t PINMODE_OD4;
    __IO uint32_t I2CPADCFG;
} LPC_PINCON_TypeDef;
typedef struct
{
    __IO uint32_t FIODIR;
    uint32_t RESERVED0[3];
    __IO uint32_t FIOMASK;
    __IO uint32_t FIOPIN;
    __IO uint32_t FIOSET;
    __O   uint32_t FIOCLR;
} LPC_GPIO_TypeDef;
void   GPIO_OutPut( uint8_t Port,uint8_t PinBit,uint8_t Logic)
{
  {
  switch (Port)
  {
  case  0:    //P0 口:P0.0~P0.15 由 PINSEL0 配置引脚功能,P0.16~P0.31 由 PINSEL1 配置引脚功能
  if (PinBit < 16)  LPC_PINCON ->PINSEL0& = ~(0x03 << (PinBit * 2));
  else  LPC_PINCON ->PINSEL1& = ~(0x03 << ((PinBit - 16) * 2));
  LPC_GPIO0 ->FIODIR| = (1 << PinBit);  //设置为输出引脚
  if ( Logic == 1)  LPC_GPIO0 ->FIOSET| = (1 << PinBit);
  else  LPC_GPIO0 ->FIOCLR| = (1 << PinBit1);
  break;
  case  1:    //P1 口:P1.0~P1.15 由 PINSEL2 配置引脚功能,P1.16~P1.31 由 PINSEL3 配置引脚功能
  if (PinBit < 16)  LPC_PINCON ->PINSEL2& = ~(0x03 << (PinBit * 2));
  else    LPC_PINCON ->PINSEL3& = ~(0x03 << ((PinBit - 16) * 2));
  LPC_GPIO1 ->FIODIR| = (1 << PinBit);  //设置为输出引脚
  if ( Logic == 1)  LPC_GPIO1 ->FIOSET| = (1 << PinBit);
```

```
else  LPC_GPIO1 ->FIOCLR| = (1 ≪ PinBit);
break;
case  2:     //P2 口由 PINSEL4 配置引脚功能(仅有 P2.0～P2.13)
LPC_PINCON ->PINSEL4& = ～(0x03 ≪ (PinBit * 2));    //P2 没有高位引脚
LPC_GPIO2 ->FIODIR| = (1 ≪ PinBit);                 //设置为输出引脚
if ( Logic == 1)   LPC_GPIO2 ->FIOSET| = (1 ≪ PinBit);
else  LPC_GPIO2 ->FIOCLR| = (1 ≪ PinBit);
break;
}
}
```

以后可以直接调用该函数指定特定引脚输出高低电平。

【例 5 - 1】让 P0.20＝1,P1.31＝0,P2.10＝1,写出程序片段。

```
GPIO_OutPut(0,20,1);    //P0.20 = 1
GPIO_OutPut(1,31,0);    //P1.31 = 0
GPIO_OutPut(2,10,1);    //P2.10 = 1
```

2. 读端口引脚值函数设计

设计一个读引脚值的函数,除了需要首先配置普通 I/O 模式外,还要确定方向为输入,然后就可以利用数据端口 FIOPIN(32 位寄存器,每一位对应一个引脚)来获取引脚值。假设参数 Port 表示指定的端口 P0～P2,PintBit 为指定位 0～31,GetBit 为获取的该引脚的值。函数名为 GPIO_GetPinBit(uint8_t Port,uint8_t PinBit,GetBit)。程序编写如下:

```
uint8_t   GPIO_GetPinBit( uint8_t Port,uint8_t PinBit)
{
    switch (Port)
    {
    case  0:
    if (PinBit < 16)  LPC_PINCON ->PINSEL0& = ～(0x03 ≪ (PinBit * 2));
    else  LPC_PINCON ->PINSEL1& = ～(0x03 ≪ ((PinBit - 16) * 2));
    LPC_GPIO0 ->FIODIR & = ～(1 ≪ PinBit);  //设置为输入引脚
    if ((LPC_GPIO0 ->FIOPIN&(1 ≪ PinBit)) = = 0) GetBit = 0;
    else      GetBit = 1;
    break;
    case  1:
    if (PinBit < 16)  LPC_PINCON ->PINSEL2& = ～(0x03 ≪ (PinBit * 2));
    else   LPC_PINCON ->PINSEL3& = ～(0x03 ≪ ((PinBit - 16) * 2));
    LPC_GPIO1 ->FIODIR & = ～(1 ≪ PinBit);  //设置为输入引脚
    if ((LPC_GPIO1 ->FIOPIN&(1 ≪ PinBit)) = = 0) GetBit = 0;
    else      GetBit = 1;
    break;
    case  2:
    LPC_PINCON ->PINSEL4& = ～(0x03 ≪ (PinBit * 2));    //P2 没有高位引脚
    LPC_GPIO2 ->FIODIR & = ～(1 ≪ PinBit);  //设置为输入引脚
    if ((LPC_GPIO2 ->FIOPIN&(1 ≪ PinBit)) == 0) GetBit = 0;
    else   GetBit = 1;
    break;
```

```
    }
return (GetBit);
}
```

【例 5 - 2】当 P0.10＝0 时,让 P0.9 输出 0,否则输出 1,写出程序片段。

```
uint8_t GetBit;
GPIO_GetPinBit(0,10);              //获取 P0.10 的值,在 GetBit 中
if (GetBit == 0) GPIO_OutPut(0,9,0); //P0.9 = 0
else  GPIO_OutPut(0,9,1);          //P0.9 = 1
```

3. 利用 GPIO 中断读端口引脚值相关函数设计

LPC1700 微控制器的 P0 和 P2 口所有引脚均可设置成中断输入。正如 3.4.2 小节所述,GPIO 引脚中断与外部中断 EXINT3 通道是共享一个中断向量的,因此对 GPIO 中断操作还得事先操作 EXINT3。EXINT3_IRQHandler()为 EXINT3 中断处理程序函数。可利用 5.4.2 小节相关寄存器的操作设置中断输入相关函数。

【例 5 - 3】编写一个 C 函数,使能指定一个引脚,指定边沿触发模式 GPIO 中断,入口参数有 Port 指示 GPIO 端口(0 或 2),指定引脚在端口中的位 PinBit,触发方式为 Mode(0 表示下降沿,1 表示上升沿),函数名为 SelectPinRFMode。

在此之前要初始化指定引脚为通用 GPIO 引脚,并设置为输入。C 语言函数如下:

```
void  SelectPinRFMode(uint8_t Port,uint8_t PinBit,uint8_t Mode)
{
if (Port == 0)
{
LPC_GPIOINT ->IO0IntClr = ~0;//清除 P0 口中断标志
    if (Mode == 0)  LPC_GPIOINT ->IO0IntEnF = 1 << PinBit;//使能 PinBit 引脚下降沿中断
    else  LPC_GPIOINT ->IO0IntEnR = 1 << PinBit;//使能 PinBit 引脚上升沿中断
}
else{
LPC_GPIOINT ->IO2IntClr = ~0;//清除 P2 口中断标志
    if (Mode == 0)  LPC_GPIOINT ->IO2IntEnF = 1 << PinBit;//使能 PinBit 引脚下降沿中断
    else  LPC_GPIOINT ->IO2IntEnR = 1 << PinBit;//使能 PinBit 引脚上升沿中断
    }
}
}
```

例如,要让 P0.12 利用下降沿触发,P2.10 采用上升沿触发,调用函数如下:

```
NVIC_EnableIRQ(EINT3_IRQn);        //首先使能 EXINT3(因共享 GPIO 中断)
SelectPinRFMode(0,12,0);           //P0.12 下降沿触发
SelectPinRFMode(2,10,1);           //P2.10 上升沿触发
```

【例 5 - 4】编写 GPIO 中断服务程序。假设 P2.10 外接一按键,按下为低电平,抬起为高电平。P2.0 接指示灯,0 表示亮,1 表示灭。要求:按奇数次键,指示灯亮,按偶数次键,指示灯灭。

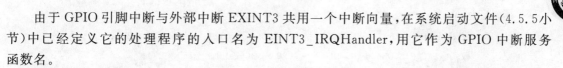

由于 GPIO 引脚中断与外部中断 EXINT3 共用一个中断向量,在系统启动文件(4.5.5 小节)中已经定义它的处理程序的入口名为 EINT3_IRQHandler,用它作为 GPIO 中断服务函数名。

由第 3 章可知,ARM Cortex‐M 系列微控制器的中断发生时,相关寄存器是自动由硬件完成进栈保护的,在返回时又是自动恢复的。因此一般无需用户自己考虑进栈和出栈操作,只需要做好完成中断处理任务就可以了。

在主函数中要设置 P2.10 允许中断且为下降沿触发,可按照上例调用设置函数如下:

```
#define  Key  10
#define  LightOn  0
#define  LightOff  1
Uint8_t Ntimes = 0;
main()
{
    //系统初始化
    NVIC_EnableIRQ(EINT3_IRQn);      //首先使能 EXINT3(因共享 GPIO 中断)
    SelectPinRFMode(2,Key,0);        //Key(P2.10)设置为下降沿触发,并允许中断
    while(1)
    {
    //主循环体处理事务
    }
}
```

中断服务程序如下:

```
void  EINT3_IRQHandler (void)
{
Ntimes ++ ;
if (Ntimes&1 == 1)  GPIO_OutPut(2,0,LightOn);     //按奇数次键指示灯亮
else  GPIO_OutPut(2,0,LightOff);                  //按偶数次键指示灯灭
LPC_GPIOINT ->IO2IntClr = 1 << Key;               //清该按键中断标志
}
```

【例 5 - 5】设置开漏输出模式。如果让 P2.3 工作在开漏输出状态,则首先选择 P2.3 为输出,然后再设置开漏状态。

```
LPC_PINCON ->PINSEL4& = ~(0x03 << (3 * 2));       //P2 没有高位引脚
LPC_GPIO2 ->FIODIR| = (1 << 3);                   //P2.3 设置为输出引脚
LPC_PINCON ->PINMODE_OD2} = (1 << 3);             //P2.3 为开漏模式
```

以下函数中,Mode 为开漏模式选择;1 为开漏模式;0 为正常模式;Port 为端口,可为 0,1,2,对应于 P0,P1,P2 口。PinBit 为引脚号 0~31。

```
void  GPIO_SetPinDMode( uint8_t Port,uint8_t PinBit,uint8_t Mode)
{
    switch (Port)
    {
```

```
        case  0:
            if(PinBit < 16)   LPC_PINCON ->PINSEL0& = ~(0x03 ≪ (PinBit * 2));
            else   LPC_PINCON ->PINSEL1& = ~(0x03 ≪ ((PinBit - 16) * 2));
            LPC_GPIO0 ->FIODIR| = (1 ≪ PinBit);                    //设置为输出引脚
            if ( Mode == 1)   LPC_PINCON ->PINMODE_OD0| = (1 ≪ PinBit);//
            else  LPC_PINCON ->PINMODE_OD0& = ~(1 ≪ PinBit1);
        break;
        case  1:
            if(PinBit < 16)   LPC_PINCON ->PINSEL2& = ~(0x03 ≪ (PinBit * 2));
            else   LPC_PINCON ->PINSEL3& = ~(0x03 ≪ ((PinBit - 16) * 2));
            LPC_GPIO1 ->FIODIR| = (1 ≪ PinBit);                    //设置为输出引脚
            if ( Mode == 1)   LPC_PINCON ->PINMODE_OD1| = (1 ≪ PinBit);
            else  LPC_PINCON ->PINMODE_OD1& = ~(1 ≪ PinBit1);
        break;
        case  2:
            LPC_PINCON ->PINSEL4& = ~(0x03 ≪ (PinBit * 2));         //P2 没有高位引脚
            LPC_GPIO2 ->FIODIR| = (1 ≪ PinBit);                    //设置为输出引脚
            if ( Mode = = 1)   LPC_PINCON ->PINMODE_OD2| = (1 ≪ PinBit);
            else LPC_PINCON ->PINMODE_OD2& = ~(1 ≪ PinBit1);
        break;
        }
    }
```

这个通用的设置某引脚为开漏函数,适用于 P0~P2 口。如本例让 P2.3 为开漏模式,可直接这样调用:

```
GPIO_SetPinDMode(2,3,1);        //设置 P2.3 开漏模式
```

如果要设置 P0.25 为开漏模式,可如下调用该函数:

```
GPIO_SetPinDMode(0,25,1);       //设置 P0.25 开漏模式
```

5.5.5　GPIO 端口 LED 显示电路示例

利用 GPIO 引脚可以方便地连接 LED 指示灯,如图 5-20 所示。图(a)采用准双向输出模式控制 LED 灯的亮和灭。当 P0.30 引脚输出逻辑 0 时,电流由 V_{CC} 通过限流电阻 R_1 及 LED1 流过,电流大小受控于限流电阻 R_1 的值,LED1 发光,处于亮的状态;当输出逻辑 1 时, LED1 没有电流流过,不发光,处于灭的状态。

图 5-20(b)采用推挽输出模式控制 LED 灯的亮和灭(推挽模式可提供大电流输出)。当 P0.30 引脚输出逻辑 1 时,电流由 GPIO 引脚经 LED2 和限流电阻 R_2 到地,电流大小受控于限流电阻 R_2 的值,LED2 发光,处于亮的状态;当输出逻辑 0 时,LED2 没有电流流过,不发光, 处于灭的状态。

应该注意的是,无论哪种方式输出,均不可直接省略限流电阻 R_1 或 R_2,否则由于没有限流电阻,使 P0.30 引脚强行输出 MCU 不能提供的大电流,易损坏 GPIO 引脚内部逻辑。

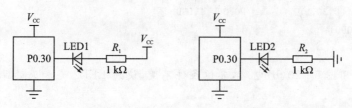

　　(a) 用准双向输出模式控制LED指示灯　　　　(b) 用推挽输出模式控制LED指示灯

图 5 - 20　利用 GPIO 连接 LED 指示灯

【**例 5 - 6**】采用图 5 - 20(a)电路,对于 LPC1700 系列 Cortex - M3 微控制器,由引脚 P0.30 控制 LED1 灯亮和灭的一个 C 语言函数为 LED_Light_Off(uint8_t ulight)。当 light＝1 时, LED1 亮,当 light＝0 时,LED1 灭。

　　假设已经采用 4.5.6 小节的结构体方式操作外设的方法,并且定义了 GPIO 端口的地址, 则 LED1 灯亮和灭的简单函数如下:

```
void  LED_Light_Off(uint8_t  light)          
{                                             
LPC_PINCON ->PINSEL1& = 0xCFFFFFFF;          //或 PINSEL1& = ～(3 ≪ 30),引脚 P0.30 配置
                                             //为第一功能通用 I/O

LPC_GPIO0 ->FIODIR | = 0x40000000;           //FIODIR| = 1 ≪ 30,P0.30 设置为输出
if (light == 0) LPC_GPIO0 ->FIOSET| = 0x40000000;   //或 FIOSET| = 1 ≪ 30,让 P0.30 输出高电平,
                                             //使 LED1 灭

else    LPC_GPIO0 ->FIOCLR| = 0x40000000     //或 FIOCLR| = 1 ≪ 30,让 P0.30 输出低电平,
                                             //使 LED1 亮

}
```

　　以后调用该函数即可,如:

```
LED_Light_Off(1);  //LED1 灯亮
LED_Light_Off(0);  //LED1 灯灭
```

【**例 5 - 7**】如果采用 5.5.3 小节的方法,可以直接调用 GPIO_OutPut()的方法让图 5 - 20 (a)的 LED1 闪光 10 次。

```
void myDelay (uint32_t ulTime)
{
    uint32_t i;
        i = 0;
    while (ulTime — ) {
    for (i = 0; i < 5000; i ++ );
    }
}
uint8_t  N
for (N = 0;N < 10;N ++ )
{
    GPIO_OutPut(0,30,0);       //P0.30 = 0,LED1 亮
    myDelay (6000);            //延时
```

```
    GPIO_OutPut(0,30,1);        //P0.30 = 1,LED1 还
    myDelay(6000);              //延时
}
```

思考：如果采用图 5-20(b)电路，其他条件不变，使用 LED2 亮和灭的函数，如何参照上例编写程序实现？

5.5.6　GPIO 端口的隔离输出

为了与外部电路完全隔离，通常在 GPIO 引脚端口接隔离电路，以减小由于外部干扰对 MCU 可靠性的影响。通常采用的隔离方法是光耦隔离，或专用数字隔离芯片来隔离。光耦的隔离电压通常超过 1 000 V 以上，TLP521 系列光耦的隔离电压超过 5.3 kV。

光耦既可以进行逻辑电平的变换，也可以进行数字隔离。

1. 采用光电耦合器进行数字隔离

假设通过 GPIO 引脚（如 P1.4）去控制一个由 220 V 交流供电的电动设备，由于电动设备启动和运行时会产生大量干扰脉冲，如果 MCU 引脚不进行隔离处理，嵌入式系统将很难正常工作。常用的做法是，通过光耦先隔离，然后通过继电器驱动电动设备，如图 5-21 所示。

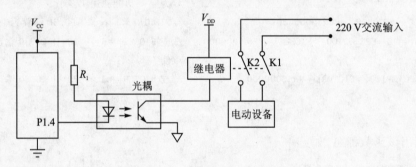

图 5-21　利用光耦进行隔离输出

MCU 与光耦的输入端用一组电源 V_{cc} 供电，而光耦的输出侧与继电器用另一组独立的不共地的电源供电，达到真正的电气隔离的目的。对 MCU 的 GPIO 端口 P1.4 初始化时，可以选择开漏输出或推挽输出。当 GPIO 引脚 P1.4 输出逻辑 0 时，光耦输出端输出逻辑 0，使直流供电（电源电压 V_{DD} 可视不同继电器选取不同电源）的继电器的常开点 K1 和 K2 同时闭合。这样 220 V 交流信号接通电动设备，电动设备开始运行。当引脚输出逻辑 1 时，光耦截止，继电器不得电，处于常开状态，K1 和 K2 断开，电动设备停止运行。这时可以很方便地用一个简单的 GPIO 引脚 P1.4 控制不同电压等级的继电器，从而控制高电压交流或直流设备。

图 5-21 中如果光耦采用 521 或 817 系列，$V_{cc}=3.3$ V，由于正常发光时二极管饱和压降为 1.1~1.3 V，按照流过光耦二极管的电流大约为 5 mA（光耦导通电流约 5 mA）计，R_1 可选择 430 Ω。

应该说明的是，为了使上电时电动设备不致于误动作，在 MCU 初始化时，上电后，让控制操作的 GPIO 引脚 P1.4 处于逻辑 1 状态，这样需要开动电动设备时才输出逻辑 0。

【例 5 - 8】采用图 5 - 21 所示电路来控制电动设备,参照例 5 - 1,采用 LPC1700 系列 Cortex - M3微控制器,GPIO 引脚用 P1.4 作为输出来控制电动设备。编写一个函数可以开启或关闭电动设备。

开启和关闭电动设备的函数如下:

```
void  MotoOperate(uint8_t  OpenClose)
{
    LPC_PINCON ->PINSEL2& = 0xFFFFFCFF;//或 PINSEL2& = ~(3 << 8),引脚 P1.4 配置为第一功能
                                       //通用 I/O
    LPC_GPIO1 ->FIO1DIR| = 0x00000010;//P1.4 设置为输出
    if (OpenClose == 0) LPC_GPIO1 ->FIO1SET = 0x00000010;    //让 P1.4 输出高电平,关电动设备
    else  LPC_GPIO1 ->FIO1CLR = 0x00000010                   //让 P1.4 输出低电平,开电动设备
}
```

以后调动该函数即可,如启动电动设备:

```
MotoOperate(0);
```

关闭电动设备:

```
MotoOperate(1);
```

使用 5.4.3 小节的方法可以方便控制电动设备:

```
GPIO_OutPut(1,4,0);    //开设备
GPIO_OutPut(1,4,1);    //关设备
```

如果再定义开关的标识,更明确,如:

```
#define  Open   0
#define  Close   0
GPIO_OutPut(1,4,Open);    //开设备
GPIO_OutPut(1,4,Close);    //关设备
```

2. 采用专用数字隔离芯片进行数字隔离

随着数字技术的不断发展,除了光耦这样传统的隔离方式,ADI 公司推出了全新架构的 iCoupler 数字隔离器。它与光耦的性能比较如表 5 - 15 所列。

表 5 - 15　专用数字隔离器与光耦的性能比较

设计制约因素	光耦合器的缺点	iCoupler 数字隔离器的优点
电路板布局布线	需要多个器件	单个器件
与其他元件的接口	每种情况都需要复杂的应用电路	标准 TTL 或 CMOS
电源	需要更多昂贵的电源	电源可根据预算灵活调整
时序/带宽要求	需使用更高性能器件,否则达不到要求	器件可根据要求灵活选择
温度	设计需要考虑电流传输比(CTR)	无 CTR,在整个温度范围内稳定工作
系统成本	缺少集成特性,系统成本较高	完整的集成解决方案,降低整体 BOM 成本

目前,数字隔离器有许多厂家生产,包括 SiliconLaboratories 推出的数字隔离器 Si84xx、Si86xx 系列产品,Avago Technologies 公司推出的 ACML - 74x0 系列(基于专利的磁性耦合器技术),ADI 公司的集成变压器驱动器和 PWM 控制器的三通道数字隔离器 ADuM347X、四通道的隔离器 ADuM744x、双通道的隔离器 ADuM120x,NVE 公司的高速型数字隔离器 IL200/IL700、低成本的 IL500、无源输入光耦替代器 IL600,可用于 RS - 232、RS - 485 以及 CAN 总线的通信数字隔离器 IL400/IL3000,TI 公司的 ISO72x 系列数字隔离器等。

ADuM120x 是采用 ADI 公司 iCoupler 技术的双通道数字隔离器。这些隔离器件将高速 CMOS 与单芯片变压器技术融为一体,具有优于光耦合器等替代器件的出色性能特征。

iCoupler 器件不用 LED 和光电二极管,因而不存在一般与光耦合器相关的设计困难。简单的 iCoupler 数字接口和稳定的性能特征,可消除光耦合器通常具有的电流传输比不确定、非线性传递函数以及温度和使用寿命影响等问题。这些 iCoupler 产品不需要外部驱动器和其他分立器件。此外,在信号数据速率相当的情况下,iCoupler 器件的功耗只有光耦合器的 $1/10\sim1/6$。

ADuM120x 隔离器提供两个独立的隔离通道,支持多种通道配置和数据速率,器件任一端均可采用 2.7～5.5 V 电源电压工作,与低压系统兼容,并且支持跨越隔离栅的电压转换功能,隔离电压有效值超过 2 500 V,其引脚及结构如图 5 - 22 所示。ADuM1200W 和 ADuM1201W 均为汽车应用级产品,工作温度可达 125°C。V_{DD1} 与 GND1 为一端的电源和地,V_{DD2} 与 GND2 为另一端电源和地,V_{IA} 和 V_{IB} 为两个输入端,隔离输出端为 V_{OA} 和 V_{OB}。使用数字隔离器简捷方便,不用任何外围分离元件即可完成数字信号的隔离。

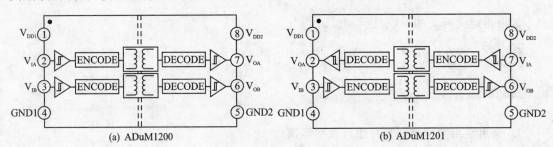

图 5 - 22　典型双路有源数字隔离器 ADuM120x

数字隔离器既可以进行隔离,还可以进行逻辑电平的转换。双路无源数字隔离器 IL611 如图 5 - 23 所示。

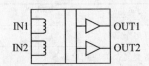

图5 - 23　典型双路无源数字隔离器 IL611

利用 ADuM1200 构成的隔离应用如图 5 - 24 所示,利用双路数字隔离器对外部隔离控制两个继电器,从而控制两台电机。MCU 利用两个 GPIO 引脚(不同 MCU 引脚定义不同),假设一个引脚为 P2.7,另一个引脚为 P2.8,分别控制两个电机。当 P2.7 输出逻辑 0 时,继电器1闭合,电机 1 得电运行;当 P2.7 输出逻辑 1 时,电机 1 失电停止运行。同样,当 P2.8

输出逻辑 0 时,电机 2 得电动作;当 P2.8 输出逻辑 1 时,电机 2 失电停止运行。由此可以看出,采用双路数字隔离器,无须像光耦那样外接电阻,而且电路结构简单,可靠性更高,隔离效果更好。

　　如果图 5-24 中的电机是小功率的三相电机,则继电器可选择具有三个触点的,这样便于三相控制;如果是大功率电机,则图 5-24 中的继电器可选择中间继电器带动交流接触器的方式;如果需要非机械接触式控制电机,继电器可采用三极管或 MOS 管做驱动放大电路去驱动更大功率的 MOS 管(或可控硅,或可控硅模块,或 IGBT 模块)。如果有兴趣可参阅有关资料。

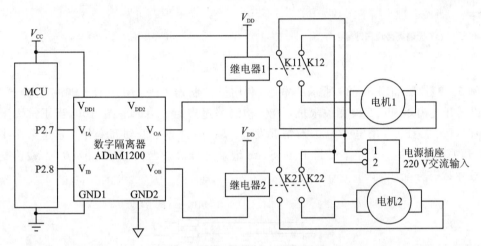

图 5-24　典型双路数字隔离器 ADuM1200 的应用

5.5.7　GPIO 端口的隔离输入

　　实用的嵌入式系统,不论是输出还是输入均要考虑抗干扰、提高可靠性的问题;因此与隔离输出一样,开关量或数字量的输入也需要进行隔离处理,处理方法同隔离输出完全类似,只是传输方向由输出的由内向外,变成输入的由外向内。

　　在工业控制应用领域,现场有许多开关量的输入,如按键、状态反馈信号等,均可通过光耦或数字隔离器进行隔离处理。典型的用于隔离按键输入的应用如图 5-25(b)所示,图 5-25(a)为没有隔离作用的按键输入电路。初始 GPIO 端口时,将 P1.30 和 P1.31 设置为高阻输入模式。当有按键按下时,相应 GPIO 引脚为逻辑 0,无按键时为逻辑 1。例如,KEY1 按下,则 P1.30=0;KEY2 按下,则 P1.31=0;没有按键按下,则 P1.30=1 且 P1.31=1。

　　GPIO 端口的隔离输入也可以采用传统光耦隔离的方法。假设有某电动设备运行的状态(如开限位、开过力、过限位和关过力信号)由远端设备提供无源干接点(图 5-26 中的开关状态),平时正常情况下这些状态的开关状态是常闭的,一旦发生状态变化,即由常闭变成断开状态。因此用四光耦 TLP521-4 构建的隔离输入电路如图 5-26 所示。假设 $V_{DD}=+24$ V,电源的地与 MCU 的地是隔离的,当正常运行时所有状态对应的触点开关均为常闭,经过光耦输出后送到 GPIO 引脚均呈现低电平;当有状态出现某种异常时,相应开关触点断开,经过光耦输出为逻辑 1。如果在开过程中开限位有效,则原来 P0.0 的状态 0 变成 1。

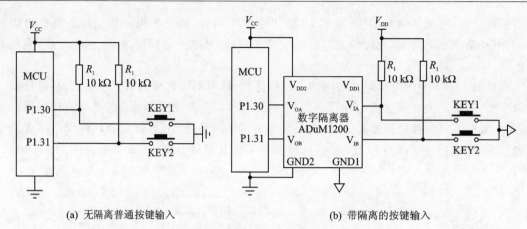

(a) 无隔离普通按键输入　　　　　　　　　　(b) 带隔离的按键输入

图 5 - 25　GPIO 按键输入

【**例 5 - 9**】按照如图 5 - 26 所示的电路,利用微控制器 LPC1700 引脚 P0.0 检测开限位,P0.1 检测开过力矩,P0.2 检测关限位,P0.3 检测关过力矩。由原理图可知,当正常无限位和过力矩时,P0.0～P0.3 的电平为 0,有情况发生,某一引脚会由低到高变化。这里采用中断方式获取开关状态。用一个字节变量 FaultState 记录运行状态,当该变量值为 0 时,说明是正常状态,故障状态分配如表 5 - 16 所列。

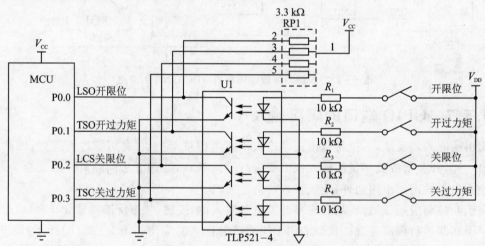

图 5 - 26　光耦隔离输入的应用

表 5 - 16　FaultState 各位含义

7～4	3	2	1	0
保留	关过力 TSC	关限位 LSC	开过力 TSO	开限位 LSO
xxxx	0:正常	0:正常	0:正常	0:正常
	1:关过力	1:关到位	1:开过力	1:开到位

主程序要做的工作:将 P0.0～P0.3 设置为输入并允许中断,采用上升沿触发方式(平时正常为低电平,有情况发生变为高电平,有一个上升沿)。主程序有关片段如下:

```
#define  TSC  0
```

```
#define   LSC    1
#define   TSO    2
#define   LSO    3
uint8_t FalutState = 0;
NVIC_EnableIRQ(EINT3_IRQn);//首先使能 EXINT3(因共享 GPIO 中断)
SelectPinRFMode(0,0,1);    //P0.0 上升沿中断(调用的函数见 5.3.3 小节)
SelectPinRFMode(0,1,1);    //P0.1 上升沿中断
SelectPinRFMode(0,2,1);    //P0.2 上升沿中断
SelectPinRFMode(0,3,1);    //P0.3 上升沿中断
While(1)
{
if (FalutState! = 0)  Errdel();//如果有故障则去处理故障 Errdel()
    ⋮                             //主循环任务处理
}
```

中断服务程序完成记录,状态变量如表 5 - 16 所列。中断服务程序如下:

```
void   EINT3_IRQHandler (void)
{
    FalutState = (LPC_GPIOINT –>IO0IntStatR)&0x0F;   //记录中断状态,正好是一一对应
    LPC_GPIOINT –>IO0IntClr = FalutState;             //清中断标志
}
```

5.5.8　GPIO 的非接触式按键输入

1. 采用霍尔器件构建非接触式按键的应用

霍尔开关是用来检测磁场及其变化,输出为数字信号的一种磁传感器,属于电量式无触点开关传感器。霍尔开关具有许多优点,如结构牢固,体积小,质量轻,寿命长,安装方便,功耗低,频率高(可达 100 kHz),耐振动,不怕灰尘、油污、水汽及盐雾等的污染或腐蚀。

利用霍尔元件的开关特性制作的非接触式按键非常有用,有些场合不允许使用外接线的按键,必须采用非接触式方式操作,利用霍尔元件很容易实现。典型的霍尔开关如图5 - 27(a)所示。当磁铁靠近 H 时,通过运算放大器和施密特触发器会在 V_{OUT} 端输出低电平,当磁铁离开 H 时输出高电平,利用这个特性可以作为非接触按键、测量电机转速等。

图 5 - 27(b)为利用霍尔(开关霍尔型号为 TP4913)作为非接触式按键的接口电路。初始化时将 MCU 的 GPF2 引脚设置为高阻输入模式,当没有磁铁靠近时 V_{OUT} 端输出高电平,GPF2 为逻辑 1;当有磁铁靠近霍尔时,V_{OUT} 端输出低电平,即 GPF2 引脚为逻辑 0。通过对GPF2 引脚逻辑的判断,可以知晓是否有非接触式按键在操作。

利用图 5 - 27 (b)所示的接口,还可以测量电机的转速。将电机的定子放置一个霍尔元件,转子上某位置放一块小磁铁,调整好位置和距离,当电机运转时就会在 GPF2 引脚出现脉冲序列。通过测量引脚 GPF2 的频率就可以知道电机的转速。

应该说明的是,磁铁靠近霍尔的距离是有一定要求的,一般磁铁正对着靠近霍尔 2 cm 左右就能可靠有效地操作(强磁铁效果更好),而且中间可以相隔一定的非铁性金属等介质,如可

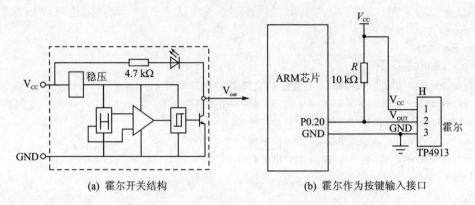

(a) 霍尔开关结构　　　　　　　　(b) 霍尔作为按键输入接口

图 5-27　开关型霍尔作为非接触式按键的应用

以隔着铝板进行操作,以达到非接触且与电路完全隔离的目的。

2. 电容式触摸按键的应用

在许多工程应用中,都需要密闭的工作环境,为了很好地进行人机交互,通常又需要按键和显示屏,可以用霍尔开关＋磁铁的方式实现非接触按键的功能,但前题条件是必须有磁铁按钮在外面,面板内用霍尔开关。这对于想在显示屏窗口直接用触摸方式操作按键是无法完成的。要想用触摸方式进行操作,可采用专用电容式触摸芯片来完成,电容式触摸芯片具有如下功能特点和优势:

① 可通过触摸实现各种逻辑功能控制,且操作简单,方便实用。

② 可在有介质(如玻璃、亚克力、塑料、陶瓷等)隔离保护的情况下实现触摸功能,安全性高。

③ 应用电压范围宽,可在 2.4～5.5 V 任意选择。

④ 应用电路简单,外围器件少,加工方便,成本低。

⑤ 抗电源干扰及手机干扰特性好。

典型的电容式触摸芯片有阿达电子公司单通道和多通道电容触摸芯片系列,包括单通道电容感应式触摸芯片 AR101、4 通道电容感应式触摸芯片 AR401、5 通道电容感应式触摸芯片 ADA05、5 通道电容感应式触摸芯片 ADPT005、8 通道电容感应式触摸芯片 ADPT008、12 通道电容感应式触摸芯片 ADPT012 以及 16 通道电容感应式触摸芯片 ADPT016。

除此之外,还有许多国内外厂家生产电容式触摸 IC,如晶格电子有限公司 JG 系列,飞翼科技的 TTP223、TTP224、TTP225、TTP226、TTP229 等系列电容式触摸芯片,TCH0x 系列电容式触摸按键芯片(超低功耗类),FTC334 系列电容式触摸感应芯片(强抗干扰抗水淹类),FTC359 系列电容式触摸按键芯片(强抗干扰抗水淹类)等。

图 5-28 为 TTP224 内部结构,有 4 个电容触摸按键输入 TP0～TP3,对应 4 个输出信号 TPQ0～TPQ3,引脚功能见表 5-17。其中,TOG、OD 和 AHLB 决定输出模式,如表5-17 所列。

TTP224 与 MCU 的接法如图 5-29 所示。TPQ0～TPQ3 分别对应于触摸按键 TP0～TP3 的输出,接 MCU 的 GPIO 引脚。初始化时将 GPIO 这 4 个引脚设置为高阻输入模式,如果让 TTP224 工作在触发模式,低电平有效,上电时为高阻状态,则将 TOG 和 AHLB 接电源端,OD 接地。除了图 5 - 29 中的引脚,其他引脚以默认方式可以不接,也可以根据需要按照表5 - 18要求连接。

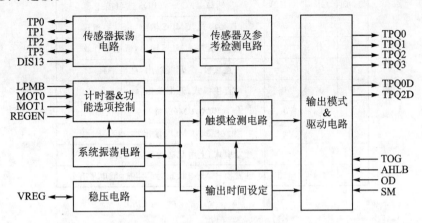

图 5 - 28　电容式触摸芯片 TTP224

表 5 - 17　TTP224 引脚及功能

引脚序号	引脚名称	类　型	引脚描述
1	TP0	I/O	触摸输入端口
2	TP1	I/O	触摸输入端口
3	TP2	I/O	触摸输入端口
4	TP3	I/O	触摸输入端口
5	AHLB	I - PL	输出高低电平选择输入,默认值为0,高电平有效
6	V_{DD}	P	正电源电压
7	VREG	P	内部稳压电路输出端口
8	TOG	I - PL	输出类型选择,默认值为 0
9	LPMB	I - PL	低功耗/快速模式选择,默认值为 0
10	MOT1	I - PH	最长输出时间选择:默认值为 1
11	MOT0	I - PH	
12	VSS	P	负电源电压,接地
13	DIS13	I - PH	TP1 和 TP3 为禁用选择端口,默认值为 1
14	REGEN	I - PH	内部稳压电路启用/禁用选择,默认值为 1
15	OD	I - PH	开漏输出选择,默认值为 1
16	SM	I - PH	单键/多键输出选择,默认值为 1
17	TPQ3	O	直接输出端口,相对于 TP3 触摸输入端口
18	TPQ2	O	直接输出端口,相对于 TP2 触摸输入端口
19	TPQ2D	OD	开漏输出(无二极管保护电路),低电平有效,相对于 TP2 触摸输入端口
20	TPQ1	O	直接输出端口,相对于 TP1 触摸输入端口
21	TPQ0	O	直接输出端口,相对于 TP0 触摸输入端口
22	TPQ0D	OD	开漏输出(无二极管保护电路),低电平有效,相对于 TP0 触摸输入端口

表 5 – 18 TTP224 的输出模式控制

容TOG注	OD	AHLB	端口 TPQ0～TPQ3 选项描述
0	1	0	直接模式,CMOS 输出,高电平有效
0	1	1	直接模式,CMOS 输出,低电平有效
0	0	0	直接模式,开漏输出,高电平有效
0	0	1	直接模式,开漏输出,低电平有效
1	1	0	触发模式,CMOS 输出,上电状态＝1
1	1	1	触发模式,CMOS 输出,上电状态＝0
1	0	0	触发模式,上电状态为高阻抗,高电平有效
1	0	1	触发模式,上电状态为高阻抗,低电平有效

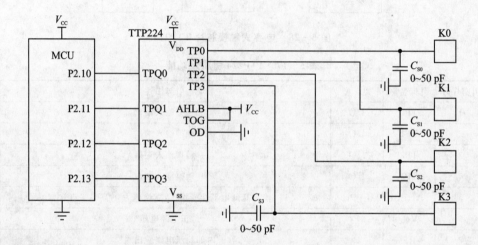

图 5 – 29 电容式触摸芯片 TTP224 典型应用

图 5 – 29 中的 K0、K1、K2 和 K3 为 4 个带金属盘的触摸点,在上面可以隔着一层玻璃,玻璃上要附上一层金属膜(如可以导电的锡纸等),金属膜与弹簧可靠接触,弹簧另一端贴紧触摸点。这样在玻璃的另一面用手触摸玻璃可以达到预期的触摸按键效果。按照本电路及相应设置,当 K0 触摸有效时,MCU 的 P2.10 为低电平,无效为高电平。只要有触摸,则相应 GPIO 引脚为逻辑 0,否则为 1。通过判断 GPIO 引脚的高低电平就可以知晓触摸的是哪个按键,从而在程序中可以去执行相应的操作,等同于普通按键按下有效。

值得注意的是,使用电容式触摸 IC 要充分考虑灵敏度。PCB 板上之感应焊盘尺寸大小及走线会直接影响灵敏度,所以灵敏度必须根据实际应用的 PCB 来做调整。TTP224/TTP224N 提供以下几种外部灵敏度调整方法:

(1)改变感应焊盘尺寸大小

若其他条件固定不变,则使用一个较大的感应焊盘将会增大其灵敏度;反之灵敏度则下降。但是,感应焊盘的尺寸大小也必须是在其有效范围内。

(2)改变面板厚度

若其他条件固定不变,则使用一个较薄的面板也会将灵敏度提高;反之灵敏度则下降。但是,面板的厚度必须低于其最大值。

（3）改变 $C_{s0} \sim C_{s3}$ 电容值的大小

若其他条件固定不变，则可以根据各键的实际情况调节电容值 C_s，使其达到最佳的灵敏度，同时使各键的灵敏度达到一致。当电容 C_s 不接时，其灵敏度最高。$C_{s0} \sim C_{s3}$ 的容值越大其灵敏度越低，C_s 的可调节范围为 $0 \leqslant C_{s0} \sim C_{s3} \leqslant 50 \text{ pF}$。

本章习题

一、选择题

1. 关于 ARM Cortex - M 微控制器 GPIO 工作模式，以下说法错误的是（　　）。

A. GPIO 引脚可由软件独立配置为不同的工作模式

B. GPIO 支持输入、输出和开漏模式

C. GPIO 引脚可消抖控制（可编程的消抖时间）

D. GPIO 每个引脚均可设置为边沿触发和电平触发中断

2. 如果要让 GPIO 某引脚直接驱动 LED 发光二极管，要设置该引脚的最佳工作模式为（　　）。

A. 高阻输入模式

B. 开漏输出模式

C. 准双向 I/O 模式

D. 上拉模式

3. 关于 CMOS 和 TTL 逻辑电平转换，以下说法错误的是（　　）。

A. CMOS 器件的输出可以直接连到 TTL 器件的输入端，逻辑电平是匹配的

B. TTL 器件的输出可以直接连到 CMOS 器件的输入端，逻辑电平是匹配的

C. CMOS 器件的输出可以经过电平转换接到 TTL 器件的输入端，以保证逻辑电平是匹配的

D. TTL 器件的输出必须经过电平转换才能接到 CMOS 器件的输入端，以保证逻辑电平是匹配的

4. 关于 LPC1700 系列微控制器引脚功能选择，以下说法错误的是（　　）。

A. 所有引脚都具有 4 个功能

B. 引脚功能选择寄存器可以设置 GPIO 引脚的功能

C. 每个引脚功能选择寄存器地址不同，选择的 GPIO 端口不同

D. 每个引脚功能选择寄存器的 2 个位决定一个引脚的功能

5. 关于 LPC1700 系列微控制器，以下说法错误的是（　　）。

A. FIODIR 决定引脚是输入还是输出

B. FIOCLR 为引脚清除寄存器，可使引脚输出为逻辑 0

C. FIOSET 为引脚置位寄存器，可使引脚输出为逻辑 1

D. PINSEL0＝0 可设置 P0 口所有引脚为 GPIO 基本引脚

二、填空题

1. 如果 LPC1700 系列微控制器让 P0 口全部为输入且允许下降沿触发中断，则 PINSEL0＝_____，PINSEL1＝_____，FIO0DIR＝_____，IO0IntEnF＝_____。

2. 如果要使 LPC1700 的 P0.2 和 P0.3 作为 UART0（TXD0 和 RXD0）使用，P0.10 和 P0.11 作为 UART2（TXD2 和 RXD2）使用，其他均作为 I/O 使用，则 PINSEL0＝_____，如果配置引脚 P0.23～P.23 为 ADC 输入引脚，P0.27～P0.30 配置为 USB 引脚（USB_SDA、USB_SCL、USB_D＋和 USB_D－），则 PINSEL1＝_____。

3. C 语言语句 PINSEL0&＝～(1 << 5 * 2)，FIO0DIR|＝1 << 5)，则 P0.5 被设置为_____，方向是_____（输入还是输出）。要使 P0.5 输出 0，则使用的寄存器是_____，该寄存器的值为_____，如果 FIOSET|＝1 << 5，则 P0.5＝_____。

4. 已知 PINSEL0＝0，FIO0DIR＝0x55555555，则 P0 口所有偶数引脚设置为_____，而奇数引脚设置为_____。

5. 如果已经设置 P2.0 为输入，要判断 P2.0 引脚输入为逻辑 0 还是逻辑 1，要读的寄存器是_____，只取 P2.0 的状态，不关心其他 P2 引脚，则可使用表达式_____。

三、应用题

一个嵌入式应用系统使用的 GPIO 情况如图 5－30 所示，试用 C 语言编写出相关 I/O 的初始化程序片函数，并写出当按下 KEY1 键时 LED1 指示灯亮、LED2 指示灯灭，按下 KEY2 键时 LED2 指示灯亮、LED1 指示灯灭的程序；当同时按下 KEY1 和 KEY2 键时两个指示灯全灭。

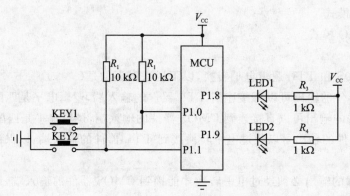

图 5－30　GPIO 的典型应用

第6章 定时/计数组件及应用

定时/计数器在嵌入式应用系统中是非常重要的必备组件,本章首先介绍嵌入式微控制器常用的定时/计数组件,主要包括通用定时/计数器 Timer、看门狗定时/计数器 WDT、实时时钟定时器 RTC、脉冲宽度调制定时器 PWM、电机控制 PWM（MCPWM）等与定时器相关知识。在每个定时组件原理之后均以典型 ARM Cortex – M3 微控制器 LPC1700 系列为例,介绍其实际应用。

Timer 是通用定时/计数器,可用于一般的定时;RTC 可直接提供年、月、日、时、分、秒,使应用系统具有独立的日期和时间;PWM 用于脉冲宽度的调制,比如电机控制,用于变频调整等多种场合。一般通用定时器具有定时、计数、捕获和匹配等功能,不同功能应用场合不同。

6.1 通用定时/计数器

嵌入式系统应用中定时器是不可或缺的重要组件之一,没有定时器,系统将无法有序地执行一系列动作。无论何种定时器都具有一个共同的特点,对指定时钟源的脉冲进行计数。定时的实质是计数,只是定时需要把计数的脉冲周期考虑进去。

定时的方式有软件定时、硬件定时以及可编辑硬件定时。在嵌入式微控制器中,可以使用纯软件延时的方式进行定时,也可以利用定时器进行硬件可编程的定时。硬件可编程定时准确度高,不受程序中指令周期的限制。

6.1.1 内部定时功能

所谓定时,是指由稳定提供的内部基准时钟作为计数时钟源,每一个脉冲计数一次,再考虑计数周期即可得到定时。

所有与定时有关的组件有一个共同的特点,就是对特定输入的时钟通过分频后接入计数器进行加 1 或减 1 计数,当计数达到预定的数值后,将引发一个中断并置溢出标志。对于 WDT 定时,达到后将产生系统复位信号;对于 PWM 定时,达到后会产生特定波形。基本的定时/计数功能单元如图 6－1 所示。当定时/计数器从指定值（可以是 0 也可以为其他值）计数到定时器溢出时,将中断并置相应标志。有些微控制器具有加法计数或减法计数功能,有的可以设置加计数或减计数。

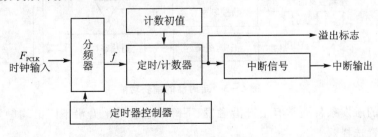

图 6－1 定时器的内部定时功能

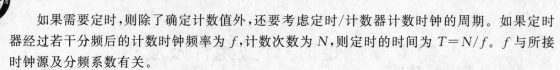

如果需要定时,则除了确定计数值外,还要考虑定时/计数器计数时钟的周期。如果定时器经过若干分频后的计数时钟频率为 f,计数次数为 N,则定时的时间为 $T=N/f$。f 与所接时钟源及分频系数有关。

假设分频器的值为 PR,输入时钟频率为 F_{PCLK},定时器的计数频率 $F=F_{PCLK}/(PR+1)$,当计数值为 N 时,定时时间 T 由下式决定:

$$T = N(PR+1)/F_{PCLK} \tag{6-1}$$

需要指出的是,不同微控制器,其定时/计数器的分频范围是有区别的,有的是一级分频,有的需要二级分频。具体要详细参阅不同厂家产品的用户手册。

6.1.2　外部计数功能

所谓计数,是指对外部时钟进行计数,不考虑外部时钟的周期。由于仅对外部脉冲进行计数而不管其周期长短,因此,对于外部计数通常选用分频系数为 PR=0,使定时器计数的时钟源就是外部信号的时钟。外部信号接输入捕获引脚。定时器的外部计数功能见图 6-2。

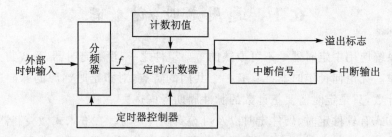

图 6-2　定时器的外部计数功能

6.1.3　捕获功能

当定时/计数器运行时,在捕获引脚上出现有效外部触发动作,此时定时/计数器的当前值保存到指定捕获寄存器中。这一功能叫输入捕获(或捕获)。大部分通用定时器均具有捕获功能。

典型的定时器捕获功能如图 6-3 所示。当外部触发信号(捕获引脚所接信号)有符合条件的触发信号时,捕获控制寄存器在识别触发条件之后,控制定时/计数器的当前计数值输出给捕获寄存器,即捕获时计数值自动装入相应引脚对应的捕获寄存器中。读取捕获寄存器的值可知晓发生捕获时的相对时间。

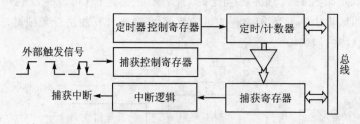

图 6-3　定时器的捕获功能

捕获有效的触发条件通常有上升沿触发、下降沿触发或上升沿下降沿均触发,可通过相应控制寄存器配置选择。

捕获功能是应用非常广泛的一种功能,可用于测量外部周期信号的周期或频率。比如选用下降沿触发,可计算两次捕获时的时间差来测量周期性信号的周期,如果将其取倒数,即可得到频率。

6.1.4 匹配功能

匹配输出功能简称匹配,是指当定时器计数值与预设的匹配寄存器的值相等时将产生匹配信号(或标志)并激发一个匹配中断。匹配输出的信号类型可通过相关控制寄存器来设置。定时器的匹配功能如图 6-4 所示。

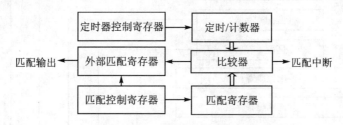

图 6-4 定时器的匹配功能

匹配输出是定时器应用更广泛的一种功能,可用于常规定时,或在定时一段时间后在匹配输出引脚产生一定要求的输出波形。

6.1.5 典型嵌入式微控制器的定时/计数器及应用

LPC1700 系列微控制器片上共有 4 个 32 位可编程的定时/计数器。每个定时/计数器至少有 2 路捕获、2 路比较匹配输出电路。定时器 2 有 4 路匹配输出。

1. 主要特点

① 32 位的定时/计数器,带有一个可编程的 32 位预分频器。

② 计数器或定时器操作。

③ 每个定时器包含 2 个 32 位的捕获通道,当输入信号变化时捕捉定时器的瞬时值,也可以选择产生中断。

④ 4 个 32 位匹配寄存器,允许执行以下操作:

● 匹配时连续工作,在匹配时可选择产生中断;

● 匹配时停止定时器运行,可选择产生中断;

● 匹配时复位定时器,可选择产生中断。

⑤ 有 4 个与匹配寄存器相对应的外部输出,这些输出具有以下功能:

● 匹配时设为低电平;

● 匹配时设为高电平;

● 匹配时翻转电平;

● 匹配时不执行任何操作。

定时器用来对外设时钟(PCLK)进行计数,而计数器对外部脉冲信号进行计数,可以选择在规定的时间处产生中断或执行其他操作。这都由 4 个匹配寄存器的值决定。它也包含 4 个捕获输入,用来在输入信号变化时捕捉定时器的瞬时值,也可以选择产生中断。

2. 定时/计数器的组成

由上 6.1.1～6.1.4 小节可知,定时/计数器有定时、计数、捕获等功能,而定时用的是匹配手段,因此图 6-5 所示的结构图中包括定时/计数部件、匹配部件以及捕获部件。

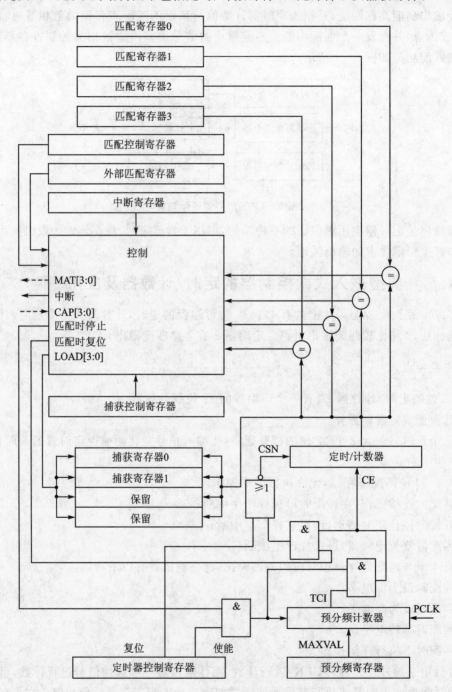

图 6-5 定时/计数器的组成

定时/计数部件中包括预分频器、预分频计数器、定时/计数器、定时器控制寄存器及逻辑电路构成。捕获部件包括捕获控制寄存器和两个捕获寄存器。匹配部件包括匹配控制寄存器和 4 个匹配寄存器。以上几个部件还包括中断控制器及控制逻辑。

根据前几节的知识可知,定时/计数脉冲 PCLK 经过预分频计数器,在定时器控制寄存器的控制下,经分频后的脉冲送达定时/计数器进行计数。当计数到与匹配寄存器设定的值相等时产生定时匹配中断。因此,利用 4 个匹配寄存器可以作为 4 个独立的定时器来使用。

捕获功能可以测量脉冲的宽度或周期,因此 4 个捕获引脚可以同时测量外部 4 路脉冲宽度或周期。当有脉冲到来时上升沿或下降沿可设置,系统自动捕获边沿,这时定时/计数的值自动进入捕获寄存器;因此由两次捕获的差值就可以得知脉冲的周期或宽度。

对定时/计数器的具体操作,实质就是对寄存器的读写操作。下面介绍与编程有关的寄存器。

3. 定时/计数器的主要引脚

连接定时/计数器有 8 个用于捕获输入引脚,其中 4 个捕获通道每个通道 2 个引脚: CAP0[1:0],CAP1[1:0],CAP2[1:0],CAP3[1:0]。具体捕获输入引脚分配如表 6-1 所列。

定时/计数器有 10 个用于匹配输出的引脚:MAT0[1:0],MAT1[1:0],MAT2[3:0], MAT3[1:0]。具体匹配输出引脚分配如表 6-2 所列。

表 6-1　捕获输入引脚分配

对应定时器	捕获引脚	占用引脚标识
TIM0	CAP0.0	P1.26
	CAP0.1	P1.27
TIM1	CAP1.0	P1.18
	CAP1.1	P1.19
TIM2	CAP2.0	P0.4
	CAP2.1	P0.5
TIM3	CAP3.0	P0.23
	CAP3.1	P0.24

表 6-2　匹配输出引脚分配

对应定时器	匹配引脚	占用引脚标识
TIM0	MAT0.0	P1.28/P3.25
	MAT0.1	P1.29/P3.26
TIM1	MAT1.0	P1.22
	MAT1.1	P1.25
TIM2	MAT2.0	P0.6/P4.28
	MAT2.1	P0.7/P4.29
	MAT2.2	P0.8
	MAT2.3	P0.9
TIM3	MAT3.0	P0.10
	MAT3.1	P0.11

4. 可编程寄存器

定时器控制寄存器 TCR0～TCR3 如表 6-3 所列。

表 6-3　定时器控制寄存器 TCR0～TCR3

位	7～2	1	0
描述	保留	计数器复位:0 表示不复位,1 表示复位	计数器使能:0 表示禁止,1 表示使能

定时器计数控制寄存器 CTCR0～CTCR3 如表 6-4 所列。

表 6-4　定时器计数控制寄存器 CTCR0~CTCR3

位	7~4	3	2	1	0
描　述	保留	计数输入选择 00＝CAPn.0,用于 TIMERn; 00＝CAPn.1,用于 TIMERn; 10＝保留; 11＝保留		定时/计数模式选择 00＝定时器模式,PCLK 上升沿加 1; 01＝计数器模式,CAP 上升沿加 1; 10＝计数器模式,CAP 下降沿加 1; 11＝计数器模式,CAP 上升(下降)沿均加 1	

当预分频计数器到达计数的上限时,32 位定时/计数器 TC 加 1。如果 TC 在到达计数器上限之前没有复位,它将一直计数到 0xFFFFFFFF,然后翻转到 0x00000000。该事件不会产生中断,如果需要,可用匹配寄存器检测溢出。

匹配寄存器值连续与定时器计数值相比较。当两个值相等时自动触发相应动作。这些动作包括产生中断、复位定时/计数器或停止定时器。所执行的动作由 MCR 寄存器控制,如表 6-5 所列。

表 6-5　匹配控制寄存器 MCR0~MCR3

位	符　号	值	描　述	复位值
0	MR0I	1	MR0 引发的中断:MR0 与 TC 值匹配时将产生中断	0
		0	中断被禁止	
1	MR0R	1	MR0 引发的复位:MR0 与 TC 值匹配时 TC 复位	0
		0	该特性被禁止	
2	MR0S	1	MR0 引发的停止:MR0 与 TC 值匹配时 TC 和 PC 停止,TCR[0]清零	0
		0	该特性被禁止	
3	MR1I	1	MR1 引发的中断:MR1 与 TC 值匹配时将产生中断	0
		0	该特性被禁止	
4	MR1R	1	MR1 引发的复位:MR1 与 TC 值匹配时 TC 复位	0
		0	该特性被禁止	
5	MR1S	1	MR1 引发的停止:MR1 与 TC 值匹配时 TC 和 PC 停止,TCR[0]清零	0
		0	该特性被禁止	
6	MR2I	1	MR2 引发的中断:MR2 与 TC 值匹配时将产生中断	0
		0	中断被禁止	
7	MR2R	1	MR2 引发的复位:MR2 与 TC 值匹配时 TC 复位	0
		0	该特性被禁止	
8	MR2S	1	MR2 引发的停止:MR2 与 TC 值匹配 TC 和 PC 停止,TCR[0]清零	0
		0	该特性被禁止	
9	MR3I	1	MR3 引发的中断:MR3 与 TC 值匹配时将产生中断	0
		0	该特性被禁止	
10	MR3R	1	MR3 引发的复位:MR3 与 TC 值匹配时 TC 复位	0
		0	该特性被禁止	

位	符 号	值	描 述	复位值
11	MR3S	1	MR3 引发的停止:MR3 与 TC 值匹配时 TC 和 PC 停止,TCR[0]清零	0
		0	该特性被禁止	
15:12	—		保留,用户软件不应向保留位写 1。从保留位读出的值未定义	NA

中断寄存器 IR,可向 IR 写入相应的值来清除中断,也可读 IR 来确定 8 个中断源中哪个中断被挂起。

EMR 为外部匹配寄存器,它提供对外部匹配引脚的控制和查看外部匹配引脚的电平状态。

EMR[5:4]决定外部匹配 0 功能,11 使对应匹配引脚翻转;EMR[7:6]决定外部匹配 1 功能,11 使对应匹配引脚翻转;EMR[9:8]决定外部匹配 2 功能,11 使对应匹配引脚翻转。

5. 应用实例

对定时/计数器的操作,看实际应用,可分为内部定时、外部计数以及测量脉冲周期或宽度等。

(1)定时功能的应用

定时功能就是利用定时/计数器的匹配功能,预置一定时间给匹配寄存器,等计数到与匹配值相等时进入中断,达到定时中断的目的。

定时时间 T 由下式确定:

$$T = MR \times (PR + 1)/F_{PCLK} \tag{6-2}$$

通常通过时钟控制寄存器,如果已经设置了 PCLK 时钟频率是 ARM 时钟频率 CCLK 的四分之一,假设 ARM 系统时钟频率 CCLK 被定义为 SystemFrequency,则定时时间 T 为

$$T = MR \times (PR + 1)/F_{PCLK} = MR \times (PR + 1) \times 4/SystemFrequency \tag{6-3}$$

当分频系数 PR=0 时,匹配寄存器 MR 的值为

$$MR = T_s \times F_{PCLK} = T_s \times SystemFrequency/4 \tag{6-4}$$

式中,SystemFrequency 的单位为 Hz,因此 T 的单位是 s。如果定时 T 为 ms,则用 T_{ms} 表示。由于 SystemFrequency 起始已经定义为 Hz,因此定时 T_{ms} 得到的匹配寄存器 MR 的值为

$$MR = T_{ms} \times F_{PCLK}/1\,000 = T_{ms} \times SystemFrequency/4\,000 \tag{6-5}$$

利用定时/计数器进行中断方式的定时在实际应用中非常有用,主程序需要做的初始化定时器的工作主要包括:

● 复位定时/计数器;

● 清定时中断标志;

● 选择定时/计数器为定时模式,且 PCLK 上升沿计数;

● 定时/计数器清零;

● 预分频器值设置为 0;

● 设置定时常数,由式(6-4)或式(6-5)决定 s 或 ms;

● 开定时/计数器中断;

● 设置定时/计数器优先级；
● 启动定时器。

设计中断服务程序要注意的问题：

● 定时中断服务程序名在启动文件中已经定义，四个定时器的中断服务程序名分别为 TIMER0_IRQHandler、TIMER1_IRQHandler、TIMER2_IRQHandler 和 TIMER3_IRQHandler。
● 清除相应定时中断标志。
● 做定时中断的主要事务，视具体定时器的具体任务来编写。

【例 6-1】利用定时/计数器 0 每隔 5 s 定时中断一次，由此改变航标灯的亮灭，采用 P0.20 的输出值(0 变 1，1 变 0)，编程加以实现。

假设按照 4.5.6 小节所述按照结构体的定义说明了定时器组件各寄存器的地址及关系。本例限于篇幅不再定义，这里直接引用。

按照上述步骤，初始化定时/计数器 T0 程序如下：

```
#define Ts5              //定时 5 s
void TIMER0_Init()       //T0 初始化函数
{
    LPC_TIM0 ->TCR = 0x02;                       //复位 T0
    LPC_TIM0 ->IR = 1;                           //清除定时计数中断标志
    LPC_TIM0 ->CTCR = 0;                         //选择定时模式 PCLK 上升沿计数
    LPC_TIM0 ->TC = 0;                           //T0 清零
    LPC_TIM0 ->PR = 0;                           //预分频值为 0
    LPC_TIM0 ->MR0 = Ts * (SystemFrequency/4)    /* 定时 Ts 秒，参见式(6-4) */
    LPC_TIM0 ->MCR = 0x03;                       /* 匹配时引发中断并复位定时/计数器 */
    NVIC_EnableIRQ(TIMER0_IRQn);                 /* 开 T0 中断 */
    NVIC_SetPriority(TIMER0_IRQn, 3);            /* T0 设置优先级为 3 */
    LPC_TIM0 ->TCR = 0x01;                       /* 启动 T0 */
}
```

定时中断服务程序：

```
void TIMER0_IRQHandler (void)
{
    uint8_t Times;
    LPC_TIM0 ->IR = 0x01;                    /* 清定时中断寄存器的值 */
    Times ++ ;
    if (Times&0x01 == 1) GPIO_OutPut(0,20,1);//参见 5.5.3 小节函数，奇数次让 P0.20 输出 1(航
                                             //标灯亮)
    else       GPIO_OutPut(0,20,0);//偶数次让 P0.20 输出 0(航标灯灭)
}
```

【例 6-2】利用定时/计数器 1，每隔 10 ms 定时中断一次，用一个变量 Nsum 记录中断次数，当超过 100 次时，让 Nsum=100，编程加以实现。

初始化定时/计数器 TT1 程序如下：

```
#define Tms   10
uint8_t Nsum;
void TIMER1_Init()
{
    LPC_TIM1 ->TCR = 0x02;     //复位 T1
    LPC_TIM1 ->IR = 1;          //清除定时计数中断标志
    LPC_TIM1 ->CTCR = 0;        //选择定时模式 PCLK 上升沿计数
    LPC_TIM1 ->TC = 0;          //定时器清零
    LPC_TIM1 ->PR = 0;          //预分频值为 0
    LPC_TIM1 ->MR0 = Tms * SystemFrequency/4000    /* 定时 Tms = 10 ms,参见式(6 - 5) */
    LPC_TIM1 ->MCR = 0x03;                          /* 匹配时引发中断并复位定时/计数器   */
    NVIC_EnableIRQ(TIMER1_IRQn);                    /* 开 T1 中断 */
    NVIC_SetPriority(TIMER1_IRQn, 3);               /* T1 设置优先级为 3 */
    LPC_TIM1 ->TCR = 0x01;                          /* 启动 T1 */
}
```

定时中断程序：

```
  void TIMER1_IRQHandler (void)
{
    LPC_TIM1 ->IR = 0x01;        /* 清定时中断寄存器的值     */
    Nsum + + ;
if (Nsum > 100) Nsum = 100;
}
```

（2）计数功能的应用

利用对外部时钟的捕获功能就可以对外部事件进行计数。

利用定时/计数器进行计数,在实际应用中非常有用,一般计数不用中断,程序需要做的工作主要包括：

- 配置指定引脚为捕获输入引脚；
- 选择定时/计数器为计数模式且下降沿计数,并选择是 CAPn.0 还是 CAPn.1；
- 定时/计数器清零；
- 启动定时器。

【例 6 - 3】利用定时/计数器 1,利用 P1.19 连接捕获 CAP1.1 作为计数输入,编程加以实现。

```
void CounterInit (void)
{
    LPC_PINCON ->PINSEL3 & = ~(0x03 ≪ 6);       /* 选择 P1.19 作为 CAP1.1 */
    LPC_PINCON ->PINSEL3| = (0x03 ≪ 6);
    LPC_SC ->PCONP| = 1 ≪ 2;                      /* 打开 TIM1 电源 */
    LPC_TIM1 ->CTCR = (2 ≪ 0)|                    /* 下降沿捕获 */
                      (0 ≪ 2);                    /* 选择 CAP1.1 */
    LPC_TIM1 ->TC = 0;                            /* 计数器 TIM1 清零 */
    LPC_TIM1 ->TCR = 0x01;                        /* 启动计数器 TIM1 */
```

}

初始时调用该函数之后,在主程序中可以随时查询 TC 的值就是计数的结果。

(3) 匹配输出的应用

利用定时/计数器的匹配输出可以输出固定频率的方波,输出频率 F_{out} 为

$$F_{out} = F_{PCLK}/[2 \times MR \times (PR + 1)] \tag{6-6}$$

将 $F_{PCLK} = SystemFrequency/4$ 代入式(6-6)得:

$$F_{out} = \frac{SystemFrequency/4}{2 \times MR \times (PR + 1)} \tag{6-7}$$

SystemFrequency 为系统时钟频率,单位为 Hz。变换得到匹配寄存器的值为

$$MR = \frac{SystemFrequency}{8 F_{out} \times (PR + 1)} \tag{6-8}$$

程序需要做的工作主要包括:

● 配置指定引脚为匹配输出引脚;
● 打开相应的定时/计数器电源;
● 预分频器清零(不分频);
● 设置匹配后复位定时器,并且让匹配引脚输出电平翻转,可产生 50% 占空方波;
● 输出指定频率给定时计数初值给匹配寄存器;
● 启动定时器。

【例 6-4】利用定时/计数器 2,利用 P0.6 连接匹配引脚 MAT2.0 作为匹配输出,产生 10 kHz 的方波,编程加以实现。

```
void MatInit (void)
{
    LPC_PINCON ->PINSEL0 & = ~(0x03 << 12);          /* 选择 P0.6 作为 MAT2.0 */
    LPC_PINCON ->PINSEL0 | = (0x03 << 12);
    LPC_SC ->PCONP| = 1 << 1;                        /* 打开 TIM0 电源 */
    LPC_TIM0 ->PR = 0;                               /* 不分频 */
    LPC_TIM0 ->MCR = 0x02 << 3;                      /* MR1 匹配后复位 TC */
    LPC_TIM0 ->EMR = 0x03 << 6;                      /* MR1 匹配后输出翻转电平 */
    LPC_TIM0 ->MR1 = SystemFrequency /8/10000);      /* 设置翻转时间为 1/20 000 s */
    LPC_TIM0 ->TCR = 0x01;                           /* 启动定时/计数器 */
}
```

初始时调用该函数之后,即可在 P0.6 引脚(MAT2.0)产生 10 kHz 的方波。

6.2　看门狗定时器 WDT

在嵌入式应用中,微控制器必须可靠工作。但系统由于种种原因(包括环境干扰等),程序运行有时会不按指定指令执行,导致死机。这时必须使系统复位才能使程序重新投入运行。这个能使系统定时复位的硬件称为看门狗定时器,简称看门狗或 WDT。WDT 好像一直看着自己的家门一样,监视着程序的运行状态。WDT 的主要功能是当处理器在进入错误状态后

的一定时间内复位,使系统重新回到初始运行状态,重新投入运行,保证系统的可靠稳定运行。

6.2.1　WDT 的硬件组成

典型的微控制器片上 WDT 的结构如图 6-6 所示。由时钟源及其选择分频,然后送给 WDT。计数的值被寄存在当前计数寄存器中,当启动 WDT 时,WDT 按照定时器常数寄存器的值开始减法计数。当计数到 0 时溢出,由模式寄存器决定将产生溢出中断还是产生复位信号。也就是说,中途除非装入新的初始值或重新喂狗,否则,计数到 0 就会产生复位信号或中断。

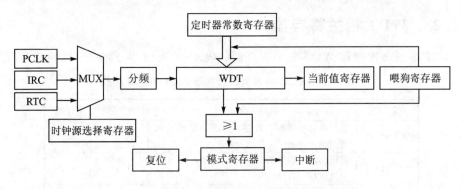

图 6-6　WDT 的一般结构

LPC1700 微控制器的 WDT 结构如图 6-7 所示。其时钟由 WDT_CLK(由时钟选择寄存器 WDCLKSEL 选择 PCLK、RTC 或内部 RC)经过 4 分频后由 32 位倒计时(减 1 计数)计数器进行计数;若计数溢出前没有正确的喂狗操作,溢出时将根据需求可产生复位,也可以产生中断。对于 LPC1700 系列微控制器,RTC 的时钟频率固定为 32 768 Hz,内部 RC 时钟频率为 4 MHz。

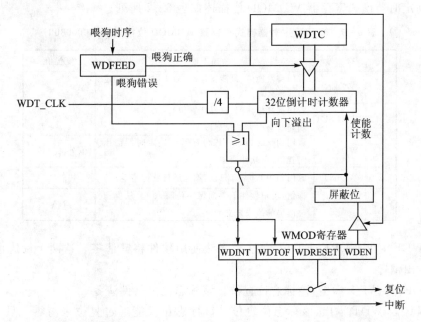

图 6-7　LPC1700 微控制器的 WDT 结构

LPC1700 系列微控制器的 WDT 包括一个 4 分频的预分频器和一个 32 位计数器。时钟通过预分频器后输入给定时器,定时器减 1 计数。定时器递减的最小值为 0xFF。如果设置一个小于 0xFF 的值,系统会将 0xFF 装入定时器。因此 WDT 的最小定时间隔为 $T_{WDCLK} \times 256 \times 4$,最大定时间隔为 $T_{WDCLK} \times 2^{32} \times 4$,两者都是 $T_{WDCLK} \times 4$ 的倍数。

WDT 的溢出时间由下式决定:

$$T_{WDT} = T_{WDCLK} \times (N+1) \times 4 \tag{6-9}$$

其中,N 为 WDT 计数寄存器的值($255 \leqslant N \leqslant 2^{32} - 1$ 或 $0xFF \leqslant N \leqslant 0xFFFFFFFF$)。

6.2.2　WDT 相关寄存器

LPC1700 系列微控制器 WDT 相关寄存器如表 6-6 所列,共有 5 个可编程的寄存器。

表 6-6　LPC1700 系列微控制器 WDT 相关寄存器

名　称	描　述	访　问	复位值
WDMOD	看门狗定时器模式寄存器。该寄存器包含看门狗定时器的工作模式和状态	R/W	0
WDTC	看门狗定时器常数寄存器。该寄存器决定溢出周期(超时值)	R/W	0xFF
WDFEED	看门狗定时器喂狗寄存器。向该寄存器顺序写入 0xAA 和 0x55 使看门狗定时器重新装入 WDTC 的值	WO	NA
WDTV	看门狗定时器值寄存器。该寄存器读出看门狗定时器的当前值	RO	0xFF
WDCLKSEL	看门狗定时器时钟源选择寄存器	R/W	0

看门狗定时器模式寄存器 WDMOD 位描述如表 6-7 所列。

表 6-7　看门狗定时器模式寄存器 WDMOD 位描述(0x40000000)

位	符　号	描　述	复位值
0	WDEN	看门狗使能位(只能置位)。为 1 时,看门狗定时器运行	0
1	WDRESET	看门狗复位使能位(只能置位)。为 1 时,看门狗超时会引发芯片复位	0
2	WDTOF	看门狗超时标志。该位在看门狗定时器溢出时置位,由软件清零	0(外部复位)
3	WDINT	看门狗中断标志(只读,不能通过软件清零)	0
7:4	—	保留,用户软件不要向保留位写入 1。从保留位读出的值未定义	NA

一旦 WDEN 和 WDRESET 位置位,就无法使用软件将其清零。这两个标志由外部复位或 WDT 溢出清零。

WDTOF:若 WDT 溢出,该标志位置位。该标志位由软件清零。

WDINT:若 WDT 溢出,该标志位置位。该标志位仅能通过复位来清零。只要 WDT 中断被响应,它就可以在 NVIC 中禁止或不停地产生 WDT 中断请求。WDT 中断的用途就是在不进行芯片复位的前提下允许在 WDT 溢出时对其活动进行调整。

在 WDT 运行时可随时产生 WDT 复位或中断,WDT 复位或中断还具有工作时钟源。每个时钟源都可以在休眠模式中运行,IRC 可以在深度休眠模式中运行。如果在休眠或深度休眠模式中出现 WDT 中断,那么器件会被唤醒。

具体 WDT 工作模式选择如表 6-8 所列。

表 6-8　WDT 工作模式选择

WDEN	WDRESET	工作模式
0	X(0 或 1)	调试/操作模式,看门狗关闭时
1	0	看门狗中断模式:看门狗中断使能,但看门狗复位不使能。 当这种模式被选择时,看门狗计数器向下溢出时会置位 WDINT 标志,并产生看门狗中断请求
1	1	看门狗复位模式:看门狗中断和 WDRESET 都使能时的操作。 当这种模式被选择时,看门狗计数器向下溢出会复位微控制器

决定 WDT 溢出时间的是看门狗定时器常数寄存器 WDTC 中的值,看门狗定时器常数寄存器 WDTC 位描述如表 6-9 所列。该常数值为 32 位,但由于最小值只能是 0xFF,因此它的取值范围为 0xFF～0xFFFFFFFF。

表 6-9　看门狗定时器常数寄存器 WDTC 位描述

位	符　号	描　述	复位值
31:0	Count	看门狗超时间隔	0x000000FF

看门狗定时器时钟源选择寄存器 WDCLKSEL 可选择 WDT 的时钟源。WDT 的时钟源可以是内部 RC 振荡器(IRC)或 APB 外设时钟(pclk)。WDCLKSEL 的位描述如表 6-10 所列。软件可锁定时钟源的选择,可防止时钟源被修改。复位后时钟源的选择位解锁。

选择 IRC 作为 WDT 的时钟源时,WDT 在深度休眠模式中仍可继续运行,之后可复位器件或将器件从休眠模式中唤醒。

表 6-10　看门狗定时器时钟源选择寄存器 WDCLKSEL 位描述(0x40000010)

位	符　号	值	描　述	复位值
1:0	WDSEL	00 01 10 11	选择内部 RC 选择 APB 时钟 PCLK 选择 RTC 时钟 保留	00
30:2	—		保留	NA
31	WDLOCK		软件置 1,该寄存器的值锁死	0

6.2.3　WDT 的应用

WDT 的定时时间由时钟源经过选择之后再进行若干分频得到,不同微控制器,其时钟源的选择方式以及分频数有所不同。总之,WDT 总是按照分频之后的 WDT 计数脉冲来计数,当计数到 0 时产生溢出中断或复位。因此为了让系统正常工作,要考虑整个嵌入式系统软件的耗时,估计好时间,再确定 WDT 的常数值。

确定 WDT 常数的基本原则是:WDT 定时溢出时间要远大于软件运行总时间。这样当正常程序运行时,每一循环均要对 WDT 进行一次初始值的重新装入,或直接"喂狗"操作(实质也是重写常数值到 WDT),WDT 就不会产生溢出中断或复位。只有当受到干扰,程序不能正常执行时,由于没有"喂狗"操作,所以超过 WDT 的溢出时间将会产生复位或中断。如果选择使能复位,则系统会因为 WDT 溢出而复位,使系统重新进入初始状态,重新投入程序的运行。

根据 WDT 的基本原理,假设某系统程序完整运行一周期的时间是 T_p,WDT 的定时周期为 T_i,$(T_i > T_p)$,在程序运行一周期后重新设置定时器的计数值,只要程序正常运行,定时器就不会溢出。若由于干扰等原因使系统不能在 T_p 时刻修改定时器的计数值,那么定时器将在 T_i 时刻溢出,引发系统复位,使系统得以重新运行,从而起到监控作用。

"喂狗"操作不应该在中断服务程序中操作,应该在第一级主循环体中进行。如果在中断服务程序中"喂狗",在主循环体被干扰而无法正常运行时,如果激发了中断,则中断服务程序是照样运行的;但由于中断服务程序中有"喂狗"操作,所以 WDT 永远不会产生复位信号,那么主程序将永远回不到正常运行的状态。尽管没有死机,但程序已经无法按照指定的顺序执行相应的任务。

对于 LPC1700 系列 CM3 微控制器,对 WDT 操作主要包括:

① 通过看门狗定时器时钟源选择寄存器 WDCLKSEL 选择看门狗时钟源;

② 通过看门狗定时器模式寄存器 WDMOD 使能看门狗;

③ 通过看门狗定时器常数寄存器 WDTC 写入常数;

④ 通过看门狗定时器喂狗寄存器 WDFEED 写入"喂狗":序列 0xAA 和 0x55 来启动看门狗。

【例 6-5】假设一嵌入式应用系统采用 LPC1700 系列微控制器,应用程序一个主循环体运行时间为 20 ms,考虑各种中断嵌套的中断服务程序所花时间不超过 28 ms,因此可以选择 WDT 溢出时间大于 50 ms。这里为以后扩展应用程序模块留有一定时间,可设置 WDT 溢出时间为 100 ms。要求使 WDT 溢出时复位,写出 WDT 的初始化程序。

首先要根据 WDT 溢出时间 100 ms＝0.1 s 来计算要写入 WDTC 中的值。由 WDT 的溢出时间 $T_{WDT} = T_{WDCLK} \times N \times 4$ 可知,如果 WDT 的计数时钟选择 F_{PCLK},即 SyetemFrequency/4,假设 SyetemFrequency 已定义为系统时钟频率,如 4 000 000 Hz,则 WDTC 的值 N 为

$$N = 0.1/(T_{WDCLK} \times 4) = 0.1 \times 0F_{PCLK}/4 = 0.1 \times \frac{SyetemFrequency}{16}$$

按照以上步骤,可命名 WDT 初始化函数为 WDTInit,程序如下:

```
void  WDTInit (uint32_t Nms)
{
  LPC_WDT ->WDTCLKSEL = 0x01;      //选择 PCLK 作为 WDT 时钟
  LPC_WDT ->WDTC = Nms/1000 * SyetemFrequency/16;//写入 Nms 对应的 WDTC 值
  LPC_WDT ->WDTMOD = 0x03;      //使能 WTD 并设置复位模式
  LPC_WDT ->FEED = 0xAA;      //"喂狗"序列
  LPC_WDT ->FEED = 0x55;
}
```

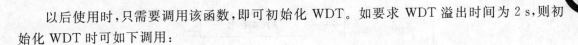

以后使用时，只需要调用该函数，即可初始化 WDT。如要求 WDT 溢出时间为 2 s，则初始化 WDT 时可如下调用：

```
WDTInit(2000);
```

初始化完 WDT 后，必须定期进行"喂狗"操作：

```
main()
{
    SystemInit();                    //系统初始化
    WDTIint(100);                    //WDT 初始化,溢出时间为 100 ms
    While(1)
    {
//执行正常任务
    __disable_irq();                 //调用 CMSIS 中断禁止函数,禁止中断,使"喂狗"序列不被中断打乱
    LPC_WDT ->FEED = 0xAA;           //"喂狗"序列
    LPC_WDT ->FEED = 0x55;
    __enable_irq();                  //调用 CMSIS 中断允许函数,允许中断
    }
}
```

6.3　实时时钟定时器 RTC

RTC(Real Time Clock)组件是一种能提供日历/时钟、数据存储等功能的专用定时组件，现代嵌入式微控制器片内大都集成了实时时钟（RTC）单元。

RTC 具有的主要功能包括 BCD 数据，有秒、分、时、日、月、年、闰年产生器，告警功能（告警中断或从断电模式唤醒）等。

6.3.1　RTC 的硬件组成

RTC 由滴答时钟发生器、闰年发生器、分频器、控制寄存器、告警发生器、复位寄存器以及年、月、日、时、分、秒寄存器等构成，如图 6－8 所示。RTC 采用单独的供电引脚和单独的时钟源，采用 32.768 kHz 晶体，由 XTAL 和 EXTAL 引脚接入，通过 2^{15} 时钟分频器得到 1 Hz 的脉冲，进而得到时钟的最小单位时间 1 s。

在一个嵌入式系统中，通常采用 RTC 来提供可靠的系统时间，包括时、分、秒和年、月、日等，而且要求在系统处于关机状态下它也能够正常工作（通常采用备用电池供电）。它的外围也不需要太多的辅助电路，典型的就是只需要一个高精度的 32.768 kHz 晶体和电阻、电容等。

RTC 供电结构如图 6－9 所示。正常工作时，可选择由 V_{dd} 为 RTC 供电，当 V_{dd} 断电后，系统自动使用 V_{bat}（外接电池）为 RTC 供电，供电系统处于超低功耗模式。

典型嵌入式微控制器的 RTC 内部组成如图 6－10 所示。有了 RTC 组件，在设定了时间日期之后，就可随时轻松获取系统时间。

通过 1 Hz 时钟，各 RTC 时间寄存器中的秒寄存器加 1，秒寄存器每 60 s 进位到分寄存

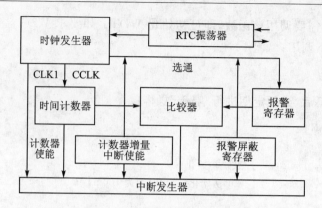

图 6 - 8   典型 RTC 内部功能结构

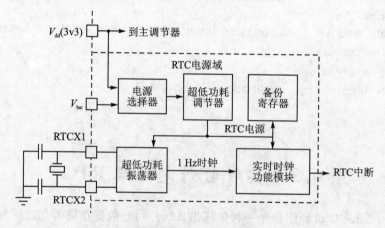

图 6 - 9   RTC 供电结构

器,分寄存器每 60 min 向小时进位,小时寄存器每 24 h 向日进位,以此类推,到年。除了正常的年、月、日、时、分、秒正常计数之外,RTC 内部还有与之对应的报警寄存器,当设置报警寄存器的值,计数到时间寄存器与报警寄存器的值相等时,将引发报警中断。

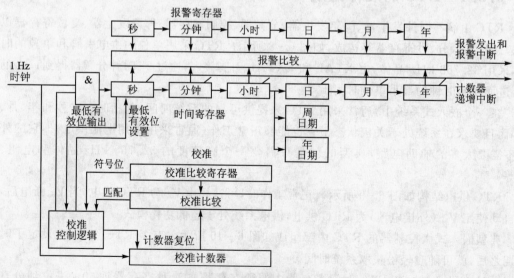

图 6 - 10   典型嵌入式微控制器的 RTC 内部组成

6.3.2　RTC 相关寄存器

RTC 包含了许多寄存器。按照功能可将（寄存器）地址空间分成 4 个部分。前 8 个地址供混合寄存器组使用,第二组的地址供定时/计数器组使用,第三组供报警寄存器组使用。

RTC 模块在从上电到 RTC 运行这段时间内,软件必须将这些寄存器初始化。因此,了解寄存器很有必要。

典型的 LPC1700 微控制器 RTC 寄存器如表 6-11 所列。

表 6-11　RTC 寄存器映射

类　别	名　称	长度/位	描　述	访　问	复位值	地　址
混合寄存器	ILR	2	中断位置寄存器	R/W	0	0x40024000
	CCR	3	时钟控制寄存器	R/W	NC	0x40024008
	CIIR	8	计数器递增中断寄存器	R/W	0	0x4002400C
	AMR	8	报警屏蔽寄存器	R/W	0	0x40024010
	RTC_AUX	1	RTC 辅助控制寄存器	R/W	0x8	0x40024050
	RTC_AUXEN	1	RTC 辅助使能寄存器	R/W	0	0x40024058
完整时间寄存器	CTIME0	32	完整时间寄存器 0	RO	NC	0x40024014
	CTIME1	32	完整时间寄存器 1	RO	NC	0x40024018
	CTIME2	32	完整时间寄存器 2	RO	NC	0x4002401C
时间计数器寄存器	SEC	6	秒计数器	R/W	NC	0x40024020
	MIN	6	分寄存器	R/W	NC	0x40024024
	HOUR	5	小时寄存器	R/W	NC	0x40024028
	DOM	5	日期（月）寄存器	R/W	NC	0x4002402C
	DOW	3	星期寄存器	R/W	NC	0x40024030
	DOY	9	日期（年）寄存器	R/W	NC	0x40024034
	MONTH	4	月寄存器	R/W	NC	0x40024038
	YEAR	12	年寄存器	R/W	NC	0x4002403C
	CALIBRATION	18	校准值寄存器	—	NC	0x40024040
通用寄存器	GPREG0	32	通用寄存器 0	R/W	NC	0x40024044
	GPREG1	32	通用寄存器 1	R/W	NC	0x40024048
	GPREG2	32	通用寄存器 2	R/W	NC	0x4002404C
	GPREG3	32	通用寄存器 3	R/W	NC	0x40024050
	GPREG4	32	通用寄存器 4	R/W	NC	0x40024054
报警寄存器	ALSEC	6	秒报警值	R/W	NC	0x40024060
	ALMIN	6	分报警值	R/W	NC	0x40024064
	ALHOUR	5	小时报警值	R/W	NC	0x40024068
	ALDOM	5	日期（月）报警值	R/W	NC	0x4002406C
	ALDOW	3	星期报警值	R/W	NC	0x40024070
	ALDOY	9	日期（年）报警值	R/W	NC	0x40024074

类　别	名　称	长度/位	描　述	访　问	复位值	地　址
报警寄 存器	ALMON	4	月报警值	R/W	NC	0x40024078
	ALYEAR	12	年报警值	R/W	NC	0x4002407C

1. 混合寄存器

(1) 中断位置寄存器 ILR

中断位置寄存器是一个只有 2 位有效位的 32 位寄存器,用于指定哪些模块产生了中断,如表 6-12 所列。向该寄存器的对应位写入 1 可清除相应的中断,写入 0 则无效。

表 6 - 12　中断位置寄存器 ILR 位描述

位	符　号	描　述	复位值
0	RTCCIF	为 1 时,计数器增量中断模块产生中断。向该位写入 1 清除计数器增量中断	0
1	RTCALF	为 1 时,报警寄存器产生中断。向该位写入 1 清除报警中断	0
31:2	—	保留。用户软件不要向保留位写入 1。从保留位读出的值未定义	NA

(2) 时钟控制寄存器 CCR

时钟控制寄存器是一个只有 4 位有效位的 32 位寄存器。它控制时钟分频电路的操作。其位描述详见表 6-13。

表 6 - 13　时钟控制寄存器 CCR 位描述

位	符　号	描　述	复位值
0	CLKEN	时钟使能。为 1 时,时间计数器使能;为 0 时禁止计数	NA
1	CTCRST	CTC 复位。为 1 时,计数器全部复位;为 0 时没有影响	0
3:2	—	保留。用户软件不要向保留位写入 1。从保留位读出的值未定义	NA
4	CCALEN	校准寄存器使能。为 1 时禁止校准寄存器,且复位为 0;为 0 时校准寄存器允许计数	NA
31:5	—	保留,用户软件不要向保留位写入 1。从保留位读出的值未定义	NA

(3) 计数器增量中断寄存器 CIIR

计数器增量中断寄存器可使计数器每增加 1 就产生一次中断。在清除增量中断之前,该中断一直保持有效。清除增量中断的方法:向 ILR 寄存器的位 0 写入 1。CIIR 位描述如表 6-14 所列。

表 6 - 14　计数器增量中断寄存器 CIIR 位描述

位	符　号	描　述	复位值
0	IMSEC	为 1 时,秒值的增加产生一次中断	NA
1	IMMIN	为 1 时,分值的增加产生一次中断	NA
2	IMHOUR	为 1 时,小时值的增加产生一次中断	NA

续表 6 - 14

位	符 号	描 述	复位值
3	IMDOM	为 1 时,日期(月)值的增加产生一次中断	NA
4	IMDOW	为 1 时,星期值的增加产生一次中断	NA
5	IMDOY	为 1 时,日期(年)值的增加产生一次中断	NA
6	IMMON	为 1 时,月值的增加产生一次中断	NA
7	IMYEAR	为 1 时,年值的增加产生一次中断	NA
31:8	—	保留	NA

（4）报警屏蔽寄存器 AMR

报警屏蔽寄存器允许用户屏蔽所有的报警寄存器。表 6 - 15 所列为 AMR 寄存器位描述。对于报警功能,若要产生中断,未被屏蔽的报警寄存器必须与对应的时间值相匹配,且只在第一次从不匹配到匹配时产生。向中断位置寄存器(ILR)的位写入 1 会清除相应的中断。如果所有屏蔽位都置位,报警将被禁止。

表 6 - 15 报警屏蔽寄存器 AMR 位描述

位	符 号	描 述	复位值
0	AMRSEC	为 1 时,秒计数值不与报警寄存器比较	0
1	AMRMIN	为 1 时,分计数值不与报警寄存器比较	0
2	AMRHOUR	为 1 时,小时计数值不与报警寄存器比较	0
3	AMRDOM	为 1 时,日期(月)计数值不与报警寄存器比较	0
4	AMRDOW	为 1 时,星期计数值不与报警寄存器比较	0
5	AMRDOY	为 1 时,日期(年)计数值不与报警寄存器比较	0
6	AMRMON	为 1 时,月计数值不与报警寄存器比较	0
7	AMRYEAR	为 1 时,年计数值不与报警寄存器比较	0
31:8	—	保留	NA

（5）RTC 辅助控制寄存器 RTC_AUX

RTC 辅助控制寄存器保存了一些附加的中断标志,这些标志都不用于实时时钟本身这部分(即记录时间经过和产生与功能相关的时间部分)。在 LPC1700 系列 Cortex - M3 微控制器中,只有附加的中断标志对 RTC 振荡器无效。RTC_AUX 位描述如表 6 - 16 所列。

表 6 - 16 RTC 辅助控制寄存器 RTC_AUX 位描述

位	符 号	描 述	复位值
3:0	—	保留。用户软件不要向保留位写入 1。从保留位读出的值未定义	NA
4	RTC_OSCF	RTC 振荡器失效探测标志。 读:该位在 RTC 振荡器停止时置位,或在 RTC 电源首次启动时置位。该位置位时,中断产生,RTC_AUXEN 中的位 RTC_OSCFEN 也会置位,NVIC 中的 RTC 中断被使能。 写:向该位写入 1 会清除这个标志	1
31:5	—	保留。用户软件不要向保留位写入 1。从保留位读出的值未定义	NA

（6）RTC 辅助使能寄存器（RTC_AUXEN—0x40024058）

RTC 辅助使能寄存器控制着是否有其他 RTC 辅助控制器的中断源被使能。其位描述如表 6 - 17 所列。

表 6 - 17　RTC 辅助使能寄存器 RTC_AUXEN 位描述

位	符　号	描　　述	复位值
3:0	—	保留。用户软件不要向保留位写入 1。从保留位读出的值未定义	NA
4	RTC_OSCFEN	振荡器失效探测中断使能。 为 0 时,RTC 振荡器失效探测中断被禁止; 为 1 时,RTC 振荡器失效探测中断被使能	0
31:5	—	保留,用户软件不要向保留位写入 1。从保留位读出的值未定义	NA

2. 完整时间寄存器

时间计数器的值可选择以一个完整格式读出,只需执行 3 次读操作即可读出所有时间计数器值。完整时间寄存器都为 32 位,如表 6 - 18～表 6 - 20 所列。每个寄存器的最低位分别位于寄存器的位 0、位 8、位 16 或位 24。

完整时间寄存器为只读寄存器。要更新时间计数器的值,必须使用时间计数器地址。

（1）完整时间寄存器 0（CTIME0）

完整时间寄存器 0 包含的时间值为:秒、分、小时和星期。其位描述如表 6 - 18 所列。

表 6 - 18　完整时间寄存器 0 位描述

位	符　号	描　　述	复位值
5:0	秒	秒值。该值的范围为 0～59	NA
7:6	—	保留。用户软件不要向保留位写入 1。从保留位读出的值未定义	NA
13:8	分	分值。该值的范围为 0～59	NA
15:14	—	保留。用户软件不要向保留位写入 1。从保留位读出的值未定义	NA
20:16	小时	小时值。该值的范围为 0～23	NA
23:21	—	保留。用户软件不要向保留位写入 1。从保留位读出的值未定义	NA
26:24	星期	星期值。该值的范围为 0～6	NA
31:27	—	保留。用户软件不要向保留位写入 1。从保留位读出的值未定义	NA

（2）完整时间寄存器 1（CTIME1）

完整时间寄存器 1 包含的时间值为:日期（月）、月和年。其位描述如表 6 - 19 所列。

表 6 - 19　完整时间寄存器 1 位描述

位	符　号	描　　述	复位值
4:0	日期（月）	日期（月）值。该值的范围为 1～28,29,30 或 31（取决于月份以及是否为闰年）	NA

位	符　号	描　　述	复位值
7:5	—	保留。用户软件不要向保留位写入 1。从保留位读出的值未定义	NA
11:8	月	月值。该值的范围为 1～12	NA
15:12	—	保留。用户软件不要向保留位写入 1。从保留位读出的值未定义	NA
27:16	年	年值。该值的范围为 0～4 095	NA
31:28	—	保留。用户软件不要向保留位写入 1。从保留位读出的值未定义	NA

（3）完整时间寄存器 2(CTIME2)

完整时间寄存器 2 仅包含的值为：日期(年)。其位描述如表 6 - 20 所列。

表 6 - 20　完整时间寄存器 2 位描述

位	符　号	描　　述	复位值
11:0	日期(年)	日期(年)。该值范围为 1～365(闰年为 366)	NA
31:12	—	保留,用户软件不要向保留位写入 1。从保留位读出的值未定义	NA

3. 时间计数器寄存器

时间值由 8 个计数器值组成,如表 6 - 21 和表 6 - 22 所列。这些计数器可对表 6 - 22 所列的单元进行读写。

表 6 - 21　时间计数器的关系和值

计数器	长度/位	计数器驱动源	最小值	最大值
秒	6	CLK1(图 6—8)	0	59
分	6	秒	0	59
小时	5	分	0	23
日期(月)	5	小时	1	28,29,30 或 31
星期	3	小时	0	6
日期(年)	9	小时	1	365 或 366(闰年)
月	4	日期(月)	1	12
年	12	月或日期(年)	0	4 095

表 6 - 22　时间计数器寄存器

名　　称	长度/位	描　　述	访　问	地　址
SEC	6	秒值。该值的范围为 0～59	R/W	0x40024020
MIN	6	分值。该值的范围为 0～59	R/W	0x40024024
HOUR	5	小时值。该值的范围为 0～23	R/W	0x40024028
DOM	5	日期(月)值。该值的范围为 1～28,29,30 或 31	R/W	0x4002402C
DOW	3	星期值。该值的范围为 0～6[1]	R/W	0x40024030
DOY	9	日期(年)值。该值的范围为 1～365(闰年为 366)	R/W	0x40024034
MONTH	4	月值。该值的范围为 1～12	R/W	0x40024038
YEAR	12	年值。该值的范围为 0～4 095	R/W	0x4002403C

4. 通用寄存器

通用寄存器组中有 5 个通用寄存器 GP0～GP4,可在主电源断开时保存重要的信息。芯片复位时,不会影响寄存器中的值。每个寄存器均为 32 位,可作为扩展寄存器存储用户信息。

5. 报警寄存器

这些寄存器的值与时间计数器相比较,如果所有未屏蔽(请参考 6.3.2 小节中"报警屏蔽寄存器 AMR")的报警寄存器都与它们对应的时间计数器相匹配,那么将产生一次中断。向中断位置寄存器的位 1 写入 1 可清除中断。表 6-23 为报警寄存器描述。

表 6-23　报警寄存器

名　称	长度/位	描　述	访问	地址
ALSEC	6	秒报警值。该值的范围为 0～59	R/W	0x4002 4060
ALMIN	6	分报警值。该值的范围为 0～59	R/W	0x40024064
ALHOUR	5	小时报警值。该值的范围为 0～23	R/W	0x40024068
ALDOM	5	日期(月)报警值。该值的范围为 1～28,29,30,31	R/W	0x4002406C
ALDOW	3	星期报警值。该值的范围为 0～6	R/W	0x40024070
ALDOY	9	日期(年)报警值。该值的范围为 1～365(闰年为 366)	R/W	0x40024074
ALMONTH	4	月报警值。该值的范围为 1～12	R/W	0x40024078
ALYEAR	12	年报警值。该值的范围为 0～4 095	R/W	0x4002407C

6.3.3　RTC 的应用

RTC 在嵌入式系统中应用广泛,只要涉及与时间相关的事件需要记录的,均要用到 RTC。使用 RTC,首先要对 RTC 初始化,其基本步骤如下:

① 通过 PCONP 打开 RTC 电源;

② 禁止时间计数器 CCR;

③ 清除中断 ILR;

④ 使能需要的报警(如秒、分或小时等);

⑤ 设置时间计数器;

⑥ 设置报警时间;

⑦ 使能 RTC 中断;

⑧ 启动 RTC。

【例 6-6】假设每天早上 7:35 准时打开电动门,晚上 6:45(18:45)准时关闭电动门,电动门通过 GPIO 的 P2.10 和 P2.11 按照如图 6-11 所示的接法控制。当 P2.10=0 且 P2.11=1 时,继电器 K1 闭合,K2 断开,Open 与 COM 短接而开门;当 P2.10=1 且 P2.11=0 时,继电器 K2 闭合,K1 断开,Close 与 COM 短接而关门。

要实现这一功能,首先要设置好时间计数器的值和报警计数器的值。在第一次报警时间 7:35 到达时,进行开门操作(即 P2.10=0,P2.11=1),同时重新预置新的报警时间为 18:45;

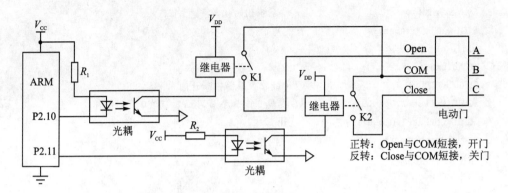

图 6 - 11　RTC 定时控制应用

当第二次报警时间到达时再进行关门操作（P2.10＝1,P2.11＝0）,同时预置报警时间为 6:35……

　　按照上述步骤初始化 RTC 如下：

```
uint32_t  RTCInit (uint16_t  * pusRtcTime)
{
    LPC_RTC ->CCR = 0x0;             /* 禁止 RTC 计数 */
    LPC_RTC ->ILR = 0x03;           /* 清除中断 */
    LPC_RTC ->CIIR = 0x0;           /* 禁止增量中断 */
    LPC_RTC ->AMR = 0xF9;           /* 使能时和分报警 */
/* 设置准确的时间,写入时间寄存器 */
    LPC_RTC ->YEAR = pusRtcTime[0]; /* 年 */
    LPC_RTC ->MONTH = pusRtcTime[1]; /* 月 */
    LPC_RTC ->DOM = pusRtcTime[2];  /* 日 */
    LPC_RTC ->DOW = pusRtcTime[3];  /* 星期 */
    LPC_RTC ->HOUR = pusRtcTime[4]; /* 时 */
    LPC_RTC ->MIN = pusRtcTime[5];  /* 分 */
    LPC_RTC ->SEC = pusRtcTime[6];  /* 秒 */
    LPC_RTC ->ALHOUR = 6;           /* 时报警为 6 */
    LPC_RTC ->ALMIN = 35;           /* 分报警为 35 */
    NVIC_EnableIRQ(RTC_IRQn);       /* 开 RTC 中断 */
    NVIC_SetPriority(RTC_IRQn, 5);  /* 设置 RTC 优先级为 5 */
    LPC_RTC ->CCR = 0x01;           /* 启动 RTC 允许计数开始 */
    return (1);
}

#define  Open     10    //P2.10
#define  Close    11    //P2.11
volatile uint32_t    GulRTCFlag = 0;//RTC 报警标志清除
volatile uint32_t    RTCALTimes = 0;//记录 RTC 报警次数
int  main (void)
{
    uint16_t usTimeSet[7] = {2015,6, 10, 5, 15, 5, 25};  /* 2015 年 6 月 10 日星期五,下午 3:05:25 */
```

```
        SystemInit();                      /* 系统初始化 */
        RTCInit(usTimeSet);                /* 初始化 RTC */
        while (1) {
    if (RTCALTimes) {
      if (GulRTCFlag) {                     /* 奇数次报警中断开门 */
        GPIO_OutPut(2,Open,0);              //参见 5.5.3 小节,让 P2.10 = 0 开门操作
        GPIO_OutPut(2,Close,1);            //让 P2.11 = 1
        LPC_RTC ->ALHOUR = 6;              /* 时报警为 6 */
        LPC_RTC ->ALMIN = 35;              /* 分报警为 35 */
        }
      else     {                           /* 偶数次报警中断关门 */
        GPIO_OutPut(2,Clse,0);             //参见 5.5.3 小节,让 P2.11 = 1 关门操作
        GPIO_OutPut(2,Open,1);            //P2.10 = 1
        LPC_RTC ->ALHOUR = 18;             /* 时报警为 18 */
        LPC_RTC ->ALMIN = 45;             /* 分报警为 45 */
      }
    }
    RTCALTimes = 0;       //清除标志,不能一直开关门,只有报警到达时才执行开关门操作
        }
    }
```

中断服务程序如下:

```
RTC_IRQHandler(void)
{
        extern volatile uint32_t  GulRTCFlag,RTCALTimes;
        GulRTCFlag ++ ;
          RTCALTimes = 1;
        LPC_RTC ->ILR = 0x03;             /* 清中断标志 */
}
```

以上例子中可以在 main 函数的主循环体中不断查询时间寄存器的值,可用于显示,通信输出等与时间有关的事件处理。

6.4 PWM 定时器

PWM(Pulse Width Modulation,脉冲宽度调制)是对模拟信号电平进行数字编码的一种处理方法。通过高分辨率计数器,被调制方波的占空比用来对一个具体模拟信号的电平进行编码,可广泛应用于电子、机械、通信、功率控制等多个领域。

利用 PWM 可以控制脉冲的周期(频率)以及脉冲的宽度,达到有效控制输出的目的。如对电机的控制、灯光的控制、空调的控制等,还可实现 DAC 的功能。

6.4.1 PWM 概述

1962 年,Nicklas 等提出了脉冲调制理论,指出利用喷气脉冲对航天器控制是简单有效的

控制方案,同时能使时间或能量达到最优控制。

通过高分辨率计数,PWM 信号本身仍然是数字信号,因为在给定的任何时刻,满幅值的直流供电要么完全有,要么完全无。电压或电流源是以一种通(有)或断(无)的重复脉冲序列被加到模拟负载上去的。通的时候是直流供电被加到负载上,断的时候是供电被断开。只要带宽足够,任何模拟值都可以使用 PWM 进行编码。

无论是电感性负载还是电容性负载,大多数需要的调制频率高于 10 Hz,通常调制频率为 1~200 kHz。

目前,大多数嵌入式微控制器片内都包含有 PWM 控制器。有的是一个 PWM 控制器,也有多个 PWM 控制器可供选择。每一个 PWM 控制器均可以选择接通时间(脉冲宽度)和周期(或频率)。占空比是接通时间(比如定义高电平导通)与周期之比,调制频率为周期的倒数。

PWM 输出的一个优点是从微控制器到被控系统信号都是数字形式的,无需进行数/模转换。让信号保持为数字形式可将噪声影响降到最小。噪声只有在强到足以将逻辑 1 改变为逻辑 0(或将逻辑 0 改变为逻辑 1)时,才能对数字信号产生影响。因此 PWM 输出抗干扰能力很强。

图 6-12(a)为简单 PWM 灯控电路原理图,(b)为采用不同 PWM 占空比灯得电的波形图。

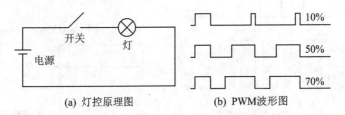

(a) 灯控原理图　　　　(b) PWM波形图

图 6-12　基于 PWM 的灯控原理及波形图

从 PWM 波形图可知,对于采用 10% 占空比的 PWM 波形,如果电源电压为 12 V,则平均加在灯上的电压只有 12 V × 10% = 1.2 V,相当于输出 1.2 V 模拟电压信号;如果采用 50% 占空比的 PWM 波形,则平均加在灯上的电压为 12 V × 50% = 6 V,相当于输出 6 V 的模拟信号;如果采用 70% 占空比的 PWM 波形,则平均加在灯上的电压为 12 V × 70% = 8.4 V,相当于 8.4 V 的模拟信号。因此,不同占空比其灯的亮度不同。占空比越大,灯越亮,占空比越小,灯越暗。因此可以利用 PWM 技术控制灯的调光。

对噪声抵抗能力的增强是 PWM 相对于模拟控制的另外一个优点,而且这也是在某些时候将 PWM 用于通信的主要原因。从模拟信号转向 PWM 可以极大地延长通信距离。在接收端,通过适当的 RC 或 LC 网络可以滤除调制高频方波并将信号还原为模拟形式。

总之,PWM 既经济又节约空间,且抗噪性能强,是一种值得推广应用的有效控制技术。

6.4.2　PWM 工作原理

PWM 的基本原理:控制方式就是对逆变电路开关器件的通断进行控制,使输出端得到一系列幅值相等的脉冲,用这些脉冲来代替正弦波或所需要的波形。也就是在输出波形的半个周期中产生多个脉冲,使各脉冲的等值电压为所量化的波形,所获得的输出平滑且低次谐波少。按一定的规则对各脉冲的宽度进行调制,即可改变逆变电路输出电压的大小,也可改变输出频率。

例如,把一段周期性变化的波形如正弦波分成 N 等份,就可把该波形看成由 N 个彼此相连的脉冲所组成的波形。这些脉冲宽度相等,都等于 $\prod/n$,但幅值不等,且脉冲顶部不是水平直线,而是曲线。各脉冲的幅值按原波形规律变化,如图 6-13(上)所示。这种方式称为幅度调制 AM。

如果把上述脉冲序列用同样数量的等幅而不等宽的矩形脉冲序列代替,如图 6-13(下)所示,使矩形脉冲的中点和相应正弦等分的中点重合,且使矩形脉冲和相应指定波形部分面积(即冲量)相等,就得到一组脉冲序列,称为脉冲宽度调制。该波形就是 PWM 波形。可以看出,各脉冲宽度是按正弦规律变化的。根据冲量相等效果相同的原理,PWM 波形和正弦半波是等效的。对于正弦的负半周,也可以用同样的方法得到 PWM 波形。

在 PWM 波形中,各脉冲的幅值是相等的,要改变等效输出正弦波的幅值,只要按同一比例系数改变各脉冲的宽度即可。单个 PWM 周期如图 6-14 所示。

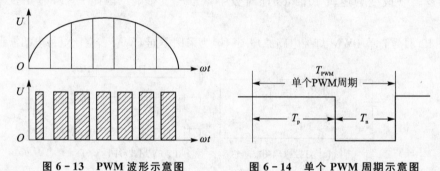

图 6-13　PWM 波形示意图　　　　图 6-14　单个 PWM 周期示意图

T_p 为 PWM 一个周期的高电平宽度;T_n 为 PWM 一个周期的低电平宽度;一个 PWM 周期 $T_{PWM}=T_p+T_n$,占空比为 T_p/T_{PWM}。正脉冲宽度越大,占空比越大,输出能量也越大。

嵌入式微控制器内部 PWM 硬件一般构成如图 6-15 所示。通过不同的时钟源的选择及分频之后得到 PWM 计数时钟,频率为 f_{PWM},PWM 计数初值决定 PWM 周期和正脉冲宽度(或占空比),大部分有两类寄存器存放。一类是初始计数值决定 PWM 周期,另一类是匹配寄存器决定占空比。当 PWM 计数器计数满足正脉冲宽度所计输入脉冲个数时,产生匹配中断,输出发生翻转由高电平变为低电平,继续计数到 PWM 周期所对应的计数脉冲个数时,PWM 输出再回到高电平,完成一个 PWM 周期的操作。只要改变正脉冲的计数脉冲个数(即占空比)即可输出不同宽度的 PWM 波形。

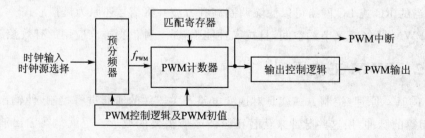

图 6-15　PWM 的构成

决定 PWM 输出精度的是 PWM 分辨率。PWM 分辨率是由多位数字量来逼近一个周期的模拟量决定的。通常,把一个周期采用多少个二进制位数来描述正脉冲的宽度。如 8 位 PWM 在一个 PWM 周期,其正脉冲宽度可以由 $0\sim255$ 个 PWM 计数脉冲来表示;10 位 PWM 其正脉冲宽度可以由 $0\sim1\,023$ 个 PWM 计数脉冲来表示;12 位 PWM 其正脉冲宽度可以由 $0\sim4\,095$ 个 PWM 计数脉冲来表示;16 位 PWM 其正脉冲宽度可以由 $0\sim65\,535$ 个 PWM 计数脉冲来表示。32 位 PWM 正脉冲个数为 $0\sim2^{32}-1$ 个 PWM 计数脉冲。

6.4.3 PWM 硬件组成及引脚

LPC1700 系列微控制器的 PWM 与通用定时/计数器 Timer 类似,具有匹配、捕获等功能,也有输出。这里的输出不同的是 PWM 比 Timer 功能更强大,输出形式多样。PWM 硬件组成如图 6-16 所示。

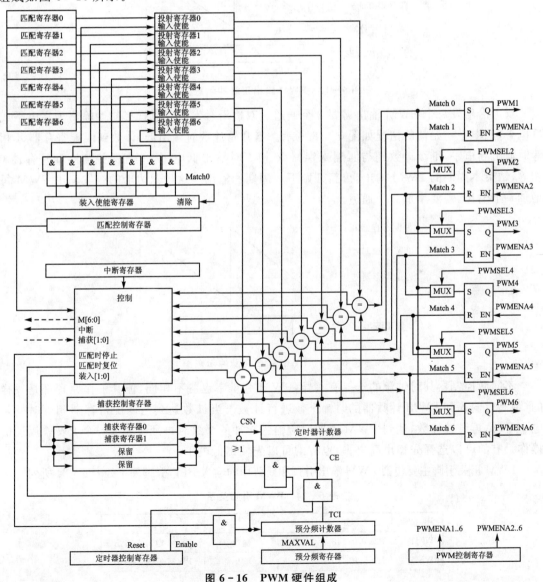

图 6-16 PWM 硬件组成

由图 6-16 可以看出,共有 6 个 PWM 输出,而每个 PWM 输出均与匹配寄存器 0 有关系,这是因为 6 个 PWM 输出共用一个匹配寄存器 0 来控制 PWM 周期,其他各自匹配寄存器决定各自的 PWM 脉冲宽度(即占空比)。

LPC1700 系列微控制器有单边沿和双边沿触发输出的选择,默认采用单边沿触发,详见 PWM 控制寄存器相关位说明。图 6-17 为单边沿触发输出的情况。在单边沿触发下,输出的脉冲起始为高,当计数到与匹配寄存器 $x(x=1\sim6)$ 相等时,输出低电平;当计数到与匹配寄存器 0 相等时,返回高电平,完成一个 PWM 周期的输出。从图中可以看出,匹配寄存器 0 决定 PWM 周期,而其他 6 个通道的匹配寄存器的值决定占空比(即决定正脉冲的宽度)。这种单边沿触发 6 个通道可以有 6 个 PWM 输出,它们的周期相同,但占空比可以独立控制。

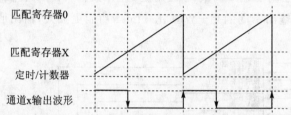

图 6-17　PWM 输出正脉冲示意图

双边沿触发每个 PWM 输出需要 2 个通道。双边沿触发还可以选择初始输出为高电平或低电平,低电平初始值的情况如图 6-18 所示。当开始计数时输出低,计数到匹配寄存器 X 相等时输出高电平,继续计数到与匹配寄存器 Y 相等时输出低电平,一直保持与匹配寄存器 0 相等,结束本周期的 PWM 输出,重新开始下一周期的输出。这种双边沿的触发输出 PWM 每增加一个输出,需要增加 2 个通道。

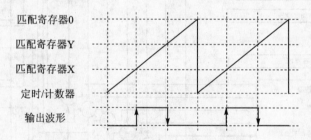

图 6-18　PWM 输出负脉冲示意图

不同微控制器其时钟源的选择有差异,PWM 分辨率也各不相同,但其工作原理都是一样的,都是对输入到 PWM 计数器的时钟个数进行计数。当计数达到与匹配寄存器相等时发生电平翻转,再继续计数,达到 PWM 周期对应输入脉冲的个数时再翻转完成一个 PWM 周期的操作。有的可以选择先输出高电平,也有的可以先输出低电平。

PWM 相关引脚主要包括 PWM 输出引脚和捕获用的输入引脚,引脚关系如表 6-24 所列。

表 6-24　PWM 引脚关系

引　脚	LPC1700引脚	类　型	描　述
PWM1[1]	P2.0,P1.18	输出	PWM 通道 1 输出
PWM1[2]	P2.1,P1.20,P3.25	输出	PWM 通道 2 输出

续表 6 - 24

引　脚	LPC1700 引脚	类　型	描　述
PWM1[3]	P2.2,P1.21,P3.26	输出	PWM 通道 3 输出
PWM1[4]	P2.3,P1.23	输出	PWM 通道 4 输出
PWM1[5]	P2.4,P1.24	输出	PWM 通道 5 输出
PWM1[6]	P2.5,P1.26	输出	PWM 通道 6 输出
PCAP[0]	P2.6,P1.28	输入	捕获输入
PCAP[1]	P1.29	输入	捕获输入

使用 PWM 输出必须事先配置好 PWM 引脚,参见后面的应用。

6.4.4　PWM 相关寄存器

1. PWM 定时器控制寄存器 PWM1TCR

PWM 定时器控制寄存器(PWM1TCR)用来控制 PWM 定时/计数器的操作。每个位的功能如表 6 - 25 所列。

表 6 - 25　PWM 定时器控制寄存器位描述(PWM1TCR—0x40018004)

位	含　义	值	描　述	复位值
0	计数器使能	1	PWM 定时/计数器使能	0
		0	计数器被禁止	
1	计数器复位	1	PWM 定时/计数器复位	0
		0	清零复位	
2	—	保留		NA
3	PWM 使能	1	PWM 模式使能(计数器复位为 1)	0
		0	定时器模式被使能(计数器复位为 0)	
31:4	—	保留		NA

PWM1TCR 寄存器决定是否使能计数器,是否使能计数器复位以及是否允许 PWM。

2. PWM 计数控制寄存器 PWM1CTCR

PWM 计数控制寄存器(PWM1CTCR)用来在定时器模式和计数器模式之间进行选择,并在计数器模式中选择进行计数的引脚和边沿。各个位的功能如表 6 - 26 所列。

表 6 - 26　PWM 计数控制寄存器位描述(PWM1CTCR—0x40018070)

位	含　义	值	描　述	复位值
1:0	计数器/ 定时器 模式	00	定时器模式。当预分频计数器和预分频寄存器匹配时 TC 加 1	00
		01	计数器模式。通过设置位 3:2 使 TC 在 PCAP 输入信号的上升沿加 1	
		10	计数器模式。通过设置位 3:2 使 TC 在 PCAP 输入信号的下降沿加 1	
		11	计数器模式。通过设置位 3:2 使 TC 在 PCAP 输入信号的上升沿和下降沿都加 1(双边沿均加 1)	
3:2	计数输入 选择	00	计数模式下,选择从 PCAP1.0 引脚输入	00
		01	计数模式下,选择从 PCAP1.1 引脚输入	
31:4	—	保留	用户软件不应向其写入 1。从保留位读出的值未定义	NA

PWM1CTCR 寄存器决定是定时模式还是计数模式,以及计数模式下的触发形式,计数从哪个引脚输入。

3. PWM 匹配控制寄存器 PWM1MCR

PWM 匹配控制寄存器用来控制在 PWM 匹配寄存器与 PWM 定时器计数器匹配时所执行的操作。每个位的功能如表 6-27 所列。

表 6-27   PWM 匹配控制寄存器位描述(PWM1MCR—0x40018014)

位	符 号	值	描 述	复位值
0	PWMMR0I	1	PWMMR0 与 PWMTC 的值相匹配时产生中断	0
		0	该中断被禁止	
1	PWMMR0R	1	PWMMR0 与 PWMTC 的值相匹配时 PWMTC 复位	0
		0	该特性被禁止	
2	PWMMR0S	1	PWMMR0 与 PWMTC 的值相匹配,将 PWMTC 和 PWMPC 停止,PWMTCR[0]复位为 0	0
		0	该特性被禁止	
3	PWMMR1I	1	PWMMR1 与 PWMTC 的值相匹配时产生中断	0
		0	该中断被禁止	
4	PWMMR1R	1	PWMMR1 与 PWMTC 的值相匹配时 PWMTC 复位	0
		0	该特性被禁止	
5	PWMMR1S	1	PWMMR1 与 PWMTC 的值相匹配,将 PWMTC 和 PWMPC 停止,PWMTCR[0]复位为 0	0
		0	该特性被禁止	
6	PWMMR2I	1	PWMMR2 与 PWMTC 的值相匹配时产生中断	0
		0	该中断被禁止	
7	PWMMR2R	1	如果 PWMMR2 与 PWMTC 的值相匹配,则 PWMTC 和 PWMPC 停止,PWMTCR[0]复位为 0	0
		0	该特性被禁止	
8	PWMMR2S	1	如果 PWMMR2 与 PWMTC 的值相匹配,则 PWMTC 和 PWMPC 停止,PWMTCR[0]复位为 0	0
		0	该特性被禁止	
9	PWMMR3I	1	PWMMR3 与 PWMTC 的值相匹配时产生中断	0
		0	该中断被禁止	
10	PWMMR3R	1	PWMMR3 与 PWMTC 的值相匹配时 PWMTC 复位	0
		0	该特性被禁止	
11	PWMMR3S	1	如果 PWMMR3 与 PWMTC 的值相匹配,则 PWMTC 和 PWMPC 停止,PWMTCR[0]复位为 0	0
		0	该特性被禁止	
12	PWMMR4I	1	PWMMR4 与 PWMTC 的值相匹配时产生中断	0
		0	该中断被禁止	

位	符 号	值	描 述	复位值
13	PWMMR4R	1	PWMMR4 与 PWMTC 的值相匹配时 PWMTC 复位	0
		0	该中断被禁止	
14	PWMMR4S	1	如果 PWMMR4 与 PWMTC 的值相匹配,则 PWMTC 和 PWMPC 停止,PWMTCR[0]被设为 0	0
		0	该特性被禁止	
15	PWMMR5I	1	PWMMR5 与 PWMTC 的值相匹配时产生中断	0
		0	该中断被禁止	
16	PWMMR5R	1	PWMMR5 与 PWMTC 的值相匹配时 PWMTC 复位	0
		0	该特性被禁止	
17	PWMMR5S	1	如果 PWMMR5 与 PWMTC 的值相匹配,则 PWMTC 和 PWMPC 停止,PWMTCR[0]被设为 0	0
		0	该特性被禁止	
18	PWMMR6I	1	PWMMR6 与 PWMTC 的值相匹配时产生中断	0
		0	该中断被禁止	
19	PWMMR6R	1	PWMMR6 与 PWMTC 的值相匹配时 PWMTC 复位	0
		0	该特性被禁止	
20	PWMMR6S	1	如果 PWMMR6 与 PWMTC 的值相匹配,则 PWMTC 和 PWMPC 停止,PWMTCR[0]被设为 0	0
		0	该特性被禁止	
31:21	—		保留。用户软件不应向其写入 1。从保留位读出的值未定义	NA

PWM1MCR 寄存器决定计数到与每个匹配寄存器相等时是否产生中断以及是否产生复位。如果通过输出引脚产生 PWM 输出波形,则匹配时无需中断,但一定要让 PWMTC 复位,才能进入下一个 PWM 周期。

4. PWM 捕获控制寄存器 PWM1 CCR

PMW 捕获控制寄存器用来控制在出现捕获事件时是否向 4 个捕获寄存器中的一个加载定时/计数器的值,以及决定是否产生中断。上升沿和下降沿可以同时设置,这将导致在两个边沿上都会发生捕获事件。在表 6 - 28 描述中,n 代表定时器的编号 0 或 1。

表 6 - 28　PWM 捕获控制寄存器位描述(PWM1CCR—0x40018028)

位	含 义	值	描 述
0	在 PCAPn.0 的上升沿进行捕获	0	该特性被禁止
		1	同步采样到的 PCAPn.0 上升沿将使 TC 的值载入 CR0
1	在 PCAPn.0 的下降沿进行捕获	0	该特性被禁止
		1	同步采样到的 PCAPn.0 下降沿将使 TC 的值载入 CR01
2	发生 PCAPn.0 事件时产生中断	0	该特性被禁止
		1	由 PCAPn.0 事件引发的 CR0 装载将产生中断

位	含　义	值	描　　述
3	在 PCAPn.1 的上升沿进行捕获[1]	0	该特性被禁止
		1	同步采样到的 PCAPn.1 上升沿将使 TC 的值载入 CR1
4	在 PCAPn.1 的下降沿进行捕获	0	该特性被禁止
		1	同步采样到的 PCAPn.1 下降沿将使 TC 的值载入 CR1
5	发生 PCAPn.1 事件时产生中断[1]	0	该特性被禁止
		1	由 PCAPn.1 事件引发的 CR1 装载将产生中断
31:66	—		保留,用户软件不应向其写入 1。从保留位读出的值未定义

PWM1CCR 决定捕获方式下捕获输入引脚捕获的时机是上升沿还是下降沿,还决定发生捕获时是否允许中断产生。复位时各位为 0,各捕获和中断特性被禁止。

5. PWM 控制寄存器 PWM1PCR

PWM 控制寄存器用来使能和选择每个 PMW 通道的类型。每个位的功能如表 6－29 所列。

表 6－29　PWM 控制寄存器位描述(PWM1PCR—0x4001804C)

位	符　号	值	描　　述	复位值
1:0	—	未使用,始终为 0		NA
2	PWMSEL2	1	选择 PWM2 输出为双边沿控制的模式	0
		0	选择 PWM2 输出为单边沿控制的模式	
3	PWMSEL3	1	选择 PWM3 输出为双边沿控制的模式	0
		0	选择 PWM3 输出为单边沿控制的模式	
4	PWMSEL4	1	选择 PWM4 输出为双边沿控制的模式	0
		0	选择 PWM4 输出为单边沿控制的模式	
5	PWMSEL5	1	选择 PWM5 输出为双边沿控制的模式	0
		0	选择 PWM5 输出为单边沿控制的模式	
6	PWMSEL6	1	选择 PWM6 输出为双边沿控制的模式	0
		0	选择 PWM6 输出为单边沿控制的模式	
8:7	—	保留		NA
9	PWMENA1	1	使能 PWM1 输出	0
		0	禁止 PWM1 输出	
10	PWMENA2	1	使能 PWM2 输出	0
		0	禁止 PWM2 输出	
11	PWMENA3	1	使能 PWM3 输出	0
		0	禁止 PWM3 输出	
12	PWMENA4	1	使能 PWM4 输出	0
		0	禁止 PWM4 输出	
13	PWMENA5	1	使能 PWM5 输出	0
		0	禁止 PWM5 输出	
14	PWMENA6	1	使能 PWM6 输出	0
		0	禁止 PWM6 输出	
31:15	—	未使用,始终为 0		NA

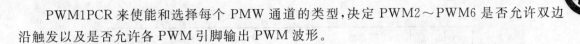

PWM1PCR 来使能和选择每个 PMW 通道的类型,决定 PWM2～PWM6 是否允许双边沿触发以及是否允许各 PWM 引脚输出 PWM 波形。

6. PWM 锁存使能寄存器 PWM1 LER

当 PWM 匹配寄存器用来产生 PWM 时,PWM 锁存使能寄存器用来控制 PWM 匹配寄存器的更新。当定时器处于 PWM 模式时,如果软件对 PWM 匹配寄存器地址执行写操作,写入值将被捕获,但不立即使用。

当 PWM 匹配 0 事件发生时(在 PWM 模式下,通常也会复位定时器),如果对应的锁存使能寄存器位已经置位,那么映像寄存器的内容将传送到实际的匹配寄存器中。此时,新的值将生效并决定下一个 PWM 周期。当发生新值传送时,LER 中的所有位都自动清零。在 PWM-LER 中相应位置位和 PWM 匹配 0 事件发生之前,任何写入 PWM 匹配寄存器的值都不会影响 PWM 操作。

PWM1 LER 中所有位的功能如表 6 - 30 所列。

表 6 - 30　PWM 锁存使能寄存器位描述(PWM1LER—0x40018050)

位	含 义	描 述	复位值
0	PWM 匹配 0 锁存使能	将该位置位允许最后写入 PWM 匹配 0 寄存器的值在由 PWM 匹配事件引起的下次定时器复位时生效	0
1	PWM 匹配 1 锁存使能	将该位置位允许最后写入 PWM 匹配 1 寄存器的值在由 PWM 匹配事件引起的下次定时器复位时生效	0
2	PWM 匹配 2 锁存使能	将该位置位允许最后写入 PWM 匹配 2 寄存器的值在由 PWM 匹配事件引起的下次定时器复位时生效	0
3	PWM 匹配 3 锁存使能	将该位置位允许最后写入 PWM 匹配 3 寄存器的值在由 PWM 匹配事件引起的下次定时器复位时生效	0
4	PWM 匹配 4 锁存使能	将该位置位允许最后写入 PWM 匹配 4 寄存器的值在由 PWM 匹配事件引起的下次定时器复位时生效	0
5	PWM 匹配 5 锁存使能	将该位置位允许最后写入 PWM 匹配 5 寄存器的值在由 PWM 匹配事件引起的下次定时器复位时生效	0
6	PWM 匹配 6 锁存使能	将该位置位允许最后写入 PWM 匹配 6 寄存器的值在由 PWM 匹配事件引起的下次定时器复位时生效	0
31:7	—	保留,用户软件不应向其写入 1。从保留位读出的值未定义	NA

由表 6 - 30 可知,要使 PWM 输出,所有使用的通道必须锁存其使能。

7. PWM 中断寄存器 PWM IR

PWM 中断寄存器 PWM IR 记录 PWM 相关中断标志,如 7 个通道的匹配中断 MR0～MR6 以及两个捕获中断标志 CAP0 和 CAP1,具体位的含义如表 6 - 31 所列。

表 6 - 31　PWM 中断寄存器位描述(PWMIR—0x40018000)

位	符 号	描 述	复位值
0	PWMMR0	通道 0 匹配中断标志	0
1	PWMMR1	通道 1 匹配中断标志	0
2	PWMMR2	通道 2 匹配中断标志	0

续表 6 - 31

位	符 号	描 述	复位值
3	PWMMR3	通道 3 匹配中断标志	0
4	PWMCAP0	CAP0 中断标志	0
5	PWMCAP1	CAP1 中断标志	0
7:6	—	保留	0
8	PWMMR4	通道 4 匹配中断标志	0
9	PWMMR5	通道 5 匹配中断标志	0
10	PWMMR6	通道 6 匹配中断标志	0
31:11	—	保留	NA

8. PWM 预分频计数器 PWM1PC

PWM 预分频计数器 PWM1PC 使用预分频系数来控制 PCLK 的分频,用于 PWM 定时/计数器 TC。PWM1PC 每个 PCLK 周期加 1,当达到 PWM 预分频寄存器中保存的值时,PWM 定时/计数器 TC 加 1。

6.4.5 PWM 的应用

PWM 控制技术主要应用在电力电子技术行业,如风力发电、电机调速、电灯调光、直流供电等领域,应用非常广泛。

1. PWM 输出周期与占空比

LPC1700 系列微控制器的 PWM 部件所接时钟为 PCLK,通过预分频后得到输入频率为 f_{PWMIN},则:

$$f_{\text{PWMIN}} = \frac{F_{\text{PCLK}}}{\text{PWM1PR} + 1} \tag{6-10}$$

PWM 的输出频率为

$$F_{\text{PWMOUT}} = f_{\text{PWMIN}} / \text{PWM1MR0} = F_{\text{PCLK}} / [\text{PWM1MR0} \times (\text{PWM1PR} + 1)] \tag{6-11}$$

式中,F_{PCLK} 为 ABP 时钟 PCLK 对应的频率;PWM1MR0 为 PWM 匹配控制寄存器 0 的值;PWM1PR 为 PWM 预分频计数器的值。

PWM 的输出周期为

$$T_{\text{PWMOUT}} = \text{PWM1MR0} \times (\text{PWM1PR} + 1) / F_{\text{PLCK}} \tag{6-12}$$

因此,决定 PWM 周期的 PWM1MR0 的值为

$$\text{PWM1MR0} = F_{\text{PCLK}} / [f_{\text{PWMOUT}} \times (\text{PWM1PR} + 1)] \tag{6-13}$$

PWM 输出占空比由 PWM1MR1~PWM1MR6 决定,但周期是一样的。

$$\text{各通道的占空比} = \text{PWM1MR}i / \text{PMW1MR0} \quad (i = 1, \cdots, 6)$$

如果要达到 50% 的占空比,则 PMW1MRi = PWM1MR0/2;如果要求输出占空比为 DutyRatio%(DutyRatio=0~100),可设置匹配寄存器 PWM1MRi 的值

$$\text{PWM1MR}i = \text{PWM1MR0} \times \text{DutyRatio} / 100 \tag{6-14}$$

2. PWM 输出模式的应用

对于 PWM 输出模式的编程应用,需要做的主要工作有:

① 确定 PWM 输出引脚;

② 通过 PWM1PR 确定 PWM 分频系数,以决定 PWM 计数时钟;

③ 通过 PWM1MCR 配置 PWM 输出操作模式;

④ 配置 PWM1PCR 决定单边输出,并使能输出;

⑤ 写 PWM1MR0 确定 PWM 输出周期或频率;

⑥ 写 PWM1MRi 确定占空比;

⑦ 通过 PWM1TCR 使能 PWM 定时器并使能 PWM 功能。

值得说明的是,在利用 PWM 模块进行 PWM 输出的时候,一般不需要使能 PWM 中断,除非特殊要求。比如在一个 PWM 输出周期完成后要处理一件事务,则可以在中断处理程序中完成。

【例 6 - 7】利用 P2.5 作为 PWM 通道 6 输出频率为 100 kHz、占空比(0~100%)可调节的 PWM 波形,初始化 PWM 函数(用 P2 端口作为 PWM 输出)。

以下为 PWM 初始化函数。

入口参数:

① PWMi 为 PWM 通道号(i=1~6)。

② F_{out} 为 PWM 输出频率,单位为 Hz。

③ Select 为占空比选择,为 0 表示 DutyRatio 不按照百分比计算,为 1 表示按照百分比计算。

④ DutyRatio 为占空比参数。当 Select=0 时,它的范围为 0~MR0;当 Select=1 时,它的范围为 0~100,表示 0~100%的占空比。

```
PWMInit (uint8_t PWMi, uint32_t  Fout, uint8_t  Select, uint32_t  DutyRatio)
{
uint32_t  temp;
temp = SystemFrequency/4/Fout;//输出 Fout,单位 Hz
switch(PWMi)
{
    case 1://参照表 5 - 14 对 PWM 输出引脚进行配置
      LPC_PINCON ->PINSEL4 |= (0x01 ≪ 0);//P2.0 用作 PWM1 输出
    break;
    case 2:
      LPC_PINCON ->PINSEL4 |= (0x01 ≪ 2);//P2.1 用作 PWM2 输出
    break;
    case 3:
      LPC_PINCON ->PINSEL4 |= (0x01 ≪ 4);//P2.2 用作 PWM3 输出
    break;
    case 4:
      LPC_PINCON ->PINSEL4 |= (0x01 ≪ 6);//P2.3 用作 PWM4 输出
    break;
    case 5:
```

```
        LPC_PINCON ->PINSEL4 | = (0x01 ≪ 8);//P2.4 用作 PWM5 输出
    break;
    case 6:
        LPC_PINCON ->PINSEL4 | = (0x01 ≪ 10);//P2.5 用作 PWM6 输出
    break;
    }
    LPC_PWM1 ->PR = 0;           //不分频
    LPC_PWM1 ->MCR = 0x02;        //计数器的值与匹配寄存器的值相等时复位计数器
    LPC_PWM1 ->PCR| = 1 ≪ 14;//PWM 输出单边沿,使能 PWM6 输出
    LPC_PWM1 ->MR0 = temp;        //写 MR0 决定 PWM 周期(单位 s)
if (Select == 1) {
    if (DutyRatio > 100) LPC_PWM1 ->MR6 = 100;
    else   LPC_PWM1 ->MR6 = temp/100 * DutyRatio;
    }
else {
    if (DutyRatio > temp) LPC_PWM1 ->MR6 = temp;
    else   LPC_PWM1 ->MR6 = temp * DutyRatio;
    }
    LPC_PWM1 ->LER = (1 ≪ 0)|(1 ≪ 6);        //匹配寄存器 0 和匹配寄存器 6 锁存使能
    LPC_PWM1 ->TCR = 1 ≪ 1;                  //计数器复位
    LPC_PWM1 ->TCR = (1 ≪ 0)|(1 ≪ 3);        //使能计数器,PWM 使能
}
```

如本例,要在 P2.5 引脚产生 100 kHz 的 PWM 输出,占空比为 85%,则可调用初始化函数:

```
PWMInit(6,100000,1,85);   //在 PWM6(P2.5)引脚输出 100 kHz,占空比为 85%的连续波
```

如果不按照占空比(%)来输出,如让 P2.1 输出占空比参数为 380,输出频率为 8 kHz,则可如下调用:

```
PWMInit(2,8000,0,380);   //在 PWM2(P2.1)引脚输出 8 kHz 连续波
```

3. 利用 PWM 在模拟输出中的应用

PWM 可以用来模拟 DAC 输出,在没有 DAC 硬件或有但 ADC 分辨率不能满足要求的情况下,可以使用 PWM 技术来实现 DAC 输出。尽管 PWM 是数字信号,但由于它是工作频率在 1~200 kHz 范围内为周期性脉冲序列,因此在外部通过滤波的方法,很容易得到模拟电压的输出。

【例 6-8】假设嵌入式微控制器 LPC1700 系列微控制器 PWM 输出引脚为 PWM1(采用 P1.18引脚),利用外部滤波可以通过 PWM 模拟 DAC 输出,如图 6-19 所示。假设输出 PWM 输出频率为 10 kHz。通过改变占空比来控制输出电压的高低,占空比参数放变量 DutyRatio 中。

按照上例提供的例程,可以直接调用如下:

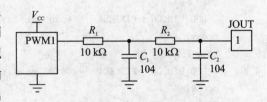

图 6-19　通过 PWM 模拟 DAC 输出

```
PWMInit(0,10000,0,DutyRatio);
```

让 PWM1(P2.0)输出 10 kHz,占空比由 DutyRatio 决定的方波,通过 R_1C_1 和 R_2C_2 两次低通滤波即可将 PWM 脉冲输出变成直流电压输出。当 DutyRatio 改变时,输出模拟的电压也随之改变。这样就达到了利用 PWM 来模拟 DAC 输出的目的。调用该函数之前,仅需要事先装入 DutyRatio 的值即可。

6.5　电机控制 PWM 定时器 MCPWM

LPC1700 系列微控制器除了普通 PWM 控制器外,还专门为电机控制设计了专用电机控制 PWM 控制器 MCPWM(Motor Control PWM)。MCPWM 非常适于三相交流 AC 和直流 DC 电机控制应用。它也可以在其他需要通用定时、捕获和比较中应用。

6.5.1　MCPWM 概述

MCPWM 含有 3 个独立的通道(32 位定时/计数),其主要特性如下:
- 支持定时/计数模式。
- 两个输入捕获通道,支持匹配控制。
- 支持带死区(10 位)的边沿对齐 PWM 输出和中心对齐 PWM 输出。
- 支持快速中止(ABORT)输入,保障系统安全。
- 支持三相 AC 和三相 DC 输出模式。1 个 32 位捕获寄存器。
- 1 个周期中断、1 个脉宽中断和 1 个捕获中断。

输入引脚 MCI0~2 可触发 TC 捕获或使通道的计数值加 1。全局异常中断输入可强制所有通道进入"有效"状态并产生一个中断。

6.5.2　MCPWM 硬件组成及引脚

MCPWM 硬件由定时/计数部分(定时/计数器、界限寄存器以及匹配寄存器)、事件捕获控制部分(事件控制、捕获寄存器)、映射寄存器、死区控制部分(死区时间寄存器和死区时间计数器)、通道控制及中断控制等组成,如图 6-20 所示。

外设时钟 PCLK 或 MCI~2 经定时/计数器计数,当与界限和匹配寄存器比较,将产生中断或输出,输出通道还受死区的控制。所谓死区是指在 H 桥等电机驱动电路中,需要在上半桥关断后,延迟一段时间再打开下半桥或在下半桥关断后,延迟一段时间再打开上半桥,从而避免功率元件烧毁。这段延迟时间就是死区。

由 MCPWM 的功能框图可知,MCPWM 支持功能如下:

定时功能: 可设定定时的时间间隔;

① 输入计数: 能对两个输入引脚上的信号进行计数。

② 捕获控制: 捕获外部事件发生时的定时/计数器的值。

③ 界限控制: 决定定时/计数器所能计数的最大范围,即输出波形的周期。

④ 匹配控制: 决定输出波形的占空比以及单周期内信号跳沿位置。

⑤ 死区控制: 控制一对输出波形间的死区时间。

MCPWM 三相直流模式和交流模式如图 6-21 和图 6-22 所示。

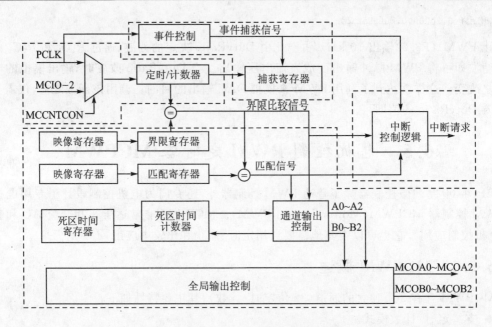

图 6 - 20　MCPWM 组成

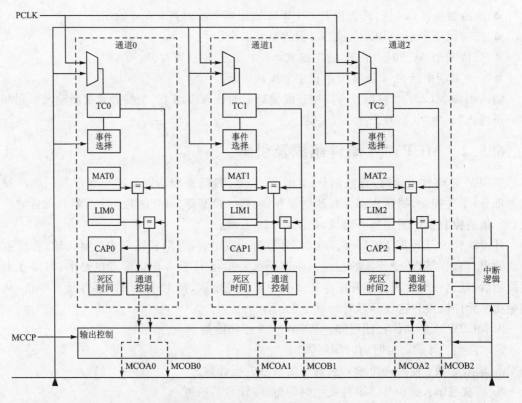

图 6 - 21　MCPWM 三相直流模式

MCPWM 包含 3 对控制输出通道、1 路快速中止输入通道、2 路捕获输入通道。其中捕获输入通道也可用于内部计数器的计数信号输入。MCPWM 相关输入/输出引脚如表 6 - 32所列。

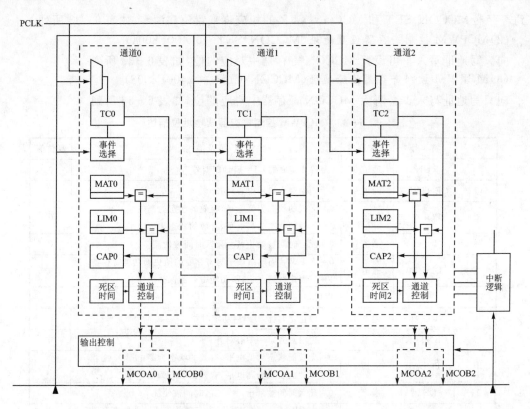

图 6-22　MCPWM 三相交流模式

表 6-32　MCPWM 相关输入/输出引脚

引脚名称	占用引脚	类　型	描　　　述	三相 DC
MC0A	P1.19	O	通道 0,输出 A	A_H
MC0B	P1.22	O	通道 0,输出 B	A_L
MC1A	P1.25	O	通道 1,输出 A	B_H
MC1B	P1.26	O	通道 1,输出 B	B_L
MC2A	P1.28	O	通道 2,输出 A	C_H
MC2B	P1.29	O	通道 2,相输出 B	C_L
MCABORT	P1.21	I	低电平有效的快速中止	保护输入
MCFB0	P1.20	I	输入 0 或反馈 0	FB0
MCFB1	P1.23	I	输入 1 或反馈 1	FB1
MCFB2	P1.24	I	输入 2 或反馈 2	FB2

6.5.3　MCPWM 相关寄存器

1. MCPWM 控制寄存器 MCCON

(1)MCPWM 控制寄存器地址(MCCON—0x400E8000)

MCCON 寄存器控制着所有 PWM 通道的操作,为只读寄存器。该寄存器中的位通过写

1 到寄存器 MCCON_SET 和 MCCON_CLR 的相应位来置位和清零,如表 6-33 所列。

(2)MCPWM 控制寄存器设置地址(MCCON_SET—0x400E8004)

向只写地址写入 1 可设置 MCCON 寄存器中对应的位,如表 6-33 所列。

(3)MCPWM 控制寄存器清除地址(MCCON_CLR—0x400E8008)

向只写地址写入 1 会清除 MCCON 寄存器中对应的位,如表 6-33 所列。

表 6-33   MCPWM 控制寄存器读地址位描述

位	符　号	适应通道	值及描述	复位值
0	RUN0	通道 0	0=停止定时器,1=启动定时器	0
1	CENTER0	通道 0	0=边沿对齐,1=中心对齐	0
2	POLA0	通道 0	0=无效的状态为低电平,有效的状态为高电平 1=无效的状态为高电平,有效的状态为低电平	0
3	DET0	通道 0	0=死区时间被禁止,1=死区时间被使能	0
4	DISUP0	通道 0	0=在 PWM 周期结束用写寄存器的值更新功能寄存器 1=只要定时器在运行,功能寄存器保持原样	0
7:5	—	—	保留	
8	RUN1	通道 1	0=停止定时器,1=启动定时器	0
9	CENTER1	通道 1	0=边沿对齐,1=中心对齐	0
10	POLA1	通道 1	0=无效的状态为低电平,有效的状态为高电平 1=无效的状态为高电平,有效的状态为低电平	0
11	DET1	通道 1	0=死区时间被禁止,1=死区时间被使能	0
12	DISUP1	通道 1	0=在 PWM 周期结束用写寄存器的值更新功能寄存器 1=只要定时器在运行,功能寄存器保持原样	0
15:13	—	—	保留	—
16	RUN2	通道 2	0=停止定时器,1=启动定时器	0
17	CENTER2	通道 2	0=边沿对齐,1=中心对齐	0
18	POLA2	通道 2	0=无效的状态为低电平,有效的状态为高电平 1=无效的状态为高电平,有效的状态为低电平	0
19	DET2	通道 2	0=死区时间被禁止,1=死区时间被使能	0
20	DISUP2	通道 2	0=在 PWM 周期结束用写寄存器的值更新功能寄存器 1=只要定时器在运行,功能寄存器保持原样	0
28:21	—	—	保留	—
29	INVBDC	三相 DC	0=MCOB 输出与 MOCA 输出的方向相反(除死区时间) 1=MCOB 输出与 MOCA 输出的方向相同	0
30	ACMODE	三个通道	0=三相 AC 模式关闭。每个 PWM 通道使用其自身的定时/计数器和周期寄存器 1=三相 AC 模式打开。所有 PWM 通道都使用通道 0 的定时/计数器和周期寄存器	0
31	DCMODE	三个通道	0=三相 DC 模式关闭。PWM 通道独立(除非位 TAC-MODE=1) 1=三相 DC 模式打开。PWM_A[0]输出通过 MCCCP(也就是屏蔽)寄存器连接到所有 6 个 PWM 输出	0

2. MCPWM 捕获控制寄存器 MCCAPCON

（1）MCPWM 捕获控制寄存器读地址（MCCAPCON—0x400B800C）

MCCAPCON 寄存器控制着所有 MCPWM 输入通道的事件检测。3 个 PCAP 外部引脚中的任何一个输入都可用来触发所有 3 个通道上的捕获事件。MCCAPCON 寄存器为只读寄存器，可用 MCCAPCON_SET 和 MCCAPCON_CLR 寄存器来设置或清零寄存器中的位，如表 6 - 34 所列。

表 6 - 34　MCPWM 捕获控制寄存器读地址位描述

位	符 号	描 述	复位值
0	CAP0MCI0_RE	为 1 时，在 MCI0 的上升沿上使能通道 0 的捕获事件	0
1	CAP0MCI0_FE	为 1 时，在 MCI0 的下降沿上使能通道 0 的捕获事件	0
2	CAP0MCI1_RE	为 1 时，在 MCI1 的上升沿上使能通道 0 的捕获事件	0
3	CAP0MCI1_FE	为 1 时，在 MCI1 的下降沿上使能通道 0 的捕获事件	0
4	CAP0MCI2_RE	为 1 时，在 MCI2 的上升沿上使能通道 0 的捕获事件	0
5	CAP1MCI2_FE	为 1 时，在 MCI2 的下降沿上使能通道 0 的捕获事件	0
6	CAP1MCI0_RE	为 1 时，在 MCI0 的上升沿上使能通道 1 的捕获事件	0
7	CAP1MCI0_FE	为 1 时，在 MCI0 的下降沿上使能通道 1 的捕获事件	0
8	CAP1MCI1_RE	为 1 时，在 MCI1 的上升沿上使能通道 1 的捕获事件	0
9	CAP1MCI1_FE	为 1 时，在 MCI1 的下降沿上使能通道 1 的捕获事件	0
10	CAP1MCI2_RE	为 1 时，在 MCI2 的上升沿上使能通道 1 的捕获事件	0
11	CAP1MCI2_FE	为 1 时，在 MCI2 的下降沿上使能通道 1 的捕获事件	0
12	CAP2MCI0_RE	为 1 时，在 MCI0 的上升沿上使能通道 2 的捕获事件	0
13	CAP2MCI0_FE	为 1 时，在 MCI0 的下降沿上使能通道 2 的捕获事件	0
14	CAP2MCI1_RE	为 1 时，在 MCI1 的上升沿上使能通道 2 的捕获事件	0
15	CAP2MCI1_FE	为 1 时，在 MCI1 的下降沿上使能通道 2 的捕获事件	0
16	CAP2MCI2_RE	为 1 时，在 MCI2 的上升沿上使能通道 2 的捕获事件	0
17	CAP2MCI2_FE	为 1 时，在 MCI2 的下降沿上使能通道 2 的捕获事件	0
18	RT0	若该位为 1，TC0 在出现通道 0 捕获事件时复位	0
19	RT1	若该位为 1，TC1 在出现通道 1 捕获事件时复位	0
20	RT2	若该位为 1，TC2 在出现通道 2 捕获事件时复位	0
21	HNFCAP0	硬件噪声滤波器。若该位为 1，通道 0 上的捕获事件延迟	0
22	HNFCAP1	硬件噪声滤波器。若该位为 1，通道 1 上的捕获事件延迟	0
23	HNFCAP2	硬件噪声滤波器。若该位为 1，通道 2 上的捕获事件延迟	0
31:24	—	保留	—

（2）MCPWM 捕获控制寄存器置位地址（MCCAPCON_SET—0x400B8010）

向该寄存器只写地址写入 1 可置位 MCCAPCON 寄存器中对应的位，如表 6 - 34 所列。

（3）MCPWM 捕获控制寄存器清除地址（MCCAPCON_CLR—0x400B8014）

向只写地址写入 1 可将 MCCAPCON 寄存器中对应的位清零，如表 6-34 所列。

3. MCPWM 中断寄存器 MCINTEN

电机控制 PWM 模块具有以下几种中断源，如表 6-35 所列。

表 6-35　电机控制 PWM 中断

符　号	描　述	符　号	描　述
ILIM0-2	通道 0~2 的界限中断	IMAT0-2	通道 0~2 的匹配中断
ICAP0-2	通道 0~2 的捕获中断	ABORT	快速中止中断

所有与 MCPWM 中断相关的寄存器都有一个位对应于每个中断源，如表 6-36 所列。

表 6-36　电机控制 PWM 中断源位分配

D31~D16	D15	D14~D11	D10	D9	D8	D7	D6	D5	D4	D3	D2	D1	D0
保留	ABORT	—	ICAP2	IMAT2	ILIM2	—	ICAP1	IMAT1	ILIM1	—	ICAP0	IMAT0	ILIM0

（1）MCPWM 中断使能寄存器读地址（MCINTEN—0x400B8050）

MCINTEN 寄存器反映了每个 MCPWM 中断的使能/禁止状态。该地址为只读，要使能或禁止中断，则使用 MCINTEN_SET 和 MCINTEN_CLR 寄存器地址。某位为 1 表示使能中断，为 0 表示禁止中断（位分配如表 6-36 所列）。

（2）MCPWM 中断使能寄存器设置地址（MCINTEN_SET—0x400B8054）

向该寄存器中任意位写入 1 可设置 MCINTEN 寄存器中相应的位，因此可禁止中断。位分配如表 6-36 所列。

（3）MCPWM 中断使能寄存器清除地址（MCINTEN_CLR—0x400B8058）

向该寄存器地址的任意位写入 1 可清除相应的中断。

（4）MCPWM 中断标志寄存器读地址（MCINTF—0x400B8068）

MCINTF 寄存器包含所有 MCPWM 中断标志，这些标志在相应的硬件事件出现时置位，或在写 1 到 MCINTFLAG_SET 寄存器地址对应的位时置位。当 MCINTEN 和该寄存器的相应位都为 1 时，MCPWM 向中断控制器模块提交其中断请求。该寄存器地址为只读。若要设置或将 MCINTFLAG 寄存器中的位清零，可使用 MCINTFLAG_SET 和 MCINTFLAG_CLR 寄存器地址。

（5）MCPWM 中断标志寄存器设置地址（MCINTF_SET—0x400B806C）

向这个只写地址写入 1 可置位 MCINTF 寄存器中的相应位，这样的话可能会模拟硬件中断。

（6）MCPWM 中断标志寄存器清除地址（MCINTF_CLR—0x400B8070）

向这个只写地址写入 1 可置位 MCINTF 寄存器中的相应位，这样的话会清除对应的中断请求。该操作通常在中断服务程序中进行。

4. MCPWM 计数控制寄存器 MCCNTCON

（1）MCPWM 计数控制寄存器读地址（MCCNTCON—0x400B805C）

MCCNTCON 寄存器控制 MCPWM 通道的定时器和计数器模式，并且在计数器模式时，计数器是在其中一个 MCI 输入(或全部 3 个 MCI 输入)的上升沿上加 1 还是在下降沿上加 1。若选择的是定时器模式,那么计数器随 PCLK 时钟递增。

该地址为只读。要想设置或清除寄存器的位,可向 MCINTFLAG_SET 和 MCINTFLAG_CLR 寄存器地址写入 1,如表 6-37 所列。

表 6-37　MCPWM 计数控制寄存器读地址位描述

位	符　号	条　件	值描述	复位值
0	TC0MCI0_RE	MODE0=1,计数器 0	0=在 MCI0 上升沿不加 1, 1=在 MCI0 上升沿加 1	0
1	TC0MCI0_FE	MODE0=1,计数器 0	0=在 MCI0 下降沿不加 1, 1=在 MCI0 下降沿加 1	0
2	TC0MCI1_RE	MODE0=1,计数器 0	0=在 MCI1 上升沿不加 1, 1=在 MCI1 上升沿加 1	0
3	TC0MCI1_FE	MODE0=1,计数器 0	0=在 MCI1 下降沿不加 1, 1=在 MCI1 下降沿加 1	0
4	TC0MCI2_RE	MODE0=1,计数器 0	0=在 MCI2 上升沿不加 1, 1=在 MCI2 上升沿加 1	0
5	TC0MCI2_FE	MODE0=1,计数器 0	0=在 MCI2 下降沿不加 1, 1=在 MCI2 下降沿加 1	0
6	TC1MCI0_RE	MODE1=1,计数器 1	0=在 MCI0 上升沿不加 1, 1=在 MCI0 上升沿加 1	0
7	TC1MCI0_FE	MODE1=1,计数器 1	0=在 MCI0 下降沿不加 1, 1=在 MCI0 下降沿加 1	0
8	TC1MCI1_RE	MODE1=1,计数器 1	0=在 MCI1 上升沿不加 1, 1=在 MCI1 上升沿加 1	0
9	TC1MCI1_FE	MODE1=1,计数器 1	0=在 MCI1 下降沿不加 1, 1=在 MCI1 下降沿加 1	0
10	TC1MCI2_RE	MODE1=1,计数器 1	0=在 MCI2 上升沿不加 1, 1=在 MCI2 上升沿加 1	0
11	TC1MCI2_FE	MODE1=1,计数器 1	0=在 MCI2 下降沿不加 1, 1=在 MCI2 下降沿加 1	0
12	TC2MCI0_RE	MODE2=1,计数器 2	0=在 MCI0 上升沿不加 1, 1=在 MCI0 上升沿加 1	0
13	TC2MCI0_FE	MODE2=1,计数器 2	0=在 MCI0 下降沿不加 1, 1=在 MCI0 下降沿加 1	0
14	TC2MCI1_RE	MODE2=1,计数器 2	0=在 MCI1 上升沿不加 1, 1=在 MCI1 上升沿加 1	0
15	TC2MCI1_FE	MODE2=1,计数器 2	0=在 MCI1 下降沿不加 1, 1=在 MCI1 下降沿加 1	0
16	TC2MCI2_RE	MODE2=1,计数器 2	0=在 MCI2 上升沿不加 1, 1=在 MCI2 上升沿加 1	0
17	TC1MCI2_FE	MODE2=1,计数器 2	0=在 MCI2 下降沿不加 1, 1=在 MCI2 下降沿加 1	0
28:18	—	—	保留	—
29	CNTR0	通道 0	0=定时模式,1=计数模式	0
30	CNTR1	通道 1	0=定时模式,1=计数模式	0
31	CNTR2	通道 2	0=定时模式,1=计数模式	0

(2) MCPWM 计数控制寄存器置位地址(MCCNTCON_SET—0x400B8060)

向这个只写地址写入 1 可置位 MCCNTCON 中对应的位,如表 6-37 所列。

(3) MCPWM 计数控制寄存器清除地址(MCCNTCON_CLR—0x400B8064)

向这个只写地址写入 1 可清除 MCCNTCON 中对应的位,如表 6-37 所列。

5. MCPWM 定时/计数器 0~2 寄存器 MCTIM0~MCTIM2(MCTC0~MCTC2)

这类寄存器包含了通道 0~2 的 32 位定时器的当前值。每个值在每个 PCLK 上递增,或在 MCI0~2 引脚的边沿上递增(按照 MCCNTCON 寄存器选择的执行)。定时/计数器从 0 开始递增计数直至它达到其相应的 MCPER 寄存器的值为止(或通过写 MCCON_CLR 来停止计数)。TC 寄存器可在任何时候读取,但仅当其通道停止时才可以被写入。

MCPWM 定时/计数器的地址为 0x400B8018,0x400B801C,0x400B8020。

6. MCPWM 界限 0～2 寄存器 MCPER0～MCPER2(MCLIM0～MCLIM2)

这些寄存器保存了定时器 0～2 的界限值。当定时器到达其相应界限值时会出现两种情况:在边沿对齐 PWM 模式下,TC 复位,然后从 0 开始计数;在中心对齐 PWM 模式下,它开始从该值向 0 递减计数,然后再从 0 开始递增计数。

MCPWM 界限寄存器的地址为 0x400B8024,0x400B8028,0x400B802C。

7. MCPWM 匹配 0～2 寄存器 MCPW0～MCPW2(MCMAT0～MCMAT2)

这些寄存器和界限寄存器一样,也具有"写"和"操作"寄存器。操作寄存器也可以和通道的 TC 比较。

匹配和界限寄存器控制着 MCO0～2 输出。要使匹配寄存器在其通道上有效,其值必须比相应界限寄存器的值小。

MCPWM 匹配寄存器的地址为 0x400B8030,0x400B8034,0x400B8038。

8. MCPWM 死区时间寄存器 MCDEADTIME(MCDT)

该寄存器保存通道 0～2 的死区时间值如表 6-38 所列。如果通道寄存器 MCCON 中的 DTE 位为 1 以使能它的死区时间计数器,那么在其通道输出从有效状态变为无效状态时计数器从该值开始递减计数。当死区时间计数器到达 0 时,通道的其他输出从无效状态改变为有效状态。

表 6-38 MCPWM 死区时间寄存器位描述(MCDT—0x400B803C)

位	符 号	描 述	复位值
9:0	DT0	通道 0 的死区时间	0x3FF
19:10	DT1	通道 1 的死区时间	0x3FF
29:20	DT2	通道 2 的死区时间	0x3FF
31:30	—	保留	—

每个通道的死区时间为 0～0x3FF,最大为 0x3FF,即 4 096 个计数周期的延时有效时间。默认值也就是最大值。

9. MCPWM 通信格式寄存器 MCCP

该寄存器只在 DC 模式中使用。在该寄存器位的控制下,内部 MCOA0 信号将与 6 个输出引脚全部相连或与任意一个输出引脚连接。就像匹配和界限寄存器一样,该寄存器具有映射"写"和"可操作"寄存器,如表 6-39 所列。

表 6 - 39　MCPWM 通信格式寄存器位描述（MCCP—0x400B8040）

位	符　号	描　述	复位值
0	CCPA0	0＝MCOA0 断开，1＝内部 MCOA0 激活	0
1	CCPB0	0＝MCOB0 断开，1＝MCOB0 跟踪内部 MCOA0	0
2	CCPA1	0＝MCOA1 断开，1＝MCOA1 跟踪内部 MCOA0	0
3	CCPB1	0＝MCOB1 断开，1＝MCOB1 跟踪内部 MCOA0	0
4	CCPA2	0＝MCOA2 断开，1＝MCOA2 跟踪内部 MCOA0	0
5	CCPB2	0＝MCOB2 断开，1＝MCOB2 跟踪内部 MCOA0	0
31:6	—	保留	—

10. MCPWM 捕获寄存器 MCCR0～MCCR2

（1）MCPWM 捕获寄存器读地址（MCCAP0～2—0x400B8044，0x400B8048，0x400B804C）

MCCAPCON 寄存器（表 6 - 33）允许软件选择 MCPWM 输入 0～2 的任意边沿作为每个通道的捕获事件。当通道上出现捕获事件时，该通道的当前 TC 值就保存到它的只读捕获寄存器中。这些寄存器地址为只读，但下面的寄存器可通过写 CAP_CLR 地址来清零。

（2）MCPWM 捕获寄存器清除地址（MCCAP_CLR—0x400B8074）

向该寄存器的位写入 1 会清零相应的 CAP 寄存器。

6.5.4　MCPWM 的应用

1. MCPWM 的 PWM 操作

LPC1700 系列微控制器 PWM 可分为带死区和不带死区的边沿对齐或中心对齐的 PWM 输出。对于 MCPWM 来说，每个通道有一对输出引脚 A 和 B。通常在没有死区的情况下，B 输出与 A 逻辑相反。在有死区的情况下，A 有效时间被延时。

MCPWM 的 PWM 周期由界限寄存器的值决定，假设 PWM 计数输入频率为 F_{PCLK}，PWM 输出频率为 F_{MCPWMOUT}，界限寄存器与输入/输出频率之间的关系如下述。

对于边沿对齐的 PWM，

$$F_{\text{MCPWMOUT}} = F_{\text{PCLK}} / 界限寄存器$$

因此，

$$边沿对齐界限寄存器的值 = F_{\text{PCLK}} / F_{\text{MCPWMOUT}} \tag{6-15}$$

对于中心对齐的 PWM，

$$F_{\text{MCPWMOUT}} = PWM 计数输入频率 /(2 \times 界限寄存器)$$

$$中心对齐界限寄存器的值 = F_{\text{PCLK}} /(F_{\text{MCPWMOUT}} \times 2) \tag{6-16}$$

$$占空比 = 匹配寄存器的值 / 界限寄存器的值$$

$$匹配寄存器的值 = 界限寄存器的值 / 占空比 \tag{6-17}$$

假设死区时间为 T_{DEAD}，则 T_{DEAD} 与死区寄存器和 F_{PCLK} 的关系为

$$死区寄存器的值 = T_{\text{DEAD}} \times F_{\text{PCLK}} \tag{6-18}$$

（1）不带死区的边沿对齐 PWM 输出

不带死区的边沿对齐的 PWM 输出如图 6 - 23 所示，相应通道的界限寄存器的值决定该通道 PWM 输出周期，匹配寄存器的值决定占空比。

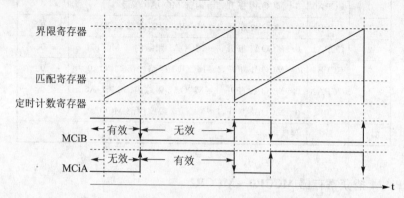

图 6 - 23　不带死区的边沿对齐的 PWM 输出

【例 6 - 9】假设 $F_{mcpwm}=24$ MHz，对于不带死区的边沿对齐情况，要求通道 0 的 A 输出 1 kHz、占空比为 1/6 的 PWM 波形，B 通道输出有效电平为高。

界限寄存器决定 PWM 周期或频率，要求通道 A 输出 1 kHz 的频率，由于是边沿对齐，因此由式（6 - 15）知：界限寄存器 0 的值 MCPER0 $=F_{mcpwm}/1\ 000=24\ 000\ 000/1\ 000=24\ 000$，即写入 24 000 到 MCPER0 或 MCLIM0（界限寄存器 0）。

由于占空比为 1/6，因此由式（6 - 17）可知 MCPW0/MCPER0 = 1/6，MCPW0 = MCPER0/6=24 000/6=4 000，即写入 4 000 至 MCPW0 或 MCMAT0（匹配寄存器）即可。

（2）带死区的边沿对齐 PWM 输出

带死区的边沿对齐的 PWM 输出如图 6 - 24 所示，相应通道的界限寄存器的值决定该通道 PWM 输出周期，相应通道的匹配寄存器的值以及死区寄存器的值决定占空比。

MCPWM 的每个通道都具有两个输出 A 和 B，它们可以驱动一对晶体管来切换两个电源导轨之间的一个已控制的点。大多数情况下两个输出极性相反，但可以使能死区时间特性（以每个通道为基础）来延时信号从"无效"到"有效"状态的跳变，这样晶体管永远都不会同时导通。复位后，3 个 A 输出都为"无效"状态（或为低电平），而 B 输出都是"有效"状态（或为高电平）。

【例 6 - 10】假设 $F_{mcpwm}=4$ MHz，对于带死区控制的情况，要求通道 1 的 A 输出 2 kHz、占空比为 1/5、死区时间为 50 μs 的 PWM 波形，B 通道输出有效电平为高。

由于界限寄存器决定 PWM 周期或频率，要求通道 1 的 A 输出 2 kHz 的频率，因此界限寄存器 1 的值 MCPER1 $=F_{mcpwm}/2\ 000=4\ 000\ 000/2\ 000=2\ 000$，即写入 2 000 至 MCPER1 或 MCLIM1（界限寄存器 1）。由于占空比 1/5，因此 MCPW1/MCPER1=1/5，MCPW1 = MCPER1/5=2 000/5=400，写入 400 至 MCPW1 或 MCMAT1（匹配寄存器）。

要求死区时间为 50 μs，由式（6 - 18）可知，对应死区寄存器 MCDT[19:10] 的值为 50 μs $\times$ 4 MHz=200。

（3）不带死区时间的中心对齐 PWM 输出

不带死区时间的中心对齐的 PWM 输出如图 6 - 25 所示，在该模式中定时/计数器从 0 开始递增计数直到界限寄存器中的值，然后递减计数到 0 并重复操作。当定时/计数器递增计数

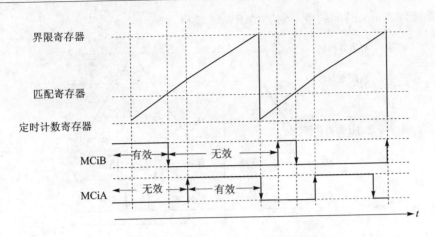

图 6-24 带死区的边沿对齐的 PWM 输出

时,MCO 输出为无效状态直至定时/计数器与匹配寄存器相等,此时 MCO 输出状态变为有效。当定时/计数器与界限寄存器匹配时,它开始递减计数。当定时/计数器与匹配寄存器在向下过程匹配时,MCO 输出状态变为无效。

由于中心对齐的 MCPWM 存在递增计数和递减计数两个过程,因此其输出 PWM 周期是界限寄存器的 2 位,如式(6-16)所示;占空比仍然为匹配寄存器的值与界限寄存器值之比,如式(6-17)所示。

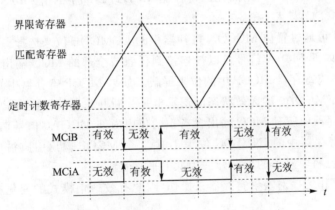

图 6-25 不带死区时间的中心对齐的 PWM 输出

【例 6-11】已知 F_{mcpwm} =24 MHz,要求通道 2 的 A 输出 1 kHz、占空比为 1/6 的 PWM 波形,B 通道有效电平输出为高电平。

由于是中心对齐,由式(6-16)可得通道 2 界限寄存器 MCPER2 或 MCLIM2 的值为

MCPER2 = 24 MHz/(1 kHz×2) = 24 000 000 Hz/(1 000 Hz×2) = 12 000

由式(6-17)知,匹配寄存器 MCPW2 或 MCMAT2=MCPER2/6=12 000/6=2 000。

(4) 带死区时间的中心对齐的 PWM 输出

当通道的 DTE 位在 MCCON 中置位时,死区时间计数器延时两个 MCO 输出的"无效"到"有效"状态的跳变。只要通道的 A 或 B 输出从有效状态变为无效状态,死区时间计数器就开始递减计数,从通道的 DT 值(在死区寄存器中)到 0。其他输出从无效状态到有效状态的跳变被延时直至死区时间计数器到达 0。在死区时间内,MCiA 和 MCiB 输出电平都无效。

图 6-26 所示为带死区时间的中心对齐的 PWM 输出。

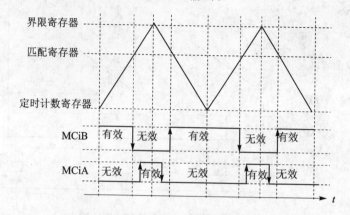

图 6-26 带死区时间的中心对齐的 PWM 输出

【例 6-12】已知 $F_{mcpwm} = 24$ MHz，要求通道 0 的 A 输出 1 kHz、占空比为 1/6、死区时间为 10 μs 的 PWM 波形，B 通道有效电平输出为高电平。

由于是中心对齐，由式(6-16)可得通道 0 界限寄存器 MCPER0 或 MCLIM0 的值为

$$MCPER0 = 24 \text{ MHz}/1 \text{ kHz} \times 2 = 24\,000\,000/1\,000 \times 2 = 12\,000$$

由式(6-17)知，匹配寄存器 MCPW0 或 MCMAT0 = MCPER0/6 = 12 000/6 = 2 000。

由于存在死区，由式(6-18)知，死区寄存器 MCDT[9:0]中的值 = 10×24 = 240。

(5) 三相直流(DC)模式

三相直流模式可通过置位 MCCON 寄存器中的 DCMODE 位来选择。

在该模式下，内部 MC0A 信号可以被连接到任意或全部的 MCO 输出。每个 MCO 输出可通过当前通信格式寄存器 MCCP 中的位来屏蔽。如果 MCCP 寄存器中的位为 0，那么它的输出引脚具有输出 MCOA0 的无效状态的逻辑电平。断开状态的极性由 POLA0 位来决定。

在 MCCP 寄存器中所有 MCO 输出含有 1 的位由内部 MCOA0 信号来控制。

当 MCCON 寄存器中的 INVBDC 位为 1 时，3 个 MCOB 输出引脚被反相。这种特性可用来调节桥驱动器(桥驱动器的低端开关为低电平有效输入)。

MCCP 寄存器作为一对映射寄存器来操作，因此有效通信模式的变化在新 PWM 周期的起始处出现。

图 6-27 所示为三相直流模式中 MCO 的示例波形。假设 MCCP = 0x2B(对应于输出 MC1A 和 MC2A)中的位 2 和位 4 为 0，所以这些输出被屏蔽，处于断开状态。它们的逻辑电平由 POLA0 位来决定(POLA0 = 0 使得无效状态为逻辑低电平)。INVBDC 位被设为 0(逻辑电平没有翻转)，所以 B 输出和 A 输出的极性相同。

注意该模式与其他模式不同，因为其他模式的 MCiB 输出不是 MCiA 输出的反相。

(6) 三相交流(AC)模式

三相交流模式可通过置位 MCCON 寄存器中的 ACMODE 位来选择。

在该模式下，通道 0 的定时/计数器的值可用于与所有通道的匹配寄存器进行比较(不用界限寄存器 1~2)。每个通道通过比较它的匹配寄存器的值与定时/计数寄存器 0 来控制其 MCO 输出。

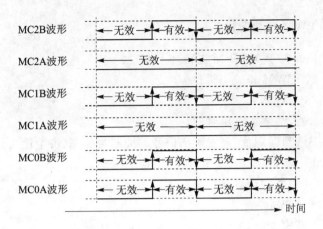

图 6 - 27 三相直流模式下 MC0 的波形

图 6-28 所示为三相 AC 模式下 6 个 MCO 输出的示例波形。POLA 位设为 0 用于所有的 3 个通道,因此对于所有的 MCO 输出来说,有效状态下的电平为高电平,无效状态下的电平为低电平。每个通道具有不同的界限值,可以与定时/计数器 0 值进行比较。在这种模式下,周期值指定用于所有的 3 个通道,并且由界限寄存器 0(MCPER0 或 MCLIM0)来决定。死区时间模式被禁止。

由于每个通道的匹配寄存器可以不同,因此,三相交流模式下,3 个通道周期相同,但占空比可以不一样,每个通道的波形相差一定角度。

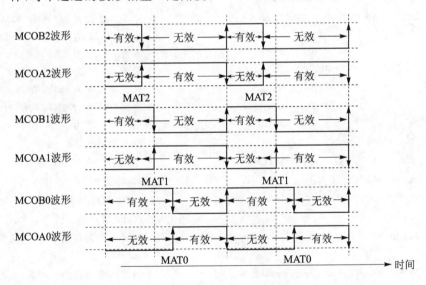

图 6 - 28 三相交流模式下 6 个 MC0 输出的波形

(7) 快速中止

当 MCPWM 的外部输入引脚 MCABORT 为低电平时,6 个 MCO 输出均表现为无效状态,并可选产生 ABORT 中断,可用于电机的过热检测防护。

输出无效状态下保持锁定直至 ABORT 中断标志被清除或 ABORT 中断被禁止。ABORT 标志在 MCABORT 输入为高之前不会被清除。输出无效状态指输出使电机出于安全工作的状态(如停机等)。

2. MCPWM 的 PWM 功能配置

对于 MCPWM 操作需要对 PWM 进行如下配置：

① 设置引脚为 MCPWM 相关引脚；

② 打开 MCPWM 电源；

③ 停止通道定时器，清零通道定时器；

④ 设置通道界限值与匹配值，配置输出信号的周期与脉宽（占空比）；

⑤ 配置快速中止中断；

⑥ 使能 MCPWM 中断并设置优先级；

⑦ 配置通道死区时间；

⑧ 配置通道工作模式。

【例 6-13】现要求三个 MCPWM 通道输出 6 路 PWM 波形，引脚配置如表 6-31 所列，有一路作为 P2.21＝MCABORT 输入。要求通道 0 的周期为 100 ms，脉宽为 25 ms；通道 1 的周期为 50 ms，脉宽为 25 ms；通道 2 的周期为 33.3 ms，脉宽为 25 ms。平常 P2.21 为高电平，一旦 P2.21 为低，则立即停止输出 PWM 波形，并让发光二极管发光。

按照上述 PWM 配置步骤，满足要求的相关程序如下：

```
void mcPwmInit (void)
{
    extern uint32_t  SystemFrequency ;
    LPC_PINCON ->PINSEL3 | = (0x01 ≪ 6)         /* 见 5.5.3 设置 P1.19 为 MC0A 功能 */
                          |(0x01 ≪ 10)          /* 设置 P1.21 为 MCABORT 功能 */
                          |(0x01 ≪ 12)          /* 设置 P1.22 为 MC0B 功能 */
                          |(0x01 ≪ 18)          /* 设置 P1.25 为 MC1AT 功能 */
                          |(0x01 ≪ 20)          /* 选择 P1.26 为 MC1BT 功能 */
                          |(0x01 ≪ 24)          /* 选择 P1.28 为 MC2AT 功能 */
                          |(0x01 ≪ 26);         /* 选择 P1.29 为 MC2BT 功能 */
    LPC_SC ->PCONP | = 1 ≪ 17;                  /* 打开 MCPWM 电源 */
    LPC_MCPWM ->MCCON_CLR = 0xFFFFFFFF;         /* 清除 MCPWM 控制寄存器 */
    LPC_MCPWM ->MCTIM0 = 0;                      /* MCPWM 定时器 0 清零 */
    LPC_MCPWM ->MCTIM1 = 0;                      /* MCPWM 定时器 1 清零 */
    LPC_MCPWM ->MCTIM2 = 0;                      /* MCPWM 定时器 2 清零 */
    LPC_MCPWM ->MCPER0 = SystemFrequency/4 / 100;   /* 设置界限寄存器 0 的值，通道 0 周期为
                                                       100 ms */
    LPC_MCPWM ->MCPW0 = SystemFrequency/4 / 400;    /* 设置匹配寄存器 0 的值，通道 0 脉宽为
                                                       25 ms */
    LPC_MCPWM ->MCPER1 = SystemFrequency/4 / 200;   /* 设置界限寄存器 1 的值，通道 1 周期
                                                       50 ms */
    LPC_MCPWM ->MCPW1 = SystemFrequency/4 / 400;    /* 设置匹配寄存器 1 的值，通道 1 脉宽为
                                                       25 ms */
    LPC_MCPWM ->MCPER2 = SystemFrequency/4 / 300;   /* 设置界限寄存器 2 的值，通道 2 周期
                                                       33.3 ms */
    LPC_MCPWM ->MCPW2 = SystemFrequency/4 / 400;    /* 设置匹配寄存器 2 的值，通道 2 脉宽
```

```
                                                    25 ms */
    LPC_MCPWM->MCINTEN_SET = 1 << 15;                /* 设置快速中止中断使能 */
    LPC_MCPWM->MCINTFLAG_CLR = 1 << 15;              /* 清除快速中止中断标志 */
    NVIC_EnableIRQ(MCPWM_IRQn);                      /* 使能 MCPWM 中断 */
    NVIC_SetPriority(MCPWM_IRQn, 4);                 /* 设置 MCPWM 中断优先级为 4 */
    LPC_MCPWM->MCDEADTIME = (0x3ff << 0) | (0x50 << 10)   /* 设置死区时间通道 0 为 0x3ff,
                                                      通道 1 为 0x50 */
    LPC_MCPWM->MCCON_SET |= (1 << 0) | (1 << 8) | (1 << 16); /* 启动三个通道的 PWM,
                                                      PWM0,1,2 */
    LPC_MCPWM->MCCON_SET |= (1 << 1) | (1 << 9);     /* 三个通道均选择中心对齐 */
    LPC_MCPWM->MCCON_SET |= (1 << 3) | (1 << 11);    /* 通道 0 和 1 死区被使能 */
}
```

MCPWM 中断服务程序：

```
void  MCPWM_IRQHandler (void)
{
    LED_Light_Off(1);                               //LED1 灯亮见例 5 - 7
    sysTimeDlay(200);                               //延时
    LED_Light_Off(0);                               //LED1 灯灭
    LPC_MCPWM->MCINTFLAG_CLR = 1 << 15;             /* 清除中断标志 */
}
```

由上述程序产生的 6 路 PWM 波形如图 6 - 29 所示。

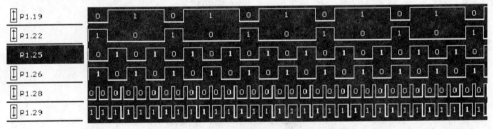

图 6 - 29　MCPWM 的 6 路 PWM 波形

3. MCPWM 的电机控制应用实例

目前,无刷直流(BLDC)电机得到了迅速的普及。与常规有刷直流电机相比,这种电机能提供更长的使用寿命,同时减少维护。这种电机比传统的有刷直流电机和感应电机有更多的优势,具备更好的速度与转矩特性、无噪声工作以及更宽的速度范围。此外,在产生相同转矩时可以把电机做得更小,所以在对体积和质量要求比较苛刻的场合更加实用。

下面介绍实现六步换相的无刷直流电机控制方法。LPC1700 配备了专用电机控制 PWM 模块,从而降低了电机控制过程中对 CPU 的使用率,同时还缩短了开发时间。用 LPC1700 系列微控制器控制无刷直流电机的原理如图 6 - 30 所示。通过 MCPWM 输出经 MOS 管驱动接电机,电机的速度、电流及位置信息反馈给微控制器,以构成闭环控制系统。

无刷直流电机三相桥连接结构如图 6 - 31 所示,Q1~Q6 对应 PWM1~PWM6。对于有 MCPWM 的 LPC1700 系列微控制器对应关系如表 6 - 40 所列。

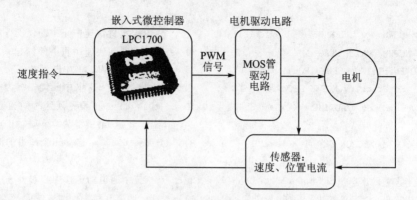

图 6 - 30   基于 LPC1700 微控制器控制无刷直流电机的硬件组成

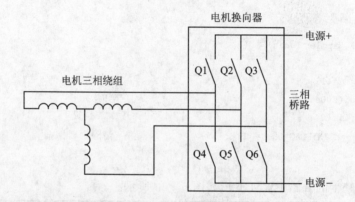

图 6 - 31   无刷直流电机三相桥路结构

其对应电机控制的 PWM 输出开关序列如表 6 - 40 所列。

表 6 - 40   电机控制的 PWM 输出开关序列

编 码	相 序	PWM 输出（PWM，MCPWM）	
101	1	Q1（PWM1，MC0A）	Q6（PWM6，MC2B）
100	2	Q1（PWM1，MC0A）	Q5（PWM5，MC1B）
110	3	Q3（PWM3，MC2A）	Q5（PWM5，MC1B）
010	4	Q3（PWM3，MC2A）	Q4（PWM4，MC0B）
011	5	Q2（PWM2，MC1A）	Q4（PWM4，MC0B）
001	6	Q2（PWM2，MC1A）	Q6（PWM6，MC2B）

6 步换相转换示意如图 6 - 32 所示。

以上对于有 6 路 PWM 输出的微控制器均可以实现电机的控制，按照图 6 - 32 以及表 6 - 40 即可实现对电机的有效控制。

（1）转速控制

改变电机两端的电压即可简单地控制转子转速。这可以通过相电压脉宽调制（PWM）来实现。通过增加或减小占空比，每个换相步骤会有或多或少电流流过定子线圈。这会影响定子磁场和磁通密度，从而改变转子和定子之间的力。

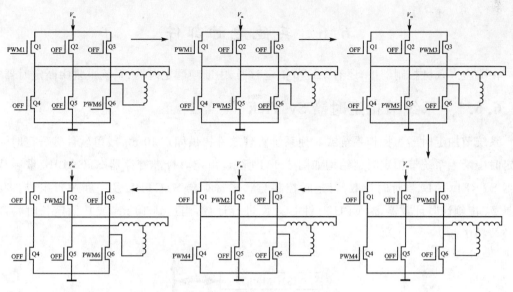

图 6-32　6 步换相转换示意图

（2）转矩控制

就像速度控制一样，转矩由通过定子线圈的电流大小决定。对于最大转矩，定子和转子磁场之间的角度，应保持在 90°。对于梯形换相，控制分辨率为 60°，定子和转子磁场间的角度在 −30°～+30°范围，会产生转矩脉动。

（3）位置反馈

转子位置反馈可以通过多种技术来实现。最常用的是霍尔传感器反馈，其他方法包括使用编码器，甚至采用无传感器的控制方法。

LPC1700 系列微控制器内部有专用的 MCPWM，按照图 6-31 的连接关系，构成的三相无刷直流电机 6 步换相电路如图 6-33 所示。面向直流模式的 6 路 PWM 输出 MC0A～MC2A 以及 MC0B～MC2B 经过驱动放大后直接推动 MOS 场效应管，输出接电机的三相 A，B，C。电阻取样以采集电机运行时的电流。电机电压为 0～V_MOTOER。

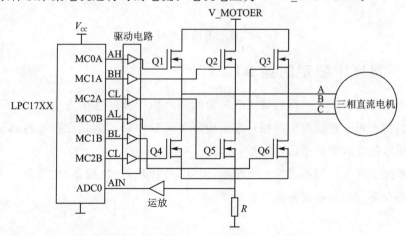

图 6-33　三相无刷直流电机 6 步换相电路示意图

6.6 其他定时部件

在典型嵌入微控制器中,还有系统节拍定时器、中断唤醒定时器、系统重复中断定时器等。

6.6.1 系统节拍定时器 SysTick

系统节拍定时器为操作系统或其他系统管理软件提供固定 10 ms 或可软件编程定时时间的定时中断。系统节拍定时器结构如图 6 - 34 所示,由定时校准寄存器 STCALIB、重装载寄存器 STRELOAD、倒计时计数器、定时控制与状态寄存器 STCTRL 及中断逻辑组成。其核心是 24 位倒计时计数器,对 CPU 时钟 CCLK 进行计数,当达到 10 ms 或其他定长时将产生系统节拍中断。

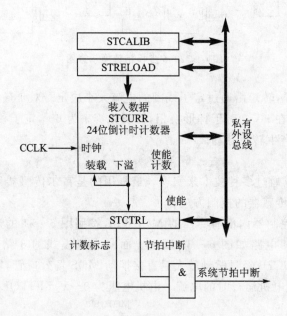

图 6 - 34 系统节拍定时器 SysTick

6.6.2 重复中断定时器 RI

重复中断定时器提供了一种在规定的时间间隔产生中断的通用方法,而且不需要使用标准的定时器。它专用于重复产生与操作系统中断无关的中断。但是在系统有其他需要时,它可以用作系统节拍定时器的备用定时器。

典型的重复中断定时器如图 6 - 35 所示,由 32 位计数器、比较器、比较寄存器、屏蔽寄存器以及控制寄存器与控制逻辑组成。

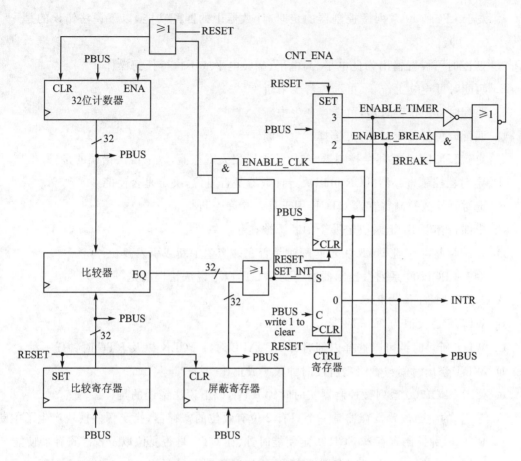

图 6 - 35　重复中断定时器硬件组成

本章习题

一、选择题

1. 关于定时/计数器通常使用公式(6-1)，以下说法错误的是(　　　)。

A. 计数值 N 与定时长度 T 成正比，N 越大，T 越长

B. 最大的定时时间是 PR＝0 时的值

C. 定时器最小的定时时间为 PR＝0 且 N＝1 时的值，即此时定时时间就是一个 F_{PCLK} 周期

D. 当计满 N 个计数周期时，在定时器输出端通常有溢出标志或产生中断信号

2. 以下关于定时/计数器的功能说法错误的是(　　　)。

A. 匹配功能主要用于外部信号的计数

B. 匹配的条件定时器计数值与预设的匹配寄存器的值相等时

C. 捕获功能可用于测量外部信号的周期或频率

D. 捕获的条件有上升沿触发、下降沿触发以及上下边沿触发

3. 关于 LPC1700 系列微控制器的定时/计数器中的匹配功能,以下说法错误的是( )。

A. 匹配时可设置输出为低电平、高电平、翻转电平或不执行任何操作

B. 匹配时可连续工作,不可选择产生中断

C. 匹配时可停止定时器,可选择产生中断

D. 匹配时可复位定时器,可选择产生中断

4. 关于 LPC1700 系列微控制器定时/计数器相关寄存器,以下说法错误的是( )。

A. 定时器控制寄存器 TCR 可以决定计数器是否复位,决定是否使能

B. 定时器计数控制寄存器 CTCR 用于是否允许中断

C. 中断寄存器 IR 记录决定哪个中断源被挂起

D. 匹配控制寄存器 MCR 决定匹配时是否允许产生中断或引发复位

5. 关于 LPC1700 系列微控制器看门狗 WDT,以下说法错误的是( )。

A. WDTC 最小值为 255

B. WDTC 最大值为 $2^{32}-1$

C. WDT 所接时钟可以选择内部时钟 RC、APB 时钟 PCLK 以及 RTC 时钟任一种

D. WDT 溢出时间与看门狗所接时钟频率成正比

6. 关于 LPC1700 系列微控制器实时时钟 RTC,以下说法错误的是( )。

A. RTC 的中断位置寄存器是一个只有 2 位有效位的寄存器,指定哪些模块产生了中断

B. RTC 时钟控制寄存器 CCR 决定使能时钟、让 CTC 是否复位以及校准寄存器使能

C. RTC 计数器递增中断寄存器 CIIR 决定年月日时分秒是否在加 1 时产生中断

D. RTC 报警屏蔽寄存器 AMR 全 0 时,屏蔽所有的报警寄存器

7. 关于 LPC1700 系列微控制器 PWM 定时器,共有 6 个 PWM 输出,以下说法错误的是( )。

A. 每个 PWM 输出周期可以单独编程设置

B. 每个 PWM 输出的占空比可以单独编程设置

C. 每个 PWM 输出可以编程输出正脉冲或负脉冲

D. 共用一个匹配寄存器 0

8. 关于 LPC1700 系列微控制器 PWM 定时器用来决定是否使能计数器,是否使能计数器复位以及是否允许 PWM 的寄存器是( )。

A. PWM 计数控制寄存器 CTCR

B. PWM 定时器控制寄存器 TCR

C. PWM 匹配寄存器 MCR

D. PWM 捕获控制寄存器 CCR

9. LPC1700 系列微控制器片上某组件支持三相 AC 和三相 DC 输出模式,同时支持死区控制,具有边沿对齐和中心对齐输出,该组件是( )。

A. PWM　　　　B. MPWM　　　　C. WDT　　　　D. RTC

10. 为操作系统或其他系统管理软件提供固定 10 ms 或可软件编程定时时间的定时中断,该定时部件的名称是(　　)。

A. PWM 定时器

B. 看门狗定时器 WDT

C. 系统节拍定时器 SysTick

D. 重复中断定时器 RI

二、填空题

1. 当定时/计数器运行时,在某引脚上出现有效的边沿触发动作,此时定时/计数器的当前值被保持在指定寄存器中。这一定时/计数器的功能称为_____,当定时/计数器计数值与预设值相等时,将产生一个标志或触发一个中断,这一定时/计数器的功能称为_____。

2. 已知定时/计数器所接时钟为 $F_{PCK}=1\,000\,000$ Hz,预分频器的值 PR$=0$,如果要定时 10 ms,则匹配寄存器的值应该为_____;最小定时时间为_____ μs,此时匹配寄存器的值为_____。

3. 利用 LPC1700 系列微控制器普通定时/计数器要记录 P1.19(CAP1.1)脉冲的个数,采用定时/计数器的_____功能,利用 P0.6(MAT2.0)输出 1 kHz 方波,则选择定时/计数器的_____功能,如果 $F_{PCLK}=$ System Frequency/4,PR$=0$,则匹配寄存器的值为_____。

4. 选择 WDT 的时钟为 RTC 时钟(32.768 kHz),则时钟选择寄存器的值为_____,则最小的看门狗定时时间为_____ ms;如果要让使看门狗定时时间为 1 s,则需要向看门狗定时器常数寄存器 WDTC 写入的初始值为_____。

5. 如果要 RTC 让每隔 1 h 产生一次中断,则 RTC 的计数器增量中断寄存器 CIIR 的值为_____,如果仅使用分报警,则 AMR 的值为_____。

6. 已知 LPC1700 系列微控制器 PWM 预分频寄存器 PMW1PR$=1$,$F_{PCLK}=1$ MHz,则 PWM 输入的计数频率 $f_{PWMIN}=$_____ kHz、PWM1 最快的输出频率为 $F_{PWMOUT}=$_____ kHz,如果要 PWM1 输出周期为 2 kHz,占空比为 50% 的方波,则 PWM1MR0$=$_____,PWM1MR1$=$_____。

7. 如果要使 MCPWM 输出频率为 3 kHz,占空比为 25%,已知 MCPWM 输入频率为 3 MHz,对于边沿对齐的 MCPWM,界限寄存器的值为_____,匹配寄存器的值为_____,对于中心对齐的 MCPWM,界限寄存器的值应该为_____。

8. 已经 $F_{PCLK}=10$ MHz,要使 MCPWM 的通道 0,1,2 均具有 25 μs 的死区时间,则死区时间寄存器 MCDT 的值为_____。

三、应用题

一基于 LPC1766 微控制器的嵌入式应用系统使用的 GPIO 情况如图 6-36 所示。P1.29 接一按键,P2.10 通过光耦驱动一个 $V_{DD}=24$ V DC 的继电器,继电器触点作为可控制的开关,连接到 220 V AC 工作的喇叭。当 P2.10 输出逻辑 0 时,光耦发光而使继电器得电闭合,喇叭发声。P2.11连接LED发光二极管,P2.11输出逻辑0时LED亮。假设已经按照第5章的有关内容初始化P0.18为输入,P.2.10和P.2.11为输出。

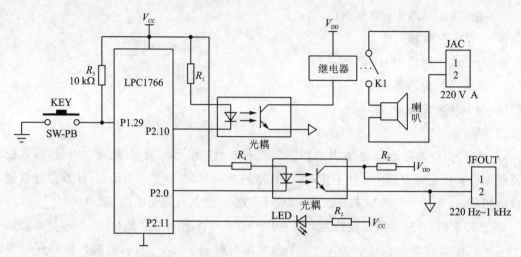

图6-36 应用题图

1. 利用定时/计数器0定时10 ms,每当10 ms中断一次,在中断服务程序中判断按键。当按键按下超过0.5 s小于1 s时称为短按,按下超过3 s时为长按。试用C语言写出定时器0定时10 ms的初始化函数;当短按奇数次按键时,让LED发光;短按偶数次按键时,让LED熄灭;长按偶数次按键时,让喇叭发声报警,长按奇数次按键时停止发声。写入定时器0的中断服务程序。

2. 利用RTC,每天早上8:00让喇叭发声报警,打上班铃,持续时间30 s;中午12:00打下班铃,持续30 s;下午14:00让喇叭发声报警,打上班铃,持续时间30 s,下午17:00打下班铃,持续30 s,铃响不到30 s,可以人工停止,按下图6-36所示按键。试编写程序实现。

3. 利用PWM的捕获功能确定按键按下时产生PWM波形:通过PWM1(P2.0)输出0.2~1 kHz占空比为50%的方波,由按键控制频率的改变,起始频率为200 Hz,频率每次增加1 Hz。当达到1 kHz时LED亮,再按一次按键则回到200 Hz;当频率小于950 Hz时LED灭。试编写程序实现。

第7章　模拟通道组件及应用

随着嵌入式技术、物联网技术的广泛应用,感知技术显得越来越重要。而模拟通道组件正是感知技术的基础,通过传感器感知的信号,经过信号调理再进行变换,即可获取感知信息。嵌入式微控制器内部片上模拟通道组件中通常包括 ADC、DAC 以及比较器等模拟部件,在实际应用中是不可或缺的重要组成部分。本章重点介绍片上 ADC、DAC 以及比较器的原理及应用。

7.1　模拟输入/输出系统

应用于物联网或工业测控技术中的典型模拟输入/输出系统如图7-1所示。

图 7-1　一般模拟输入/输出系统

如图 7-1 所示,工业过程中遇到实际的物理量不可能全部都是直接能符合 A/D 或 D/A 转换条件的电信号量,因此,这些物理量往往不全是电量(如温度、湿度、压力、流量以及位移量等),必须通过传感器将这些非电量转换成电量,同时还应该将转换后的电量适当调整到一定程度,以便能使模拟量有效地转换成数字量。

从传感器、信号调理到 A/D 转换是模拟输入通道的主要构成,这一过程称为数据采集(Data Acquisition System,DAS)。信号调理包括放大、滤波等。

处理器接收到数字量后,再经过某种控制策略,去控制工业过程,而工业过程大都有执行机构,多需要功率较大的模拟量,如电动执行机构、气动执行机构以及直流电机等,经过 D/A 转换将数字量转换成模拟量。由于转换后的模拟量功率小,不足以驱动执行机构,又要将模拟信号功率放大,以足够大的功率驱动执行机构,完成对工业过程的闭环控制。

从 D/A 转换、功率放大到执行机构构成了模拟输出通道。

由于大部分嵌入式微控制器内部集成了模拟组件(如 ADC、DAC),因此这些具有内置(片上)ADC 的 MCU 无须外接 ADC,除非内置 ADC 不能满足系统的要求。具有内置 ADC、DAC 的典型嵌入式微控制器组成的模拟输入/输出系统如图7-2所示。

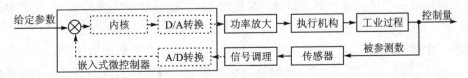

图 7-2　基于嵌入式微控制器的模拟输入/输出系统

与图 7-1 相比,模拟输入通道的关键部件 ADC 和模拟输出通道的关键部件 DAC 是嵌入式微控制器的片上资源,因此无需外扩。一方面节省了成本,另一方面由于 ADC 在片内,省去了许多外部连接线,因此也降低了干扰。

本章主要介绍模拟通道组件、ADC、DAC、比较器及其应用。

7.2 模/数转换器 ADC

现在大多数嵌入式微控制器内部集成了片上 ADC 模块,而且大都采用逐次逼近型(SAR)ADC,不同厂家、不同类别的微控制器,其分辨率不同,主要有 8 位、10 位、12 位、16 位及 24 位不等。目前使用流行的嵌入式微控制器内部集成的 ADC 分辨率为 10 位和 12 位居多。

7.2.1 ADC 的硬件组成及原理

典型片上 ADC 内部结构如图 7-3 所示。这是一个典型的具有多路开头的逐次逼近式 ADC,通过 APB 时钟 PCLK 经过分频后提供给 ADC 作为时钟信号,不同微控制器其要求的最高时钟频率有所不同,从 100 kHz 到 500 kHz 不等,典型值为 200 kHz。时钟频率决定采样率,与转换速度密切相关。

在时钟的作用下,模拟量输入信号经过比较器与另外一路由逐次逼近寄存器的结果经过 DAC 转换成模拟信号进行比较,当模拟量输入信号接近 DAC 转换结果,停止逐次逼近操作。这样得到的数字量正好对应模拟输入量。最后,将转换的结果存放在相应的 ADC 数据寄存器中。

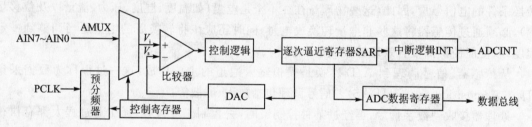

图 7-3 典型片上 ADC 内部结构

ADC 具体工作过程如下:

① 选定某通道时,假设其输入的模拟电压 V_i,进入比较器正端,逐次比较寄存器 SAR 各位清零。

② 第一个脉冲到来时,SAR 寄存器最高位置 1,N 位寄存器首先设置在数字中最高位为 1。这样 DAC 输出 V_s 被设置为 $V_{REF}/2$,比较器判断 V_i 与 V_s 的关系。当 $V_i>V_s$ 时,比较器输出逻辑 1(即高电平),N 位寄存器的最高位保持 1;反之,比较器输出低电平,让 N 位寄存器的最高位清 0。

③ 第二个脉冲到来时,SAR 寄存器次高位置 1,将寄存器中新的数字量送到 DAC,比较器判断 V_i 与 V_s 的关系。当 $V_i>V_s$,比较器输出逻辑 1(即高电平),N 位寄存器的次高位保持 1;反之,比较器输出低电平,让 N 位寄存器的次高位清 0。

④ 重复上述步骤,直到 N 位转换完毕,最后的转换结果存放在相应通道的 ADC 数据寄存器中。

为了节约成本,微控制器内部一般仅有一个逐次逼近的 ADC,但通过多道模拟开关,可以接多路模拟量。比较典型的有 4 路、6 路、8 路、16 路及 18 路。可以通过通道地址相关寄存器来选择指定的模拟通道。图 7-3 中有 8 个通道 AIN7～AIN0 可供选择,可以接 8 路模拟量。

LPC1700 系列微控制器片上 ADC 为 12 位逐次逼近式,有 8 路模拟通道,12 位转换速度为 200 kHz(转换时间为 5 μs),由于完成一次转换需要 65 个 ADC 时钟周期,因此 ADC 最高时钟可达 200 kHz×65=13 000 kHz=13 MHz,可采用由输入跳变功能的定时器匹配信号来触发 A/D 转换。

ADC 模数关系为 $D=V_{\times}4096/V_{REF}$ 或 $V=V_{REF}×D/4\,096$。

D 为 ADC 变换得到的数字量,V 为输入模拟电压,V_{REF} 为 ADC 参考电压。

LPC1700 系列微控制器主要引脚如表 7-1 所列。

表 7-1　LPC1700 系列微控制器 ADC 的引脚

引脚名称	LPC1700 引脚	类　型	描　述	引脚名称	LPC1700 引脚	类　型	描　述
AIN0	P0.23	输入	ADC 通道 0 输入	AIN4	P1.30	输入	ADC 通道 4 输入
AIN1	P0.24	输入	ADC 通道 1 输入	AIN5	P1.31	输入	ADC 通道 5 输入
AIN2	P0.25	输入	ADC 通道 2 输入	AIN6	P0.3	输入	ADC 通道 6 输入
AIN3	P0.26	输入	ADC 通道 3 输入	AIN7	P0.2	输入	ADC 通道 7 输入

【例 7-1】ADC 时钟决定转换速度,假设 LPC1700 系列微控制器 ADC 时钟为 10 MHz,问 10 000 个数据连续转换至少需要多长时间?

一次转换需要 65 个 ADC 时钟周期,因此一个数据转换一次的时间为 1/10 MHz×65=0.06 ms=6.5 μs,10 000 个数据需要 65 000 μs=65 ms。

不同微控制器其 ADC 时钟最高频率不同,要参见芯片数据手册。

7.2.2　ADC 相关寄存器

不同嵌入式微控制器,其片上 ADC 相关寄存器名称标识命名各有不同,但不外乎 A/D 控制寄存器、A/D 数据寄存器、A/D 状态寄存器等。A/D 控制寄存器控制 ADC 启动转换、ADC 模拟通道的选择等;A/D 数据寄存器寄存 ADC 转换的结果;A/D 状态寄存器记录 ADC 的转换状态。

以下仅介绍典型 CM3 LPC700 系列微控制器片上 ADC 相关寄存器。

1. A/D 控制寄存器 ADCR

ADCR 控制分频系数的确定、是否突发模式、启动 A/D 转换的方式等,具体相关的位如表 7-2 所列。

表 7-2　A/D 控制寄存器位描述

位	符　号	描　述	复位值
7:0	SEL	通道选择,8 位每一位对应一个通道。为 1 表示该通道被选中,为 0 表示未被选中	0x01
15:8	CLKDIV	分频系数,通过 APB 时钟分频得到 ADC 时钟, ADC 时钟频率=F_{PCLK}/(CLRDIV+1)≤13 MHz	0
16	BURST	突发模式,1=依次以 200 kHz 的速度采样 AIN0～AIN7,0=指定通道采样	0

位	符 号	描 述	复位值
20:17	—	保留	NA
21	PDN	1＝正常模式,0＝掉电模式	0
23:22	—	保留	NA
26:24	START	启动 ADC(BURST＝0) 000＝不启动; 001＝启动 A/D 转换(软件控制启动); 010＝P2.10/EINT0/NMI 引脚有边沿时启动 A/D 转换; 011＝P1.27/CLKOUT/USB_OVRCRn/CAP0.1 有边沿时启动 A/D 转换; 100＝MAT0.1 有边沿时启动 A/D 转换; 101＝MAT0.3 有边沿时启动 A/D 转换; 110＝MAT1.0 有边沿时启动 A/D 转换; 111＝MAT1.1 有边沿时启动 A/D 转换	0
27	EDGE	1＝所选 CAP/MAT 信号下降沿启动变换, 0＝所选 CAP/MAT 信号上升沿启动变换	0
31:28	—	保留	NA

假设 F_{adcclk} 为 ADC 时钟频率,ADC 时钟分频值为

$$CLKDIV = F_{pclk}/F_{adcclk} - 1 \qquad (7-1)$$

2. A/D 全局数据寄存器 AD0GDR

A/D 全局数据寄存器包括最近一次 A/D 转换的结果,还有转换过程中出现的状态标志。主要在多通道连续转换场合使用,具体相关的位描述如表 7-3 所列。

表 7 - 3   A/D 全局数据寄存器位描述

位	符 号	描 述	复位值
3:0	—	保留	NA
15:4	RESULT	最近一次转换结果	NA
23:16	—	保留	NA
29:24	CHN	模拟输入的通道编码:000～111 表示 0～7 号通道	NA
30	OVERRUN	BURST 下,转换结果溢出置位,读时清除	NA
31	DONE	ADC 转换结束置位,读时自动清除	0

3. A/D 状态寄存器 ADSTAT

A/D 状态寄存器允许同时检查所有 A/D 通道的状态。每个 A/D 通道的 ADDRn 寄存器的 DONE 和 OVERRUN 标志都反映在 ADSTAT 中。在 ADSTAT 中同样可以找到中断标记(所有 DONE 标志逻辑"或"的结果)。具体相关位的描述如表 7-4 所列。

表 7-4　A/D 状态寄存器位描述(ADSTAT—0x40034030)

位	符　号	描　　述	复位值
0	DONE0	此位反映了 ADC 通道 0 的结果寄存器中的 DONE 状态标志	0
1	DONE1	此位反映了 ADC 通道 1 的结果寄存器中的 DONE 状态标志	0
2	DONE2	此位反映了 ADC 通道 2 的结果寄存器中的 DONE 状态标志	0
3	DONE3	此位反映了 ADC 通道 3 的结果寄存器中的 DONE 状态标志	0
4	DONE4	此位反映了 ADC 通道 4 的结果寄存器中的 DONE 状态标志	0
5	DONE5	此位反映了 ADC 通道 5 的结果寄存器中的 DONE 状态标志	0
6	DONE6	此位反映了 ADC 通道 6 的结果寄存器中的 DONE 状态标志	0
7	DONE7	此位反映了 ADC 通道 7 的结果寄存器中的 DONE 状态标志	0
8	OVERRUN0	此位反映了 ADC 通道 0 的结果寄存器中的 OVERRUN 状态标志	0
9	OVERRUN1	此位反映了 ADC 通道 1 的结果寄存器中的 OVERRUN 状态标志	0
10	OVERRUN2	此位反映了 ADC 通道 2 的结果寄存器中的 OVERRUN 状态标志	0
11	OVERRUN3	此位反映了 ADC 通道 3 的结果寄存器中的 OVERRUN 状态标志	0
12	OVERRUN4	此位反映了 ADC 通道 4 的结果寄存器中的 OVERRUN 状态标志	0
13	OVERRUN5	此位反映了 ADC 通道 5 的结果寄存器中的 OVERRUN 状态标志	0
14	OVERRUN6	此位反映了 ADC 通道 6 的结果寄存器中的 OVERRUN 状态标志	0
15	OVERRUN7	此位反映了 ADC 通道 7 的结果寄存器中的 OVERRUN 状态标志	0
16	ADINT	该位是 ADC 中断标志	0
31:17	—	保留,用户软件不应向其写入 1。从保留位读出的值未定义	NA

4. A/D 数据寄存器 ADDR0~ADDR7

有两种方法可以读取 ADC 的转换结果。一种是利用 A/D 全局数据寄存器来读取 ADC 的全部数据;另一种是读取 ADC 通道数据寄存器。A/D 数据寄存器 ADDR0~ADDR7 的相关位描述如表 7-5 所列。

通常使用各自通道的 A/D 数据寄存器获取 ADC 转换结果。

表 7-5　A/D 数据寄存器 ADDR0~ADDR7 位描述

位	符　号	描　　述	复位值
3:0	—	保留	NA
15:4	RESULT	最近一次转换结果	NA
29:16	—	保留	NA
30	OVERRUN	BURST 下,转换结果溢出置位,读时清除	NA
31	DONE	ADC 转换结束置位,读时自动清除	0

5. A/D 中断使能寄存器 AD0INTEN

A/D 中断使能寄存器用来控制转换完成时哪个 ADC 通道产生中断。具体各位的描述如表 7-6 所列。

表 7-6 A/D 中断使能寄存器位描述(AD0INTEN—0x4003400C)

位	符 号	值	描 述	复位值
0	ADINTEN0	0	ADC 通道 0 转换结束时不会产生中断	0
		1	ADC 通道 0 转换结束时产生中断	
1	ADINTEN1	0	ADC 通道 1 转换结束时不会产生中断	0
		1	ADC 通道 1 转换结束时产生中断	
2	ADINTEN2	0	ADC 通道 2 转换结束时不会产生中断	0
		1	ADC 通道 2 转换结束时产生中断	
3	ADINTEN3	0	ADC 通道 3 转换结束时不会产生中断	0
		1	ADC 通道 3 转换结束时产生中断	
4	ADINTEN4	0	ADC 通道 4 转换结束时不会产生中断	0
		1	ADC 通道 4 转换结束时产生中断	
5	ADINTEN5	0	ADC 通道 5 转换结束时不会产生中断	0
		1	ADC 通道 5 转换结束时产生中断	
6	ADINTEN6	0	ADC 通道 6 转换结束时不会产生中断	0
		1	ADC 通道 6 转换结束时产生中断	
7	ADINTEN7	0	ADC 通道 7 转换结束时不会产生中断	0
		1	ADC 通道 7 转换结束时产生中断	
8	ADGINTEN	0	只有个别由 ADINTEN7:0 使能的 ADC 通道才产生中断	1
		1	使能 ADDR 的全局 DONE 标志产生中断	
31:9	—	—	保留,用户软件不应向其写入 1。从保留位读出的值未定义	NA

7.2.3 ADC 的应用

1. 查询方式获取 ADC 的值

使用查询方式获取 ADC 结果的步骤如下:

① 设置 PCONP.12=1,打开 ADC 电源(详见表 3-15 相关位);

② 配置相关引脚为模拟输入 AINi(详见表 7-1 及 5.5.3 小节相关表格);

③ 通过 ADCR 设置 ADC 时钟确定转换速率、工作模式、启动 A/D 转换;

④ 查询 ADSTAT 状态寄存器的状态位 ADSTAT.DONEi 是否等于 1,为 0 表示等待,为 1 表示继续;

⑤ 读 A/D 数据寄存器 ADDRi 的值;

⑥ 如果要节能,获取完结果可关闭 ADC 电源,即让 PCONP.12=0。

【例 7-2】利用 LPC1700 微控制器模拟输入通道 7(AIN7),通过如图 7-4 所示的电路检测 4~20 mA 电流,前置电路将 4~20 mA 电流转换成 0~3.3 V 电压,送 ADC 的 AIN7 进行 A/D 转换。采用查询方式获取 4~20 mA 的信号对应的数字量,转换 10 次取平均值,然后存入变量 ulADCData 中,试编写相关程序。

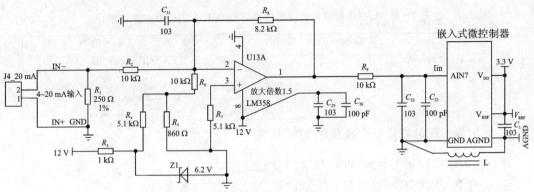

图 7 - 4　电流输入变换

按照上述步骤,初始化 ADC 程序如下:

```
#define N_Times   10
void ADCInit()
{
    LPC_SC ->PCONP | = 1 << 12;              /* 打开 ADC 电源    */
    LPC_PINCON ->PINSEL0 | = (0x02 << 4);    /* ADC0.7(AIN7) = P0.2 */
    LPC_ADC ->ADCR = (1 << 7)                /* 选择通道7 */
         |((Fpclk/ 13000000) << 8)           /* 设定分频系数 CLKDIV 的值,13 MHz */
         |(0 << 16)                          /* BURST = 0,ADC 由软件控制转换 */
         |(1 << 21)                          /* PDN = 1 正常模式 */
         |(1 << 24)                          /* 启动 A/D 转换位    */
         |(0 << 27 );                        /* 边沿触发无效   */
}
main()
{
    static uint32_t ulADCbuf;                /* A/D 转换缓冲区 */
    static uint32_t ulADCData;
    static uint8_t  i;
    SystemInit();                            /* 系统初始化 */
    ADCInit();                               /* ADC 初始化 */
    while (1) {
        ulADCData = 0;
        for(i = 0;i < N_Times; i ++ ) {
            LPC_ADC ->ADCR | = 1 << 24;      /* 立即转换 */
            while ((LPC_ADC ->ADSTAT & (1 << 7)) == 0);
                               /* 读 AIN7 通道的 ADCDONE 状态,直到转换结束 */
            LPC_ADC ->ADCR | = (1 << 24);    /* 第一次转换丢掉,防抖动干扰 */
            while ((LPC_ADC ->ADSTAT & (1 << 7)) == 0);  /* 再读状态 Done */
            ulADCbuf = LPC_ADC ->ADDR7;              /* 读通道 7 的 ADC 的值 */
            ulADCbuf = (ulADCbuf >> 4) & 0xfff;      /* 取低 12 位转换结果 */
            ulADCData += ulADCbuf;                   /* 累加 10 次 */
```

```
    }
    ulADCData = (ulADCData/N_Times);                    /* 取平均值 */
    ulADCData = (ulADCData * 3300)/4096;                /* 转换成电压值 */
    myDelay(20);                                        /* 延时一段时间 */
  }
}
```

2. 定时器匹配触发启动变换获取 ADC 的值

使用定时器匹配触发获取 ADC 结果的步骤如下：

① 设置 PCONP.12＝1,打开 ADC 电源(详见表 3－15 相关位)；

② 配置相关引脚为模拟输入 AINi(详见表 7－1 及 5.5.3 小节相关表格)；

③ 通过 ADCR 设置 ADC 时钟,确定转换速率、工作模式；

④ 通过 PCONP 打开定时/计数器电源；

⑤ 通过 MCR 设置定时/计数器匹配后复位定时/计数器 TC；

⑥ 匹配后 MAT1.0 输出翻转；

⑦ 设置定时匹配时间常数,以决定定时触发时间(对应频率不大于 200 kHz)；

⑧ 启动定时/计数器；

⑨ 使能 ADC 通道后,转换完产生中断；

⑩ 开 ADC 中断；

⑪ 在中断服务程序中置读取 A/D 转换结果并置读取成功标志；

⑫ 在主程序中判断成功标志,取结果并处理。

【例 7－3】仍然利用图 7－4,定时器 1 匹配方式获取 ADC 的值,每隔 20 ms 采样一次。ADC 允许中断,在中断服务程序中获取 ADC 结果。试编写相关程序。

按照上述步骤,相关程序如下：

```
volatile   uint32_t   ulADCbuf;              /* A/D 转换缓冲区 */
volatile   uint32_t   ulADCData;
volatile   uint32_t   eAdcValue;
volatile   uint8_t     eAdcFinish;           //A/D 转换标志
```

ADC 初始化程序如下：

```
void ADCInit(uint32_t Tms)
{
    uint32_t ulTemp;
    LPC_SC ->PCONP |= 1 << 12;                  /* 打开 ADC 电源 */
    LPC_PINCON ->PINSEL0 |= (0x02 << 4);        /* ADC0.7(AIN7) = P0.2 */
    LPC_ADC ->ADCR = (1 << 7)                   /*   选择通道 7 */
          |((Fpclk/13000000) << 8)              /* 设定分频系数 CLKDIV 的值,13 kHz */
          |(0 << 16)                            /* BURST = 0,ADC 由软件控制转换 */
          |(1 << 21)                            /* PDN = 1,正常模式 */
          |(6 << 24)                            /* START = 110,MAT1.0 边沿启动 A/D 转换 */
          |(1 << 27 );                          /* 上升沿触发 */
```

```
    LPC_SC ->PCONP | = 1 ≪ 2;               /* 打开定时器 1 电源 */
    LPC_TIM1 ->MCR = 0x02;                  /* 设置在匹配后复位 T1TC,参见式(6-5) */
    LPC_TIM1 ->EMR = (3 ≪ 4);               /* 匹配后 MAT1.0 输出翻转 */
    LPC_TIM1 ->MR0 = SystemFrequency/4000 * Tms  /* 定时 Tms 毫秒,ADC 采样一次 */
    LPC_TIM1 ->TCR = 0x01;                  /* 启动定时/计数器 T1 */
    LPC_ADC ->ADINTEN = (1 ≪ 7);            /* 使能 ADC 通道 7 中断 */
    NVIC_EnableIRQ(ADC_IRQn);               /* 允许 ADC 中断 */
}
```

ADC 中断服务程序：

```
void   ADC_IRQHandler(void)
{
    eAdcValue  = LPC_ADC ->ADDR7;           /* 取通道 7 数据寄存器转换的值 */
    eAdcFinish  = 1;                        /* 置成功标志 */
}


int main (void)
{
    SystemInit();                           //系统初始化
    ADCInit(20);                            //定时 20 ms 采样一次
    while (1)
    {
        if (eAdcFinish == 1)                // 转换成功否?
        {
            ulADCData = eAdcValue;          //转换成功获取数值
            ulADCData = (eAdcValue ≫ 4) & 0xfff;
            ulADCData = ulADCData * 3300;   // 参考电压 3 300 mV
            ulADCData = ulADCData/0xfff;    // 12 位 ADC
            eAdcValue = 0;
            eAdcFinish = 0;
        }
    }
}
```

3. 巡回检测 ADC 的值

以上的例子是指定单个通道的 A/D 转换,完成多路 ADC 轮询转换,构成实际的巡回检测系统,如温度湿度的测量等。

【例 7-4】一应用系统中采用 8 个温度传感器 LM35 放置在某环境下不同位置,以测量每个位置的温度(温度范围为 0～＋100 ℃),应用电路连接 LPC1700 系列嵌入式微控制器,如图 7-5 所示。

LM35D 是线性温度传感器,0 ℃时为 0 V,温度每增加 1 ℃,输出电压增加 10 mV,它的引脚 1 为电源,引脚 2 为电压输出,引脚 3 为地。

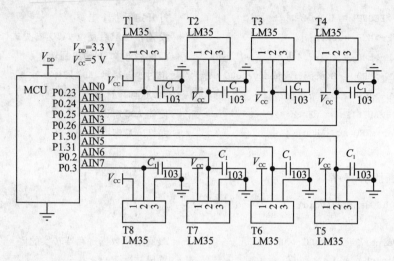

图 7 - 5　外部计数功能示意图

LM35 温度范围如下：

① LM35 和 LM35A：−55～ ＋150 ℃。

② LM35C 和 LM35CA：−40～+110 ℃。

③ LM35D：0～+100 ℃。

温度与电压的关系为 $T=V_o/(10 \text{ mV}/℃)$。

现要求通过如图 7 - 5 所示的巡回检测系统测量 8 个位置的温度，将温度值保存在变量 TempBuf 中，写出相关应用程序。

可参照以上两个例子采用查询或中断方式检测温度。这里采用查询方式，相关程序如下。

ADC 初始化程序如下：

```
void ADCInit()
{
    LPC_SC ->PCONP | = 1 ≪ 12;                  / * 打开 ADC 电源 * /
    LPC_PINCON ->PINSEL0 | = (0x02 ≪ 4)|        / * ADC0.7(AIN7) = P0.2 * /
                            (0x02 ≪ 6)|         / * ADC0.6(AIN6) = P0.3 * /
    LPC_PINCON ->PINSEL1 | = (0x01 ≪ 14)|       / * ADC0.0(AIN0) = P0.23 * /
                            (0x01 ≪ 16)|        / * ADC0.1(AIN1) = P0.24 * /
                            (0x01 ≪ 18)|        / * ADC0.2(AIN2) = P0.25 * /
                            (0x01 ≪ 20|         / * ADC0.3(AIN3) = P0.26 * /
    LPC_PINCON ->PINSEL3 | = (0x03 ≪ 28)|       / * ADC0.4(AIN4) = P1.30 * /
                            (0x03 ≪ 30|         / * ADC0.5(AIN5) = P1.31 * /
}
```

主程序如下：

```
int main (void)
{
    long Tempbuf[8];                            / * A/D 转换缓冲区 * /
    static uint32_t ulADCData;
    static uint8_t   i;
```

```
SystemInit();                               /＊系统初始化＊/
ADCInit();
while(1){
    ulADCData = 0;
    for(i = 0;i < 8; i++){
    LPC_ADC ->ADCR = (1 ≪ i)|             /＊选择 i 通道＊/
        | = ((Fpclk/ 10000000) ≪ 8)        /＊ 设定分频系数 CLKDIV 的值,10 MHz ＊/
        |(0 ≪ 16)                           /＊ BURST = 0,ADC 由软件控制转换 ＊/
        |(1 ≪ 21)                           /＊ PDN = 1 正常模式 ＊/
        |(1 ≪ 24)                           /＊ 启动 A/D 转换位 ＊/
        |(0 ≪ 27);                          /＊ 边沿触发无效 ＊/
        while ((LPC_ADC ->ADGDR & 0x80000000 == 0);    /＊等待转换结束 ＊/
        ulADCData   = LPC_ADC->ADGDR;        /＊ 取最近一次转换结果 ＊/
        Tempbuf[i] = ((ulADCData ≫ 4)&0xFFF)＊330/0xFFF;    //转换成温度,单位：℃
        myDelay(20);                         //延时一点时间
    }
}
}
void myDelay (uint32_t ulTime)
{
    uint32_t i;
    i = 0;
    while(ulTime--){
        for (i = 0; i < 5000; i++);
    }
}
```

7.3　数/模转换器 DAC

数/模转换是将数字量转换为模拟量(电流或电压),使输出的模拟量与输入的数字量成正比。实现这种转换功能的电路叫数/模转换器(DAC)。

7.3.1　DAC 的硬件组成及原理

1. 加权电阻式 DAC

加权电阻式 D/A 转换器,如图 7-6 所示。

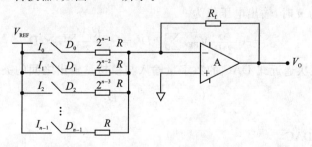

图 7-6　加权电阻式 D/A 转换器

根据运算放大器的特性,可知 n 位数字量转换成模拟量的值。如下:

$$V_o/R_F = -(I_0 + I_1 + I_2 + \cdots + I_{n-1}) =$$

$$-V_{REF}\left(\frac{D_0}{2^{n-1}R} + \frac{D_1}{2^{n-2}R} + \frac{D_2}{2^{n-3}R} + \cdots + \frac{D_{n-2}}{2R + D_{n-1}/R}\right)$$

$$V_o = -\frac{V_{REF}}{2^{n-1}R}(D_0 \times 2^0 + D_1 \times 2^1 + \cdots + D_{n-2} \times 2^{n-2} + D_{n-1} \times 2^{n-1})\, R_F =$$

$$-\frac{R_F}{2^{n-1}}V_{REF}\sum_0^{n-1} 2^i D^i = -\frac{R_F V_{REF}}{2^{n-1}R}D \qquad (D\text{ 为数字量})$$

这种加权电阻式 DAC 虽然简单、直观,但当位数较多时,最高有效位 D_{n-1} 与最低有效位 D_0 对应的电阻相差太大。

2. T 型电阻网络式 DAC(R - $2R$ 结构)

T 型电阻网络式 DAC 也称 R - $2R$ 电阻网络式 DAC,与权电阻式不同的是,在 T 型电阻网络式 DAC 中,只有 R 和 $2R$ 两种电阻,因此易于实现,广泛应用于 D/A 转换中。T 型电阻网络式 DAC 的原理如图 7 - 7 所示。

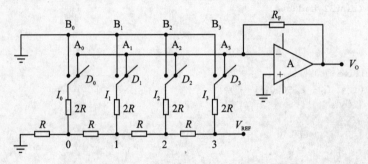

图 7 - 7 T 型电阻网络式 DAC

根据并联电阻的特点可知,运算放大器负端输入的总电流 I 为

$$I = I_0 + I_1 + I_2 + I_3$$

即

$$I = \left(\frac{D_0}{2^3} + \frac{D_1}{2^2} + \frac{D_2}{2^1} + \frac{D_3}{2^0}\right) \times \frac{V_{REF}}{R} = \frac{V_{REF}}{2^4 R}\sum_{i=0}^{4-1} 2^i D^i$$

输出电压值为

$$V_O = -I \times R_F = -\frac{R_F}{2^n R}V_{REF}\sum_{i=0}^{4-1} 2^i D^i$$

当二进制位数为 n 时,输出电压值为

$$V_O = -\frac{R_F}{2^n R}V_{REF}\sum_{i=0}^{n-1} 2^i D^i = -\frac{R_F V_{REF}}{2^n R} \times D$$

当 $R_F = R$ 时,逐次逼近式 DAC 的数字量输入与模拟量输出之间的关系为

$$V_O = \frac{V_{REF}}{2^n} \times D$$

3. 电阻串联式 DAC

电阻串联式 DAC 如图 7 - 8 所示,电阻相等,各点分压值分别为 $V_{REF}/2, V_{REF}/4, \cdots,$

$V_{REF}/2^n$。

同样由运算放大器性质以及此处的正相放大知：

$$V_{out} = \frac{V_{REF}}{2^n} \times D$$

LPC1700 系列 CM3 微控制器采用的是这种串联结构的 DAC，$n=10$ 即为 10 位分辨率的 DAC，具有缓冲输出，掉电模式，最高输出频率为 1 MHz，公式如下：

$$V_{out} = \frac{V_{REF}}{2^{10}} \times D = V_{REF} \times \frac{D}{1\ 024}$$

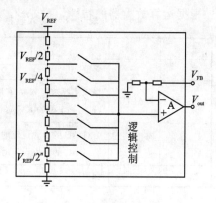

图 7 - 8　电阻串联式 DAC

LPC1700 系列微控制器 DAC 引脚如表 7 - 7 所列。

表 7 - 7　LPC1700 系列微控制器 DAC 引脚

引　脚	类　型	描　　述
A_{OUT}(P0.26)	输出	模拟输出。当 DACR 写入新值后，经过所选的设定时间，该引脚的电压为 $\frac{V_{ALUE}}{2^{10}} \times V_{REF}$（相对于 V_{SSA}）
V_{REF}	参考	参考电压。该引脚为 DAC 提供参考电压
V_{DDA} V_{SSA}	电源	模拟电源和地。它们应当分别与 $V_{DD(3V3)}$ 和 V_{SS} 的电压相同，但为了降低噪声和出错几率，两者应当隔离

7.3.2　DAC 相关寄存器

不同嵌入式微控制器，其片上 DAC 相关寄存器名称标识命名各有不同，但不外乎 D/A 转换寄存器、D/A 转换控制寄存器和 D/A 转换计数值寄存器。

以下仅介绍典型 LPC700 系列 CM3 微控制器片上 DAC 相关寄存器。

需要注意的是，寄存器 PCONP 中没有 DAC 控制位。若要使能 DAC，就必须选择其输出到相关的引脚 P0.26。在访问 DAC 寄存器前须用该方法将 DAC 使能。

1. D/A 转换寄存器 DACR

该寄存器（可读/写）包含转换成模拟输出值的数字设定值和用来平衡性能和功耗的位。DACR[5:0]保留用于之后分辨率更高的 DAC。具体相关的位描述如表 7 - 8 所列。

在 A_{OUT} 引脚上接有一个不超过 100 pF 电容的情况下，BIAS 位的描述中提到的设定时间才是有效的。如果使用大于该值的电容，将会导致设定时间比规定时间长。

2. D/A 转换控制寄存器 DACCTRL

该寄存器（可读/写）使能 DMA 操作并控制 DMA 定时器。其位描述如表 7 - 9 所列。

表 7-8　D/A 转换寄存器位描述（DACR—0x4008C000）

位	符　号	描　　述	复位值
5:0	—	保留	NA
15:6	VALUE	当该字段被写入新值后，经过一段所选的设定时间，引脚 A_{OUT} 上的电压为 $(V_{ALUE}/1\,024) \times V_{REF}$（相对于 V_{SSA}），V_{ALUE} 为要写入的数字量	0
16	BIAS	0=DAC 的最大设定时间为 1 μs，最大电流为 700 μA； 1=DAC 的最大设定时间为 2.5 μs，最大电流为 350 μA	0
31:17	—	保留	NA

表 7-9　D/A 转换控制寄存器位描述（DACCTRL—0x4008C004）

位	符　号	描　　述	复位值
0	INT_DMA_REQ	0=该位在写 DACR 寄存器时清零， 1=定时器溢出时该位由硬件置位	0
1	IDBLBUF_ENA	当该位和 CNT_ENA 都置位时，DACR 寄存器中的双缓冲功能被使能。 向 DACR 写数据会先将数据写入一个预缓冲器，数据在下次计数器超时时被发送到 DACR	0
2	CNT_ENA	0=超时计数器操作被禁止， 1=超时计数器操作被使能	0
3	DMA_ENA	0=DMA 访问操作被禁止， 1=DMA 突发请求 7 被用于 DAC 转换	0
31:4	—	保留	NA

3. D/A 转换计数值寄存器 DACCNTVAL

该寄存器（可读/写）包含中断/DMA 计数器的重载计数值。该寄存器 16 位值有效。

7.3.3　DAC 的应用

1. 配置 DAC 操作步骤及 DAC 输出示例

由于 DAC 的电源总是开启的，不可控制，因此无需设定。

DAC 操作非常简单，首先通过寄存器 PINSEL 来配置 DAC 引脚，然后直接把要转换的数字量写入 D/A 转换寄存器 DACR 即可。

【例 7-5】使用 LPC1768 微控制器，一个如图 7-9 所示的模拟检测及输出系统，假设 LPC1768 参考电压为 3.3 V，通过调节电位器 R_x，阻值从 0~100 kΩ 变化（电压从 0~3.3 V），要求输出 4~10 mA 电流信号。试编写相关程序。

根据图 7-9 可知，除了 MCU 外，电路是将 A_{OUT} 的模拟电压转换成电流，当 $A_{OUT}=0$ 时输出电流为 0；当 $A_{OUT}=1$ V 时，在 R_2 两端电压也是 1 V，因此输出电流为 1 000 mV/100 Ω=10 mA；当 $A_{OUT}=2$ V 时，输出电流为 20 mA；当 $A_{OUT}=0.4$ V 时，输出电流为 4 mA。

A_{OUT} 引脚输出 DAC 电压＝$V_{ERF} \times D/1\,024$，$D=V_{ALUE}$ 为输出给 DAC 的数字量。由于

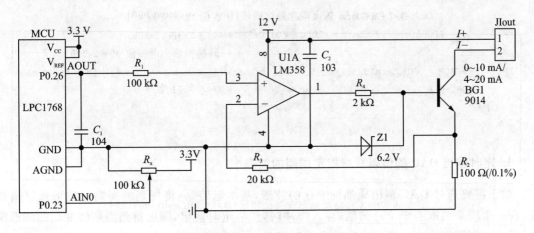

图 7 - 9　DAC 输出实例原理图

$V_{REF}=3.3$ V，因此输出电压：

$$A_{OUT}=3.3\times V_{ALUE}/1\,024$$

据此式可得典型输出电流对应的 V_{ALUE}，如表 7 - 10 所列。

表 7 - 10　输出值关系

输出电流/ mA	20	10	4	0
输出电压/V	2	1	0.4	0
V_{ALUE} 的值	620(0x24C)	310(0x136)	124(0x7C)	0

按照上述步骤，DAC 程序如下：

```
main()
{
    static uint32_t DACData,ADCData;
    static uint8_t  i;
    SystemInit();                               /* 系统初始化 */
    LPC_PINCON->PINSEL1 &= (~(0x03 << 20));      /* P0.26 配置为 DAC 输出引脚 AOUT */
    LPC_PINCON->PINSEL1 |= (0x02 << 20);
    LPC_SC->PCONP |= 1 << 12;                    /* 打开 ADC 电源 */
    LPC_PINCON->PINSEL1 |= (0x01 << 14)|         /* P0.23 配置为 ADC0.0(AIN0) */
    LPC_ADC->ADCR = (1 << 0)                     /* 选择 ADC 通道 0 */
        |((Fpclk/ 13000000) << 8)               /* 设定分频系数 CLKDIV 的值,13 MHz */
        |(0 << 16)                              /* BURST = 0,ADC 由软件控制转换 */
        |(1 << 21)                              /* PDN = 1,正常模式 */
        |(0 << 27 );                            /* 边沿触发无效 */
    while (1) {
        LPC_ADC->ADCR |= 1 << 24;               /* 立即转换 */
    while ((LPC_ADC->ADSTAT & (1 << 0)) == 0);  /* 读 AIN0 通道的 DONE 状态,直到转换结束 */
        LPC_ADC->ADCR |= (1 << 24);             /* 第一次转换丢掉,防抖动干扰 */
    while ((LPC_ADC->ADSTAT & (1 << 0)) == 0);  /* 再读状态 Done */
        ADCData = LPC_ADC->ADDR0;               /* 读通道 0 的 ADC 的值 */
```

```
                ADCData = (ADCData >> 4) & 0xfff;        / * 取低 12 位转换 * /
                ADCData = (ADCData * (2000 - 40)/0xFFF + 40) * 0x3FF/0xFFF;
                                              / * 转换为输出电压值 40～2 000 mV * /
        LPC_DAC ->DACR = (DACData&0x3FF) << 6;        / * 变换为 0.4～2.0 V 输出即为 4～20 mA * /
            myDelay(20);                              / * 延时一段时间 * /
        }
    }
```

2. 定时输出 DAC 的值以获取指定周期的波形

对于需要通过 DAC 输出周期性变化的波形,基本思路是:将规划的周期性波形通过离散化,在一个周期内取若干个点的值,存入缓冲区,然后定时输出,即可得到周期性变化的波形输出,而输出的周期取决于两点之间输出的时间差。

假设要输出以 T 为周期的正弦波,一个周期采样 N 点,则可以先将采样 N 点的正弦值存储在缓冲区中,两点之间输出时间间隔为 $T/(N-1)$。利用定时器定时中断,定时时间为 $T/(N-1)$,在定时中断时输出一个点,同时修正缓冲区地址指针,继续下去就可以得到周期为 T 的正弦波输出。

【例 7 - 6】设系统时钟为 12 MHz,通过 LPC1700 系列微控制器的 DAC 输出 50 Hz 正弦波,试编程实现。

首先采集正弦信号,假设一个周期用 45 个点,各点的采样值如下:

        410, 467, 523, 576, 627, 673, 714, 749, 778,
        799, 813, 819, 817, 807, 789, 764, 732, 694,
        650, 602, 550, 495, 438, 381, 324, 270, 217,
        169, 125, 87, 55, 30, 12, 2, 0, 6,
        20, 41, 70, 105, 146, 193, 243, 297, 353

这些采样点可以通过如下数组来存放:

```
volatile  uint16_t  SinxTable[45] =                  / * 正弦波 45 个点的幅值 * /
{
    410, 467, 523, 576, 627, 673, 714, 749, 778,
    799, 813, 819, 817, 807, 789, 764, 732, 694,
    650, 602, 550, 495, 438, 381, 324, 270, 217,
    169, 125, 87, 55, 30, 12, 2, 0, 6,
    20, 41, 70, 105, 146, 193, 243, 297, 353
};
```

周期 T 为 20 ms(对应 50 Hz),两点间的时间间隔为 20 ms/44＝0.454 545 ms＝45 455 ns。
假设采用定时器 0,根据式(6 - 5)可得:

$$MR0 = 12\,000\,000 \times 0.454\,545/4\,000$$

初始化程序如下:

```
void TIMER0_Init()
{
    LPC_TIM0 ->TCR = 0x02;                          //使能 T0
```

```
        LPC_TIM0 ->IR = 1;                          //清除定时/计数中断标志
        LPC_TIM0 ->CTCR = 0;                        //选择定时模式 PCLK 上升沿计数
        LPC_TIM0 ->TC = 0;                          //定时器清零
        LPC_TIM0 ->PR = 0;                          //预分频值为 0
        LPC_TIM0 ->MR0 = 12000000 * 0.454545/4000   /* 定时 0.454 545 ms */
        LPC_TIM0 ->MCR = 0x03;                      /* 匹配时引发中断并复位定时/计数器 */
        NVIC_EnableIRQ(TIMER0_IRQn);                /* 开定时器 0 中断 */
        NVIC_SetPriority(TIMER0_IRQn, 3);           /* 定时器 0 设置优先级为 3 */
        LPC_TIM0 ->TCR  = 0x01;                     /* 启动定时/计数器 0 */
}
int main (void)
{
        static uint8_t i;
        SystemInit();                               /* 系统初始化 */
        TIMER0_Init();                              /* 定时器 0 初始化 */
        LPC_PINCON->PINSEL1 | = (0x02 << 20);       /* P0.26 为 DAC 输出 AOUT */
        while (1);
}
```

定时中断服务程序如下：

```
void TIMER0_IRQHandler (void)
{
        LPC_TIM0 ->IR = 0x01;                       /* 清定时中断寄存器的值 */
        LPC_DAC->DACR = (SinxTable[i] << 6);        /* 取正弦波的值并输出给 DAC */
        if (i == 45) i = 0;                         /* 保证 i,0～44 共 45 个点 */
        else i ++ ;
}
```

7.4　比较器 COMP

除了 ADC 和 DAC,许多嵌入式微控制器内部还集成了片上模拟比较器 COMP。

比较器原理如图 7-10 所示。基本工作原理是,当正端电压 V_+ 大于负端电压 V_- 时,比较器输出接近正电源电压 V_{CC};当正端电压 V_+ 小于负端电压 V_- 时,比较器输出接近负电源电压 V_{ss}。利用比较器可以检测电源电压是否欠压、温度是否超过一定值等只需要定性而不要定量的场合。

典型微控制器 ARM Cortex-M0+芯片 LPC800 片上比较器如图 7-11 所示。

LPC800 比较器的基本特性如下：

① 可选外部输入,既可用作比较器的正输入,也可用作比较器的负输入。

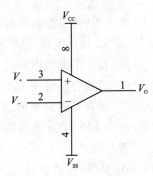

图 7-10　比较器原理

② 内部基准电压(0.9 V 带隙基准电压)既可用作比较器的正输入,也可用作比较器的负

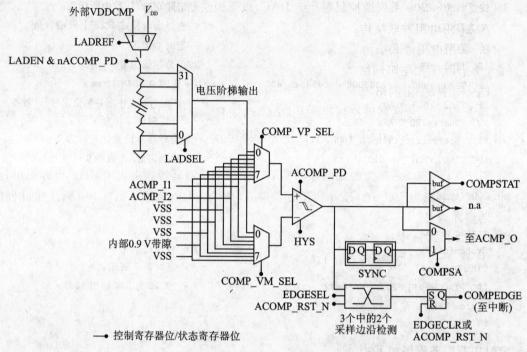

图 7 - 11　LPC800 片上比较器组成

输入。

③ 32 级阶梯电压既可用作比较器的正输入,也可用作比较器的负输入。

④ 电压阶梯源的可选范围在电源引脚 V_{DD} 或 V_{DDCMP} 之间。

⑤ 电压阶梯在不需要时可单独掉电。

⑥ 比较器具有中断功能。

比较器常用于简单电平的比较,关于 LPC800 比较器的应用详见 LPC800 用户手册。

本章习题

一、选择题

1. 关于 LPC1700 系列内置 ADC,以下说法错误的是(　　)。

    A. 12 位逐次逼近式 ADC

    B. 有 8 个模拟通道

    C. 最快转换时间为 5 μs

    D. 最高时钟频率可达 200 kHz

2. 决定 LPC1700 系列微控制器片上 ADC 分频系数、否突发模式以及启动 A/D 转换的寄存器是(　　)。

    A. A/D 控制寄存器 ADCR

    B. A/D 转换状态寄存器 ADSTAT

    C. A/D 中断使能寄存器 AD0INTEN

    D. A/D 全局数据寄存器 AD0GDR

3. 关于 LPC1700 系列微控制器片上 DAC,以下说法错误的是(　　)。

    A. 采用电阻并联结构

    B. 采用电阻串联结构

    C. 采用 T 型电阻网络

    D. 采用权电阻网络

4. 对于 LPC1700 系列微控制器片上 DAC,已知 $V_{REF}=2.5$ V,当送给 D/A 转换寄存器的数字量为 128 时,在引脚 AOUT1 输出的电压为(　　)。

    A. 2.5 V　　　　　B. 1.25 V　　　　　C. 0.312 5 V　　　　　D. 0.071 25 V

5. 对于 LPC1700 系列微控制器片上 DAC,D/A 的最高转换频率为 1 MHz,也即 1 μs,此时最大电流为 700 μA,还可设置为 2.5 μs,这样最大电流减小到 350 μA,决定此性能的寄存器是(　　)。

    A. D/A 转换控制寄存器 DACCTRL

    B. D/A 转换计数值寄存器 DACCNTVAL

    C. D/A 转换寄存器 DACR

    D. D/A 状态寄存器 DACSTAT

二、填空题

1. 已知 LPC1700 系列微控制器 $F_{PCLK}=10$ MHz,要让 ADC 转换一次的时间最短,则分频系数 CLKDIV 的值要设置为_____,此时 ADC 时钟周期为_____ μs,完成一次 A/D 转换需要_____个 ADC 时钟周期,完成一次转换的时间为_____ μs。

2. 已知 LPC1700 系列微控制器片上 ADC 参考电压为 3.3 V,某通道经 A/D 转换后得到的数字量为 1 024,则该通道输入电压为_____ V,如果输入的电压为 2 V 时,转换后得到的数字量为_____。

3. 已知 LPC1700 系列微控制器片上 DAC 参考电压为 3.3 V,要得到 1 V 的输出,给定的数字量为_____,如果给定数字量为 256,则输出的电压为_____ V。

三、应用题

1. 已知 LPC1700 系列微控制器 ADC 的 8 个模拟通道连接 8 路模拟信号,指定某通道启动 ADC,采用查询方式,采样 8 次,平均值存入 ADCResult 中,试编写 C 语言程序实现。

2. 已知 LPC1700 系列微控制器 DAC 输出锯齿波,输出幅度为 1～3 V,锯齿波的周期为 621 ms,已知 $F_{PCLK}=4$ MHz,参考电压 $V_{REF}=3.3$ V,试编写 C 语言程序实现。

第8章 互连通信组件及应用

由于嵌入式应用的特殊性,需要把嵌入式微控制器与其他芯片和其他系统相互连接在一起,才能更好地发挥嵌入式系统的潜能。涉及互连通信的片上组件包括 UART、I²C、SPI、CAN、Ethernet、USB 等。本章重点介绍片上互连通信组件的原理及应用。

8.1 串行异步收发器 UART

8.1.1 UART 及其结构

UART(Universal Asynchronous Receiver/Transmitter)为通用异步收发器,具有全双工串行异步通信功能,为标准的串行通信接口,与 16C550 兼容。绝大多数嵌入式微控制器内部均集成了 UART,有的还集成了 USART(Universal Synchronous/Asynchronous Receiver/Transmitter,串行同步异步收发器)。

1. UART 结构

UART 的一般结构如图 8-1 所示。

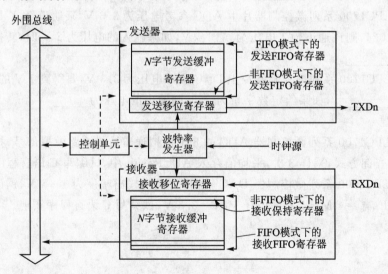

图 8-1 UART 的一般结构

UART 由发送器、接收器、控制单元以及波特率发生器等构成。

发送器负责字符的发送,可采用先进先出(FIFO)模式,也可采用普通模式发送。发送的字符先送到发送缓冲寄存器,然后通过移位寄存器,在控制单元的作用下,通过 TXDn 引脚一位一位顺序发送出去。在 FIFO 模式下,当 N 字节全部到位后才进行发送。不同嵌入式处理芯片,内部设置的 N 值不同。查询发送方式时必须要等待发送缓冲器为空时才能发送下一个数据。中断发送方式时,当发送缓冲器已经空了才引发发送中断,因此可以直接在发送中断服务程序中继续发送下一个或下一组数据(FIFO 模式)。

接收器负责外部送来字符的接收,可以是 FIFO 模式接收,也可以是普通模式接收。外部送来的字符通过 RXDn 引脚进入接收移位寄存器,在控制单元的控制下,一位一位移位到接收缓冲寄存器中。在 FIFO 模式下,只有缓冲器满才引发接收中断并置位接收标志。在普通模式下,接收到一个字符就引发接收中断并置标志位。

接收和发送缓冲器的状态被记录在 UART 的状态寄存器(如 UTRSTATn 中),通过读取其状态位即可了解当前接收或发送缓冲器的状态是否满足接收和发送条件。

一般接收和发送缓冲器的 FIFO 字节数 N 可编程来选择长度,如 1 字节、4 字节、8 字节、12 字节、14 字节、16 字节、32 字节和 64 字节等。不同嵌入式微控制器芯片,FIFO 缓冲器最大字节数 N 不同,如 ARM9 的 S3C2410 及 Cortex - M3 的 LPC1766 为 16 字节,而 ARM9 的 S3C2440 为 64 字节。接收和发送 FIFO 的长度由 UART FIFO 控制寄存器决定。

波特率发生器在外部时钟的作用下,通过编程可产生所需要的波特率,最高波特率为 115 200 bps。波特率的大小由波特率系数寄存器决定。LPC1700 系列微控制器内部 UART 结构如图 8-2 所示。LPC1700 系列 4 个 UART 仅有 UART1 具备调制解调器功能。

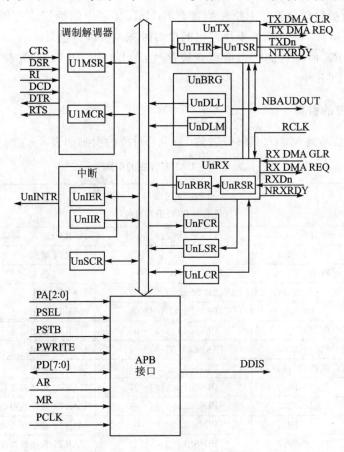

图 8 - 2　LPC1700 系列微控制器 UART 内部结构

LPC1700 系列微控制器片上 UART 内部包括发送部分 UnTX、接收部分 UnRX、控制部分、波特率发生部分以及中断部分。APB 接口提供了 CPU(或主机)与 UART 之间的通信连接。

UARTn 接收器模块 UnRX 包括接收移位寄存器 UnRSR 和接收数据寄存器 UnRBR。UnRX 监控串行输入线 RXD1 的有效输入。接收移位寄存器 UnRSR 通过 RXDn 接收有效字符。当 UnRSR 接收到一个有效字符时，它将该字符传送到 UARTn 接收缓冲寄存器 FIFO 中，等待 CPU 或主机通过通用主机接口进行访问。

UARTn 发送器模块 UnTX 包括发送保持寄存器 UnTHR 和发送移位寄存器 UnTSR。UnTX 接收 CPU 或主机写入的数据，并且将数据缓存到保持寄存器 UnTHR 中。移位寄存器 UnTSR 读出存放在 UnTHR 中的数据，并对数据进行汇编，通过串行输出引脚 TXDn 发送出去。

UARTn 控制部分包括线控制寄存器 UnLCR、线状态寄存器 UnLSR、调整缓冲寄存器 UnSCR 以及 FIFO 控制寄存器 UnFCR。

UARTn 波特率发生器模块包括除数寄存器 UnDLM 和 UnDLL 等，波特率发生器模块 UnBRG 产生 UnTX 模块所使用的时序。UnBRG 时钟输入源为 APB 时钟（PCLK）。主时钟与 UnDLL 和 UnDLM 寄存器中所指定的除数相除得到 Tx 模块所使用的时钟。该时钟为采样时钟 NBAUDOUT 的 16 倍。

UARTn 中断接口部分包括中断使能寄存器 UnIER 和中断标识寄存器 UnIIR。中断接口接收若干个由 UnTX 和 UnRX 模块发出的单时钟宽度的使能信号。

UnTX 和 UnRX 所发送的状态信息会被存放到 UnLSR 中。UnTX 和 UnRX 的控制信息会被存放到 UnLCR 中。

2. UART 对应的引脚

对于 LPC1700 系列 MCU，其串行通信 UART 对应的引脚如表 8-1 所列。

表 8-1 UART 对应的引脚

引脚名称	LPC1700 系列引脚	PINSELi 编码（最前面 P0 口引脚对应）	描述
RXD0	P0.3	PINSEL0[7:6]=01	UART0 输入
RXD1	P0.16,P2.1	PINSEL1[1:0]=01	UART1 输入
RXD2	P0.11,P2.9	PINSEL1[23:22]=01	UART2 输入
RXD3	P0.1,P0.26,P4.29	PINSEL0[3:2]=01	UART3 输入
TXD0	P0.2	PINSEL0[5:4]=01	UART0 输出
TXD1	P0.15,P2.0	PINSEL1[3:2]=01	UART1 输出
TXD2	P0.10,P2.8	PINSEL1[21:20]=01	UART2 输出
TXD3	P0.0,P0.25,P4.28	PINSEL0[1:0]=01	UART3 输出
CTS1	P0.17,P2.2	PINSEL1[3:2]=01	UART1 清除发送输入
DCD1	P0.18,P2.3	PINSEL1[5:4]=01	UART1 载波检测输入
DSR1	P0.19,P2.4	PINSEL1[7:6]=01	UART1 数据装置准备就绪输入
DTR1	P0.20,P2.6	PINSEL1[9:8]=01	UART1 数据终端准备就绪输出
RI1	P0.21,P2.5	PINSEL1[11:10]=01	UART1 振铃指示输入
RTS1	P0.22,P2.7	PINSEL1[13:12]=01	UART1 请求发送输出

3. UART 字符格式

UART 的信息传送按位进行,因此有一定的字符格式的约定,具体格式如图 8 - 3 所示。

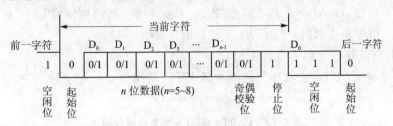

图 8 - 3　UART 字符格式

字符总是以起始位为开始,停止位结束,并且数据以低位在前,高位在后按次序传输。数据位可为 5 位、6 位、7 位和 8 位,由编程决定。数据位之后是校验位,可为奇校验或偶校验,也可以没有校验。起始位以逻辑 0 为标志,停止位以逻辑 1 为标志,停止位可为 1 位、1 位半和 2 位。字符格式由线路控制寄存器决定。

通常情况下接收采用中断方式,发送采用查询方式。这是因为发送由程序直接控制,而接收时对方的信息是随机的。

在中断接收情况下,当外部有数据到接收缓冲器时,会自动置位接收就绪标志并引发 UART 接收中断,这时只需要在中断服务程序中读取接收的数据即可。如果是查询方式接收,需要先读取并判断接收就绪标志(如接收缓冲器满标志),当已经就绪时方可读取接收数据寄存器中的值,接收完毕必须清除原来的就绪标志(有的芯片内部是读完数据会自动清除,有的就需要软件清除,注意查看芯片手册)。

8.1.2　UART 相关寄存器

对于基于 ARM Cortex - M3 的 LPC1700 系列,内部集成了 4 个 UART,每个 UART 有多个可编程的寄存器,以下 n 如果不加说明是指 0 ～ 3,UARTn 对应 UART0,UART1,UART2,UART3。下面介绍相关寄存器。

1. UARTn 控制相关寄存器

(1) UARTn 线控制寄存器 UnLCR

UnLCR 确定发送或接收数据字符的格式,包括字符长度、停止位、校验位以及间隔控制和是否访问除数寄存器等。UARTn 线控制寄存器位描述如表 8 - 2 所列。

表 8 - 2　UARTn 线控制寄存器位描述

位	符 号	描 述	复位值
1:0	WLS	字符长度选择:00＝5 位;01＝6 位;10＝7 位;11＝8 位	0
2	SBS	停止位选择:0＝1 位;1＝2 位(如果字符为 5 位,则停止位为 1 位半)	0
3	PE	奇偶校验设置:0＝禁止奇偶校验;1＝允许奇偶校验	0
5:4	PS	奇偶校验选择:00＝奇校验;01＝偶校验;10＝置 1;11＝清 0	0
6	BC	间隔控制:0＝禁止间隔控制;1＝允许间隔控制	0
7	DLAB	除数锁存访问:0＝禁止访问除数锁存寄存器;1＝允许访问除数寄存器	0

由表 8-2 可知,要设置字符格式必须使 DLAB=0。

【例 8-1】假如要设置字符格式为 8 位数据、无校验、1 位停止位,也即通常用 8,N,1 表示,写出线控制寄存器 LCR 值。

由表 8-2 可知,DLAB=0 表示有效,BC=0 表示禁止间隔控制,PE=0 表示禁止校验,SBS=0 表示一位停止位,数据 8 位,WLS=11,因此 LCR=0x03。

(2) UARTn FIFO 控制寄存器 UnFCR

UnFCR 控制 UARTn 接收和发送缓冲区 FIFO 的操作,是一个只写寄存器,各位描述如表 8-3 所列。

表 8-3　UARTn FIFO 控制寄存器位描述

位	符　号	描　述	复位值
0	FIFO Enable	0=UARTn FIFO 被禁止。禁止在应用中使用。 1=使能对 UARTn RX FIFO 和 TX FIFO	0
1	RX FIFO Reset	0=对接收 FIFO 均无影响, 1=清除接收 FIFO 中的所有字节,并复位指针逻辑	0
2	TX FIFO Reset	0=对发送 FIFO 均无影响, 1=清除发送 FIFO 中的所有字节,并复位指针逻辑	0
3	DMA Mode Select	0=非 DMA 模式, 1=选择 DMA 模式	0
5:4	—	保留。用户软件不应对其写入 1。从保留位读出的值未定义	NA
7:6	RX Trigger Level	接收 UARTn FIFO 在激活中断前必须写入的字符数量。 00=触发点 0 为默认 1 字节,01=触发点 1 为默认 4 字节, 10=触发点 2 为默认 8 字节,11=触发点 3 为默认 14 字节	0

通过使用 DMA,用户可选择操作 UART 的发送或接收。DMA 模式由 FCR 寄存器中的 DMA 模式选择位决定。只有在 FCR 寄存器中的 FIFO 使能位将 FIFO 使能时,该位才会有用。

【例 8-2】使能 FIFO,数据字符每接收 8 个字节就触发中断,不采用 DMA 模式,对接收和发送没有影响,写出 FCR 的值。

由表 8-3 可知,RX Trigger Level =10,DMA Mode Select=0,TX FIFO Reset=0,RX FIFO Reset=0,FIFO Enable =1,因此 FCR=0x81。

(3) UARTn 高速缓冲控制寄存器 UnSCR

UnSCR 不会对 UARTn 操作有影响。用户可自由对该寄存器进行读写。不提供中断接口向主机指示 UnSCR 所发生的读或写操作。

2. UARTn 线状态寄存器 UnLSR

UnLSR 是一个只读寄存器,提供 UARTn 发送和接收模块的状态信息。

UARTn 线状态寄存器位描述如表 8-4 所列。

表 8 - 4　UARTn 线状态寄存器位描述

位	符　号	描　述	复位值
0	RDR	接收准备就绪。0＝接收寄存器 RBR 为空,1＝接收寄存器 RBR 有数据	0
1	OE	溢出状态。0＝未溢出,1＝有溢出	0
2	PE	奇偶校验错误。0＝无校验错,1＝奇偶校验错误	0
3	FE	帧出错状态。0＝帧无错,1＝帧出错	0
4	BI	间隔中断。0＝无间隔中断,1＝有间隔中断	0
5	THRE	发送保持寄存器 THR 状态。0＝THR 不空,1＝THR 为空	0
6	THMT	发送器状态。0＝发送器不空,1＝发送器空	0
7	RXFE	接收 FIFO 错误状态。0＝无错误,1＝有错误(帧错、溢出错、间隔中断之一)	0

通常在查询通信时,可以读取 LSR 的状态,以确定是否接收和发送,也可判断是否有错误,是何种错误。

3. UARTn 接收缓冲寄存器 UnRBR

UnRBR 是 UARTn 接收缓冲区 FIFO 的最高字节。它包含了最早接收到的字符,并且可通过总线接口进行读取。由于是低位最先传输,因此,如果接收到的字符少于 8 位,则用 0 填充为 8 位。因此 RBR 是 8 位寄存器。

UnRBR 为只读寄存器,读 UnRBR 的条件是 UnLCR 中的除数寄存器访问位 DLAB 必须为 0 且允许接收。此外为了正确读取接收缓冲寄存器的值,必须保证 PE、FE 和 BI 位无效,即不能出错,否则接收到的数据是无效的。

4. UARTn 发送相关寄存器

(1) UARTn 保持寄存器 UnTHR

UnTHR 是 UARTn 发送缓冲区 FIFO 的最高字节。它是发送 FIFO 中的最新字符,可通过总线接口进行写入。

UnTHR 为只写寄存器,写 UnTHR 的条件是 UnLCR 中的除数寄存器访问位 DLAB 必须为 0 且允许发送。

(2) UARTn 发送使能寄存器 UnTER

UnTER 寄存器还可以实现软件流控制。当 TxEn＝1 时,只要数据可用,UARTn 发送器就会一直发送数据。一旦 TxEn 变为 0,UARTn 就会停止数据传输。TER 是 8 位寄存器,其最高位 TxEN 就是控制发送的,复位后自动置为 1。

UnTER 可实现软件和硬件流控制。当 TxEn＝1 时,只要数据可用,UARTn 发送器就会一直发送数据。一旦 TxEn 变为 0,UARTn 就会停止数据传输。

该位为 1 时,一旦之前的数据都被发送出去后,写入 THR 的数据就会在 TxD 引脚上输出。如果在发送某字符时该位被清零,那么在将该字符发送完毕后就不再发送数据,直到该位被置 1。也就是说,该位为 0 时会阻止字符从 THR 或发送 FIFO 传输到发送移位寄存器。

5. UARTn 波特率相关寄存器

（1）UARTn 除数寄存器 UnDLL 和 UnDLM

UARTn 除数寄存器是 UARTn 波特率发生器的一部分，它与小数分频器一同使用，保持产生波特率时钟的 APB 时钟（PCLK）分频值，波特率时钟必须是波特率的 16 倍。UnDLL 和 UnDLM 寄存器一起构成了一个 16 位除数，其中 UnDLL 包含了除数的低 8 位而 UnDLM 包含了除数的高 8 位。分频值 0x0000 会被作为 0x0001 处理，因为除数不能为 0。如果要访问 UARTn 除数寄存器，UnLCR 中的除数寄存器访问位 DLAB 必须为 1。

波特率公式如下：

$$\text{Baud} = F_{\text{PCLK}}/(16 \times \text{UnDLM:UnDLL}) = \text{PCLK}/(16 \times \text{UnDLM:UnDLL}) \qquad (8-1)$$

【例 8-3】已知系统时钟为 80 MHz，采用 4 分频后供 PCLK，要得到 4 800 bps 的波特率，求除数寄存器的值。

由已知条件可知，$F_{\text{PCLK}} = 80$ MHz/4 = 20 MHz = 20 000 000 Hz，由式（8-1）可得除数寄存器的值为

20 000 000/（4 800×16）= 260.416 666 666 666 7，取整为 260 = 0x104，因此 DLM=1，DLL=0x04。

反过来看，当除数寄存器的值为 260 时，代入式（8-1）可得波特率为 4 807 bps，并不等于 4 800 bps。不过这个误差不算大，如果误差过大，将影响正常通信。因此引入了如下的小数分频寄存器。

（2）UARTn 小数分频寄存器 UnFDR

由上式可知，在 APB 时钟频率 F_{PCLK} 一定的情况下，波特率与除数寄存器的关系是固定的，因此如果 F_{PCLK} 已经固定不变，给定除数寄存器的值就可以得到波特率，但往往得到的波特率不一定是整数，或指定波特率反求除数寄存器的值得到的也不一定是整数，但除数寄存器不能放小数，只能取整数，这样波特率就存在一定误差。需要有小数分频寄存器控制时钟。

UARTn 小数分频寄存器（UnFDR）控制产生波特率的时钟预分频器，并且用户可自由对该寄存器进行读写操作。UnFDR 使用 APB 时钟并根据指定的小数要求产生输出时钟。UnFDR 各位描述如表 8-5 所列。

表 8-5　UARTn 小数分频寄存器位描述

位	符 号	值	描 述	复位值
3:0	DIVADDVAL	0	产生波特率的预分频除数值。如果该字段为 0，小数波特率产生器将不会影响 UARTn 的波特率	0
7:4	MULVAL	1	波特率预分频乘数值。不管是否使用小数波特率发送器，为了让 UARTn 正常运作，该字段必须大于或等于 1	1
31:8	—	NA	保留。用户软件不应对其写入 1。从保留位读出的值未定义	0

如果激活了小数分频器（DIVADDVAL＞0）且 DLM=0，DLL 寄存器的值必须大于或等于 2。

$$\text{Baud} = \frac{F_{\text{PCLK}}}{16 \times (\text{UnDLM:UnDLL})} \times \frac{\text{MULVAL}}{(\text{MULVAL} + \text{DIVADDVAL})} \qquad (8-2)$$

利用该式对波特率进行分频,分频系数即为 MULVAL/(MULVAL＋DIVADDVAL),参数条件如下:

- 0＜MULVAL≤15;
- 0＜DIVADDVAL＜15;
- DIVADDVAL＜MULVAL。

利用式(8-2)计算分频值的步骤如图 8-4 所示,图中 BR 为波特率,FR 为带小数的参数。小数分频器设置查找如表 8-6 所列。

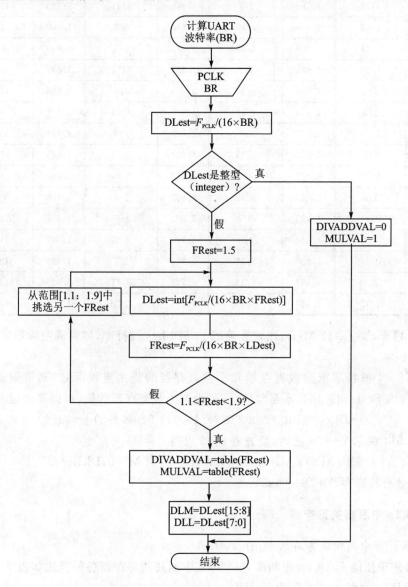

图 8-4　设置 UART 分频器的算法

表 8 - 6　小数分频器设置查找表

FR	DIVADDVAL/MULVAL	FR	DIVADDVAL/MULVAL	FR	DIVADDVAL/MULVAL	FR	DIVADDVAL/MULVAL
1.000	0/1	1.250	1/4	1.500	1/2	1.750	3/4
1.067	1/15	1.267	4/15	1.533	8/15	1.769	10/13
1.071	1/14	1.273	3/11	1.538	7/13	1.778	7/9
1.077	1/13	1.286	2/7	1.545	6/11	1.786	11/14
1.083	1/12	1.300	3/10	1.556	5/9	1.800	4/5
1.091	1/11	1.308	4/13	1.571	4/7	1.818	9/11
1.100	1/10	1.333	1/3	1.583	7/12	1.833	5/6
1.111	1/9	1.357	5/14	1.600	3/5	1.846	11/13
1.125	1/8	1.364	4/11	1.615	8/13	1.857	6/7
1.133	2/15	1.375	3/8	1.625	5/8	1.867	13/15
1.143	1/7	1.385	5/13	1.636	7/11	1.875	7/8
1.154	2/13	1.400	2/5	1.643	9/14	1.889	8/9
1.167	1/6	1.417	5/12	1.667	2/3	1.900	9/10
1.182	2/11	1.429	3/7	1.692	9/13	1.909	10/11
1.200	1/5	1.444	4/9	1.700	7/10	1.917	11/12
1.214	3/14	1.455	5/11	1.714	5/7	1.923	12/13
1.222	2/9	1.462	6/13	1.727	8/11	1.929	13/14
1.231	3/13	1.467	7/15	1.733	11/15	1.933	14/15

【例 8 - 4】若 F_{PCLK}＝12 MHz，比较准确的 11 520 bps 波特率，如何确定除数寄存器和小数寄存器的值。

根据图 8 - 4 波特率求除数寄存器和小数寄存器的算法流程可知，要得到 BR＝11 520 bps，除数值为 DLest＝65.104，不是整数，需要设置小数寄存器的值，根据算法设 FR＝1.5，得

$$DLest＝int[12\ 000\ 000/(16×11\ 520×1.5)]＝43$$

FR＝1.514 在 1.1～1.9 之间，经查表 8 - 6 可得

$$DIVADDVAL＝1, MULVAL＝2, DLM＝0, DLL＝43$$

因此小数分频寄存器 FDR＝0x21。

6. UARTn 中断相关寄存器

(1) UARTn 中断使能寄存器 UnIER(DLAB＝0)

UnIER 用于使能 UARTn 中断源，UARTn 中断使能寄存器各位描述如表 8 - 7 所列。

(2) UARTn 中断标识寄存器 UnIIR

UnIIR 是一个只读寄存器，它提供状态代码用于指示一个挂起处理中断的优先级别和中断源。UnIIR 各位描述如表 8 - 8 所列。

表 8 - 7 UARTn 中断使能寄存器位描述

位	符 号	描 述	复位值
0	RBR Interrupt Enable	使能 UARTn 的接收数据可用中断。 它还控制着字符接收超时中断 0＝禁止 RDA 中断；1＝使能 RDA 中断	0
1	THRE Interrupt Enable	使能 UARTn 的 THRE 中断。 该中断的状态可从 U1LSR[5]中读出。 0＝禁止 THRE 中断；1＝使能 THRE 中断	0
2	RX Line Interrupt Enable	使能 UARTn 的 RX 线状态中断。该中断的状态可从 U1LSR[4:1]中读出。 0＝禁止 RX 线中断；1＝使能 RX 线中断	0
7:3	—	保留	NA
8	ABEOIntEn	使能 auto - baud 结束中断。 0＝禁止 auto - baud 结束中断， 1＝使能 auto - baud 结束中断	0
9	ABTOIntEn	使能 auto - baud 超时中断。 0＝禁止 auto - baud 超时中断， 1＝使能 auto - baud 超时中断	0
31:10	—	保留	NA

表 8 - 8 UARTn 中断标识寄存器位描述

位	符 号	描 述	复位值
0	IntStatus	中断状态。0＝至少有一个中断被挂起，1＝没有挂起的中断	1
3:1	IntId	中断标识。 011＝接收线状态(RLS)，010＝接收数据可用(RDA)， 110＝字符超时指示器(CTI)，001＝ THRE 中断 其他保留	0
5:4	—	保留	NA
7:6	FIFO Enable	这些位等效于 UnFCR[0]	0
8	ABEOInt	auto - baud 结束中断。若 auto - baud 已成功结束且中断被使能，则为真	0
9	ABTOInt	auto - baud 超时中断。若 auto - baud 已超时且中断被使能，则为真	0
31:10	—	保留。用户软件不应对其写入 1。从保留位读出的值未定义	NA

位 UnIIR[9:8]由自动波特率功能(auto - baud)设置，用于发布超时信号或 auto - baud 结束条件信号。而 auto - baud 中断条件的清除是由 auto - baud 控制寄存器中的相应 Clear (清除)位来实现。

如果 IntStatus 位为 1，表示没有中断被挂起，此时 IntId 位为 0。如果 IntStatus 位为 0，表示有一个非 auto - baud 中断被挂起，此时 IntId 位会指出中断的类型，如表 8 - 8 所列。给定了 UnIIR[3:0]的状态,中断处理程序就能确定中断源以及如何清除激活的中断。在退出中断服务程序之前,必须读取 UnIIR 来清除中断。

UARTn RLS 中断(UnIIR[3:1]=011)是最高优先级中断,只要 UARTn Rx 输入产生 4 个错误条件(溢出错误 OE、奇偶错误 PE、帧错误 FE 以及间隔中断 BI)中的任意一个,该位就会被置位。产生中断的 UARTn Rx 错误条件可通过查看 UnLSR[4:1]来获取。当读取 UnLSR 时,中断就会被清除。

UARTn RDA 中断(UnIIR[3:1]=010)与 CTI 中断(UnIIR[3:1]=110)共用第二优先级。当 UARTn Rx FIFO 深度到达 U1FCR[7:6]所定义的触发点时,RDA 就会被激活;当 UARTn Rx FIFO 深度低于触发点时,RDA 复位。当 RDA 中断激活时,CPU 可读出由触发点所定义的数据块。

CTI 中断(UnIIR[3:1]=110)是一个第二优先级中断,当 UARTn Rx FIFO 内含有至少一个字符并且在接收到 3.5～4.5 字符的时间内没有发生 UARTn Rx FIFO 动作时,该中断激活。任何 UARTn Rx FIFO 动作(读或写)将会清除该中断。当接收到的信息不是触发点值的倍数时,CTI 中断将会清空 UARTn RBR。

假如要发送一个长度为 163 个字符的字符串或一组数据包,而触发值为 8 个字符,那么前 160 个字符将接收 20 个 RDA 中断,而剩下的 3 个字符使 CPU 收到 1～3 个 CTI 中断(取决于服务程序)。

7. UART1 RS-485 模式相关寄存器

(1) UART1 RS-485 控制寄存器 U1RS485CTRL

UART1 具有 RS-485 工作模式,RS-485 工业自动化领域应用十分广泛,通信距离可达 1.2 km。它是基于多机通信的模式,通信网络中采用主从机工作模式,主机轮询从机,因此在 RS-485 总线上只有一个是主机,其他全是分机,主机掌握主动权,当主机发送的地址与从机相符时才与指定的分机通信。若不相符,从机不响应。因此需要控制数据的收发方向,LPC1700 中的 RS-485 模式可以自动切换收发方向。U1RS485CTRL 位描述如表 8-9 所列。

表 8-9　UART1 RS-485 控制寄存器位描述

位	符　号	描　述	复位值
0	NMMEN	0=RS-485/EIA-485 普通多点模式(NMM)禁止; 1=使能 RS-485/EIA-485 普通多点模式(NMM)	0
1	RXDIS	0=使能接收器(注意此处逻辑与其他相反),默认允许接收; 1=禁止接收器	0
2	AADEN	0=禁止自动地址检测(AAD); 1=使能自动地址检测(AAD)	0
3	SEL	0=引脚 RTS 用于方向控制(收或发); 1=引脚 DTR 用于方向控制(收或发)	0
4	DCTRL	0=禁止自动方向控制; 1=使能自动方向控制	0

位	符　号	描　述	复位值
5	OINV	该位保留了 RTS(或 DTR)引脚上方向控制信号的极性 0= 当发送器有数据要发送时,方向控制引脚会被驱动为逻辑 0。在最后一个数据位被发送出去后,该位就会被驱动为逻辑 1。 1= 当发送器有数据要发送时,方向控制引脚就会被驱动为逻辑 1。在最后一个数据位被发送出去后,该位就会被驱动为逻辑 0	0
31:6	—	保留	NA

【例 8 - 5】采用 RS - 485 通信,试设置控制寄存器 U1RS485CTRL 的值。

工作在 RS - 485 模式,需要设置 RS - 485 普通多点模式 NMMEN=1,RXDIS=0 使能接收,AADEN=1 使能自动地址检测,采用 DTR 引脚进行方向控制 SEL=1,使能自动方向控制 DCTRL=1,发送器有数据发送时方向控制引脚自动驱动为逻辑 1(大部分 RS - 485 发送器发送使能为逻辑 1,正好配套)。因此 U1RS485CTRL=0x3D。

(2) UART1 RS - 485 地址配置寄存器 U1RS485ADRMATCH

U1RS485ADRMATCH 包括了 RS - 485 模式下的地址配置值。

(3) UART1 RS - 485 延时寄存器 U1RS485DLY

发送模式下,对于最后一个停止位离开 TXFIFO 到撤销 $\overline{RTS}$(或 $\overline{DTR}$)信号之间的延时,可以设置 8 位 RS485DLY 寄存器的延时时间。该延迟时间是以波特率时钟周期为单位的,可设定任何 0~255 位时间的延时。

8.1.3　UART 的应用

ARM Cortex - M3 的 LPC1700 系列的 4 个 UART,每个 UART 都可以用于串行异步通信,借助于 UART,外接逻辑电平转换芯片可构成 RS - 232 接口和 RS - 485 接口来进行近距离和远距离通信。无论是 RS - 232 还是 RS - 485,其通信的实际是对 UART 进行适当编程应用。

对 UART 编程应用主要包括以下步骤:

① 初始化 UART;

② 接收数据;

③ 发送数据。

以上应用离不开对 UART 相关寄存器的操作。

由于 UART 是串行异步通信,因此何时外界来数据是不确定的、随机的,而接收通常需要允许中断。由于发送是主动的,因此发送可以不采用中断方式。

1. 初始化 UART

初始化包括对引脚的配置、波特率设置、字符格式设置以及使能相关中断等。

利用表 8 - 1 或 5.5.3 小节内容来配置 UART 引脚,比如使用 UART0 来进行串行通信,则 PINSEL0|= (0x01<<4)|(0x01<<6)。

以下为初始化串口 UART0~UART3,使用的字符格式为 1 位停止位、8 位数据、无校验,波特率分别为 9 600,4 800,11 520,38 400。FIFO 触发深度为 8 个字符,初始化串口的程序如下:

```
#define    UART0_BPS    9600
#define    UART1_BPS    4800
#define    UART2_BPS    11520
#define    UART3_BPS    38400
void Uart0Init (void)
{
    uint16_t ulFdiv;
    LPC_PINCON ->PINSEL0 |= (0x01 << 4)|(0x01 << 6);/* 配置引脚 P0.2 为 TXD0,P0.3 为 RXD0 */
    LPC_SC ->PCONP |= 0x03;                          /* 打开 UART0 时钟参见 3.4.1 小节 PCONP */
    LPC_UART0 ->LCR = 0x80;                          /* 允许设置波特率 DLAB = 1 */
    ulFdiv = (SystemFrequency / 4 / 16) / UART0_BPS; /* 设置波特率为 UART0_BPS */
    LPC_UART0 ->DLM = ulFdiv / 256;
    LPC_UART0 ->DLL = ulFdiv % 256;
    LPC_UART0 ->LCR = 0x03;
                            /* 设置字符格式为 10000011B,即 1 位停止位,8 位数据,无校验 */
    LPC_UART0 ->FCR = 0x87;                          /* 使能 FIFO,设置 8 个字符触发点 */
    NVIC_EnableIRQ(UART0_IRQn);                      /* 允许 UART0 中断 */
    NVIC_SetPriority(UART0_IRQn, 5);                 /* 设置 UART0 中断优先级 */
    LPC_UART0 ->IER = 0x01;                          /* 允许接收中断 */
}
```

假设 $F_{\text{PCLK}} = \text{SystemFrequency}/4$，SystemFrequency 为系统时钟。

```
void Uart1Init (void)
{
    uint16_t usFdiv;
    LPC_SC ->PCONP  |= (1 << 4)                      /* 打开 UART1 时钟参见 3.4.1 小节 PCONP */
    LPC_PINCON ->PINSEL0 |= (1 << 30);               /* 配置 P0.15 为 TXD1 */
    LPC_PINCON ->PINSEL1 |= (1 << 0);                /* 配置 P0.16 为 RXD1 */
    LPC_UART1 ->LCR = 0x80;                          /* 允许设置波特率 DLAB = 1 */
    usFdiv = (SystemFrequency / 4 / 16) / UART1_BPS; /* 设置波特率为 UART1_BPS */
    LPC_UART1 ->DLM = usFdiv / 256;
    LPC_UART1 ->DLL = usFdiv % 256;
    LPC_UART1 ->LCR = 0x03;      /* 设置字符格式为 10000011B,即 1 位停止位,8 位数据,无校验 */
    LPC_UART1 ->FCR = 0x87;                          /* 使能 FIFO,设置 8 个字符触发点 */
    NVIC_EnableIRQ(UART1_IRQn);                      /* 允许 UART1 中断 */
    NVIC_SetPriority(UART1_IRQn, 5)                  /* 设置 UART1 中断优先级 */
    LPC_UART1 ->IER = 0x01;                          /* 允许接收中断 */
}

void Uart2Init (void)
{
    uint16_t usFdiv;
    LPC_SC ->PCONP |= (1 << 24);                     /* 打开 UART2 时钟参见 3.4.1 小节 PCONP */
    LPC_PINCON ->PINSEL0 |= (0x01 << 20)|(0x01 << 22); /* 配置 P0.10 为 TXD2,P0.11 为 RXD2 */
```

```
    LPC_UART2->LCR = 0x80;                      /* 允许设置波特率 DLAB = 1 */
    usFdiv = (SystemFrequency/4/16) / UART2_BPS; /* 设置波特率为 UART2_BPS */

    LPC_UART2->DLM = usFdiv / 256;
    LPC_UART2->DLL = usFdiv % 256;
    LPC_UART2->LCR = 0x03;       /* 设置字符格式为 10000011B,即 1 位停止位,8 位数据,无校验 */
    LPC_UART2->FCR = 0x87;                       /* 使能 FIFO,设置 8 个字符触发点 */
    NVIC_EnableIRQ(UART2_IRQn);                  /* 允许 UART2 中断 */
    NVIC_SetPriority(UART2_IRQn, 5)              /* 设置 UART2 中断优先级 */
    LPC_UART2->IER = 0x01;                       /* 允许接收中断 */
}
void Uart3Init (void)
{
    uint16_t usFdiv;
    LPC_SC->PCONP |= (1 << 25);                 /* 打开 UART3 时钟参见 3.4.1 小节 PCONP */
    LPC_PINCON->PINSEL0 |= (0x02 << 0)|(0x02 << 2);  /* 配置 P0.0 为 TXD3、,P0.1 为 RXD3 */.
    LPC_UART3->LCR = 0x80;                      /* 允许设置波特率 DLAB = 1 */
    usFdiv = (SystemFrequency/4/16) / UART3_BPS; /* 设置波特率为 UART3_BPS */
    LPC_UART3->DLM = usFdiv / 256;
    LPC_UART3->DLL = usFdiv % 256;
    LPC_UART3->LCR = 0x03;       /* 设置字符格式为 10000011B,即 1 位停止位,8 位数据,无校验 */
    LPC_UART3->FCR = 0x87;                       /* 使能 FIFO,设置 8 个字符触发点 */
    NVIC_EnableIRQ(UART3_IRQn);                  /* 允许 UART3 中断 */
    NVIC_SetPriority(UART3_IRQn, 5)              /* 设置 UART3 中断优先级 */
    LPC_UART3->IER = 0x01;                       /* 允许接收中断 */
}
```

2. 基于 UART 的 RS-232 双机通信的应用

RS-232 是基于 UART 加上 RS-232 电平转换逻辑得到的一种传统的标准串行通信接口,采用负逻辑传输方式,即 -3～-15 V 定义为逻辑 1,+3～+15 V 定义为逻辑 0。嵌入式微控制器与 RS-232 逻辑电平转换连接如图 8-5 所示。

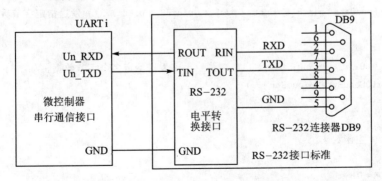

图 8-5　嵌入式微控制器与 RS-232 逻辑电平转换连接

基于 RS-232 的双机通信连接如图 8-6 所示。

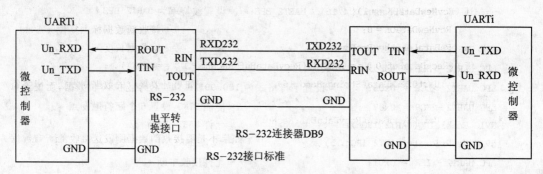

图 8-6　基于 RS-232 的双机通信连接

【例 8-6】假设采用 LPC1700 系列的 UART0 构建如图 8-5 所示的 RS-232 接口与 PC 机进行双机通信,要求波特率 9 600 bps,系统时钟 40 MHz,PCLK 采用 4 分频系统时钟得到,字符格式为 1 位停止位、8 位数据位、无校验位,接收用中断方式,发送采用查询方式。接收到的数据存放在由 RecvDataBuf 开始指示的内存区域,长度(包括开头和结束特征字符)存放在 ReDataLength,接收的数据以 0xBE 开头,0xDF 结束。当正确接收完一组数据后,向对方发送"Recieve Data OK!"字符串,试编程实现。

要实现这一双机通信功能,需要做的工作包括初始化 UART0 并编写接收中断服务程序。具体实现如下:

```
#define SystemFrequency 40000000          //定义系统时钟
#define UART0_BPS  9600                    /* UART0 波特率 */
uint8_t  RecNum;
uint8_t  StringsSend[] = "Recieve Data OK!";  /* 定义要发送的字符串 16 个字符,写入内存缓冲区 */
volatile  uint8_t  RcvNewDataOK;           /* 接收新数据标志 */
uint8_t  RecvDataBuf[20];                  /* 定时接收数据缓冲区 */
void  Uart0SendByte (uint8_t ucDat)        /* 发送一个字节数据 */
{
    LPC_UART0 ->THR = ucDat;               /* 写入数据 */
    while ((LPC_UART0 ->LSR & 0x20) == 0); /* 等待发送完毕 */
}
void  Uart0SendData (uint8_t const * pucStr, uint32_t ulNum)  /* 发送指定字节数据的函数 */
{
    uint32_t i;
    for (i = 0; i < ulNum; i++) {          /* 发送给定多个字节数据 */
        Uart0SendByte( * pucStr ++);
    }
}
main()    /* 主函数 */
{
RcvNewDataOK = 0;
SystemInit();                      //系统初始化(厂家给出的开发包在 System_LPC17xx.C 中)
Uart0Init();                       //见前面的初始化程序,FIFO 触发深度 8 个字节,允许 UART 接收中断等
```

```
        while(1){
            if (RcvNewDataOK == 1){
                RcvNewDataOK = 0;                                    /* 接收新数据标志复位 */
                ReDataLength = RecNum;                               /* 取数据长度 */
            if ((RecvDataBuf[0 ) == 0xBE)&&(RecvDataBuf[RecNum - 1 ) == 0xDF))
                    Uart0SendData(StringsSend,16)                    /* 如果是要接收的数据则发送一串字符 */
            else
                    Uart0SendData(RecvDataBuf,RecNum)
                                                 /* 如果不是要接收的数据则发送接收的所有数据 */
            }
        }
}
void UART0_IRQHandler (void)   /* UART0 中断服务程序 */
{
    RecNum = 0;
    while ((LPC_UART0 ->IIR & 0x01) == 0){                 /* 判断是否有 UART 中断 */
        switch (LPC_UART0 ->IIR & 0x0E){                    /* 判断中断标志 */
            case 0x04:                                       /* 接收数据中断 */
                RcvNewDataOK = 1;                            /* 置接收新数据标志 */
                for (RecNum = 0; RecNum < 8;RecNumi ++){    /* 连续接收 8 个字节 */
                RecvDataBuf[RecNum] = LPC_UART0 ->RBR;
                }
                break;
            case 0x0C:                                       /* 接收超时中断 */
                RcvNewDataOK = 1;
                while ((LPC_UART0 ->LSR & 0x01) == 0x01){   /* 判断数据结束了没有 */
                    RecvDataBuf[RecNum] = LPC_UART0 ->RBR;
                    RecNum ++ ;
                }
                break;
            default:
                break;
        }
    }
}
```

在 PC 端借助于串口助手,可以在 PC 与 LPC1700 之间进行相互通信,当在 PC 串口助手输入以 0xBE 开始、以 0xDF 为结束特征的数据串时,LPC1700 发送给 PC 一组字符"Recieve Data OK!"。

3. 基于 UART 的 RS‐485 主从式多机通信的应用

在工业控制领域,传输距离越长,要求抗干扰能力也越强。这时采用 RS‐232 标准接口的问题就显现出来了,因为 RS‐232 无法消除共模干扰,且传输距离只有约 15 m。

工业标准组织提出了 RS‐485 接口标准。RS‐485 标准采用差分信号传输方式,因此具有很强的抗共模干扰能力,当 A 的电位比 B 高 200 mV 以上时其逻辑电平为逻辑 1;当 B 的电位比 A 高 200 mV 以上时,为逻辑 0,传输距离长可达 1 200 m。ARM 与 RS-485 接口芯片的连接如图 8-7 所示。RS-485 的互连是同名端相连的方式,即 A 与 A 相连,B 与 B 相连,由于是差分传输,因此无需公共地。在 RS-485 总线上仅需要连接两根线:A 和 B。

RS-485 通常用于主从式多机通信系统,采用轮询方式,由主机逐一向从机寻址,当从机地址与主机发送的地址一致时,才建立通信链接,进行有效数据通信。总线上某一时刻仅允许有一个发送,其他全部处于接收状态。图 8-7 中 R_t 为匹配电阻,用于消除由于传输时线路阻抗不匹配造成的反射干扰。

LPC1700 系列的 UART1 可以工作在 RS-485 模式,外部需要连接 RS-485 收发器(物理层接口芯片如 MAX3485),如图 8-7 所示即可,使得连接和使用 RS-485 更加方便。

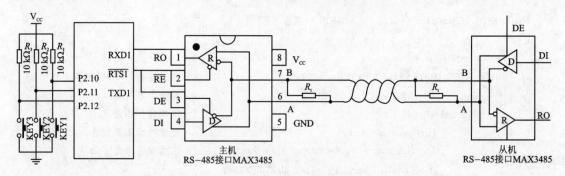

图 8-7 ARM 与 RS-485 接口的连接

【例 8-7】利用 LPC1700 系列 RS-485 模式构成一个基于物理层为 RS-485 接口的多机系统,通信分机地址为 1~126,通信波特率为 9 600 bps(默认),应用层通信协议采用 MODBUS-RTU 标准。一个数据帧格式为:1 位起始位,8 位数据,1 位停止位,无校验位。一个数据包格式如表 8-10 和表 8-11 所列。

表 8-10 MODBUS-RTU 数据包格式

地　址	功能码	数　据	校验码
8 位	8 位	N * 8 位	16 位 CRC

表 8-11 控制器内部寄存器地址分配

参　数	类　别	定　义	工位号(地址)	逻辑地址	读　写
VST	输入寄存器	状态寄存器	30001	0000H	可读
VOP	输入寄存器	阀门开度寄存器	30002	0001H	可读
VER	输入寄存器	软件版本寄存器	30003	0002H	可读
VCTL	控制寄存器	阀门控制寄存器	40001	0000H	可读写
VOPC	控制寄存器	阀位控制寄存器	40002	0001H	可读写

假设系统接有三只按键 KEY1(P2.10),KEY2(P2.11),KEY3(P2.12),应用仅涉及开关阀操作,当按下 KEY1 键时发开阀命令,按下 KEY2 键时发关阀命令,按下 KEY3 键时发停止操作阀门命令,命令功能码为 06。主机向 1 号分机发 06 命令如下:

01 06 00 00 00 02 CRC 开阀

01 06 00 00 00 01 CRC 关阀

01 06 00 00 00 00 CRC 停止

06 命令对应的数据为逻辑地址和操作阀门的命令(0002 开,0001 关,0000 停止),试写出作为主机相关程序。

主机程序:

```c
#define   UART1_BPS      9600
uint8_t  RecNum;                             //接收字节数
volatile  uint8_t  RcvNewDataOK;             /* 接收新数据标志 */
uint8_t  RecvDataBuf[20];                    /* 定时接收数据缓冲区 */
uint8_t  KEY;
uint8_t  BUFCRC[20];   //从 RS - 485 接收到的数据,分析数据得出相应的命令,也用作发送缓冲区
void  getCRC(uint8_t * crc,uint8_t num)      //CRC 校验
{
    uint16_t uCrc = 0xffff;
    uint8_t  iCrc,jCrc;
    //CRC 算法开始
    for(iCrc = 0; iCrc < num; iCrc ++){
        uCrc ^= BUFCRC[iCrc];
    for( jCrc = 0; jCrc < 8; jCrc ++){
        if ((uCrc & 1) == 1){            //最低位是 1,就进行预值相"或"
            uCrc >> = 1;
            uCrc ^= 0xA001;
        }
        else{
            uCrc >> = 1;                  //若不是,直接右移一位
        }
    }
    }

    //uCrc 中存入的就是 2 字节的校验值
    crc[0] = (uCrc >> 8);
    crc[1] = uCrc & 0x00ff;
}
void  uart1SendByte (uint8_t ucDat)          //通过 RS - 485 发送 1 字节
{
    LPC_UART1 ->THR = ucDat;                 /* 写入数据 */
    while ((LPC_UART1 ->LSR & 0x40) == 0);   /* 等待数据发送完毕 */
}
void  uart1SendStr (uint8_t  const * pucStr, uint32_t ulNBytes)        //发送 NBytes 字节
{
    while (ulNBytes --->0) {
        uart1SendByte ( * pucStr ++);
    }
```

```
}
main()
{
uint8_t GetBit;
    uint8_t   OpenComm[8]  = {1,6,0,0,0,2};        //开阀命令系列(不含 CRC 校验)
    uint8_t   CloseComm[8] = {1,6,0,0,0,1};        //关阀命令系列(不含 CRC 校验)
    uint8_t   StopComm[8]  = {1,6,0,0,0,0};        //停止命令系列(不含 CRC 校验)
    uint8_t   i;
        SystemInit();
        Uart1Init();                               //见前面初始化程序,注意去掉最后三行有关中断的语句
        LPC_UART1 ->RS485CTRL = 0x30;.             //设置 RS - 485 模式,RTS1 控制方向,高有效
            for (i = 0;i < 6;i + +) BUFCRC[i] = OpenComm[i] ;//获取开阀命令 CRC 校验码
            getCRC(crc,6);
            OpenComm[6] = crc[1];
            OpenComm[7] = crc[0];
            for (i = 0;i < 6;i + +) BUFCRC[i] = CloseComm[i] ;//获取关阀命令 CRC 校验码
            getCRC(crc,6);
            CloseComm[6] = crc[1];
            CloseComm[7] = crc[0];
            for (i = 0;i < 6;i + +) BUFCRC[i] = StopComm[i] ;//获取停止命令 CRC 校验码
            getCRC(crc,6);
            StopComm[6] = crc[1];
            StopComm[7] = crc[0];
While(1){
    GPIO_GetPinBit(2,10);                          //获取 P2.10 的值,在 GetBit 中,参见 5.5.4 小节
    if (GetBit == 0)   uart1SendStr (OpenComm,8) ; //是 KEY1 则发开阀命令
    GPIO_GetPinBit(2,11);                          //获取 P2.11 的值,在 GetBit 中,参见 5.5.4 小节
    if (GetBit == 0)   uart1SendStr (CloseComm,8); //是 KEY2 则发关阀命令
    GPIO_GetPinBit(2,12);                          //获取 P2.12 的值,在 GetBit 中,参见 5.5.4 小节
    if (GetBit == 0)   uart1SendStr (StopComm,8);  //是 KEY3 则发停止命令
}
}
```

8.2 I²C 总线接口

8.2.1 I²C 总线概述

I²C(Inter - Integrated Circuit)是集成电路互连的一种总线标准,只有两根信号线,一根是时钟线 SCL,一根是数据线 SDA(双向三态)即可完成数据的传输操作。具有特定的起始位和终止位,可完成同步半双工串行通信方式,用于连接嵌入式处理器及其外围器件。它是广泛采用的一种串行半双工传输的总线标准,可以方便地用来将微控制器和外围器件连接起来构成一个系统。许多处理器芯片和外围器件均支持 I²C 总线,这些器件各有一个地址,该器件可以是单接收的器件(如 LCD 驱动器),也可以是既能接收也能发送数据的器件(如 Flash 存储

器）。主动发起数据传输操作的 I^2C 器件是主控器件（主器件），否则它就是从器件。

I^2C 总线具有接口线少、控制方式简单、器件封装紧凑、通信速率较高（与版本有关：100 kbps，400 kbps，高速模式可达 3.4 Mbps）等优点。

1. I^2C 总线的操作时序

I^2C 总线只有两条信号线。一条是数据线 SDA，另一条是时钟线 SCL。所有操作都通过这两条信号线完成。数据线 SDA 上的数据必须在时钟的高电平周期保持稳定，它的高/低电平状态只有在 SCL 时钟信号线是低电平时才能改变。

（1）启动和停止条件

图 8-8 为 I^2C 总线数据传输时序。总线上的所有器件都不使用总线时（总线空闲），SCL 线和 SDA 线各自的上拉电阻把电平拉高，使它们均处于高电平。主控器件启动总线操作的条件是当 SCL 保持高电平时 SDA 线由高电平转为低电平，此时主控器件在 SCL 产生时钟信号，SDA 线开始数据传送。若 SCL 为高电平时 SDA 电平由低转为高，则总线工作停止，恢复为空闲状态。

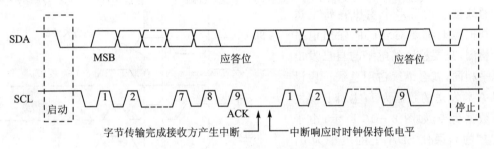

图 8-8 I^2C 总线数据传输时序

（2）寻址字节

数据传送时高位在前，低位在后，每个字节长度都是 8 位，每次传送的字节数目没有限制。传输操作启动后主控器件传输的首字节是地址，其中前 7 位指出与哪一个从器件进行通信，第 8 位指出数据传输的方向（发送还是接收）。I^2C 总线起始信号后的首字节格式如图 8-9 所示。

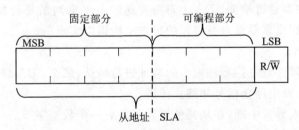

图 8-9 I^2C 总线起始位后首字节格式

（3）应答（ACK）信号传送

为了完成 1 字节的传送，接收方应该发送一个确认信号 ACK 给发送方。ACK 信号出现在 SCL 线的第 9 个时钟脉冲上，如图 8-8 所示。

主控器件在接收了来自从器件的字节后，如果不准备终止数据传输，它总会发 1 个 ACK 信号给从器件。从器件在其接收到来自主控器件的字节时，总是发送 1 个 ACK 信号给主控器件,如果从器件还没有准备好再次接收,它可以保持 SCL 为低电平(总线处于等待状态),直到它准备好为止。

（4）读写操作

在发送模式下,数据被发送出去后,I²C 接口将处于等待状态(SCL 线将保持低电平),直到有新的数据写入 I²C 数据发送寄存器之后,SCL 线才被释放,继续发送数据。

在接收模式下,I²C 接口接收到数据后,将处于等待状态,直到数据接收寄存器内容被读取后,SCL 线才被释放,继续传输数据。

例如微控制器芯片在上述情况下,会发出中断请求信号,表示需要发送 1 个新数据(或需要接收 1 个新数据),CPU 处理该中断请求时,就会向发送寄存器传送数据,或从接收寄存器读取这个数据字节。

（5）总线仲裁

I²C 总线属于多主总线,即允许总线上有一个或多个主控器件和若干从器件同时进行操作。总线上连接的这些器件有时会同时竞争总线的控制权,这就需要进行仲裁。I²C 总线主控权的仲裁有一套规约。

总线被启动后多个主机在每发送一个数据位时都要对自己的输出电平进行检测,只要检测的电平与自己发出的电平相同,就会继续占用总线。假设主机 A 要发送的数据为 1;主机 B 要发送的数据为 0,如图 8 - 10 所示,由于"线与"的结果使 SDA 上的电平为 0,主控器 A 检测到与自身不相符的 0 电平,只好放弃对总线的控制权。这样主机 B 就成为总线的唯一主宰者。仲裁发生的 SCL 为高电平时刻。

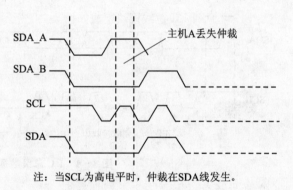

注：当SCL为高电平时，仲裁在SDA线发生。

图 8 - 10　I²C 总线仲裁机制

由仲裁机制可以看出:总线控制遵循"低电平优先"的原则,即谁先发送低电平谁就会掌握对总线的控制权;主控器通过检测 SDA 上自身发送的电平来判断是否发生总线仲裁。因此,I²C 总线的"总线仲裁"是靠器件自身接口的特殊结构得以实现的。

（6）异常中断条件

如果没有一个从器件对主控器件发出的地址进行确认,那么 SDA 线将保持为高电平。这种情况下,主控器件将发出停止信号并终止传送。

如果主控器件涉入异常中断,在从器件接收到最后一个数据字节后,主器件将通过取消一个 ACK 信号的产生来通知从器件传送操作结束。然后,从器件释放 SDA,允许主器件发出停止信号,释放总线。

2. I²C 总线接口的连接

ARM 芯片内部集成了 I²C 总线接口,因此可直接将基于 I²C 总线的主控器件或被控器件挂接到 I²C 总线上。每个器件的 I²C 总线信号 SCL 和 SDA 与其他具有 I²C 总线的处理器或设备同名端相连,在 SCL 和 SDA 线上要接上拉电阻,基于 I²C 总线的系统构成如图 8 - 11 所示。假设图中所有处理器或设备均具有 I^2C 总线。

在 ARM 芯片中内置了 I^2C 总线控制器。I^2C 总线在主器件和从器件之间进行数据传输之前,必须根据要求设置相应 I^2C 的有关功能寄存器,包括 I^2C 总线控制寄存器、I^2C 总线状态寄存器、I^2C 总线地址寄存器以及 I^2C 总线接收/发送数据移位寄存器等。

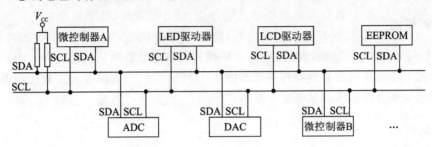

图 8 – 11　I^2C 总线的连接

8.2.2　I^2C 串行总线模块结构

LPC1700 系列 I^2C 总线模块组成如图 8 – 12 所示,可配置为 I^2C 主机,也可以配置为 I^2C 从机。

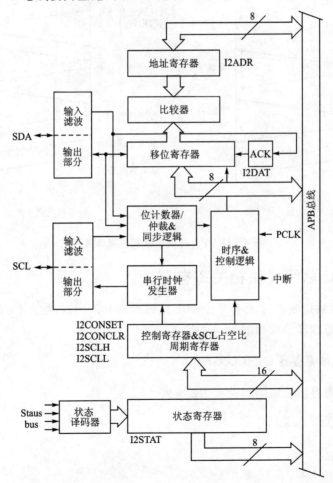

图 8 – 12　I^2C 总线模块结构

8.2.3 I²C 总线操作模式

I²C 总线有主机发送数据到从机、主机读取从机数据、从机发送数据到主机以及从机接收主机数据等模式。

1. 主机模式

如果主机是 LPC1700 微控制器，则在主机模式下发送数据到从机的流程如图 8－13(a)所示，主机模式下接收从机数据的操作流程如图 8－13(b)所示。通常嵌入式微控制器工作于主机模式，其他一些器件如存储器等属于从机。

2. 从机模式

如果从机是 LPC1700 微控制器，则在从机模式下发送数据到主机的流程如图 8－13(b)所示，从机模式下接收主机数据的操作流程如图 8－13(a)所示。

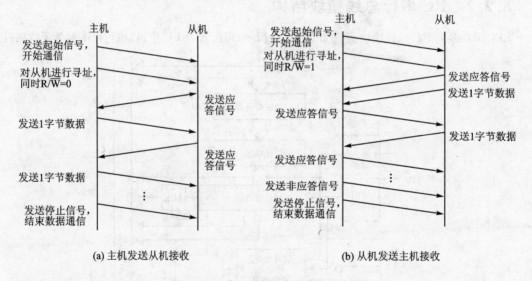

(a) 主机发送从机接收　　　　　　　　　　(b) 从机发送主机接收

图 8－13　I²C 总线主从模式操作流程

8.2.4 I²C 总线模块相关寄存器

LPC1700 系列微控制器片上有 3 个 I²C 总线模块（用 I²Cx 表示 I²C0～I²C2 中的任一个），I²C 总线相关寄存器结构如图 8－14 所示。

1. I²C 控制置位寄存器 I2CxCONSET

I²C 控制置位寄存器位描述如表 8－12 所列。

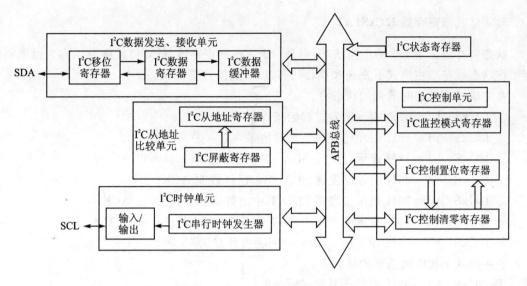

图 8 - 14 I²C 总线相关寄存器结构

表 8 - 12 I²C 控制置位寄存器位描述

位	符 号	描 述	复位值
1:0	—	保留	NA
2	AA	应答标志。1＝产生应答位(SDA＝0)	—
3	SI	I²C 中断标志。I²C 状态改变时 SI＝1	0
4	STO	停止标志。1＝发送 1 个停止位	0
5	STA	起始标志。1＝发送 1 个起始位	0
6	I2EN	I²C 接口使能。1＝使能 I²C,0＝禁止 I²C	0
7	—	保留	NA

2. I²C 控制清零寄存器 I2CxCONCLR

I²C 控制清零寄存器位描述如表 8 - 13 所列。

表 8 - 13 I²C 控制清零寄存器位描述

位	符 号	描 述	复位值
1:0	—	保留	NA
2	AAC	应答标志清零。1＝清除应答位(SDA＝1)	—
3	SIC	I²C 中断标志清零位。1＝清除中断标志	0
4	STOC	停止标志清零。1＝停止位清零	0
5	STAC	起始标志清零。1＝起始位清零	0
6	I2ENC	I²C 接口使能。1＝禁止 I²C	0
7	—	保留	NA

3. I²C 状态寄存器 I2CxSTAT

状态寄存器记录 I²C 的工作状态，它是一个 8 位的寄存器，低 3 位始终为 0，高 5 位编码决定工作状态。包括主模式下发送和接收状态，以及从模式接收状态。

在主模式下发送时遇到的状态有：

① I2CxSTAT=08H 表示已发送起始条件。

② I2CxSTAT=10H 表示已发送重复起始条件。

③ I2CxSTAT=18H 表示已发送 SLA＋W，已接收 ACK。

④ I2CxSTAT=20H 表示已发送 SLA＋W，已接收非 ACK。

⑤ I2CxSTAT=28H 表示已发送 I2DAT 中的数据字节，已接收 ACK。

⑥ I2CxSTAT=30H 表示已发送 I2DAT 中的数据字节，已接收非 ACK。

⑦ I2CxSTAT=38H 在发送 SLA＋W 时丢失仲裁。

在主模式下接收时遇到的状态有：

① I2CxSTAT=08H 表示已发送起始条件。

② I2CxSTAT=10H 表示已发送重复起始条件。

③ I2CxSTAT=38H 表示在发送 SLA＋R 时丢失仲裁。

④ I2CxSTAT=40H 表示已发送 SLA＋R，已接收 ACK。

⑤ I2CxSTAT=48H 表示已发送 SLA＋R，已接收非 ACK。

⑥ I2CxSTAT=50H 表示已接收数据字节，已返回 ACK。

⑦ I2CxSTAT=58H 表示已接收数据字节，已返回非 ACK。

在从模式下接收时遇到的状态有：

① I2CxSTAT=60H 表示已接收自身 SLA＋W，已返回 ACK。

② I2CxSTAT=68H 主控器时在 SLA＋R/W 中丢失仲裁；已接收自身 SLA＋W，已返回 ACK。

③ I2CxSTAT=70H 表示已接收通用调用地址，已返回 ACK。

④ I2CxSTAT=78H 主控器时在 SLA＋R/W 中丢失仲裁；已接收通用调用地址，已返回 ACK。

⑤ I2CxSTAT=80H 表示前一次寻址使用自身地址，已接收数据字节，已返回 ACK。

⑥ I2CxSTAT=88H 表示前一次寻址使用自身地址，已接收数据字节，已返回非 ACK。

⑦ I2CxSTAT=90H 表示前一次寻址使用通用调用地址，已接收数据字节，已返回 ACK。

⑧ I2CxSTAT=98H 表示前一次寻址使用通用调用地址，已接收数据字节，已返回非 ACK。

在从模式下发送时遇到的状态有：

① I2CxSTAT=A8H 表示已接收自身 SLA＋R，已返回 ACK。

② I2CxSTAT=B0H 主控器时在 SLA＋R/W 中丢失仲裁；已接收自身 SLA＋R，已返回 ACK。

③ I2CxSTAT=B8H 表示已发送 I2DAT 中的数据字节，已返回 ACK。

④ I2CxSTAT=C0H 表示已发送 I2DAT 中的数据字节，已返回非 ACK。

⑤ I2CxSTAT＝C8H 表示已发送 I2DAT 中最后一个数据字节(AA＝0)，已返回 ACK。

4. I²C 数据相关寄存器

I²C 数据相关寄存器包括数据寄存器 I2CxDAT 和数据缓冲寄存器 I2CxDATA_BUFF-ER，它们都是 8 位寄存器。

5. I²C 其他寄存器

其他寄存器主要有监控模式寄存器、从地址寄存器、屏蔽寄存器、高低电平占空比寄存器等。从地址寄存器 I2CxADR 存放从机地址，高电平占空比寄存器 I2CxSCLH、低电平占空比寄存器 I2CxSCLL 决定占空比。即 I2CxSCLH 决定高电平的 PCLK_I2C 的周期数，而 I2CxSCLL 决定低电平的 PCLK_I2C 周期数。

高低电平寄存器决定位速率如下：
$$位速率＝PCLK\_I2C/(I2CxSCLH＋I2CxSCLL)$$

8.2.5　I²C 总线接口中断

通常对内置 I²C 总线控制器的嵌入式微控制器来说，通常采用中断方式进行相关操作，当 I²C 总线状态发生变化时将引发中断，在中断服务程序中读取 I²C 总线的状态寄存器 I2CxSTAT 的值来决定程序执行的具体操作，具体状态参见 8.2.4 小节中的"I²C 状态寄存器 I2CxSTAT"。

I²C 总线中 I²C0、I²C1 和 I²C2 分别处于嵌套向量中断控制器 NVIC 的通道 26、通道 27 和通道 28。中断使能寄存器 ISER0 用于控制 NVIC 通道的中断使能。

- 当 ISER0[10]＝1 时，通道 26 即 I²C0 中断使能；
- 当 ISER1[11]＝1 时，通道 27 即 I²C1 中断使能；
- 当 ISER2[11]＝1 时，通道 28 即 I²C2 中断使能。

实际应用时，可直接调用使能中断的 CMSIS 函数(参见 3.2.3 小节)：

```
NVIC_EnableIRQ(I2C0_IRQn);        //自动使能 I²C0 中断
NVIC_EnableIRQ(I2C1_IRQn);        //自动使能 I²C1 中断
NVIC_EnableIRQ(I2C2_IRQn);        //自动使能 I²C2 中断
```

中断优先级寄存器 IPR 用来设定 NVIC 通道的中断优先级：
- 当 IPR2[23:19]用来设置通道 26 即 I²C0 中断的优先级；
- 当 IPR2[31:27]用来设置通道 27 即 I²C1 中断的优先级；
- 当 IPR3[7:3]　用来设置通道 28 即 I²C2 中断的优先级。

实际应用时，可直接调用中断优先级设置的 CMSIS 函数：

```
NVIC_SetPriority(I2C0_IRQn,3);        //I²C0 中断优先级设置为 3
NVIC_SetPriority(I2C1_IRQn,3);        //I²C1 中断优先级设置为 3
NVIC_SetPriority(I2C2_IRQn,3);        //I²C2 中断优先级设置为 3
```

8.2.6　I²C 总线接口的应用

基于 I²C 总线串行接口存储器很多，有 EEPROM，也有铁电存储器。目前铁电存储器由于性价比高而广泛应用在工业控制领域,它集 RAM 和 EEPROM 优点于一身,即可随机读写,而速度很快,读写次数 10 亿次以上甚至无数次。图 8 - 15 为 LPC1700 微控制器与基于 I^2C 总线接口的典型铁电存储器 FM24CL64(大小 64K 位=16K 位×8=16 KB)。

图 8 - 15 中铁电存储器地址选择全接地,保护端 WP 接地,不保护,可随机读写,也可以用一个 I/O 引脚控制。只有再次读写时让 WP=0,否则 WP=1 起到写保护的功能。将对应 I^2C 数据线和时钟线连接到 LPC1700 微控制器 I^2C1 总线对应引脚。下面可以利用该接口电路完成对 FM24CL64 进行读写操作。

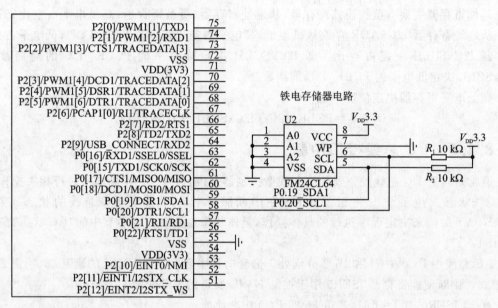

图 8 - 15　基于 I^2C 的串行铁电存储器接口应用

【例 8 - 8】对 I^2C 总线的初始化操作。

对 I^2C 总线的初始化包括:

① 配置引脚为 I^2C 指定引脚;

② I^2C 时钟占空比设置;

③ 主从模式设置;

④ 中断使能设置。

以图 8 - 15 为例,初始化 I^2C1 程序如下:

```
void  I2C1Init (uint32_t  ulFi2c)        /* ulFi2c 为 I²C1 总线频率,不超过 400 kHz = 400 000 Hz */
{
    LPC_PINCON ->PINSEL1 | = (0x03 << 6); //配置 P0.19 为 I²C1 总线数据线 SDA1 参见表 5-11
    LPC_PINCON ->PINSEL1 | = (0x03 << 8); //配置 P0.20 为 I²C1 总线时钟线 SCL1 参见表 5-11
    if (ulFi2c > 400000) ulFi2c = 400000; //不超过 4 MHz
    LPC_I2C1 ->I2SCLH = (SystemFrequency / 4 /ulFi2c + 1) / 2; /* I²C1 总线时钟占空比高寄存器配置 */
    LPC_I2C1 ->I2SCLL = (SystemFrequency / 4 /ulFi2c) / 2; /* I²C1 总线时钟占空比低寄存器配置 */
    LPC_I2C1 ->I2CONCLR = 0x2C;                    /* 应答位、中断标志以及起始标志位清零 */
    LPC_I2C1 ->I2CONSET = 0x40;                    /* 使能 I²C1 主模式 */
    NVIC_EnableIRQ(I2C1_IRQn);                     /* 使能 I²C1 中断 */
```

```
    NVIC_SetPriority(I2C1_IRQn, 3);                              /*设定 I²C1 中断优先级*/
}
```

对于 I²C 并不像 UART 初始化那样,需要控制 PCONP 打开时钟,因为在复位后自动把 I²C、SPI、RTC、CTC0/1 等打开了,所以初始化时不能专用操作 PCONP,除非不用这些部件可以关闭它们。

【例 8-9】分析主机对 I²C 总线读写操作时的 I²C1 中断服务程序。

按照 CMSIS 规定,I²C1 中断服务程序名为 I2C1_IRQHandler,前面已经了解到,当 I²C 总线状态发生变化时就会自动进入中断,因此,在中断服务程序中就是要根据总线的不同状态即 I2CSTAT 中不同的值进行不同的处理。

参数说明:

I2C_sla:存放器件从地址;

I2C_suba:存放器件内部子地址;

I2C_suba_en:子地址控制;

I2C_suba_num:子地址字节数;

*I2C_buf:数据缓冲区指针;

I2C_num:等读写数据的个数;

I2C_end:总线结束标志,结束为 1。

现分析中断服务程序如下:

```
void  I2C1_IRQHandler(void)
{   switch (LPC_I2C1 ->I2STAT & 0xF8)                /*I²C1 总线的状态在 I2C1STAT 中*/
    {   /*根据状态列表决定处理流程,参见 8.2.4 小节中的 I²C 状态寄存器 I2CxSTAT*/
        case 0x08:                                   /*已发送起始条件,*/
        if(I2C_suba_en == 1)        /*SLA + R*/      /*指定子地址读*/
        {LPC_I2C1 ->I2DAT = I2C_sla & 0xFE;          /*先写地址*/
        }
        else                                         /*SLA + W*/
        {   LPC_I2C1 ->I2DAT = I2C_sla;              /*否则直接发送从机地址*/
        }
        LPC_I2C1 ->I2CONCLR = (1 << 3)|              /*清 SI*/
                              (1 << 5);              /*清 STA*/
        break;
        case 0x10:       /*如果是已发送重复起始条件,则装入 SLA + W 或 SLA + R*/
        LPC_I2C1 ->I2DAT = I2C_sla;                  /*装入 SLA + W 或 SLA + R*/
        LPC_I2C1 ->I2CONCLR = 0x28;                  /*清 SI,STA*/
        break;

        case 0x18:                                   /*已发送 SLA + R,已接收 ACK*/
        case 0x28:                                   /*已发送 I2DAT 中的数据,已接收 ACK*/
        if (I2C_suba_en == 0)                        /*不指定地址操作*/
        {
            if (I2C_num > 0)
```

```
            {   LPC_I2C1 ->I2DAT = * I2C_buf ++ ;
                                                    /* 发送缓冲区中的数据并修改缓冲区指针 */
                LPC_I2C1 ->I2CONCLR = 0x28;         /* 清 SI,STA */
                I2C_num -- ;
            }
            else                                    /* 数据发送完了,停止总线操作 */
            {
                LPC_I2C1 ->I2CONSET = (1 << 4);     /* STO = 1 发停止条件 */
                LPC_I2C1 ->I2CONCLR = 0x28;         /* 清 SI,STA */
                I2C_end = 1;                        /* 结束已经停止 */
            }
        }


        if(I2C_suba_en == 1)                        /* 如果指定地址读则重启总线 */
        {
            if (I2C_suba_num == 2)    /* 2 字节地址 */
            {   LPC_I2C1 ->I2DAT = ((I2C_suba >> 8) & 0xff);  /* 发送子地址 */
                LPC_I2C1 ->I2CONCLR = 0x28;         /* 清 SI,STA */
                I2C_suba_num -- ;
                break;
            }
            if(I2C_suba_num == 1)   /* 1 字节地址 */
            {   LPC_I2C1 ->I2DAT = (I2C_suba & 0xff); /* 发送子地址 */
                LPC_I2C1 ->I2CONCLR = 0x28;         /* 清 SI,STA */
                I2C_suba_num -- ;
                break;
            }
            if (I2C_suba_num == 0)   /* 0 字节地址 */
            {
                LPC_I2C1 ->I2CONCLR = 0x08;         /* 清中断标志
                LPC_I2C1 ->I2CONSET = 0x20;         /* 清起始位 */
                I2C_suba_en = 0;                    /* 子地址已处理 */
                break;
            }
        }
        if (I2C_suba_en == 2)                       /* 指定子地址写,则发送子地址 */
        {
            if (I2C_suba_num > 0)
            {   if (I2C_suba_num == 2)              /* 2 字节子地址 */
                {   LPC_I2C1 ->I2DAT = ((I2C_suba >> 8) & 0xff); /* 发子地址 */
                    LPC_I2C1 ->I2CONCLR = 0x28;     /* 清 SI,STA */
                    I2C_suba_num -- ;
                    break;
                }
```

```
            if (I2C_suba_num == 1)                /* 1 字节子地址 */
            {   LPC_I2C1 ->I2DAT = (I2C_suba & 0xff);
                LPC_I2C1 ->I2CONCLR = 0x28;
                I2C_suba_num -- ;
                I2C_suba_en = 0;
                break;
            }
        }
    }
break;
case 0x40:                                  /* 表示已发送 SLA + R,已接收 ACK */
if (I2C_num < = 1)                          /* 如果是最后一个字节 */
{    LPC_I2C1 ->I2CONCLR = 1 << 2;          /* 下次发非 ACK 信号 */
}
else
{    LPC_I2C1 ->I2CONSET = 1 << 2;          /* 否则发 ACK */
}
LPC_I2C1 ->I2CONCLR = 0x28;                 /* 清 SI,STA */
break;
case 0x20:                                  /* 已发送 SLA + W,已接收非 ACK */
case 0x30:                                  /* 已发送 I2DAT 中的数据,已接收非 ACK */
case 0x38:                                  /* 在发送 SLA + W 时丢失仲裁 */
case 0x48:                                  /* 已发送 SLA + R,已接收非 ACK */
LPC_I2C1 ->I2CONCLR = 0x28;                 /* 清 SI,STA */
I2C_end = 0xFF;                             /* 置出错标志 */
break;
case 0x50:                                  /* 已接收数据字节,已返回 ACK */
 * I2C_buf ++ = LPC_I2C1 ->I2DAT;           /* 接收数据 存入缓冲区 */
I2C_num -- ;
if (I2C_num == 1)
{    LPC_I2C1 ->I2CONCLR = 0x2C;
                                 /* 如果是最后一个字节数据,则让 STA,SI,AA = 0 */
}
else
{    LPC_I2C1 ->I2CONSET = 0x04;             /* 不是最后数据则 AA = 1 */
     LPC_I2C1 ->I2CONCLR = 0x28;            /* 清 SI,STA */
}
break;
case 0x58:                                  /* 已接收数据字节,已返回非 ACK */
 * I2C_buf ++ = LPC_I2C1 ->I2DAT;           /* 接收的数据存入缓冲区 */
LPC_I2C1 ->I2CONSET = 0x10;                 /* 发停止位结束总线操作 */
LPC_I2C1 ->I2CONCLR = 0x28;                 /* 清 SI,STA */
I2C_end = 1;                                /* 置正确结束操作完毕标志 */
break;
```

```
        default:
        break;
    }
}
```

值得说明的是,对于 I^2C 总线的实用操作,这部分中断服务程序可直接借鉴厂家提供的相关示例程序。只需要简单修改参数即可,如仅提供 I^2C0 的开发文档,可根据实际应用移植成 I^2C1 或 I^2C2。

【例 8 – 10】 写出主机通过 I^2C 总线写从机无子地址一个字节数据的函数。

以下 ISendByte(uint8_t sla, uint8_t dat)函数是发送一个字节到从机的函数,sla 为器件从地址,dat 为要发送的数据字节指针。

```
uint8_t  ISendByte(uint8_t sla, uint8_t dat)
{                                         /* 参数设置 */
uint8_t dly;
    I2C_sla     = sla;                    /* 取器件从地址,自动设置为写(R/W = 0) */
    I2C_buf     = &dat;                   /* 待数据放缓冲区 */
    I2C_num     = 1;                      /* 数据一个字节 */
    I2C_suba_en = 0;                      /* 无子地址 */
    I2C_end     = 0;                      /* 结束标志清零 */
    LPC_I2C1 ->I2CONCLR = 0x2C;           /* 起始位、中断标志以及应答位清零 */
    LPC_I2C1 ->I2CONSET = 0x60;           /* 设置为主机并启动总线 */
    while(I2C_end == 0);                  /* 等总线中断处理完,自动置结束操作标志 */
    if (I2C_end == 1) return(1);          /* 写数据正确 */
    else return(0);
}
```

【例 8 – 11】 写出主机通过 I^2C 总线读从机无子地址一个字节数据的函数。

以下 IRcvByte(uint8_t sla, uint8_t * dat)函数是从器件从机读一个字节数据的函数,sla 为器件从地址,dat 为要发送的数据字节指针。

```
uint8_t  IRcvByte(uint8_t sla, uint8_t * dat)
{                                         /* 参数设置 */
uint8_t dly;
    I2C_sla     = sla + 1;                /* 取器件从地址,自动设置为读(R/W = 1) */
    I2C_buf     = dat;                    /* 待数据放缓冲区 */
    I2C_num     = 1;                      /* 数据一个字节 */
    I2C_suba_en = 0;                      /* 无子地址 */
    I2C_end     = 0;                      /* 结束标志清零 */
    LPC_I2C1 ->I2CONCLR = 0x2C;           /* 起始位、中断标志以及应答位清零 */
    LPC_I2C1 ->I2CONSET = 0x60;           /* 设置为主机并启动总线 */
    while(I2C_end == 0);                  /* 等总线中断处理完,自动置结束操作标志 */
    if (I2C_end == 1) return(1);          /* 读出正确,数据在 dat 指针的单元中 */
    else return(0);
}
```

【**例 8－12**】写出主机通过 I^2C1 总线写从机指定子地址 N 字节数据的函数。

I2C_WriteNByte(uint8_t sla, uint8_t suba_type, uint32_t suba, uint8_t * s, uint32_t num)函数是从器件从机指定子地址写 N 个字节数据的函数, sla 为器件从地址, suba_type 为子地址类型(1＝单字节地址, 2＝双字节地址, 3＝8＋X 结构), suba 为器件子地址, s 为要写入数据的指针, num 为数据个数。

以下为多字节写函数:

```
uint8_t I2C_WriteNByte(uint8_t sla, uint8_t suba_type,
{                      uint32_t suba, uint8_t * s, uint32_t num)
    if (num > 0)                                /* 如果读取的个数为 0,则返回错误 */
    {                                           /* 设置参数 */
        if (suba_type == 1)  {                  /* 子地址为单字节 */
            I2C_sla = sla;                      /* 读器件的从地址    */
            I2C_suba = suba;                    /* 器件子地址 */
            I2C_suba_num = 1;                   /* 器件子地址为 1 字节 */
        }
        if (suba_type == 2)  {                  /* 子地址为 2 字节 */
            I2C_sla = sla;                      /* 读器件的从地址  */
            I2C_suba = suba                     /* 器件子地址  */
            I2C_suba_num = 2;                   /* 器件子地址为 2 字节  */
        }
        if (suba_type == 3)  {                  /* 子地址结构为 8＋X */
            I2C_sla = sla + ((suba >> 7)& 0x0e);  /* 读器件的从地址 */
            I2C_suba = suba & 0x0ff;            /* 器件子地址 */
            I2C_suba_num = 1;                   /* 器件子地址为 8＋X    */
        }
        I2C_buf   = s;                          /* 数据  */
        I2C_num   = num;                        /* 数据个数  */
        I2C_suba_en = 2;                        /* 有子地址,写操作  */
        I2C_end   = 0;
        LPC_I2C1 ->I2CONCLR = (1 << 2)|         /* 清除 AA */
                             (1 << 3)|          /* 清除 SI */
                             (1 << 5);          /* 清除 STA */
        LPC_I2C1 ->I2CONSET = (1 << 5)|         /* STA＝1,起始位置位 */
                             (1 << 6);          /* I2CEN＝1 使能 I²C */
        /* 等待 I²C 中断操作完成 */
        while(I2C_end == 0);                    /* 等总线中断处理完,自动置结束操作标志 */
        if (I2C_end == 1) return(TURE);         /* 写正确 */
        else return(FALSE);
    }
    return (FALSE);
}
```

【**例 8－13**】写出主机通过 I^2C1 总线读从机指定子地址 N 字节数据的函数。

I2C_ReadNByte(uint8_t sla, uint8_t suba_type, uint32_t suba, uint8_t * s, uint32_t

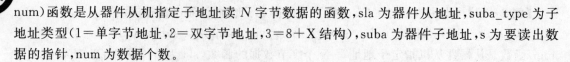
num)函数是从器件从机指定子地址读 N 字节数据的函数,sla 为器件从地址,suba_type 为子地址类型(1=单字节地址,2=双字节地址,3=8+X 结构),suba 为器件子地址,s 为要读出数据的指针,num 为数据个数。

```c
uint8_t I2C_ReadNByte (uint8_t sla, uint8_t suba_type,
{                    uint32_t suba, uint8_t * s, uint32_t num)
    if (num > 0)                                /* 判断 num 个数的合法性 */
    {                                           /* 参数设置 */
        if (suba_type == 1)  {                  /* 子地址为单字节 */
            I2C_sla = sla + 1;                  /* 读器件的从地址,R=1 */
            I2C_suba = suba;                    /* 器件子地址 */
            I2C_suba_num = 1;                   /* 器件子地址为 1 字节 */
        }
        if (suba_type == 2)  {                  /* 子地址为 2 字节 */
            I2C_sla = sla + 1;                  /* 读器件的从地址,R=1 */
            I2C_suba = suba;                    /* 器件子地址 */
            I2C_suba_num = 2;                   /* 器件子地址为 2 字节 */
        }
        if (suba_type == 3)  {                  /* 子地址结构为 8+X */
            I2C_sla = sla + ((suba >> 7)& 0x0e) + 1;  /* 读器件的从地址,R=1 */
            I2C_suba = suba & 0x0ff;            /* 器件子地址 */
            I2C_suba_num = 1;                   /* 器件子地址为 8+X */
        }
        I2C_buf = s;                            /* 数据接收缓冲区指针 */
        I2C_num = num;                          /* 要读取的个数 */
        I2C_suba_en = 1;                        /* 有子地址读 */
        I2C_end = 0;
        LPC_I2C1->I2CONCLR = (1 << 2)|          /* 清除 AA */
                             (1 << 3)|          /* 清除 SI */
                             (1 << 5);          /* 清除 STA */
        LPC_I2C1->I2CONSET = (1 << 5)|          /* 置位 STA */
                             (1 << 6);          /* 置位 I2CEN 启动 I²C 总线 */
        while(I2C_end == 0);                    /* 等总线中断处理完,自动置结束操作标志 */
    if (I2C_end == 1) return(TURE);             /* 读正确,数据由 s 指示 */
    else return(FALSE);
    }
    return (FALSE);
}
```

【例 8 - 14】借助于图 8 - 15 典型 I²C 应用,利用两只按键 KEY1(P2.10)和 KEY2(P2.11),当按下 KEY1 时,从 FM24CL64 内部地址 0x0000~0x0063 读 100 字节的数据放到缓冲区 RcvDataBuf 中;当按下 KEY2 时,从 SendDataBuf 取出 50 字节的数据写入 FM24CL64 从 0x0100 开始的存储区域。试编写相关程序。

```c
#define FM24CL64 0xa0    //FM24CL64 的器件地址,基于 I²C 总线的串行存储器通用地址
uint_8 RcvDataBuf[100];
```

```
uint_8 SendDataBuf[50];
main()
{ SyetemInit();                    //系统初始化操作
I2C1Init();                        //I2C1 初始化,详见例 8-8
while(1)
{
   GPIO_GetPinBit(2,10);           //获取 P2.10 的值,在 GetBit 中,参见 5.5.4 小节
     if(GetBit == 0)   I2C_ReadNByte(FM24CL64,2,RcvDataBuf,0,100);
                                   //读 100 字节数据到 RcvDataBuf 中
   GPIO_GetPinBit(2,11);           //获取 P2.11 的值,在 GetBit 中,参见 5.5.4 小节
if(GetBit == 0)   I2C_WriteNByte(FM24CL64,2,SendDataBuf,0x0100,50);
                                   //写 50 字节数据到 0x100 开始的区域
}
}
```

应该说明的是,对于 I^2C 任何操作,都需要先初始化 I^2C 接口,然后利用中断服务程序得到状态的变化去进行相应的操作(由中断服务程序完成),用户需要做的是取得中断服务程序操作的结果。

8.3　SPI 串行外设接口

8.3.1　SPI 串行外设接口概述

SPI(Serial Peripheral Interface)是一种具有全双工的同步串行外设接口,允许嵌入式处理器与各种外围设备以串行方式进行通信、数据交换。基于 SPI 接口的外围设备主要包括 Flash、RAM、A/D 转换器、网络控制器、MCU 等。

SPI 系统可直接与各个厂家生产的多种标准外围器件直接相连,一般使用 4 条线:串行时钟线 SCK、主机输入/从机输出数据线 MISO、主机输出/从机输入数据线 MOSI 和低电平有效的从机选择线 SSEL。有的 SPI 接口芯片带有中断信号线 INT,有的 SPI 接口芯片没有主机输出/从机输入数据线 MOSI。

1. SPI 的操作过程

将数据写到 SPI 发送缓冲区后,1 个时钟信号 SCK 对应一位数据的发送(MISO)和另一位数据的接收(MOSI);在主机中数据从移位寄存器中自左向右发出送到从机(MOSI),同时从机中的数据自右向左发到主机(MISO),经过 8 个时钟周期完成 1 字节的发送。输入字节保留在移位寄存器中,然后从接收缓冲区中读出 1 字节的数据。操作过程如图 8-16 所示。

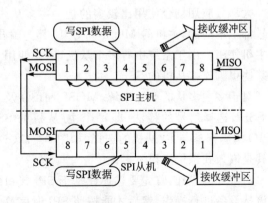

图 8-16　SPI 操作过程

2. SPI 接口引脚信号

SPI 接口信号如表 8 – 14 所列。

表 8 – 14　SPI 接口信号

引脚名称	类　型	LPC1700 引脚	描　　述
SCK	输入/输出	P0.15	串行时钟。SCK 是用于同步 SPI 接口间数据传输的时钟信号。SPI 时钟总是由主机驱动从机接收
SSEL	输入	P0.16	从机选择。SPI 从机选择信号是一个低有效信号,用于指示被选择参与数据传输的从机
MISO	输入/输出	P0.17	主机输入从机输出。MISO 信号是一个单向的信号,它将数据从从机传输到主机。当器件为从机时,串行数据从该端口输出;当器件为主机时,串行数据从该端口输入
MOSI	输入/输出	P0.18	主机输出从机输入。MISO 信号是一个单向的信号,它将数据从主机传输到从机。当器件为主机时,串行数据从该端口输出;当器件为从机时,串行数据从该端口输入

3. SPI 接口的连接

SPI 总线可在软件的控制下构成各种简单的或复杂的系统,如图 8 – 17 所示。大多数应用场合中,使用一个 MCU 作为主机,它控制数据向一个或几个作为从机(外围器件)的传送。从机只能在主机发命令时才能接收或向主机传送数据。其数据的传输格式通常是高位(MSB)在前,低位(LSB)在后。

一主一从式的系统,如图 8 – 17(a)所示,是指 SPI 总线上只有一个主机和一个从设备,接收和发送数据是单向的:主机 MOSI 发送,从机 MOSI 接收;主机 MISO 接收,从机 MISO 发送。主机 SCK 作为同步时钟输出到从设备,主机选择信号 SSEL 接高电平,由于只有一个从设备,从设备的 SSEL 接低电平,始终被选中。

互为主从式的系统,如图 8 – 17(b)所示,MISO、MOSI 和 SCK 都是双向的,视发送或接收而定,SSEL 电平不能固定。如果作为主机,则设置 SSEL 为低电平,迫使对方作为从机。

大部分应用场合使用比较多的是一主多从式 SPI 结构,如图 8 – 17(c)所示。SPI 的所有信号都是单向的,主机的 MOSI 和 SCK 都为输出,MISO 为输入;主机的 SSEL 接高电平,作为主机使用。由于系统中有多个从机,因此使用主机的 I/O 引脚选择要访问的从机,即 GPIO 的某些引脚连接从机的 SSEL 端。

对于多主多从的 SPI 系统,MOSI、MISO 及 SCK 视何时作为主机使用而定,主要考虑的是 SSEL 选择信号的接法,即每个主/从机的 SSEL 被其他主/从机选择,即其他主/从机的 GPIO 引脚都参与主/从机的选择,如图 8 – 17(d)所示。这是最复杂的情况,实际应用系统中,尤其是嵌入式系统用得不多。

对 SPI 的操作,首先要选择让基于 SPI 接口的从设备的 SSEL 处于被选中状态,表示将要对该从设备进行操作,然后才能按照 SPI 时序要求进行数据操作,视通信协议的不同有差异。一般的外部器件 SPI 时序多使用高位在先、低位在后的传输方式,一位一位进行移位操作。操

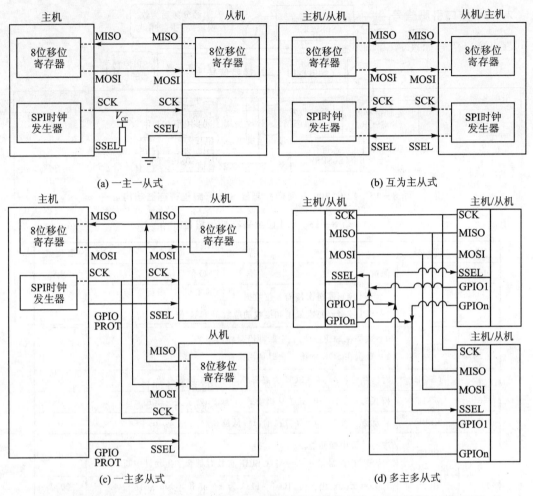

图 8 - 17　SPI 接口的连接

作完毕再将 SSEL 释放。

8.3.2　SPI 寄存器结构

LPC1700 系列微控制器 SPI 可编程寄存器结构如图 8-18 所示。可编程寄存器包括时钟计数寄存器 S0SPCCR、控制寄存器 S0SPCR、数据寄存器 S0SPDR、状态寄存器 S0SPSR 以及中断标志寄存器 S0SPINT。

1. SPI 控制寄存器 S0SPCR

SPI 控制寄存器 S0SPCR 位描述如表 8-15 所列。

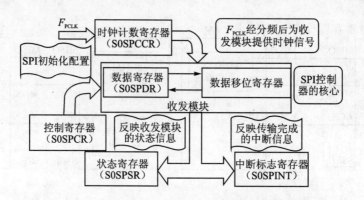

图 8 - 18　LPC1700 系列微控制器 SPI 可编程寄存器结构

表 8 - 15　SPI 控制寄存器位描述

位	符　号	描　　　述	复位值
1:0	—	保留	NA
2	BitEnable	0＝SPI 控制器每次传输 8 位数据， 1＝SPI 控制器每次发送和接收的位数由 11:8 位选择	0
3	CPHA	0＝数据在 SCK 的第一个时钟沿采样， 1＝数据在 SCK 的第二个时钟沿采样	0
4	CPOL	时钟极性控制。0＝SCK 为高有效,1＝SCK 为低有效	0
5	MSTR	模式选择。0＝SPI 处于从机模式,1＝SPI 处于主机模式	0
6	LSBF	移动方向控制。0＝高位在前,1＝低位在前	0
7	SPIE	串行外设中断使能。 0＝SPI 中断被禁止,1＝每次 SPIF 有效时都会产生硬件中断	0
11:8	BITS	1000＝每次输出 8 位,1001～1111 为 9～15 位,0000 为 16 位	0000

2. SPI 状态寄存器 S0SPSR

S0SPSR 寄存器根据配置位的设定来控制 SPI 的操作。其位描述如表 8 - 16 所列。

表 8 - 16　SPI 状态寄存器位描述

位	符　号	描　　　述	复位值
2:0	—	保留	NA
3	ABRT	从机中止。发生了从机中止为 1,当读取该寄存器时,该位清零	0
4	MODF	模式错误。该位为 1 时,表示发生了模式错误	0
5	ROVR	读溢出。该位为 1 时,表示发生了读溢出。当读取该寄存器时,该位清零	0
6	WCOL	写冲突。该位为 1 时,表示发生了写冲突	0
7	SPIF	SPI 传输完成标志。该位为 1 时,表示一次 SPI 数据传输完成	0

3. SPI 数据寄存器 S0SPDR

双向数据寄存器为 SPI 提供数据的发送和接收。发送数据通过将数据写入该寄存器来实现，SPI 接收的数据可以从该寄存器中读出。处于主机模式时，写该寄存器将启动 SPI 数据传输，由于在发送数据时，没有缓冲，所以在发送数据期间（包括 SPIF 置位，但是还没有读取状态寄存器），不能再对该寄存器进行写操作。SPI 数据寄存器位描述如表 8－17 所列。

表 8－17　SPI 数据寄存器位描述

位	符　号	描　　述	复位值
7：0	DataLow	SPI 双向数据端口	0x00
15：8	DataHigh	如果 S0SPCR 的位 2 为 1 且位 11：8 不是 1000，那么这些位的部分或全部含有其他的发送和接收位。当选择少于 16 位时，这些位中较高的位读为 0	0x00

4. SPI 时钟计数器寄存器 S0SPCCR

S0SPCCR 寄存器控制主机 SCK 的频率。寄存器显示了构成 SPI 时钟的 SPI 外围时钟周期个数。

在主机模式下，该寄存器的值必须大于或等于 8 的偶数。如果寄存器的值不符合上述条件，可能导致产生不可预测的动作。SPI0 SCK 速率可通过 PCLK_SPI/SPCCR0 计算得出。SPI 外设时钟是由 PCLKSEL0 寄存器中对应 PCLK_SPI 的位来决定的。SPI 时钟计数器寄存器位描述如表 8－18 所列。

在从机模式下，由主机提供的 SPI 时钟速率不能大于 SPI 外设时钟的 1/8，否则，S0SPCCR 寄存器的值无效。

表 8－18　SPI 时钟计数器寄存器位描述

位	符　号	描　　述	复位值
7：0	Counter	SPI0 时钟计数器设定	0x00

5. SPI 中断寄存器 S0SPINT

该寄存器包含了 SPI0 接口的中断标志，如表 8－19 所列。

表 8－19　SPI 中断寄存器位描述

位	符　号	描　　述	复位值
0	SPI Interrupt Flag	SPI 中断标志。由 SPI 接口置位以产生中断。向该位写入 1 清零	0
7：1	—	保留	NA

8.3.3　SPI 接口的应用

TC72 是具有 SPI 接口的 10 位分辨率的温度传感器，本小节主要采用 LPC1700 微控制器，外接 TC72 温度传感器，通过 SPI 相关操作获取温度值的典型应用。

1. TC72 简介

TC72 是一种常用的 SPI 接口的温度传感器,工作电压为 2.6~5.5 V,有适应于不同微控制器的工作电压等级可供选择,包括 2.8 V、3.3 V、5 V 等。本例采用 3.3 V 供电的 LPC1700 系列微控制器,因此选用的 TC72 为 3.3 V 供电、MSOP8 封装的 TC72 - 3.3MUA 温度传感器。

TC72 内部结构如图 8 - 19(a)所示,包括内部二极管温度传感器、10 位 Σ-Δ ADC (0.25 ℃/位)、温度寄存器(高字节和低字节)、控制寄存器、厂家 ID 寄存器以及 SPI 接口等。其 8 个外部引脚如图 8 - 19(b)所示。

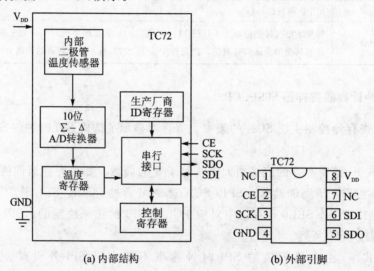

(a) 内部结构　　　　　　　　　(b) 外部引脚

图 8 - 19　TC72 内部结构及外部引脚

TC72 寄存器及各位含义如表 8 - 20 所列。

表 8 - 20　TC72 寄存器及各位含义

寄存器	读地址	写地址	D7	D6	D5	D4	D3	D2	D1	D0
控制寄存器	00H	80H	0	0	0	单次	0	1	0	关断
LSB 温度寄存器	01H	NA	T1	T0	0	0	0	0	0	0
LSB 温度寄存器	01H	NA	2^{-1}	2^{-2}	0	0	0	0	0	0
MSB 温度寄存器	02H	NA	T9	T8	T7	T6	T5	T4	T3	T2
MSB 温度寄存器	02H	NA	符号	2^6	2^5	2^4	2^3	2^2	2^1	2^0
厂家 ID 寄存器	03H	NA	0	1	0	1	0	1	0	0

通过查找 TC72 手册可知,控制寄存器的最低位 D0 为关断位,复位后为 1 关断温度传感器,因此要使用温度传感器必须首先对该寄存器的最低位写 0;D4 为单次转换位,写 0 为连续转换;可以向控制寄存器地址为 80H 写控制字 04H 来正常使用温度传感器 TC72。

温度寄存器存放的两个 8 位合并为 16 位的十六进制数是用补码表示的有符号数,最高位为 1 表示负温度值,为 0 表示正温度值。通过 MSB 和 LSB 合成的 16 位二进制数可以确定具体的温度值。查找手册可知,0 ℃对应值 0,+25 ℃对应值为 1900H,+125 ℃对应值为

7D00H，—25 ℃ 对应值为 E700H（符号为 1，值为取反加 1 得 1900H，因此为 —25 ℃）。由此可见，它是线性的温度传感器。

温度的标度变换公式为

$$T = K \times \text{MSB\_LSB} = \frac{25\ \text{℃}}{1900\text{H}} \times \text{MSB\_LSB}$$

给定一个 MSB_LSB 值即可确定具体的温度值，如 MSB_LSB＝0080H，则 $T＝0.5$ ℃。

2. 对 TC72 的读写操作

对 TC72 的具体读写操作如图 8－20 和图 8－21 所示。

（1）向控制寄存器写连续温度转换命令

按照如图 8－20 所示的写操作时序，先让片选信号为 1，通过 SPI 要写入第 1 个字节的是地址为 80H，写入第 2 个字节的是控制命令 04H。

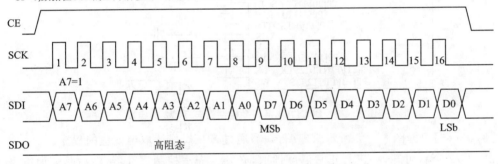

图 8－20　对 TC72 单字节写操作

（2）读温度寄存器的值

按照如图 8－21 所示的读操作时序，先让片选信号为 1，通过 SPI 写入要读出的温度传感器地址，读取指定地址的值。

图 8－21　对 TC72 单字节读操作

当写入 02H 地址后再读出时得到的是 MSB 值，当写入 01H 地址后再读出时得到的是 LSB 的值，二者合成为 16 位 MSB_LSB。通过上述温度的标度变换即可得到具体温度值。

3. LPC1700 系列微控制器与 TC72 的连接及应用

LPC1700 系列微控制器与 TC72 的连接如图 8 - 22 所示。

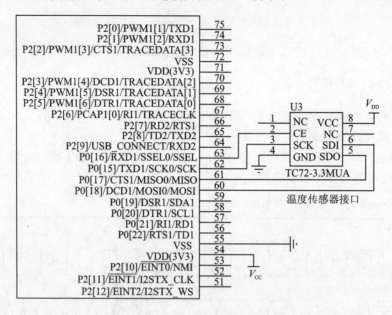

图 8 - 22 LPC1700 系列微控制器与 TC72 的连接

【例 8 - 15】根据图 8 - 22 所示原理图,编写通过 SPI 操作读取温度值的程序。

由 TC72 资料可知,要进行正常温度读取,必须要先写控制寄存器,然后是读温度寄存器的十六进制数,最后再通过标度变换得到实际温度值。

按照 SPI 操作要求,相关程序如下:

```
void  SPIInit(void)
{
    LPC_PINCON ->PINSEL0 | = (0x03ul << 30);            /* 设置 P0.15 为 SCK 引脚 */
    LPC_PINCON ->PINSEL1 & = ～(0x03 << 0);
    LPC_GPIO0 ->FIODIR | = (1 << 16)                    /* 设置 P0.16 为片选输出引脚 SSEL */
    LPC_PINCON ->PINSEL1 | = (0x03 << 2) | (0x03 << 4); /* 设置 P0.17 为 MISO,P0.18 为 MOSI */
    LPC_SPI ->SPCCR =  0x48;                            /* 设置 SPI 时钟分频 */
    LPC_SPI ->SPCR = (0 << 2) |                         /* SPI 控制器每次发送和接收 8 位数据 */
                     (0 << 3) |                         /* CPHA = 0,数据在 SCK 的第一个时钟沿采样 */
                     (0 << 4) |                         /* CPOL = 0,SCK 为高有效 */
                     (1 << 5) |                         /* MSTR = 1,SPI 处于主模式 */
                     (0 << 6) |                         /* LSBF = 0,SPI 数据传输高位在前 */
                     (0 << 7);                          /* SPIE = 0,SPI 中断被禁止 */
}
/***********************************************************
* * 函数名称: SPISndByte
* * 功能: 通过硬件 SPI 接口发送 1 字节
  ***********************************************************/
```

```
void SPISndByte(uint8_t data)
{
    uint32_t temp = 0;
    LPC_SPI ->SPDR = data;                      /* 取等发送的数据 */
    while (0 == (LPC_SPI ->SPSR & 0x80));        /* 等待 SPIF 置位即等待数据发送完毕 */
    temp = (uint32_t)LPC_SPI ->SPSR;            /* 通过读 S0SPSR,清除 SPIF 标志 */
}

void  main()                                    /* 主函数 */
{
    uint8_t Data;
    uint16_t  TemSam
    float  T;                                   /* 32 位浮点数,存放温度实际值,含小数 */
    SystemInit()
    SPIInit(void);                              /* SPI 接口初始化 */
    LPC_GPIO0 ->FIOSET | =  (1 << 16);          /* 片选信号为高,使能 TC72 温度传感器 */
    Data = 0x80;                                /* TC72 控制寄存器地址 */
    SPISndByte(Data);
    Data = 0x04;                                /* TC72 控制寄存器命令,让 TC72 连续变换温度 */
    SPISndByte(Data);
  while(1)
  {
    LPC_GPIO0 ->FIOCLR | = (1 << 16);           /* 片选信号为低,禁止 TC72 温度传感器 */
    Data = 0x02;                                /* 高字节温度寄存器地址 */
    LPC_GPIO0 ->FIOSET | = (1 << 16);           /* 片选信号为高,使能 TC72 温度传感器 */
    SPISndByte(Data);
    while (0 == (LPC_SPI ->SPSR & 0x80));        /* 等待 SPIF 置位数据传输完 */
    Data = LPC_SPI ->SPDR;                      /* 取温度转换值高字节 */
    TempSam = Data << 8;
    LPC_GPIO0 ->FIOCLR | = (1 << 16);           /* 片选信号为低,禁止 TC72 温度传感器 */
    Data = 0x01;                                /* 低字节温度寄存器地址 */
    LPC_GPIO0 ->FIOSET | = (1 << 16);           /* 片选信号为高,使能 TC72 温度传感器 */
    SPISndByte(Data);
    while (0 == (LPC_SPI ->SPSR & 0x80));        /* 等待 SPIF 置位数据传输完 */
    Data = LPC_SPI ->SPDR;                      /* 取温度转换值低字节 */
    TempSam | = Data;                           /* 与高字节合成 16 位温度转换结果 */
    if (TempSam&0x8000 == 1)   TempSam = ~TempSam + 1
    T = 25/0x1900 * TempSam;                    /* 通过标度变换得到实际温度值 */
    LPC_GPIO0 ->FIOCLR | = (1 << 16);           /* 片选信号为低,禁止 TC72 温度传感器 */
    delayNS(10);                                /* 略加延时 */
  }
}
```

8.4 CAN 总线接口

8.4.1 CAN 总线接口概述

CAN(Controller Area Network)是控制器局域网络,仅有 CANH 和 CANL 两个信号线,采用差分传输的方式,可以进行远距离多机通信。主要用于要求抗干扰能力强的工业控制领域,可组成多主多从系统。CAN-bus 现已广泛应用到各个领域,如:工厂自动化、汽车电子、楼宇建筑、电力通信、工程机械、铁路交通等。

1. CAN 与 RS-485 特性比较

CAN 是目前唯一有国际标准(ISO 11898)的现场总线。与传统的现场工业总线 RS-485 相比具有很大的优势,表 8-21 显出了 RS-485 与 CAN 的特性比较。

表 8-21   CAN 与 RS-485 特性比较

特　性	RS-485	CAN-bus
网络特性	单主网络	多主网络
总线利用率	低	高
通信速率	低	高
通信距离/km	<1.5	<10
节点错误影响	大	无
容错机制	无	重错误处理和检错机制
成本	低	较高

CAN 总线为多主方式工作,网络上任一节点均可在任意时刻主动地向网络上的其他节点发送信息。网络节点数主要取决于总线驱动电路,目前可达 110 个。

2. CAN 总线报文传输

CAN 总线上信息以几个不同固定格式的报文发送。四种类型的帧格式:数据帧、远程帧、错误帧、过载帧。所谓报文是指数据传输单元的一帧。

① 数据帧:可以将数据从发送器传送到接收器,如图 8-23 所示。

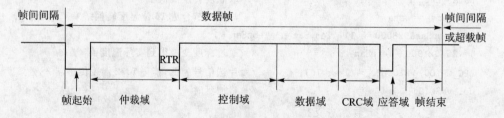

图 8-23   CAN 总线数据帧格式

CAN 的报文有两种格式:标准格式和扩展格式。

● 标准数据帧:仲裁域由 11 位标识符和 RTR 位组成;

● 扩展数据帧：仲裁域包括 29 位标识符、SRR 位、IDE 位、RTR 位。

② 远程帧：发送具有同一标识符的数据帧的请求信号，如图 8 - 24 所示。

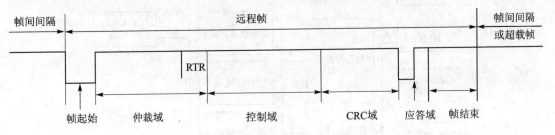

图 8 - 24　CAN 总线远程帧格式

③ 错误帧：任何单元检测到总线错误就发送错误帧；

④ 过载帧：在相邻数据帧或远程帧之间提供附加的延时。

3. CAN 总线特点

CAN 总线特点如下：

● 差分信号对外部电磁干扰（EMI）具有高度免疫，同时具有稳定性。

● 多主方式网络结构可靠性高，节点控制灵活，容易实现多播和广播功能。

● 报文采用短帧结构，传输时间短，受干扰概率低，保证了极低的数据出错率。

● 采用非破坏总线仲裁技术，确保最高优先级的节点数据传输不受影响。

4. CAN 总线仲裁

当两个或两个以上的单元同时开始传送报文，那么总线就会出现访问冲突，通过使用标识符的逐位仲裁可以解决冲突。

8.4.2　CAN 控制器组成及相关寄存器

LPC1700 系列 Cortex - M3 内部包含了两路 CAN 模块（CAN1 和 CAN2），并提供了一个完整的 CAN 协议（遵循 CAN 规范 V2.0B）实现方案。

LPC1700 系列微控制器的内置 CAN 控制器组成如图 8 - 25 所示。

CAN 控制器的主要功能有：

● 支持 11 位和 29 位标识符；

● 双重接收缓冲区和三态发送缓冲器；

● 可编程的错误警报界限；

● 仲裁丢失捕获和错误代码捕获（带有详细的位置）；

● "自身"报文的接收。

接收滤波器的主要功能：

● 快速硬件实现的搜索算法支持大量的 CAN 标识符；

● 全局接收滤波器识别所有 CAN 总线的标识符；

● 接收滤波器可以为选择的标准标识符提供 Full CAN - style；

● 自动接收。

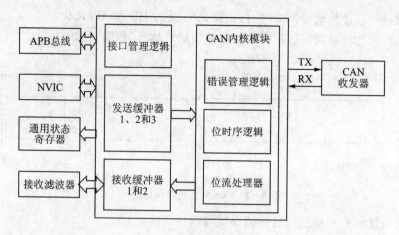

图 8 - 25　LPC1700 微控制器内置 CAN 控制器组成

1. CAN 控制器工作模式

CAN 控制器工作模式种类很多,其中工作模式、复位模式是两个很重要的模式。由于在不同的模式下,控制器必须分辨不同的内部地址定义。工作模式由模式控制寄存器 CANx-MOD 决定,如表 8 - 22 所列。

表 8 - 22　模式控制寄存器 CANxMOD

位	符　号	值	功　　能
0	RM	0:正常模式	CAN 控制器处于工作模式,某些寄存器不能被写入
		1:复位模式	禁止 CAN 操作,可写的寄存器可以写入,终止当前报文的发送/接收

软件复位模式是 CAN 控制器内部调整的重要模式,在切换工作模式,更改波特率等大的修改时都要进入复位模式下才能操作。

2. CAN 总线波特率

根据 CAN 规范,位时间被分成 4 个时间段:同步段、传播时间段、相位缓冲段 1 和相位缓冲段 2。每个段由具体可编程数量的时间份额(time quanta)组成。图 8 - 26 所示为与波特率相关的位时间。

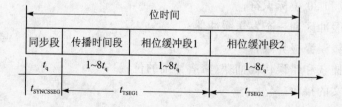

图 8 - 26　与波特率相关的位时间

CAN 总线波特率计算公式:

$$CAN 总线波特率 = 1/标称位时间$$

CAN 总线波特率由总线时序寄存器 CANxBTR 进行配置。其各位含义如表 8 - 23 所列。

表 8-23　CAN 总线时序寄存器各位含义

位	31:24	23	22:20	19:16	15:14	13:10	9:0
符　号	—	SAM	TSEG2	TSEG1	SJW	—	BRP

表 8-23 中,SJW 为跳变宽度,为 SJW+1 个 CAN 时钟,通常可选 SJW=0;SAM 为采样次数,高速采样为 0,中低速采样选择 1,采样三次。波特率超过 100 kbps,通常选择高速采样 SAM=0;否则选择 SAM=1。因此关键是确定 TSEG1,TSEG2,BRP 的值。

具体计算如下:

① 根据波特率预分频值 BRP 计算出时间份额的长度 $t_q = t_{SCL} = t_{CANCLK} \times (BRP+1)$。

② 由 t_{SCL} 计算出同步段、时间缓冲段 1 和时间缓冲段 2:

● 同步段时间:$t_{SYNCSEG} = t_{SCL}$;

● 时间缓冲 1:$t_{TSEG1} = t_{SCL} \times (TSEG1+1)$;

● 时间缓冲段 2:$t_{TSEG2} = t_{SCL} \times (TSEG2+1)$。

③ 三段时间值相加得到位时间的长度 $t_{bit} = t_{SYNCSEG} + t_{TSEG1} + t_{TSEG2}$。

CAN 控制器波特率如下:

$$\text{Baud} = \frac{1}{t_{bit}} = \frac{1}{(1+TESG1+1+TESG2+1) \times t_{can}} = \frac{F_{PCLK}}{(3+TESG1+TESG2) \times (BRP+1)} \tag{8-3}$$

以 APB 时钟 $F_{PCLK}=24$ MHz,选择采样点位置在 85% 左右为佳,即使 TESG1/(TESG1+TESG2)在 85% 左右,2<TESG1<15,1< TESG2<7,由此,我们通过计算得到 BRP,TESG1,TESG2,再将值写入到 CANnBTR 寄存器。

假设要求波特率为 500 kbps,代入式(8-3)得(3+TESG1+TESG2)×(BRP+1)=48,满足 TESG1/(TESG1 + TESG2)在 85% 左右、2<TESG1<15、1< TESG2<7 条件的有两组组合 TESG1,TESG2,BRP,分别为 8,1,1 和 11,2,2。后者采样点在 84%,比前者的 88% 更接近 85%,因此选取 TESG1=11,TESG2=2,BPR=2,代入 BTR 寄存器得 0x1C0002。

由于计算比较繁杂,通常可以参照已经计算好的列表,如表 8-24 所列。

表 8-24　不同波特率在不同时钟频率下的 CANxBTR 值

波特率 Baud/kbps	F_{PCLK}/MHz	CANxBTR 值	波特率 Baud/kbps	F_{PCLK}/MHz	CANxBTR 值
5	11.0592	0x001700C8	10	24	0x001C0019
10	11.0592	0x00170064	20	24	0x001C004A
20	11.0592	0x00170031	50	24	0x001C001D
50	11.0592	0x00170013	100	24	0x001C000E
100	11.0592	0x00170009	125	24	0x001C000B
125	11.0592	0x00170007	250	24	0x001C0005
250	11.0592	0x00170003	500	24	0x001C0002
500	11.0592	0x00170001	800	24	0x00160002
1 000	11.0592	0x00170000	1 000	24	0x00140002

为了简化计算,也可以让 TSEG2=0,即仅保留一个相伴缓冲段时间 TSEG1,让 TSEG1 尽量长一些,这样计算就简单了:

$$Baud = F_{PCLK}/[(1+TSEG1) \times (BRP+1)]$$

如果 $F_{PCLK}=24$ MHz,Baud 为 100 kbps,则 $(3+TSEG1)(BRP+1)=24\,000/100=240$。

当 TSEG1=7 时,BRP=23=0x17,因此 BTR=0x00070017。

要得到 20 kbps 的波特率,$(3+TSEG1) \times (BRP+1)=24\,000/20=1\,200$。

取 TSEG1=7 时,BRP=119=0x77,可得 BTR=0x00070077;取 TSEG1=5 时,BRP= 149=0x95,得 BTR=0x00050095。可见在 F_{PCLK} 一定时,即使不考虑 TSEG2,也有不同的 TSEG1 和 BRP 的组合,因此答案不是唯一的。

在 $F_{PCLK}=24$ MHz 时,不考虑 TSEG2 影响,波特率的关系如表 8-25 所列。

表 8-25 $F_{PCLK}=24$ MHz 时不同波特率 CANxBTR 值

波特率 Baud/kbps	CANxBTR 值	波特率 Baud/kbps	CANxBTR 值
10	0x5012B	250	0x5000B
20	0x50095	500	0x50005
50	0x5003B	800	0x70002
100	0x70017	1 000	0x50002
125	0x50017		

3. CAN 控制命令寄存器 CANxCMR

写 CAN 控制命令寄存器 CANxCMR 会启动一个 CAN 控制器传输层的操作。读出的寄存器值为 0。处理两个命令之间的至少需要一个内部时钟周期。CANxCMR 各位含义如表 8-26 所列。CANxCMR[2]为接收缓冲区是否释放的位,读数据后要释放缓冲区,应该使该位置 1,对于发送缓冲区的释放,要指定哪个缓冲区(共有三个缓冲区),可选择表中的 STB1 ～STB3,如果让发送缓冲区 1 释放,可让 CANxCMR=0x21。

表 8-26 CAN 控制命令寄存器各位含义

D7	D6	D5	D4	D3	D2	D1	D0
STB3 选择发送缓冲区 3,1 有效	STB2 选择发送缓冲区 2,1 有效	STB1 选择发送缓冲区 1,1 有效	SRR 自接收请求,1 有效	CDO 清除资料超载,1 有效	RRB 释放接收缓冲区,1 有效	AT 终止发送,1 有效	TR 发送请求,1 有效

4. CAN 总线发送数据

CAN 总线的数据发送是采用发送缓冲器(TXB)完成的。TXB 是一个三态发送缓冲器,位于接口管理逻辑(IML)和位流处理器(BSP)之间。每个发送缓冲器可以存放一个将要在 CAN 网络上发送的完整报文。该缓冲器由 CPU 写入。CAN 扩展帧格式对应发送器分布如图 8-27 所示。

注意:标准帧中的标识符 ID 只有 11 位,即 ID18～ID28。图 8-27 中,TFS 为发送帧状态寄存器;TID 为发送标识符寄存器;TDA 为发送数据寄存器 A;TDB 为发送数据寄存器 B。

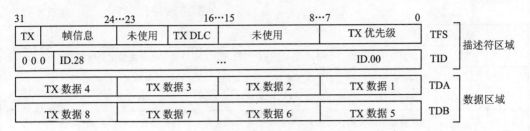

图 8 - 27　CAN 扩展帧格式对应发送器分布

无论是标准帧还是扩展帧,数据区域有 8 字节固定长度的数据,标识符对于标准帧为 11 位,扩展帧为 29 位,此外还包括帧信息及优先级等描述信息。

通过写命令寄存器(CANxCMR)的 0 位,传输控制请求(TR)值启动一个 CAN 控制器传输层的操作。

5. CAN 总线数据接收

当检测到全局状态控制寄存器(CANxGSR)的 0 位,接收缓冲器状态位(RBS)为 1 时,表示接收器有数据,可以读取接收缓冲器 RXB 的值。CAN 扩展帧格式对应接收器的分布如图 8 - 28 所示。

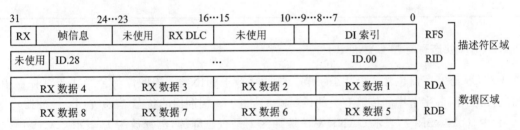

. 图 8 - 28　CAN 扩展帧格式对应接收器的分布

图 8 - 28 中,RFS 为接收帧状态寄存器;RID 为接收标识符寄存器;RDA 为接收数据寄存器 A;RDB 为接收数据寄存器 B。

6. CAN 中断使能寄存器 CANxIER

CAN 中断使能寄存器控制 CAN 控制器的各种事件是否会导致产生中断。该寄存器的位[1:0]和 CANxICR 寄存器的位[10:0]一一对应。如果 CANxIER 寄存器的某个位为 0,则它对应的中断被禁止;如果 CANxIER 寄存器的某个位为 1,则它对应的中断源被使能触发一个中断。CAN 中断使能寄存器位描述如表 8 - 27 所列。

表 8 - 27　CAN 中断使能寄存器位描述

位	符号	描述	复位值
0	RIE	接收中断使能。当接收缓冲器状态为"满"时,CAN 控制器请求相应的中断	0
1	TIE1	缓冲器 1 发送中断。当 TXB1 的报文已经成功发送或发送缓冲器 1 再次可访问时(例如,在终止发送命令之后),CAN 控制器请求相应的中断	0

位	符 号	功　能	复位值
2	EIE	错误报警中断使能。如果错误或总线状态改变,CAN 控制器就请求相应的中断	0
3	DOIE	数据超载中断使能。如果数据超载状态位置位,CAN 控制器就请求相应的中断	0
4	WUIE	唤醒中断使能。如果睡眠的 CAN 控制器唤醒,相应的中断就会被请求	0
5	EPIE	错误被动中断使能。如果 CAN 控制器的错误状态从错误主动变成错误被动(反之亦然),就请求相应的中断	0
6	ALIE	仲裁丢失中断使能。如果 CAN 控制器已经丢失了仲裁,就请求相应的中断	0
7	BEIE	总线错误中断使能。如果已经检测到一个总线错误,CAN 控制器就请求相应的中断	0
8	IDIE	ID 就绪中断使能。当已经接收到一个 CAN 标识符时,CAN 控制器就请求相应的中断	0
9	TIE2	缓冲器 2 发送中断使能。当 TXB2 的报文已经成功发送或发送缓冲器 2 再次可访问时(例如,在终止发送命令之后),CAN 控制器请求相应的中断	0
10	TIE3	缓冲器 3 发送中断使能。当 TXB3 的报文已经成功发送或发送缓冲器 3 再次可访问时(例如,在终止发送命令之后),CAN 控制器请求相应的中断	0
31:11	—	保留	NA

7. CAN 状态寄存器 CANxSR

CAN 状态寄存器包含 3 个状态字节。这些字节中和传输无关的位与全局状态寄存器中对应的位完全相同,字节中和传输有关的位反映了每个 Tx 缓冲器的状态(共 3 个 Tx 缓冲器)。

其中,CANxSR[2] 表示 CANx 发送缓冲区 1 是否已释放,已释放为 1,表示 CANx 用发送缓冲区 1 可以发送数据帧;CANxSR[10] 表示 CANx 发送缓冲区 2 是否已释放,已释放为 1,表示发送缓冲区 2 可以发送数据帧;CANxSR[18] 表示 CANx 发送缓冲区 3 是否释放,已释放为 1,表示发送缓冲区 3 可以发送数据帧。

8. CAN 全局状态寄存器 CANxGSR

全局状态寄存器的内容反映了 CAN 控制器的状态。这是一个只读寄存器,但当 CAN-MOD 寄存器中的 RM 位被置 1 时,错误计数器可以被写入。

CANxGSR[0]=1 表示接收报文可用;CANxGSR[2]=1 表示发送缓冲区可用;CANxGSR[6]=1 表示有错误。出错时 CANxGSR[23:16] 为接收出错时错误计数器当前 8 位值,CANxGSR[31:24] 为发送出错时的当前错误计数值。

9. CAN 集中寄存器

为了简单而又快速地访问 CAN 控制器,每个 CAN 控制器的所有 CAN 控制器状态寄存器被集中到一起形成相关寄存器。这些寄存器每个已定义的字节包含每个 CAN 控制器的一个特定状态位。

主要包括 CAN 集中发送寄存器 CANTxSR、CANRxSR 以及其他状态寄存器

CANMSR。

CANTxSR[8]和 CANTxSR[9]两位分别为 CAN1 和 CAN2,表示发送缓冲区可用;
CANRxSR[8]和 CANRxSR 两位分别为 CAN1 和 CAN2,表示接收到的报文有用。

8.4.3　CAN 总线接口的应用

CAN 总线操作的复杂性,涉及控制器相关寄存器非常多。下面将仅介绍最为重要的可编
程寄存器的编程应用。

1. 基于 CAN 的网络连接

基于 CAN 总线的网络连接如图 8-29 所示。对于片上 CAN 控制器,外部还需要连接物
理收发器,如 TIA1050/1060 等。在整个 CAN 网络中采用同名端相连,为了避免差分传输过
程中信号的反射,还要在环境比较恶劣的情况下,在首尾两端加装 120 Ω 的匹配电阻。总线采
用双绞线以使干扰平均在差分的两根线上,这样可以抵制共模干扰。硬件连接后可以对 CAN
总线进行初始化操作,进而就可通过 CAN 总线接收和发送数据了。

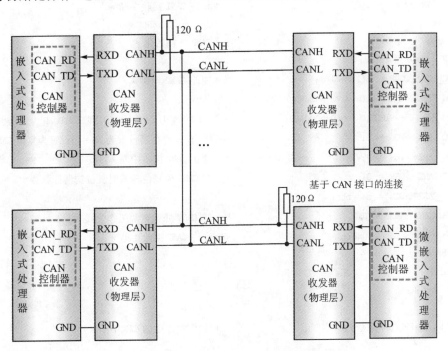

图 8-29　基于 CAN 总线的网络连接

2. CAN 初始化

对 CAN 总线模块的初始化,包括确定使用哪个 CAN 通道,使能相应通道的时钟,确定通
道后配置 CAN 收发引脚,然后设置通信波特率,最后使相关通道处于 CAN 正常工作模式并
允许中断。

具体 CAN 初始化函数如下:

```
volatile uint32_t CAN1RxDone = FALSE, CAN2RxDone = FALSE;
```

```
uint32_t CAN_Init(uint8_t ch,  uint32_t  can_btr) /* 初始化 CAN 总线接口,ch 为通道,0 表示通道 1,
                                                      can_btr 为波特率 */
{
switch (ch)
{
case 0:                                          /* CAN1 的初始化 */
  CAN1RxDone = FALSE;                            /* 清除 CAN1 的接收标志 */
  LPC_SC ->PCONP | = (1 << 13);                  /* 使能 CAN1 时钟 */
  LPC_PINCON ->PINSEL0  & = ~0x0000000F;
  LPC_PINCON ->PINSEL0 | = 0x0000005;            /* 配置 P0.0 为 CAN1 接收引脚 RD1,P0.1 为发送引脚 TD1 */
  LPC_CAN1 ->MOD = MOD = 1;                       /* CAN1 模式寄存器设置为 RM=1,设置为复位 CAN1 接口 */
  LPC_CAN1 ->IER = 0;                            /* 禁止 CAN1 接收中断 */
  LPC_CAN1 ->GSR = 0;                            /* 当 CAN1 为复位模式时复位错误计数器 */
  LPC_CAN1 ->BTR = can_btr;                      /* 设置 CAN1 波特率 */
  LPC_CAN1 ->MOD = 0x0;                          /* 使 CAN1 处于正常工作模式 */
  LPC_CAN1 ->IER = 0x01;                         /* 允许 CAN1 接收中断 */
  break;
case 1:                                          /* CAN2 的初始化 */
  CAN2RxDone = FALSE;
  LPC_SC ->PCONP | = (1 << 14);                  /* 使能 CAN2 时钟 */
  LPC_PINCON ->PINSEL0  & = ~0x00000F00;
  LPC_PINCON ->PINSEL0 | = 0x0000A00;            /* 配置 P0.4 为 CAN1 接收引脚 RD2,P0.5 为发送引脚 TD2 */
  LPC_CAN2 ->MOD = 1;                            /* CAN2 模式寄存器设置为 RM=1,设置为复位 CAN2 接口 */
  LPC_CAN2 ->IER = 0;                            /* 禁止 CAN2 接收中断 */
  LPC_CAN2 ->GSR = 0;                            /* 当 CAN2 为复位模式时复位错误计数器 */
  LPC_CAN2 ->BTR = can_btr;
  LPC_CAN2 ->MOD = 0x0;                          /* 使 CAN1 处于正常工作模式 */
  LPC_CAN2 ->IER = 0x01;                         /* 允许 CAN2 接收中断 */
    break;
default:
    break;
}
NVIC_EnableIRQ(CAN_IRQn);                        /* 使能 NVIC 中的 CAN 中断 */
}
```

3. CAN 接收数据程序

当接收报文可用且没有出错时,可以直接读取接收寄存器中的数据。CAN1 和 CAN2 控制器接收程序如下:

```
void  CAN_ISR_Rx1( void )     /* CAN1 接收函数 */
{
  uint32_t * pDest;          /* 接收数据变量 */
  pDest = (uint32_t *)&MsgBuf_RX1;
```

```
 * pDest = LPC_CAN1 ->RFS;       /* 读 CAN1 接收帧状态寄存器的值,写入 pDest 指示的缓冲区域 */
 pDest ++ ;                      /* 缓冲器指针加 1 */
 * pDest = LPC_CAN1 ->RID;       /* 读 CAN1 接收标识寄存器的值,写入 pDest 指示的缓冲区域 */
 pDest ++ ;                      /* 缓冲器指针加 1 */
 * pDest = LPC_CAN1 ->RDA;       /* 读 CAN1 接收数据寄存器 A 的值,写入 pDest 指示的缓冲区域 */
 pDest ++ ;                      /* 缓冲器指针加 1 */
 * pDest = LPC_CAN1 ->RDB;       /* 读 CAN1 接收数据寄存器 B 的值,写入 pDest 指示的缓冲区域 */
 CAN1RxDone = TRUE;              /* 接收完 CAN1 数据,置接收完成标志 */
 LPC_CAN1 ->CMR = 0x01 ≪ 2;     /* 写 CAN1 控制寄存器,释放接收缓冲区 */
 return;
}
void  CAN_ISR_Rx2( void )        /* CAN2 接收函数 */
{
 uint32_t * pDest;               /* 接收数据变量 */
 pDest = (uint32_t *)&MsgBuf_RX2;
 * pDest = LPC_CAN2 ->RFS;       /* 读 CAN2 接收帧状态寄存器的值,写入 pDest 指示的缓冲区域 */
 pDest ++ ;                      /* 缓冲器指针加 1 */
 * pDest = LPC_CAN2 ->RID;       /* 读 CAN2 接收标识寄存器的值,写入 pDest 指示的缓冲区域 */
 pDest ++ ;                      /* 缓冲器指针加 1 */
 * pDest = LPC_CAN2 ->RDA;       /* 读 CAN2 接收数据寄存器 A 的值,写入 pDest 指示的缓冲区域 */
 pDest ++   ;                    /* 缓冲器指针加 1 */
 * pDest = LPC_CAN2 ->RDB;       /* 读 CAN2 接收数据寄存器 B 的值,写入 pDest 指示的缓冲区域 */
 CAN1RxDone = TRUE;              /* 接收完 CAN2 数据,置接收完成标志 */
 LPC_CAN2 ->CMR = 0x01 ≪ 2;     /* 写 CAN2 控制寄存器,释放接收缓冲区 */
 return;
}
```

4. CAN 中断服务程序

由于初始化 CAN 模块时已允许接收中断,因此 CAN 的中断服务程序主要判断是否有接收数据,并利用上述接收程序把数据接收过来存入相应缓冲区中。

具体 CAN 中断服务程序如下:

```
void CAN_IRQHandler(void)
{
 CANStatus = LPC_CANCR ->CANRxSR;          /* 取集中接收状态寄存器的值 */
 if ( CANStatus & (1 ≪ 8) )                /* 如果 CAN1 接收报文可用 */
 {
  CAN1RxCount ++ ;                          /* CAN1 接收缓冲区指针 + 1 */
  CAN_ISR_Rx1();                            /* 接收 CAN1 的数据 */
 }
 if ( CANStatus & (1 ≪ 9) )                /* 如果 CAN2 接收报文可用 */
 {
  CAN2RxCount ++ ;                          /* CAN2 接收缓冲区指针 + 1 */
  CAN_ISR_Rx2();                            /* 接收 CAN2 的数据 */
```

```
    }
    if ( LPC_CAN1 ->GSR & ( 1 ≪ 6 ) )                /* 如果是 CAN1 接收出错 */
    {
      CAN1ErrCount = LPC_CAN1 ->GSR ≫ 16;          /* 取 CAN1 接收出错计数值 */
    }
    if ( LPC_CAN2 ->GSR & ( 1 ≪ 6 ) )                /* 如果是 CAN2 接收出错 */
    {
      CAN2ErrCount = LPC_CAN2 ->GSR ≫ 16;          /* 取 CAN2 接收出错计数值 */
    }
    return;
}
```

5. CAN 发送数据程序

要发送一帧数据,必须首先配置要发送帧的结构(如图 8 - 27 所示),包括帧长度、是否标准帧、帧 ID、帧数据 A(4 字节)和帧数据 B(4 字节)。

用结构体定义 CAN 报文收发项,其结构体定义如下:

```
typedef  struct
{
    uint32_t Frame;        //帧状态
    uint32_t MsgID;        //帧 ID (11 bit or 29 bit)
    uint32_t DataA;        //CAN 数据 A:Bytes 0~3
    uint32_t DataB;        //CAN 数据 B: Bytes 4~7
} CAN_MSG;
```

以下为利用 CAN1 模块的发送程序:

```
uint32_t  CAN1_SendMessage( CAN_MSG * pTxBuf )            /* CAN1 发送数据 */
{
    uint32_t CANStatus;
    CANStatus = LPC_CAN1 ->SR;                            /* 取 CAN1 状态 */
    if ( CANStatus & ( 1 ≪ 2 ) )              /* 如果 CAN1 状态发送缓冲区 1 已经释放,则发送报文信息 */
    {
      LPC_CAN1 ->TFI1 = pTxBuf ->Frame & 0xC00F0000;     /* 向发送缓冲区 1 发送描述符区域的帧状态 */
      LPC_CAN1 ->TID1 = pTxBuf ->MsgID;                  /* 向发送缓冲区 1 发送描述符区域的标识 */
      LPC_CAN1 ->TDA1 = pTxBuf ->DataA;                  /* 向发送缓冲区 1 发送数据前 4 个字节 A */
      LPC_CAN1 ->TDB1 = pTxBuf ->DataB;                  /* 向发送缓冲区 1 发送数据后 4 个字节 B */
      LPC_CAN1 ->CMR = 0x21;                             /* 释放发送缓冲区 1 见表 8 - 25 */
      return ( TRUE );
    }
    else if ( CANStatus & ( 1 ≪ 10 ) )   /* 如果 CAN1 状态寄存器中标志发送缓冲区 2 已经释放,
                                          /* 则发送报文信息 */
    {
      LPC_CAN1 ->TFI2 = pTxBuf ->Frame & 0xC00F0000;  /* 向发送缓冲区 2 发送描述符区域的帧状态 */
      LPC_CAN1 ->TID2 = pTxBuf ->MsgID;                  /* 向发送缓冲区 2 发送描述符区域的标识 */
```

```
    LPC_CAN1 ->TDA2 = pTxBuf ->DataA;              /* 向发送缓冲区 2 发送数据前 4 个字节 A */
    LPC_CAN1 ->TDB2 = pTxBuf ->DataB;              /* 向发送缓冲区 2 发送数据后 4 个字节 B */
    LPC_CAN1 ->CMR = 0x41;                         /* 释放发送缓冲区 2 见表 8 - 26 */
    return ( TRUE );
    }
    else if ( CANStatus &(1 << 18) )               /* 如果 CAN1 发送缓冲区 3 已释放 */
    {
    LPC_CAN1 ->TFI3 = pTxBuf ->Frame & 0xC00F0000;/* 向发送缓冲区 2 发送描述符区域的帧状态 */
    LPC_CAN1 ->TID3 = pTxBuf ->MsgID;              /* 向发送缓冲区 3 发送描述符区域的标识 */
    LPC_CAN1 ->TDA3 = pTxBuf ->DataA;              /* 向发送缓冲区 3 发送数据前 4 个字节 A */
    LPC_CAN1 ->TDB3 = pTxBuf ->DataB;              /* 向发送缓冲区 3 发送数据后 4 个字节 B */
    LPC_CAN1 ->CMR = 0x81;                         /* 释放发送缓冲区 3 见表 8 - 26 */
    return ( TRUE );
    }
    return ( FALSE );
}
```

说明:如果使用 CAN2 模块进行发送,则上述程序中所有 LPC_CAN1 改变为 LPC_CAN2 即可。

8.5　以太网 Ethernet 控制器接口

以太网控制器是专门用于以太网连接的控制器,由以太网媒体接入控制器(MAC)和物理收发器(PHY)组成。MAC 与 PHY 通信采用 MII 接口(媒体独立接口)或者 RMII 接口(简化的 MII)。

LPC1700 系列微控制器包含一个功能齐全的 10/100 Mbps 以太网 MAC,可以通过 RMII 与 PHY 组成一个完整的以太网控制器。

8.5.1　Ethernet 控制器简介

LPC1700 系列微控制器片上以太网控制器通过使用 DMA 硬件加速功能来优化其性能。以太网模块具有大量的控制寄存器组,可以提供半双工/全双工操作、流控制、控制帧、重发硬件加速、接收包过滤以及 LAN 上的唤醒等。利用分散-集中式(scatter - gather)DMA 进行自动的帧发送和接收操作,减少了 CPU 的工作量。

以太网模块是一个 AHB 主机,驱动 AHB 总线矩阵。通过矩阵,它可以访问片上所有的 RAM 存储器。建议以太网使用 RAM 的方法是专门使用其中一个 RAM 模块来处理以太网通信。那么该模块只能由以太网和 CPU,或 GPDMA 进行访问,从而获取以太网功能的最大带宽。以太网模块使用 RMII(简化的媒体独立接口)协议和片上 MIIM(媒体独立接口管理)串行总线,还有 MDIO(管理数据输入/输出)来实现与片外以太网 PHY 之间的连接。

LPC1700 系列微控制器片上以太网控制器支持:

① 10/100 Mbps PHY 器件,包括 10Base - T、100Base - TX、100Base - FX 和 100Base - T4;与 IEEE 802.3 标准完全兼容;与 IEEE 802.3x 全双工流控和半双工背压流控完全兼容;具有

灵活的发送帧和接收帧选项;支持 VLAN 帧。

② 存储器管理:独立的发送和接收缓冲区存储器,映射为共享的 SRAM;带有分散/集中式的 DMA 管理器以及帧描述符数组;通过缓冲和预取来实现存储器通信的优化。

③ 以太网增强的功能:接收进行过滤;发送和接收均支持多播帧和广播帧;发送操作可选择自动插入 FCS(CRC);可选择在发送操作时自动进行帧填充;发送和接收均支持超长帧传输,允许帧长度为任意值;多种接收模式;出现冲突时自动后退并重新传送帧信息;通过时钟切换实现功率管理;支持"LAN 上唤醒"的功率管理功能,以便将系统唤醒,该功能可使用接收过滤器或魔法帧检测过滤器来实现。

④ 物理接口:通过标准的简化 MII(RMII)接口来连接外部 PHY 芯片;通过媒体独立接口管理(MIIM)接口可对 PHY 寄存器进行访问。

8.5.2　Ethernet 控制器结构

1. Ethernet 结构

LPC1700 系列微控制器片上以太网控制器结构如图 8-30 所示,包括主机寄存器模块、到 AHB 的 DMA 接口、以太网 MAC 以及发送通道等。

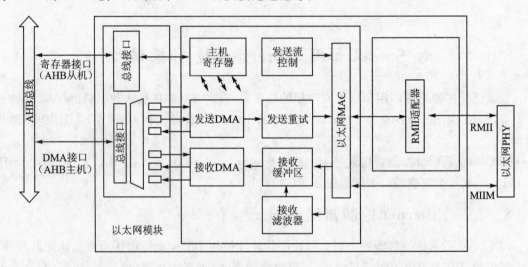

图 8-30　LPC1700 系列微控制器以太网控制器结构

① 主机寄存器模块包括软件上使用的寄存器和处理以太网模块的 AHB 访问的寄存器。主机寄存器与发送通道、接收通道及 MAC 相连。

② 到 AHB 的 DMA 接口用于连接 AHB 主机,使得以太网模块能够访问以太网 SRAM,从而实现描述符的读操作、状态的写操作以及数据缓冲区的读/写操作。

③ 以太网 MAC,通过 RMII 接口与片外 PHY 相连。

④ 发送数据通道,包括发送 DMA 管理器,用于从存储器中读取描述符和数据并将状态写入存储器;发送重试模块,对以太网的重试和中止情况进行处理;发送流量控制模块,能够插入以太网暂停帧。

⑤ 接收数据通道,包括:接收 DMA 管理器,用于从存储器中读取描述符并将数据和状态

写入存储器;以太网 MAC,通过分析帧头中的部分信息来检测帧类型;接收过滤器,通过使用不同的过滤机制来滤除特定的以太网帧;接收缓冲区,实现了对接收帧的延迟,以便将接收帧中的特定帧滤除后再将接收帧保存到存储器中。

2. Ethernet 包格式

以太网包的格式如图 8-31 所示,包由一个导言、一个起始帧定界符和一个以太网帧。而以太网帧由目标地址、源地址、一个可选的 VLAN 区、长度/类型区、有效载荷以及帧校验序列组成。每个地址包含 6 字节,传输操作从最低有效位开始,即低位在前,高位在后的原则。

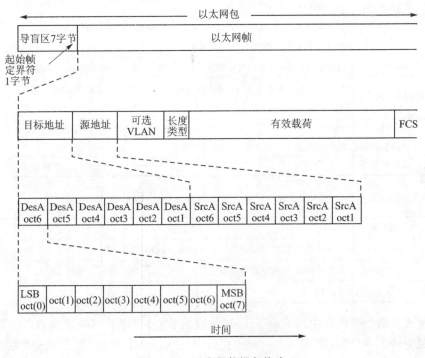

图 8-31　以太网数据包格式

3. Ethernet 控制寄存器

(1) 命令寄存器

命令寄存器(command)的位描述如表 8-28 所列。

Tx/RxReset 位为只写位,这两位的读操作将返回 0。其他所有位均可以执行读或写的操作。

(2) 状态寄存器

状态寄存器(status)为只读寄存器,其位描述如表 8-29 所列。

该寄存器的值表示了两个通道的状态。当状态为 1 时,通道处于活动状态,表明在发送或接收帧信息的同时,通道使能,且命令寄存器中的 Rx/TxEnable 位置位;否则通道是禁止的。

对于发送通道,发送队列不为空,即 ProduceIndex!＝ConsumeIndex;对于接收通道,接收队列未满,即 ProduceIndex!＝ConsumeIndex－1。

表 8－28 命令寄存器位描述

位	符 号	描 述	复位值
0	RxEnable	接收使能	0
1	TxEnable	发送使能	0
2	—	未使用	0
3	RegReset	向该位写入 1 时,所有的通道和主机寄存器均复位。MAC 需要单独进行复位	0
4	TxReset	向该位写入 1 时,发送通道复位	0
5	RxReset	向该位写入 1 时,接收通道复位	0
6	PassRuntFrame	该位被设为 1 时,将小于 64 字节的短帧传递到存储器中,除非该短帧的 CRC 有误。如果该位被设为 0,则将短帧滤除	0
7	PassRxFilter	该位被设为 1 时,禁止对接收过滤,即把所有接收到的帧都写入存储器中	0
8	TxFlowControl	使能 IEEE 802.3/条款 31 的流控,即在全双工下发送暂停控制帧,在半双工下发送连续的导言	0
9	RMII	该位被设为 1 时,选择 RMII 模式;该位在以太网初始化期间必须被置为 1	0
10	FullDuplex	该位被设为 1 表示在全双工模式下操作	0
31:11	—	未使用	0

表 8－29 状态寄存器位描述

位	符 号	描 述	复位值
0	RxStatus	如果该位为 1,则接收通道处于活动状态;如果为 0,则接收通道不工作	0
1	TxStatus	如果该位为 1,则发送通道处于活动状态;如果为 0,则发送通道不工作	0
31:2	—	未使用	0

如果通道被命令寄存器中的 Rx/TxEnable 位的软件复位禁止,并且通道已将当前帧的状态和数据提交给了存储器,则该通道的状态由活动变为静止。如果"发送队列"为空,或者"接收队列"为满,并且状态和数据都已提交给了存储器,则通道状态变为静止。

以太网模块寄存器相当丰富,由于篇幅限制不能一一列出,有兴趣可以参见相关手册。

8.5.3 Ethernet 接口连接

有些 ARM 芯片如基于 ARM Cortex－M3 的嵌入式微控制器芯片已经嵌入了以太网控制器(MAC 层),也有些芯片同时集成了物理层(PHY 层)的收发器电路,因此外部仅需要连接网络变压器及 RJ45 插座即可构成以太网实用接口。具有内置以太网控制器的嵌入式处理器构建以太网接口如图 8－32 所示。如果内置了 PHY 层,则图中可省去 PHY 层的电路。

内置以太网控制器的典型 M3 芯片有 NXP 公司的 LPC1700 系列,ST 公司的 STM32F2 系列,内置以太网控制器和物理层收发器的 M3 芯片有 TI 公司的 LM3S6000 系列、LM3S8000 系列、LM3S9000 系列等。

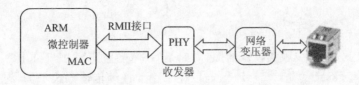

图 8-32 内置以太网控制器的以太网接口

8.6 常用无线通信接口

除了以上有线互连通信接口外,嵌入式应用系统中也经常在不方便布线的情况下使用无线通信接口,主要包括 GPS、GPRS、WiFi、蓝牙以及通用射频通信模块等等。

8.6.1 GPS 模块

GPS(Global Positioning System)即全球定位系统,是利用 GPS 定位卫星,在全球范围内实时进行定位、导航的系统,称为全球卫星定位系统,简称 GPS。GPS 可以提供车辆定位、防盗、反劫、行驶路线监控及呼叫指挥等功能。要实现以上所有功能必须具备 GPS 终端、传输网络和监控平台三个要素。

GPS 导航系统的基本原理是测量出已知位置的卫星到用户接收机之间的距离,然后综合多颗卫星的数据就可知道接收机(GPS 终端)的具体位置。

GPS 定位的基本原理是根据高速运动的卫星瞬间位置作为已知的计算数据,采用空间距离后方交会的方法,确定待测点的位置。

由于卫星运行轨道、卫星时钟存在误差,大气对流层、电离层对信号的影响,使得民用 GPS 的定位精度只有 100 m。

为提高定位精度,普遍采用差分 GPS(DGPS)技术,建立基准站(差分台)进行 GPS 观测,利用已知的基准站精确坐标,与观测值进行比较,从而得出一修正数,并对外发布。接收机收到该修正数据后,与自身的观测值进行比较,消去大部分误差,得到一个比较准确的位置。实验表明,利用差分 GPS,定位精度可提高到 5 m。

目前,嵌入式系统经常使用专用的 GPS 模块,GPS 与嵌入式系统的连接有多种。有基于 UART 的 GPS 模块,有基于 SPI 接口的 GPS 模块,也有基于 USB 和 I^2C 的模块,还有多种接口并存的 GPS 模块。一个典型的 GPS 模块如图 8-33 所

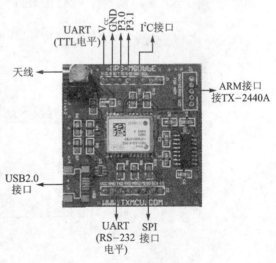

图 8-33 GPS 模块接口

示。这是一个多通信接口的 GPS 模式,可以通过 UART/SPI/I^2C/USB 连接 ARM 芯片。

8.6.2 GPRS 模块

GPRS 是通用分组无线服务技术的简称，它是 GSM 移动电话用户可用的一种移动数据业务。GPRS 可说是 GSM 的延续。GPRS 与以往采用的连续传输方式不同，它以封包（packet，也称为分组）方式来进行数据传输，因此使用者所负担的费用是以其传输数据的数量计算，并非使用其整个频道。理论上较为便宜。

从使用者的角度，人们并不关心它是怎么分组和交换的，只关心如何通过 GPRS 传输数据包，而 GPRS 模块可以很方便地实现网络数据传输。GPRS 也是以模块形式接入嵌入式系统的，主要模块接口有基于 UART 的，也有基于 RS - 232/RS - 485 接口的 GPRS 模块。通常支持用 AT 命令集进行呼叫、短信、传真、数据传输等业务。典型的 GPRS 模块接口如图 8 - 34 所示。

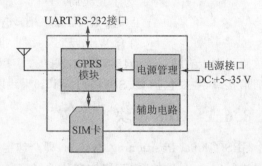

图 8 - 34　GPRS 模块接口

8.6.3 北斗模块

北斗星定位系统分为北斗星一代和北斗星二代。北斗星一代又称为北斗导航试验系统（BNTS），北斗星二代又称为北斗卫星导航系统，是继美国 GPS 和俄罗斯 GLONASS 之后第三个成熟的卫星导航系统。它的定位精度为 10 m，授时精度为 50 ns，测速精度为 0.2 m/s。

典型的北斗模块与 MCU 的连接如图 8 - 35 所示。北斗星接收模块与嵌入式微控制器的信息交互主要通过串口，而北斗卫星接收模块除了和系统共用一个电源系统之外，还配备了一节纽扣电池，确保其在断电的情况下，依旧可以正常计时。

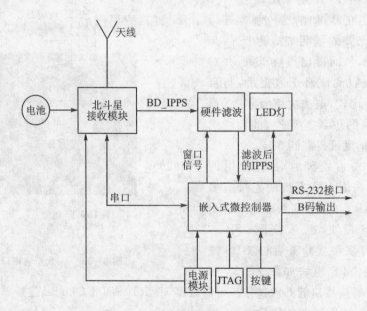

图 8 - 35　北斗模块与 MCU 的连接

8.6.4 WiFi 及蓝牙

1. WiFi 模块

凡使用 IEEE 802.11 系列协议的无线局域网又称为 WiFi(Wireless‐Fidelity,即无线保真)。因此,WiFi 几乎成为了无线局域网 WLAN 的同义词。

WiFi 模块是 UART 串口或 TTL 电平转 WiFi 通信的一种传输转换产品,UART‐WiFi 模块基于 UART 接口,符合 WiFi 无线网络标准。

WiFi 模块内置无线网络协议 IEEE 802.11 协议栈以及 TCP/IP 协议栈,能够实现用户串口、TTL 电平、USB 接口、SPI 接口数据到无线网络之间的转换。

利用 WiFi 模块很容易实现嵌入式系统的有线数据到无线数据的传输。

2. 蓝牙模块

蓝牙是一种支持设备短距离通信(一般 10 m 内)的无线低速(一般 1 Mbps)通信技术。利用蓝牙技术,能够有效地简化移动通信终端设备之间的通信,也能够成功地简化设备与 Internet 之间的通信,从而使数据传输变得更加迅速高效,为无线通信拓宽道路。蓝牙采用分散式网络结构以及快跳频和短包技术,支持点对点和点对多点通信。

蓝牙信号的收发采用蓝牙模块实现,与其他无线模块类似,一方是无线信号,另一方是通信连接接口信号,如串口 UART,也有基于 USB 的。嵌入式系统中应用基于串口的蓝牙模块比较方便,其使用广泛。

8.6.5 其他无线模块

除上述标准无线模块外,还有不同厂家的射频无线收发模块,典型代表就是 Si4432。近来也出现了基于无线通信的微控制器,内置了无线接收和发送模块,如 Si1000,内部有 51 内核,外围有 Si4432 无线收发器。

随着嵌入式系统应用的不断发展,不同场合采用不同的通信方式以适应不同需求。无线方式解决了连线的问题,作为嵌入式应用系统的开发人员,并不需要知道无线收发模块的工作原理,只需要了解相关无线模块的接口及使用方法即可。因此,从应用角度来说,运用典型的 UART、SPI、I²C 等通信接口连接的无线模块,即可很方便地实现不同形式的无线通信,不管是蓝牙、WiFi、GPRS,还是 GPS。

本章习题

一、选择题

1. 关于通用异步收发器 UART,以下说法错误的是( )。

  A. UART 由发送器、接收器、控制单元及波特率发生器等构成

  B. 接收器负责接收外部送来的字符,可以是 FIFO 接收,也可以是普通模式接收

  C. 发送器发送负责发送字符,可采用 FIFO 模式,也可以采用普通模式

  D. 波特率通过编程可以产生所需波特率,波特率大小由 UART 状态寄存器决定

2. 关于 UART 字符的格式,以下说法正确的是(　　　)。
   A. 一个字符由起始位、数据位、校验位(可选)和停止位构成
   B. 传输次序是高位在先,低位在后
   C. 起始位和停止位都只有一位
   D. 校验位可选择奇偶校验,奇校验指该位为 1,偶校验指该位为 0

3. LPC1700 系列微控制器片上 UART,决定字符格式的寄存器是(　　　)。
   A. 线状态寄存器 UnLSR
   B. 线控制寄存器 UnLCR
   C. FIFO 控制寄存器 UnFCR
   D. 中断使能寄存器 UnIER

4. 如果线控制寄存器 UnLCR=0x33,则以下说法错误的是(　　　)。
   A. 字符长度为 8 位
   B. 1 位停止位
   C. 奇校验
   D. 禁止访问除数寄存器

5. 线状态寄存器 UnLSR 提供发送和接收模块的状态信息,如果 UnLSR=0x21,表示(　　　)。
   (1)接收寄存器有数据;(2)没有错误;(3)有错误;(4)发送保持寄存器空;(5)发送器空;(6)帧出错;(7)接收寄存器无数据。
   A. (1)(2)(5)
   B. (1)(3)(6)
   C. (1)(2)(4)
   D. (2)(5)

6. 关于 I^2C 启停条件,以下说法错误的是(　　　)。
   A. 启动条件是 SCL 为高电平时,SDA 由高到低的变化
   B. 启动条件是 SCL 为高电平时,SDA 由低到高的变化
   C. 停止条件是 SCL 为高电平时,SDA 由低到低的变化
   D. 停止条件是 SCL 为低电平时,SDA 由高到低的变化

7. 关于在 I^2C 总线是传输数据,以下说法错误的是(　　　)。
   A. 发送时,数据写入 I^2C 数据寄存器,经过 I^2C 缓冲器,再通过 I^2C 移位寄存器移位发送出去
   B. 发送时,数据写入 I^2C 数据缓冲器,经过 I^2C 数据寄存器,再通过 I^2C 移位寄存器移位发送出去
   C. 接收时,数据经 SDA 进入 I^2C 移位寄存器,移位后存入 I^2C 数据寄存器,最后写入 I^2C 数据缓冲器
   D. 由于是半双工工作方式,发送和接收共用一套移位寄存器、数据寄存器和数据缓冲器

8. 关于在 SPI 接口,以下说法错误的是(　　　)。
   A. SPI 可进行全双工通信
   B. 采用四条线连接,一个时钟线,两个数据线,一个片选线

C. 有多种连接方式,如一主一从、互为主从、一主多从以及多主从从方式

D. 通常传输时低位在前高位在后

9. 关于在 CAN,以下说法错误的是(　　)。

A. CAN 总线是控制局域网总线

B. 采用差分方式传输数据

C. 只能采用主从方式进行通信

D. 具有容错机制

10. 关于在 Ethernet,以下说法错误的是(　　)。

A. MAC 是以太网媒体接入控制器的英文缩写

B. Ethernet 命令寄存器可以决定接收和发送使能

C. Ethernet 状态反映接收和发送通道是否处于活动状态

D. LPC1700 片上 Ethernet 接口可直接连接网络变压器,然后连接水晶头,构成以太网接口

二、填空题

1. 已知 LPC1700 系列微控制器 $F_{PCLK}=11.592$ MHz,要得到 19 200 bps,则 DLM 的值为_____,DLL 的值为_____。

2. 让 UART0 字符格式为:字符长度为 7 位,偶校验,1 位停止位,则 UART0 线控制寄存器 U0LCR=_____;如果 U0LSR=0x01 则表示 UART0 的状态为_____。

3. 利用 LPC1700 系列微控制器片上 UART1 外接 RS-485 收发器 MAX485 构成 RS-485 通信接口,要求使能 RS-485 普通多点模式,使能接收器,使能自动地址检测,利用 $\overline{RTS}$ 进行方向控制,使能自动方向控制,$\overline{RTS}$ 低电平有效控制方向,则 RS-485 控制寄存器 U1RS485CTRL 的值为_____。

4. LPC1700 系列微控制器片上 I²C0,应答位、停止位、起始位,要对这些位清零的寄存器为_____,对这些位置位的寄存器是_____。

5. LPC1700 系列微控制器片上 SPI,若每次传输 8 位数据,数据在 SCK 第二个时钟沿采样,SCK 低电平有效,SPI 处于主机模式,数据高位在前,禁止 SPI 中断,每次输出 8 位,则 SPI 控制寄存器 S0SPCR=_____;如果 S0SPSR=0x80 则表示_____。

6. CAN 总线有 4 种类型的帧格式,包括:数据帧、_____帧、错误帧和_____帧。

7. CAN 无论是标准帧还是扩展帧,数据区域有_____个字节固定长度的数据,标准帧的标识符为_____位,扩展帧的标识符为_____位。

8. LPC1700 系列微控制器片上 Ethernet 的 MAC 是通过_____接口与片外 PHY 相连的,以太网的格式中包括一个导言、_____和一个以太网帧组成,传输操作采用低位在_____、高位在_____的原则。

三、应用题

以 LPC1766 为核心的嵌入式应用系统(见图 8-36),将 P0.2 和 P0.3 配置为 UART0,外接 SP3232 电平转换电路构成 RS-232 接口与上位机进行通信,将 P0.27 和 P0.28 配置为 I²C 总线 I²C0,连接 ERPOM 存储器 AT24C64,将 P2.0、P2.1 和 P2.7 配置为 UART1 且为 RS-485 模式,通过隔离型 RS-485 芯片 ADM2483 构成 RS-485 接口,U19 为 DC-DC 芯片将电源 $V_{DD3.3}$ 转换隔离为 5 V(V_{DD2})电源。

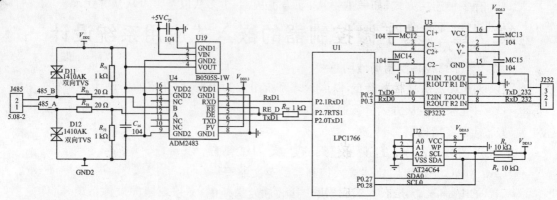

图 8-36　应用题图

1. 写出 4 MHz I^2C0 总线频率下 I^2C0 初始化程序。

2. 已知 F_{PCLK}＝SystemFrequency/4，写出 RS-232 接口的初始化程序。要求通信波特率为 9 600 bps，字符格式为 8 位数据、无校验位、1 位停止位，采用中断接收，查询发送方式进行通信，FIFO 配置为 14 字节触发点。

3. 已知 F_{PCLK}＝SystemFrequency/4，写出 RS-485 接口的初始化程序。要求通信波特率为 38 400 bps，字符格式为 8 位数据、无校验位、1 位停止位，采用中断接收，查询发送方式进行通信，FIFO 配置为 8 个字节触发点，RTS控制 RS-485 收发。本机作为主机，轮询从机，从机为温度变送器，其通信协议符合 MODBUS-RTU 标准，数据格式如下述。

比如主机向 3 号从机发送 4 号命令，要求从机回送温度值，主机命令格式如下：

地址	功能码	起始地址 高字节	起始地址 低字节	数据长度 高字节	数据长度 低字节	CRC 校验码 低字节	CRC 校验码 高字节
03H	04H	00H	00H	00H	01H	30H	28H

3 号从机回应：

地址	功能码	返回数据 总字节数	RTemp 数据 高字节	RTemp 数据 低字节	CRC 校验码 低字节	CRC 校验码 高字节
03H	04H	02H	00	60H	C0H	D8H

回应的温度 60H＝96 ℃，温度寄存器为 16 位，低 8 位为温度值，高 8 位保留。

已知地址从 1～85 CRC 为 16 位 CRC 检验。如果获取的温度超过 100 ℃，则通过 RS-232 发送信息"Over!"。试编写出相关程序。

第9章 基于微控制器的嵌入式应用系统设计

本章以嵌入式微控制器为核心,以嵌入式系统组成为出发点,介绍如何设计和开发一个完整的嵌入式应用系统。

9.1 嵌入式最小系统设计

嵌入式最小硬件系统是嵌入式应用系统最简单、最基本、不可或缺的硬件系统,简称最小系统。

9.1.1 最小系统组成

如图 9-1 所示,嵌入式最小系统包括嵌入式微控制器、供电模块、时钟模块、复位模块、调试接口以及存储模块等。由于现代嵌入式微控制器内部均嵌入了一定容量的程序存储器和数据存储器,因此存储模块一般都包括在嵌入式微控制器内部。

图 9-1 嵌入式最小系统组成

9.1.2 最小系统设计

由嵌入式最小系统的组成可知,最小系统设计包括供电模块设计、时钟模块设计、复位模块设计、调试接口设计以及嵌入式微控制器的选择等。

1. 嵌入式微控制器的选择

按照 2.7 节的方法,选择满足要求的嵌入式微控制器,是基于嵌入式微控制器的嵌入式应用系统设计的很关键的一步。下面在确定使用哪款嵌入式控制器之后就可以设计嵌入式最小系统了。选定了微控制器,其存储器也就定了,因此最小系统中的存储模块不需要额外设计,除非内嵌存储器不够用需要外加存储器,已不属于最小系统的范畴,需要系统功能扩展。

2. 供电模块设计

电源模块为整个嵌入式系统提供足够的能量,是整个系统工作的基础,具有极其重要的地位,但却往往被忽略。如果电源模块处理得好,整个系统的故障往往会减少一大半。

设计供电模块应该考虑的因素包括:输出的电压、电流,输入的电压、电流,安全因素(如本质安全型)、电磁兼容和电磁干扰,体积限制、功耗限制以及成本限制等。

主要电源模块有 AC-DC(由交流变直流)和 DC-DC(直流变直流,电压等级不同)。根据具体嵌入式应用系统的需求,系统需要的主要电源电压有 5 V,3.3 V,2.5 V,1.8 V,24 V 等。

一个典型的 AC-DC 模块如图 9-2 所示,它由变压部分、整流部分、滤波部分和稳压部分组成。变压部分采用电源变压器将交流高电压(如 220 V AC)变成低电压(如 13 V AC);整流部分通过整流二极管把交流变成脉动的直流;滤波部分采用滤波电容把脉动的直流变成相对平缓的直流;稳压部分通过三端稳压模块将直流电压稳定在标称值电压上,如本例中的 5 V 可调电源,R_2 调节可以在 5 V 附近调整到所需要的电压值。

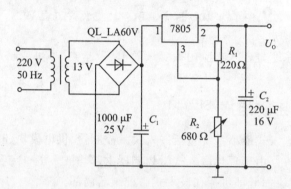

图 9-2 AC-DC 模块(交流 220 V 变直流 5 V)组成

如果输入端有 9~24 V 的直流电源,可以使用开关式稳压芯片 LM2575 构建 5 V 电源,如图 9-3 所示。

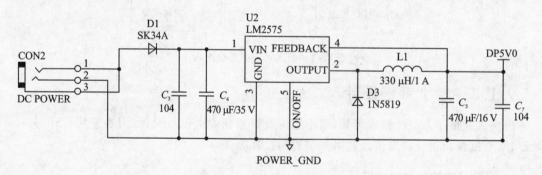

图 9-3 开关式稳压电源(直流 9~24 V 变直流 5 V)组成

目前,嵌入式微控制器主要工作电压有 5 V 和 3.3 V 等,如果是 3.3 V 则可以采用低压差(LDO)DC-DC 芯片将 5 V 转换成 3.3 V 或其他电压值。图 9-4 为 5 V 转换为 3.3 V 的电源模块电路。SPX1117 系列有多个品种,输出电压有 3.3 V,1.8 V 等。由于 LPC1700 系列微控制器工作电源为 3.3 V,因此电源设计取得 3.3 V 的稳定电源即完成。

以下为不同型号的稳压芯片:

(1) 通用稳压芯片(用于普通电源)

78XX 系列(线性电源)有 5 V,6 V,8 V,9 V,10 V,12 V,15 V,18 V,24 V。输入电压:最高 35 V(V_0=5~18 V),40 V(V_0=24 V),最小差压 3 V 才能稳定,1 A 电流。

1575、2575、2596 系列(开关型电源)有 3.3 V,5 V,12 V,15 V,电流 1 A,输入电压要求同 78XX 系列。

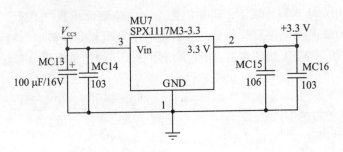

图 9 - 4　DC - DC 模块(5 V 变 3.3 V)组成

（2）低差压(LDO)稳压芯片(用于给微控制器供电)

① AS2815 - XX 系列有：1.5 V，2.5 V，3.3 V，5 V。输入电压：高于输出电压 0.5～1.2 V；小于或等于 7 V。

② 1117 - XX 系列(AMS，LM，SPX，TS，IRU 等前缀)有：1.8 V，2.5 V，2.85 V，3.3 V，5 V。输入电压：XX＋1.5 V－12 V，输出电流 800 mA，输入高于输出 1.5 V 以上。

③ AMS2908 - XX 系列有：1.8 V，2.5 V，2.85 V，3.3 V，5 V。输入电压：XX＋1.5 V－12 V，输出电流 800 mA，输入高于输出 1.5 V 以上。

④ CAT6219 系列有：1.25 V，1.8 V，2.5 V，2.8 V，2.85 V，3.0 V，3.3 V，500 mA。

LDO 芯片还有常用的 NCP5661 等，可根据需要选择。

如果需要隔离电源，还可以直接选用隔离型 DC - DC 模块，如 B0505(输入 5 V 与输出 5 V 完全隔离)，还有其他等级的隔离模块，如 B2405(24 V 输入与 5 V 输出完全隔离)，可以根据需要选择。在抗干扰要求比较高的场合往往需要隔离电源供电。

3. 时钟模块设计

嵌入式微控制器与其他处理器一样，它的工作都需要外部或内部提供时钟信号，按照时钟的序列进行工作。不同处理器要求的时钟最高频率不同，而嵌入式微控制器内部有时钟电路，外部仅需提供晶体和两只电容，加上电源，其内部时钟电路就可工作。时钟模块如图 9 - 5 所示。

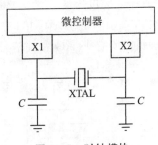

图 9 - 5　时钟模块

晶体的选择有有源晶体和无源晶体之分。对于频率非常高的应用场合(如晶体频率 100 MHz)，最好选用有源晶体(4 只引脚)；如果频率比较低(如 12 MHz)，则仅需选择 2 只引脚的无源晶体。电源的选择与频率有关，频率越高，电容值越小。通常在 10～50 pF 之间选择比较适宜。

4. 复位模块设计

任何处理器要正常工作必须在上电时能够可靠复位，让 CPU 找到第一条指令对应的地址去执行为具体应用编写的程序。因此复位模块是否可靠，对于嵌入式应用系统至关重要。

简单的复位电路可以使用 RC 电路来构建，如图 9 - 6(a)所示，由 RC 电路构成的复位模块在上电时，由于电容两端的电压不能突变，故输出给复位引脚的信号为 0；经过一段时间充电，电容两端的电压升高到 V_{cc}，因此刚上电时在复位引脚上产生了低电平有效的复位信号。

RC 简单经济,但可靠性不高。采用专用复位芯片来构建复位模块(如图 9 - 6(b)所示),上电时在 nRST 产生可靠的低电平复位信号。复位信号的宽度满足一般微控制器的复位要求。如果中途复位,可以按下 MS1 复位按键,同样会产生宽度一定的低电平复位脉冲。

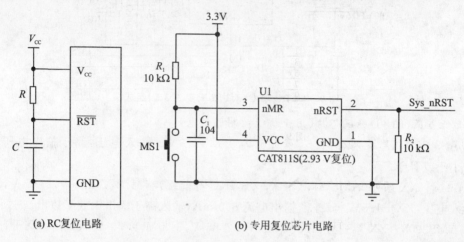

(a) RC复位电路　　　　　　(b) 专用复位芯片电路

图 9 - 6　复位模块

常用专用复位芯片主要有 CAT811 系列和 SP708 系列等。

5. 调试接口设计

嵌入式微控制器的调试接口大都支持 JTAG 标准。JTAG(Joint Test Action Group,联合测试工作组)是一种国际标准测试协议(IEEE 1149.1 兼容),主要用于芯片内部测试。标准的 JTAG 接口是 4 线(TMS,TCK,TDI,TDO),分别为模式选择、时钟、数据输入线和数据输出线。调试接口的设计就是要将嵌入式微控制器与 JTAG 相关的引脚引出到连接 JTAG 插座上,20 个引脚的 JTAG 接口如图 9 - 7 所示。其中,J_nTRST 为复位引脚;RTCK 是 JTAG 测试时钟;所有 JTAG 相关信号均连接一个 10 kΩ 大小的上拉电阻。

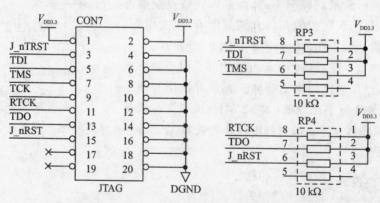

图 9 - 7　20 引脚的 JTAG 接口

10 引脚 JTAG 连接如图 9 - 8 所示。

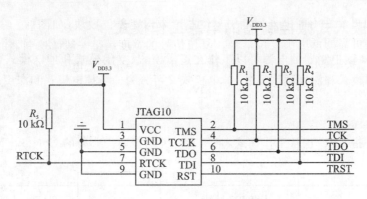

图 9 - 8　10 引脚 JTAG 连接

9.2　嵌入式最低功耗系统设计

　　嵌入式最低功耗系统是针对电池供电或对功耗有一定限制的场合使用的一种嵌入式应用系统,要求功耗低。

9.2.1　最低功耗系统

　　最低功耗应用系统是指为了保证正常运行,使整个系统的功耗最低。嵌入式应用系统的功耗与许多因素有关系。功耗表达式如下:

$$W = \sum_k \times U_k \times I_k \times F_k \times T_k \qquad (k = 0, \cdots, n) \qquad (9-1)$$

式中,C_k 为动态电容;U_k、I_k 为系统在不同状态或条件下的工作电压和工作电流;F_k 为工作频率;T_k 为系统在此状态或条件下所维持的时间;k 为嵌入式系统中的第 k 个部件,包括内部某个组件和某个外部部件。

　　由此可知,要让系统处于低功耗下工作,工作频率就不能太高,工作电压一定的情况下,必须选择消耗电流少的部件或通过软件让嵌入式微控制器在极短的时间内完成处理任务。

　　以 ARM Cortex - M3 为核心的嵌入式应用系统,具备了低功耗工作的条件,支持多种功率控制的特性:睡眠模式、深度睡眠模式、掉电模式和深度掉电模式。CPU 时钟速率可通过改变时钟源、重新配置 PLL 值或改变 CPU 时钟分频器值来控制。这允许用户根据应用要求在功率和处理速度之间进行权衡。此外,"外设功率控制器"可以关断每个片内外设,从而对系统功耗进行良好的调整。

　　Cortex - M 系列微控制器通过执行 WFI(等待中断)或 WFE(等待异常)指令进入任何低功耗模式。

　　Cortex - M3 内部支持两种低功耗模式(空闲模式):睡眠模式和深度睡眠模式。它们通过 Cortex - M3 系统控制寄存器中的相关位来选择。掉电和深度掉电模式通过电源或功率寄存器中的相关位来选择。

　　LPC1700 系列 Cortex - M3 还具有一个独立电源域,可为 RTC 和电池 RAM 供电,以便在维持 RTC 和电池 RAM 正常操作时,关闭其他设备的电源。

9.2.2　嵌入式微控制器的电源工作模式

Cortex-M3 微控制器的电源可以工作在正常模式、空闲模式和掉电模式。其中,空闲模式又可分为睡眠模式和深度睡眠模式;掉电模式又可分为一般掉电模式和深度掉电模式。

1. 正常模式

正常模式是指 CPU 正常工作模式,且所有时钟均接通。典型的 Cortex-M3 微控制器内部时钟如图 9-9 所示。

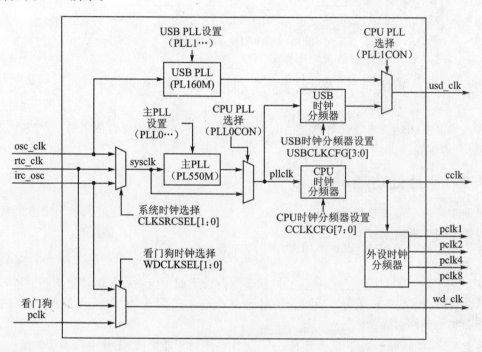

图 9-9　Cortex-M3 的内部时钟控制

尽管所有时钟接通,包括内核时钟、RTC 时钟、IRC 内部时钟等,但仍然可以利用时钟源来控制模块的时钟,以降低功耗。也就是说,每个内置外设的时钟除个别不可控制之外,均可在不使用时关闭。这样该外设就不消耗电能,从而节约能耗。

2. 低功耗模式

在 3.4.1 小节中已经简述了低功耗下的几种模式,如睡眠模式、深度休眠、掉电和深度掉电等不同模式,可通过功能模式控制寄存器设置低功耗方式。这是针对 ARM Cortex-M 微控制器内核配置的低功耗模式选择。

当进入睡眠模式时,内核时钟停止。从睡眠模式中恢复并不需要任何特殊的序列,但要重新使能 ARM 内核的时钟。在睡眠模式下,指令的执行被中止直至复位或中断出现。

当芯片进入深度睡眠模式时,主振荡器掉电且所有内部时钟停止。由于 RTC 中断也可用作唤醒源,32 kHz 的 RTC 振荡器不停止,Flash 进入就绪模式,这样可以实现快速唤醒,PLL 自动关闭并断开连接。只要相关的中断使能时,器件就可从深度睡眠模式中唤醒。

掉电模式执行在深度睡眠模式下的所有操作,但也关闭了 Flash 存储器。只要相关的中断使能时,器件就可从掉电模式中被唤醒。

在深度掉电模式中,关断整个芯片的电源(实时时钟、RESET 引脚、WIC 和 RTC 备用寄存器除外)。通过设置功率或电源控制寄存器相关位可进入深度掉电模式。为了优化功率,用户有其他的选择,可关断或保留 32 kHz 振荡器的电源。当使用外部复位信号或使能 RTC 中断并产生 RTC 中断时,可将器件从深度掉电模式中唤醒。

外设的功率控制就是外设的功率控制特性允许在应用中关闭不需要的外设,从而节省额外的功耗。这在指定的功率或电源控制寄存器相应的位来控制。

9.2.3　嵌入式微控制器的功率控制

利用 3.4.1 小节微控制器的功率控制方法,来适当控制内核功耗以及片上外设功耗。对于系统没有用到的片上外设模块,利用 PCONP 寄存器能禁止的全部禁止以最小功耗方式工作。

由于要复位时,PCONP 值是默认的,有许多片上外设是时钟允许的。也就是说,即使不使用,它的时钟源也要工作,浪费电能,因此要把没有使用的片上外设组件给关闭掉。

【例 9 - 1】系统仅使用定时器 0/1、UART0/1 以及 RTC,其他外设没有使用,试写出对 PCONP 的操作。

由于复位后,PCONP 默认是打开定时器(0,1)和 UART0,RTC 不在控制范围,因此不用在初始化时打开它们。需要做的是把不使用的片上外设的时钟关闭。具体操作如表 9 - 1 所列,表中初始化操作值"—"表示不用操作,0 表示写 0。

表 9 - 1　PCONP 操作表

位	符　号	描　　　述	复位值	初始化操作值
0	—	保留	NA	—
1	PCTIM0	定时/计数器 0 功率/时钟控制位	1	—
2	PCTIM1	定时/计数器 1 功率/时钟控制位	1	—
3	PCUART0	UART0 功率/时钟控制位	1	—
4	PCUART1	UART1 功率/时钟控制位	1	—
5	—	保留	NA	—
6	PWM1	PWM1 功率/时钟控制位	1	0
7	PCI2C0	I^2C0 接口功率/时钟控制位	1	0
8	PCSPI	SPI 接口功率/时钟控制位	1	0
9	PCRTC	RTC 功率/时钟控制位	1	—
10	PCSSP1	SSP1 接口功率/时钟控制位	1	0
11	—	保留	NA	—
12	PCAD	A/D 转换器(ADC)功率/时钟控制位	0	—
13	PCCAN1	CAN 控制器 1 功率/时钟控制位	0	—
14	PCCAN2	CAN 控制器 2 功率/时钟控制位	0	—
15	PCGPIO	GPIO	1	0

续表 9 - 1

位	符 号	描 述	复位值	初始化操作值
16	PCRIT	重复中断定时器功率/时钟控制位	0	—
17	PCMC	电机控制 PWM	0	—
18	PCQEI	正交编码器接口功率/时钟控制位	0	—
19	PCI2C1	I^2C1 接口功率/时钟控制位	1	0
20	—	保留	NA	
21	PCSSP0	SSP0 接口功率/时钟控制位	1	0
22	PCTIM2	定时器 2 功率/时钟控制位	0	—
23	PCTIM3	定时器 3 功率/时钟控制位	0	—
24	PCUART2	UART2 功率/时钟控制位	0	—
25	PCUART3	UART3 功率/时钟控制位	0	—
26	PCI2C2	I^2C 接口 2 功率/时钟控制位	1	0
27	PCI2S	I^2S 接口功率/时钟控制位	0	—
28	—	保留	NA	
29	PCGPDMA	GP DMA 功能功率/时钟控制位	0	—
30	PCENET	以太网模块功率/时钟控制位	0	—
31	PCUSB	USB 接口功率/时钟控制位	0	—

9.2.4 嵌入式低功耗设计步骤及主要内容

1. 低功耗设计关键步骤

（1）方案确定

按照功耗公式，从整体考虑低功耗方案，确定功耗目标。

（2）器件选择

尽量选取低功耗器件，包括 MCU 及外围器件。

（3）硬件设计

外围电路有时是整个系统的功耗"大户"，对外围器件要加以功耗控制和能量管理，除了嵌入式微控制器片上外设，其他外围接口芯片的功耗也要进行相应控制。

（4）软件设计

软件的设计是整个系统设计的重中之重，系统整体功耗的控制、外围电路模块的使用、调度和切换等，均需要通过软件的编程来实现。有些算法要尽可能在极短的时间内完成，通过软件优化使工作时间最短，功耗也随之降低。工作完成让微控制器处于休眠状态，一旦有事件发生，会自动唤醒继续工作，完成后自动进入休眠。

2. 低功耗系统中软件设计的主要内容

（1）初始化

在初始化部分，对整个系统进行配置，比如 I/O 口的设置、外围功能的配置等。而其中最

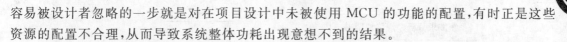

容易被设计者忽略的一步就是对在项目设计中未被使用 MCU 的功能的配置,有时正是这些资源的配置不合理,从而导致系统整体功耗出现意想不到的结果。

（2）系统时钟的控制

合理使用系统时钟,会在功耗方面带来意想不到的效果。MCU 的系统时钟与 MCU 的功耗成正比,时钟越快,其功耗也越大。

（3）I/O 的控制

上下拉的选择,尽可能让 I/O 多处于无电流状态。

（4）MCU 工作模式选择

可选择睡眠（休眠）模式。

（5）外围器件能量管理

合理地使用和调度外围模块是降低功耗的重要方法之一。对于有关断功能的器件,不用时关断,如 RS-232 接口。

9.3 典型嵌入式应用系统设计

一个典型的嵌入式应用系统,除了嵌入式最小系统之外,还需要外围不同接口（如图 9-10 所示）,主要包括输入通道、输出通道、人机交互通道以及互连通道几个部分。

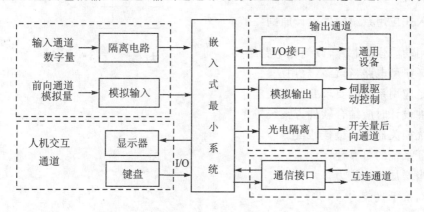

图 9-10 基于微控制器的典型嵌入式应用系统

9.3.1 嵌入式应用系统设计方法及原则

1. 嵌入式应用系统设计方法

嵌入式系统设计如图 9-11 所示。一种是通用设计技术,包括需求分析、体系结构设计、硬软件及执行机构设计、系统集成及系统测试等。还有一种为协同设计技术,包括系统功能描述、采用统一描述的硬件、软件划分、硬件综合、软件综合以及接口综合,最后是系统集成。

一般的设计方法中,需求分析就是确定设计任务和设计目标,体系结构设计就是描述如何实现所述功能（相当于概要设计）,硬软件及执行机构设计就是对系统硬软件及执行机构进行详细设计,系统集成就是将硬件软件及执行机构集成起来调试,系统测试就是全面测试需求中的所有功能。

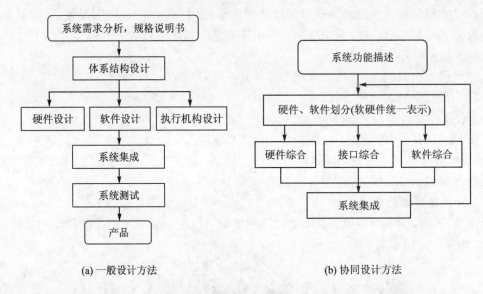

(a) 一般设计方法   (b) 协同设计方法

图 9 - 11 基于微控制器的典型嵌入式应用系统设计

在协同设计中,在软硬件划分后就进行硬件和软件综合及接口综合,最后是系统集成。本章涉及的内容若不加说明则是指硬件设计,软件设计部分详见第 4 章有关内容。

2. 嵌入式应用系统硬件设计原则

① 选用功能强的芯片,以简化电路结构。
② 选择典型电路,符合常规用法。
③ 满足应用系统的要求并留有一定余量。
④ 硬件设计时应结合软件方案统筹考虑。
⑤ 系统相关器件的最佳匹配。
⑥ 保证系统的可靠性。
⑦ 适当增加驱动能力。
⑧ 提高抗干扰能力。

3. 嵌入式应用系统硬件设计步骤

(1) 原理图设计
根据需求划分模块,模块化设计原理图并融合在一起,同时要考虑模块间的信息通道传送及连接,标注网络标号。
(2) PCB 板设计
按照原理图,利用电路 CAD 软件,设计 PCB 板图,选择合适的布局,设计好布线规划,可自动、手动或半自动布线。注意电源和地线、模拟和数字、抗干扰等。
(3) 制板及电路板焊接
将设计好的 PCB 文件发送到 PCB 厂家制板,等板子做好,把元器件准备好进行焊接,直到所有器件焊接完成。
(4) 硬件调试
焊接完进行调试,即静态调试和动态调试。

按照图 9-10 所示的典型嵌入式应用系统的构成,可把嵌入式硬件设计分为最小系统设计(在前面已经介绍过)、输入通道设计、输出通道设计、相互互连通道设计以及人机交互通道设计等。

9.3.2 输入通道设计

输入通道包括模拟输入和数字输入(开关量)两个部分,因此输入通道设计的主要内容有模拟输入通道的设计和数字通道的设计。

输入的数字信号通过光电隔离或数字隔离电路进入微控制器 GPIO 输入引脚,如果不用隔离则需要考虑电平的匹配,如果不匹配则要进行相应的电平转换。

1. 模拟输入通道的设计

在进行模拟输入通道设计时要注意直流信号与交流信号的不同,图 9-12 是不同情况下模拟通道涉及的主要设计内容。

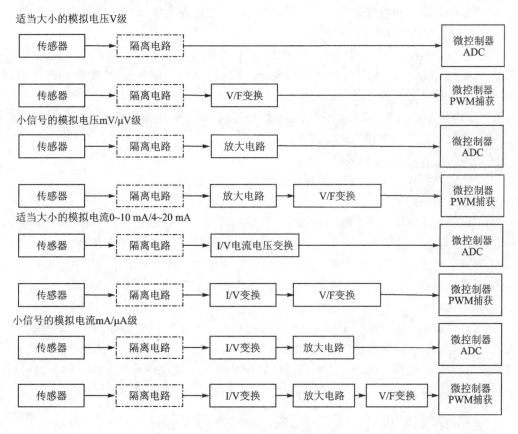

图 9-12 模拟输入通道

模拟输入通道的任务是通过外接模拟输出的传感器,把非电量转换成电的模拟信号,送给 ADC,由 ADC 完成模拟到数字的转换。可分为以下不同情况:

① 当传感器输出信号幅度能够满足嵌入式微控制器内置 ADC 采样要求时,可直接把传感器输出引脚连接到 ADC 引脚,如果特殊要求,还可加装模拟隔离电路以增加抗干扰能力。

② 当微控制器内部没有 ADC 或不想使用内置 ADC 时也可以将传感器输出接 V/F(电压到频率的变换)器件,直接将模拟信号变换成频率信号,然后送到微控制器 PWM 输入引脚,通过 PWM 捕获功能来测量输入频率,从而决定传感器输出的模拟电压值。

③ 当传感器输出的模拟信号是小信号时,要在进入 ADC 之前进行放大,放大后的信号满足 ADC 输入的要求。

④ 当传感器输出的模拟信号是小信号时,要在进入 ADC 之前进行放大,放大后的信号再进行 V/F 变换,最后送 PWM 测量频率。

⑤ 当传感器输出的是模拟电流信号时,比如 0～10 mA 或 4～20 mA,可以用 I/V。转换电路把电流转换成电压,再送 ADC。

⑥ 当传感器输出的是模拟电流信号时,比如 0～10 mA 或 4～20 mA,可以用 I/V。转换电路把电流转换成电压,再通过 V/F 变换成频率,最后送 PWM 测量频率。

⑦ 当传感器输入小电流信号(如 μA 级)时,需要变换成电压信号后再放大,放大后再送 ADC。

⑧ 当传感器输入小电流信号(如 μA 级)时,需要变换成电压信号后再放大,再通过 V/F 变换成频率,最后送 PWM 测量频率。

需要说明的是,如果嵌入式微控制器内置 ADC 不能满足分辨率的要求或内部没有 ADC,则需要外部接 ADC,可以选用具有串行输出引脚的 ADC,用微控制器的 GPIO 引脚连接 ADC。

借助于微控制器内部 ADC 进行数据采集,如果内部 ADC 不能满足要求,可外接 ADC。

ADC 数据采集查询方式三步骤:

① 选择通道并启动 A/D 转换;

② 查询转换结束标志(注意添加超时检测);

③ 读取转换结果。

如果使能 ADC 中断,要考虑中断服务程序的编写。

交流信号参数的测量主要有电压、电流、频率、功率等。测量方法有以下两种:

① 直流采样法:硬件上要先将交流信号经过整流滤波变成直流信号后再进行采样。

② 交流采样法:通过交流互感器变成适当大小的正弦交流信号,然后采用一个周期内定时多点采集并求均方根的方法得到有效值。

【例 9-2】一嵌入式应用系统采用一光敏电阻测量光线强度,其连接如图 9-13 所示。采用的方式是光敏电阻(光线传感器)输出微小电压信号,通过图示分压,再通过放大电路放大处理后送到微控制器 ADC 引脚 AD1(P0.24),由微控制器控制 A/D 转换得到光线值。不同光线执行不同的操作,如光线暗可以点亮灯等控制。典型 ADC 应用程序可以参见第 7 章有关内容。

2. 数字输入通道的设计

图 9-14 是不同情况下数字输入通道涉及的主要设计内容。

对于小信号幅度的频率信号,可以通过光电隔离变换或放大,整形后送微控制器 GPIO 引脚。由 GPIO 测量它的高低电平或周期。

对于兼容 I/O 幅度的频率信号,如果不需要隔离可以直接接 GPIO 引脚。

对于有些机械开关量类,一般需要隔离,也需要抖动整形处理后再接 GPIO 引脚。

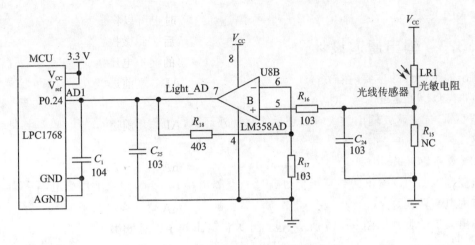

图 9-13　光线传感器与微控制器的连接

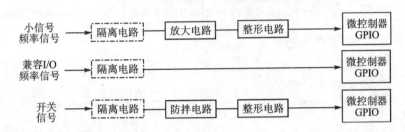

图 9-14　数字输入通道

【例 9-3】嵌入式应用系统中,外部开关输入为有源信号,现要进行 4 个这样的有源触点的检测,无电源为逻辑 0,有电源(+24 V)为逻辑 1。试利用光电耦合器进行光电隔离,以此达到检测的目的。给出相应转换电路。

由于是有源信号,假设 4 个触点的一端为 KIN1～KIN4,另一端连接到公共端点+24 V,利用 P1.16～P1.19 来检测这 4 个触点输入的状态,数字输入电路如图 9-15 所示。当 KIN1=0 时,第一个光耦导通,使 P1.16=0;当 KIN1=24 V 时,光耦截止,P1.16=1,以此类推其他

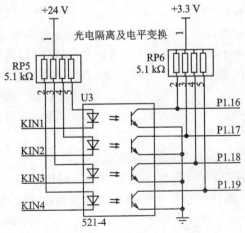

图 9-15　数字输入通道示例

三个输入的关系。

9.3.3 输出通道设计

输出通道设计的主要内容：

（1）模拟输出通道

经 DAC 或 PWM 输出放大等处理后能驱动外部执行机构的功率信号。必要时要进行信号隔离。

（2）数字输出通道

微控制器 GPIO 输出的数字量信号通过光电隔离接到外部，如果不用光电隔离则需要进行相应的电平转换。

输出通道的类别如图 9-16 所示，包括开关量输出和模拟量输出。

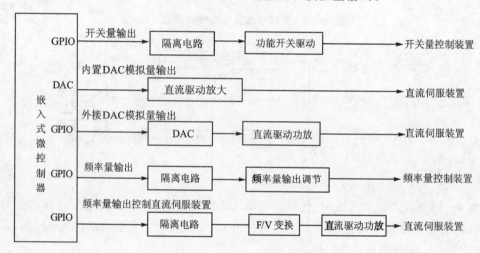

图 9-16　输出通道的主要类别

1. 模拟输出通道的设计

模拟输出就是利用微控制器 DAC 输出一定的模拟量，经过放大送到外部。有时也需要进行模拟通道的隔离。一种带隔离的模拟输出电路如图 9-17 所示。微控制器 DAC 输出端 AOUT 通过运放放大，再通过线性光耦进行隔离处理，最后再通过运放输出。这样后面运放输出与前面的运放使用不同的电源，通过光耦完全隔离。在许多干扰大的环境中使用隔离型模拟输出具有很好的效果。

2. 数字输出通道的设计

数字输出可以不通过隔离，也可以通过隔离输出。图 9-18 为四路带隔离的数字输出系统。4 个 GPIO 引脚 P1.0～P1.3 可控制 4 路继电器。当 P1.0＝0 时，DJQ13 继电器得电动作，可以打开一个阀门或一路开关；P1.0＝1 时，继电器失电不动作。同样可以利用 P1.1～P1.3 控制其他 3 个电动机构。这种应用非常广泛，也是用弱电去控制强电的一般方法。

输出控制程序要做的工作有：

① 输出控制通常利用 GPIO、PWM 输出控制引脚或 DAC 经过运放输出对外部电路进行

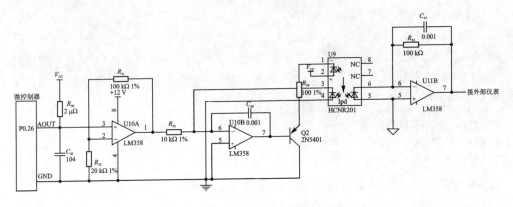

图 9 - 17　带隔离的模拟输出电路

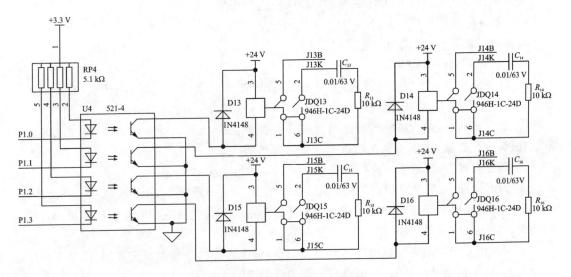

图 9 - 18　带隔离的数字输出系统

开关量或模拟量的输出控制。

② 开关量输出控制为可靠控制,通常需要多次输出,如让某个引脚为低电平,延时一会,再次输出低电平;保证有稳定的低电平输出,使控制可靠。

9.3.4　人机交互通道设计

人机交互通道设计的主要内容包括键盘电路设计、LED 显示或 LCD 显示接口设计及触摸屏接口设计。

(1) 键盘电路设计

如果按键不多,可直接用 GPIO 引脚无需编码;如果按键较多,可考虑行(列)扫描编码键盘方式。

对于没有引脚消抖功能的微控制器,按键读取都需要软件消抖。抖动是由机构特性决定的,是固有的,必须用软件或硬件消抖处理,时间为 5~20 ms。

基于嵌入式微控制器嵌入式系统键盘都比较简单,数量少,因此均可通过 GPIO 作为按键输入引脚。如果要求按键很多,可采用行列矩阵式键盘。

软件上键盘处理程序要做的工作有：

① 软件消抖处理：延时 10～20 ms。

② 连击处理：解决连击的方法是一次按键只处理一次（闭合一个键盘执行，等待松开结束）。

③ 复合键处理：按键 KEY1 和 KEY2 各执行功能 1 和功能 2，当这两个键同时按下为复合键执行功能 3 时，可使用：

```
if((KEY1 == 0)&&(KEY2! = 0))   fun1();
if((KEY2 == 0)&&(KEY1! = 0))   fun2();
if((KEY1 == 0)&&(KEY2 == 0))   fun3();
```

④ 键盘编码：对于编码键盘可采用反转法或扫描方式取键码。

（2）LED 显示或 LCD 显示接口设计

用通用或专用 LED 或 LCD 驱动芯片或模块进行相应接口设计。

（3）触摸屏接口设计

有两种触摸屏：电阻式和电容式。

显示程序要做的工作包括：

① 合理安排显示模块的位置：显示有 LED 数码管显示、LCD 液晶模块显示，通常采用将显示模块放主程序中，如果放在中断服务程序中，比较复杂。

② 改变显示信息的方式：即时显示与定时显示、有按键操作改变显示、有参量变化改变显示、有时钟变化改变显示、有通信数据改变显示等相结合。

③ 高位灭零处理：对于最高位数字是 0，不让它显示，即灭零处理 。

④ 闪烁处理：重要信息提示可用闪烁显示，方法是：亮→延时 1→灭→延时 2……循环。

一般延时 1 略大于延时 2，通常延时 1＋延时 2 在 1～4 s 为适应眼睛驻留时间得到好的显示效果。

关于利用 GPIO 如何构建键盘电路以及 LED 输出这样的简单人机交互通道，第 5 章中已经介绍，此处不再赘述。

9.3.5　互连通信通道设计

互连通信通道设计的主要内容：

● 基于 UART 的 RS－232 接口设计；

● 基于 UART 的 RS－485 接口设计；

● 基于 CAN 的通信接口设计；

● 基于 Ethernet 的以太网通信接口设计。

互连通信程序要做的工作有：

① 通信模块视通信接口不同而不同，但总的原则和策略是：接收通常采用中断方式（对方发的数据是随机的），发送可采用查询方式（发送是自己主动，可控的）。

② 发送和接收的基本格式：

● 发送：先将数据放到发送缓冲区，等待发送缓冲区空，完成发送任务。

● 接收：查询接收时要先判断接收缓冲区是否有数据（标志是否满足），有数据才从接收缓冲区去取数据，一定要清除接收标志。

③ 中断接收，进入中断服务程序，清接收满足的标志，再读取数据。

④ 对于查询接收方式,注意查询接收条件时加入超时检测机制,否则容易使程序死锁。本部分内容在第 8 章中已经介绍,这里不再赘述。

9.3.6　嵌入式应用系统抗干扰设计

以微控制器为核心的嵌入式应用系统大部分都是面向控制类的,工作环境比较复杂,干扰源比较多,给嵌入式系统设计带来很大困难。有些应用在实验室环境下非常稳定,但到了工业现场就出现许多问题,甚至根本无法正常工作。

1. 嵌入式系统的主要干扰源

在进行嵌入式应用系统设计时,应考虑抗干扰的问题。首先必须知道有哪些干扰存在,嵌入式应用系统的主要干扰源如图 9 - 19 所示。

除了空间辐射外,干扰会从每个嵌入式应用系统的通道流入并干扰系统,因此,不同通道设计都要考虑抗干扰的问题。

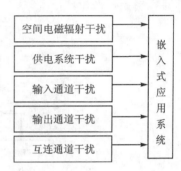

图 9 - 19　嵌入式应用系统主要干扰源

2. 嵌入式系统的硬件抗干扰措施

针对以上干扰源,硬件上采取的主要措施有:

① 选择内置看门狗的微控制器,并启用看门狗。

② 光电隔离:输入、输出通道采用光电隔离。对于数字信号采用普通光耦,对于模拟信号采用线性光耦隔离。

③ 硬件滤波去耦合:低频信号采用低通滤波,高频信号采用高能滤波,硬件滤波成本高,体积大。每个芯片电源对地加装去耦电容(0.01 μF)。

④ 过压保护:保护微控制器不受过压冲击。可由限流电阻和稳压管组成,也可用 ESD 专用器件防止静电高压引入微控制器。

⑤ 调制解调技术:信号传输可采用调制解调技术以消除干扰。

⑥ 电源抗干扰:隔离变压器、低通滤波器、滤波电容、去耦电容、高品质稳压电路或芯片。

⑦ 数字信号负逻辑传输:阻抗高容易引入干扰,而低阻线路影响小,因此采用定义有效电平为低电平,无效为高电平。

⑧ 差分传输:采用差分放大器获取信号,传输时采用差分传输以抗共模干扰。

⑨ 良好的接地:接地不良或接地点不正确,也会引起干扰,如数字地和模块分开。

⑩ 屏蔽:屏蔽是抗空间电磁辐射电磁感应干扰的最有效方法。关键部位、关键部件采用金属外壳屏蔽的方法很有效。注意屏蔽接地与信号地相连。

⑪ 加装磁珠和 TVS 管:磁珠专用于抑制信号线、电源线上的高频噪声和尖峰干扰 。

3. 嵌入式系统的软件抗干扰措施

软件上采取的主要措施有:

(1) 开关输入信号的抗干扰方法

针对干扰具有随机、多呈毛刺状、作用时间短的特点,输入时可多次采集,直到两次或多次完全相同方认为有信号。每次采集最好延时 $10 \sim 100~\mu s$。数字输入通道抗干扰软件流程如图 9-20 所示。

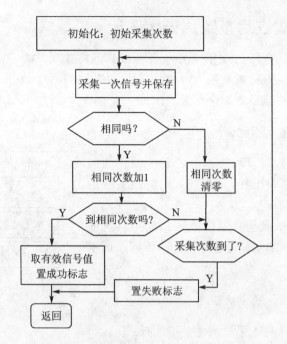

图 9-20 数字输入通道抗干扰软件流程

（2）模拟量输入通道的抗干扰措施

模拟信号软件抗干扰方法，可以根据需要结合使用。主要包括以下各种滤波算法：

1）程序判断滤波（限幅）

根据经验判断，确定两次采样允许的最大偏差值（设为 Δy），限幅滤波就是把两次相邻的采样值相减，求出其增量。该增量以绝对值表示，然后与两次采样允许的最大差值 Δy 进行比较。如果小于或等于 Δy，则取本次采样值；如果大于 Δy，则仍取上次采样值作为采样值。该方法适合信号因随机干扰而引起严重失真的时候，可滤除随机干扰信号。限幅滤波的计算公式为

$$y_n = \begin{cases} y_n & \cdots & |y_n - y_{n-1}| \leqslant \Delta y \\ y_{n-1} & \cdots & |y_n - y_{n-1}| > \Delta y \end{cases}$$

这种算法的优点是能够有效克服因偶然因素引起的脉冲干扰，但缺点是无法抑制周期性的干扰，平滑度差。

2）中值（中位值）滤波

中位值滤波是对某一被测量连续采样 n 次（一般取奇数次），然后把 n 次采样值按大小排列，取中间值为本次采样值。该方法能有效克服偶然因素引起的波动。

该算法主要优点是能有效克服因偶然因素引起的波动干扰，对温度、液位、开度等变化缓慢的被测参数有良好的滤波效果。但缺点是对流量、速度等快速变化的参数不宜采用。

3）算术平均滤波

算术平均滤波适于对一般的具有随机干扰的信号进行滤波。这种信号的特点是信号本身在某一数值范围上下波动，如测量流量、液位时经常遇到这种情况。该算法就是对一点的数据连续采样 N 次，计算其平均值，以平均值作为该点的采样结果。其计算公式如下：

$$y = \frac{1}{N}\sum_{i=1}^{N}x_i$$

由上式可知,算术平均值法对信号的平滑滤波程度完全取决于 N。当 N 较大时,平滑度高,但灵敏度低,即外界信号的变化对测量计算结果的影响小;当 N 较小时,平滑度低,但灵敏度高。此外,N 值的增大会增加存储空间和运算空间的开销,对于一般流量测量,N 取值为 $8\sim12$;对于压力等测量,N 取值为 4。

这种滤波方法的优点是适于对一般具有随机干扰的信号进行滤波。这种信号的特点是有一个平均值,信号在某一数值范围上下波动;缺点是不适用于实时控制,浪费 RAM 空间,也不能抵制大脉冲。

4)去极值取平均滤波

这种方法是连续取 N 个采样值,去掉最大值和最小值,然后对 $N-2$ 个数据进行算术平均运算。

主要优点是适于对一般具有随机干扰的信号进行滤波。这种信号的特点是有一个平均值,信号在某一数值范围上下波动;缺点是不适用于实时控制,浪费 RAM 空间。

5)滑动平均滤波

滑动平均滤波方法每次算一次数据,需测量 N 次,对于测量速度较慢或要求数据计算速度较高的实时系统,则无法使用。递推平均滤波是在存储器中,开辟一个区域作为暂存队列使用,队列的长度固定为 N,每进行一次新的测量,则把测量的结果放入队尾,而扔掉原来队首的那个数据。这样在队列中始终有个"最新"的数据。其计算公式为

$$y(k) = \frac{x(k) + x(k-1) + x(k-2) + \cdots + x(k-N+1)}{N} = \frac{1}{N}\sum_{i=0}^{N-1}x(k-i)$$

式中,$y(k)$ 为第 k 次滤波后的输出值;$x(k-i)$ 为依次向前递推 i 次的采样值;N 为递推平均项数。递推平均项数的选择是比较重要的环节,N 选得过大,平均效果好,但是对参数变化的反应不灵敏;N 选得小,滤波效果不显著。关于 N 的选取与算术平均滤波法相同。

这种滤波方法是把连续取 N 个采样值看成一个队列,队列的长度固定为 N,每次采样到一个新数据放入队尾,并扔掉原来队首的一次数据(先进先出原则)。把队列中的 N 个数据进行算术平均运算,就可获得新的滤波结果。

N 值的选取:流量,$N=12$;压力,$N=4$;液面,$N=4\sim12$;温度,$N=1\sim4$。

这种方法的主要优点是对周期性干扰有良好的抑制作用,平滑度高,适用于高频振荡的系统。但缺点是灵敏度低,对偶然出现的脉冲性干扰的抑制作用较差,不易消除由于脉冲干扰引起的采样值偏差,不适用于脉冲干扰比较严重的场合。

6)低通滤波

一阶低通滤波时使用软件编程实现普通硬件 RC 低通滤波器的功能。假设一阶 RC 滤波器的输入电压为 $x(t)$,输出为 $y(t)$,则

$$RC\frac{\mathrm{d}y(t)}{\mathrm{d}t} + y(t) = x(t)$$

设采样时间间隔 Δt 足够小,将上式离散为

$$\tau\frac{y(n\Delta t) - y[(n-1)\Delta t]}{\Delta t} + y(n\Delta t) = x(n\Delta t)$$

其中,$\tau = RC$ 为时间常数。则有

$$\left(1 + \frac{\tau}{\Delta t}\right)y_n = x_n + \frac{\tau}{\Delta t}y_{n-1}$$

整理后,得

$$y_n = ax_n + (1-a)y_{n-1}$$

其中, $a = \dfrac{\Delta t}{\Delta t + \tau}$。

可见一阶低通滤波采用本次采样值与上次滤波输出值进行加权,得到有效滤波值,使得输出对输入有反馈作用。时间常数通过时间运行来确定,不断地计算出 y 值,当低频周期性噪声减至最弱时,即为该滤波器的 τ 值。一阶低通滤波的缺点是造成信号的相位滞后,滞后相位的大小与 a 值相关。

9.3.7 无操作系统的嵌入式应用系统软件设计

在嵌入式操作系统的支持下,嵌入式软件的设计主要涉及嵌入式操作系统的移植、裁剪以及嵌入式应用软件设计。

在操作系统中,嵌入式软件设计的主要特点有:
- 软件结构简洁,流程合理;
- 程序规范化、模块化;
- 资源分配合理;
- 运行状态的标志化管理;
- 有特色的布尔操作;
- 设计抗干扰程序;
- 容错程序设计。

嵌入式应用软件的设计步骤:
① 设计任务书的编写;
② 软件任务分析;
③ 数据类型和数据结构规划;
④ 资源分配;
⑤ 编程与调试。

在没有操作系统的参与下,嵌入式软件设计的关键是监控程序的设计。

1. 监控程序的任务

由于没有操作系统的参与,因此,主要由监控程序来完成所有操作。监控程序的任务如图 9-21 所示,包括初始化管理、键盘管理、显示管理、时钟管理、中断管理、自诊断及自动/手动切换等。

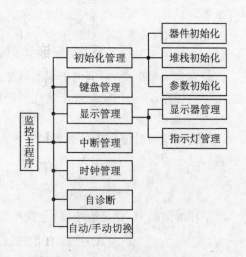

图 9-21 监控程序的任务

2. 监控程序的结构

监控程序有两种基本结构：一种是查询结构，如图 9 - 22 所示；另一种是中断结构，如图 9 - 23 所示。

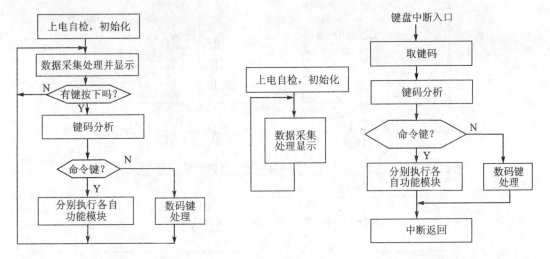

图 9 - 22　监控程序的查询结构　　　　图 9 - 23　监控程序的中断结构

3. 监控程序的设计方法

监控程序主要有两种基本设计方法：状态顺序编码设计方法和状态特征编码设计方法。

① 状态顺序编码设计方法将系统各种状态进行顺序编码，以这种编码方法确定程序的执行流向和目标。

② 状态特征编码设计方法将系统各种状态进行特征编码，这是一种根据状态特征码再确定程序流向和目标的方法。

把系统状态统一编码是设计的关键。将状态编码给一个变量，使用 Swicth 语句可实现程序流向目标处。

9.3.8　有操作系统的嵌入式应用系统软件设计

在有操作系统环境下，嵌入式软件设计包括嵌入式操作系统的移植、裁剪以及嵌入式应用程序设计。本节以嵌入式操作系统 μC/OS - II 为例说明。

1. 嵌入式操作系统 μC/OS - II 的体系结构

μC/OS - II 中任务状态包括等待状态、休眠状态、就绪状态、运行状态、中断服务，之间可转换，如图 9 - 24 所示。

μC/OS - II 的体系结构如图 9 - 25 所示。

2. 嵌入式操作系统 μC/OS - II 的移植

要使 μC/OS - II 正常运行，微控制器必须满足以下要求：

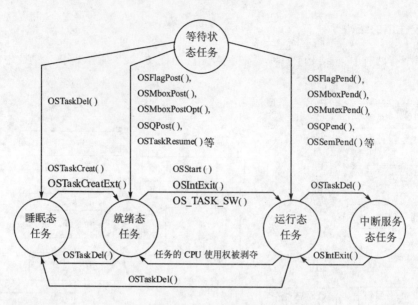

图 9 - 24 μC/OS - II 任务及切换示意图

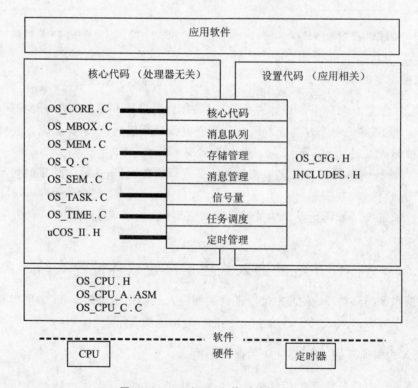

图 9 - 25 μC/OS - II 体系结构

① 微控制器的 C 编译器能产生可重入代码；

② 微控制器支持中断，并且能产生定时中断；

③ C 语言可以开/关中断；

④ 微控制器支持一定数量的数据存储硬件堆栈；

⑤ 微控制器有将堆栈和其他 CPU 寄存器读出和存储到堆栈或内存的指令。

移植 μC/OS－II 只需修改 OS_CPU.H,OS_CPU_A.ASM,OS_CPU_C.C 三个文件的相关函数。

(1) OS_CPU.H 文件

在 OS_CPU.H 文件中主要完成以下移植工作:

① 定义与编译器相关的数据类型。为方便移植,程序中定义了一套数据类型,ARM Cortex－M3 内核寄存器是 32 位,则 INT16U 是 unsigned short 型。

② 定义允许和禁止中断的宏。

③ 定义堆栈的增长方向。LPC1766 的堆栈是从高地址向低地址增长的,因此符号 OS_STK_GROWTH 的值定义为 1。

④ 定义 μC/OS－II 从低优先级任务切换到高优先级任务时调用宏 OS_TASK_SW。

(2) OS_CPU_A.ASM 文件

OS_CPU_A.ASM 文件中需要重新编写 4 个汇编语言函数:

① OSStartHighRdy()函数主要作用是获取当前就需的最高优先级任务的堆栈指针,将该任务的寄存器内容回复,并强制中断返回,由 OSStart()函数调用。在调用之前先调用 OSInit()函数,且已经建立了至少 1 个任务。

② OSCtxSw()函数完成任务级的上下文切换。任务级的切换是通过软件中断指令来实现的,软件中断向量地址指向 OSCtxSw()。在中断服务程序保存任务的环境变量,将当前堆栈指针存入任务控制块中,载入就绪最高优先级任务的堆栈指针,恢复该任务的环境变量。

③ OSIntCtxSw()函数是在中断服务程序中执行任务的切换。该函数在中断服务程序最后由 OSIntExit()函数调用。与 OSCtxSw()函数不同之处在于中断发生,中断服务程序已经保存了寄存器内容,在此函数中无需再保存。

④ OSTickISR()函数主要负责处理系统时钟的中断。该函数检查是否由于延时而被挂起的任务成为就绪任务。如果有则调用 OSIntCtxSw()函数进行任务切换,从而使优先级最高的任务运行。

(3) OS_CPU_C.C 文件

OS_CPU_C.C 文件需要定义 10 个函数。一般来说,用户只需要定义 OSTaskStkInit()函数,其他 9 个函数是 μC/OS－II 的功能扩展函数,用户只需要声明但不一定要有实际内容。

OSTaskStkInit()函数由 OSTaskCreate()和 OSTaskCreateExt()函数调用用于初始化任务的栈结构。在编写此函数前,需要先确定任务的堆栈结构。任务的堆栈结构和 CPU 的体系结构、编译器有密切的关联。本移植的堆栈结构如图 9－26 所示,即按图中寄存器在堆栈中的存放顺序进行操作。

XPSR	高地址
PC	
LR	
R12	
R3	
R2	
R1	
R0	
R11	
R10	
R9	
R8	
R7	
R6	
R5	
SP → R4	低地址

图 9－26　任务堆栈结构

当把 μC/OS－II 移植到 LPC1700 系列微控制器后,下一步的工作是验证移植的代码能否正常运行。这里按照 μC/OS－II 的编程规范编写了一个简单的蜂鸣器控制任务。具体代码如下：

```
# include "include. h"
# define TASK_STK_SIZE    64
OS_STK   TaskStk[TASK_STK_SIZE];
# define   BEEP·(1 ≪ 7)                          /* P0.7 为蜂鸣器 */
void Task(void * data);
int main(void)
{
OSInit( );
OSTaskCreate(Task, (void * )0, &TaskStk[TASK_STK_SIZE - 1], 0);
OSStart( );
return 0;
}
void Task(void * pdata)
{
pdata = pdata;                                   /* 避免编译警告 */
TargetInit( );                                   /* 目标板初始化 */
PINSEL1 = 0x00000000;                            /* 设置引脚功能为 GIPO */
IOODIR = BEEP;                                   /* 设置 LED 为输出 */
for( , , )
{
    IOOSET = BEEP;
    OSTimeDly(1000);                             /* 延时 1 000 ms */
    IOOCLR = BEEP;
    OSTimeDly(1000);
}
}
```

编译运行该程序，可以发现蜂鸣器间隔发声，达到预期的结果，说明操作系统移植是成功的。

3. 嵌入式操作系统的裁剪

嵌入式操作系统内核是针对多种处理器而设计的，对于一种处理器，某个应用场合，有些代码是多余的，则需要对代码进行适当的裁剪以满足够用就好的设计原则。

裁剪的目标就是去掉多余的代码，以减少不必要的内存空间，更适应嵌入式系统量体裁衣的要求。

对于 μC/OS-II，由于其本身占用的空间就不大，因此可以不进行剪裁，直接移植使用即可。

4. 基于嵌入式操作系统程序设计

在嵌入式操作系统基础上设计程序的主要任务就是设计一个个任务函数，并在各个任务函数之中使用操作系统提供的各种系统服务。

程序设计要做的工作：

① 初始化操作系统；

② 创建要让操作系统执行的任务（主要工作）；

③ 启动多任务环境。

以下为基于嵌入式操作系统的嵌入式应用程序设计主函数：

```
/* 主程序：初始化 μC/OS-II,创建初始化任务,启动系统 */
int  main (void)
{
        static  OS_STK  stk[64];
        CPU_Init();                              /* CPU 初始化 */
        OSInit();                                /* 操作系统初始化 */
        OSTaskCreate(TaskInit, (void *)0, &stk[sizeof(stk)/sizeof(OS_STK) - 1], 0);
                                                 /* 产生任务 */
        OSStart();                               /* 启动操作系统 */
}
```

9.4　嵌入式应用系统调试与测试技术

借助于调试工具及调试接口,可以对设计的嵌入式应用系统进行调试。

9.4.1　硬件调试连接及调试工具

嵌入式应用系统的开发与调试是借助于软件开发套件（集成开发软件环境）和硬件调试工具进行的。开发和调试嵌入式应用系统,需要利用安装在通用计算机 PC 上的集成开发环境,通过协议转换器连接到用户板即嵌入式应用系统（也是调试目标）,连接关系如图 9-27 所示。

在宿主机（安装嵌入式系统开发套件）运行开发软件（一般是集成开发环境 MDK）,通过协议转换器,把宿主机发来的 MDK 调试命令传送给目标板,而用户板或目标板就是自行设计的嵌入式应用系统。它由嵌入式微控制器为核心构成。通过图 9-27 的连接关系,宿主机可以烧写应用程序,也可以在线进行调试。

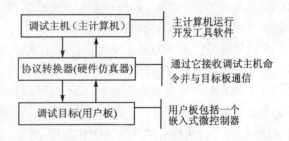

图 9-27　硬件调试连接

目前使用最为广泛的是 JTAG 调试接口,以 USB 为接口方式,符合 JTAG 标准的仿真器典型代表主要有 J-LINK 电路。它一端是 USB 连接器,直接连接 PC 机（宿主机）；另一端为 20 芯的 JTAG 连接器,通过扁平连接线直接连接到目标板的 JTAG 调试插座上。

目前,比较流行、使用最广泛、基于众多嵌入式微控制器的开发平台当属于 RealView MDK。由于它的集成开发环境是 Keil μVision,现在通称为 Keil MDK。Keil MDK 开发工具源自德国 Keil 公司。ARM 开发的集成开发环境 RealView Microcontroller Development Kit （RealView MDK 或者简称为 MDK）将 ARM 开发工具 RealView Development Suite（RVDS）的编译器 RVCT 与 Keil 的工程管理、调试仿真工具集成在一起。

Keil MDK 主要包括 Keil μVision4 集成开发环境、C 编译器、汇编器、链接器和相关工具。还集成了调试器、模拟器，内嵌了 RTX 实时内核（微控制器使用的嵌入式操作系统）、多种微控制器的启动代码、多种微控制器的 Flash 编程算法以及编程实例和开发板支持文件。

关于 Keil MDK 的详细内容及具体使用方法，请参见有关资料。值得一提的是，以往使用的集成开发互环境 ADS1.2 已不支持新型的 ARM Cortex - M 系列处理器。

9.4.2　调试工具及硬软调试

有了像 Keil MDK 这样的开发套件，还需借助硬件调试工具，完成对硬件的调试工作。在硬件没有问题的情况下可使用 Keil MDK 这样的开发平台进行系统调试。

1. 常用硬件开发和调试工具

常用硬件开发和调试工作主要有内部电路仿真器、ROM 监控器、在线仿真器、串行口、发光二极管、万用表、信号发生器、示波器及逻辑分析仪等。

仿真器或监控器可直接仿真用户板的 CPU，比如 J - LINK 仿真器。通过在 PC 上运行 Keil MDK 即可实时监视嵌入式应用系统的运行情况。仿真器是嵌入式开发的一个非常必要且有效的手段。

串行口和发光二极管是除了仿真器外，非常简单直接能反映嵌入式应用系统运行状态的调试工具，比如在运行过程中产生的数据可以通过串口发送出去。如果配置为 RS - 232 接口，可以直接连接到 PC 上。通过串行口调试助手可以方便地监视嵌入式应用系统的运行情况。发光二极管是最简单的显示工具，在程序中可以利用一个 GPIO 引脚，让这个引脚定时输出高低不同的电平。如第 5 章有关内容，可以使发光二极管进行亮和灭，以及短闪烁和长闪烁等不同显示方式以表明系统运行的不同情况。

万用表用于测量嵌入式应用系统不同器件的工作电压是否正常，也可以静态测量目标板的电阻是否满足设计要求，而信号发生器可以按照系统设计要求输入给目标系统不同的信号，以测试目标系统的反应能力和作用效果。

示波器是专门用于测量系统运行过程中总线的变化或 GPIO 周期性变化情况，测量一切在工作中有变化或无变化状态的任何引脚的波形，以判断系统是否运行正常。对于复杂逻辑关系在万用表和示波器不能测量的情况下，可以借助于逻辑分析仪来分析逻辑关系。一般逻辑分析仪有 8 路、16 路、32 路等不等的通道数，可同时测量多个通道。这样可以测量具有总线功能的时序，可以快速了解系统的工作时序，排队故障。逻辑分析仪成本高，一般简单嵌入式应用系统很少使用。

除了以上调试硬件工具外，常用 EDA（电路设计计算机辅助软件）工具软件主要有：PROTEL（电子电路设计）、ORCAD（电子电路设计）、EWB/Multisim（电路仿真软件）、Proteus（综合，支持 51 到 ARM 仿真设计）以及 MAX＋plus II（FPGA/CPLD）等。

2. 硬件调试的主要内容

（1）静态检查

所谓静态检查是指在通电之前，对照原理图，用万用表检查 PCB 各电源对地是否有短路情况；使用万用表二极管挡或蜂鸣器挡，测量各电源对地的情况，没有明显短路或明显阻值很小的情况,一般不小于 500 Ω;检测有极性器件是否接反了。出现异常时不能通电,必须排除后再通电测试。

（2）动态检测

在静态测量没有发现问题时,可以通电调试。

首先用万用表电压挡检测各工作电源是否正常,不正常要排除;然后用万用表或示波器根据原理图检测相关逻辑状态是否正常;最后再一个模块一个模块地检查功能的正确性。如果功能都不对,则考虑 MCU 是否复位正常,振荡信号有没有。使用简单测试软件测试模块功能,直到所有功能正常。

3. 软件调试的主要内容

嵌入式应用系统的软件调试除了算法之外,大部分跟硬件密切相关,应配合硬件逐个模块进行调试。

① 调试时可借助于显示模块、发光二极管、串行口等硬件调试工具,输出相关调试信息以便观察程序执行情况。

② 有时序要求的模块,可暂时做一个死循环,让某个 GPIO 引脚输出周期性波形,用示波器观察波形,分析时序是否正确。

③ 看门狗模块的调试要放到最后,判断是否起作用,可把看门狗打开,不复位,做个死循环。如果过一段时间自动产生复位,说明看门狗正确;否则说明看门狗未起作用。测试完以后去掉死循环,将看门狗模块放入主程序中,并在循环体中加入"喂狗"指令即可。

由于嵌入式应用系统是软硬件的结合体,因此,软件调试与硬件调试是同步进行的。

9.5　嵌入式应用系统设计实例

本节以环境监测监控系统为例介绍以嵌入式微控制器为核心的嵌入式应用系统设计与开发。下面从硬件设计到软件设计比较详细地介绍设计方法和开发过程。

9.5.1　嵌入式环境监测监控系统主要设计要求及需求分析

1. 设计要求

要求设计的嵌入式应用系统的主要功能如下:

① 能够检测大气粉尘,尤其是 PM2.5 的值,1 个检测点。当空气质量指数 AQI 值超过 200 时,以声光输出报警,并记录报警状态,开启电动水阀,开始喷洒自来水;当低于 100 时,消除报警,并停止喷水。

② 能够检测环境温度(−20～+60 ℃,精度为 0.5 ℃),1 个检测点。当温度值超过设定值 1 时,以声光输出报警,并记录报警状态,打开风扇吹风降温;当温度值低于设定值 2 时,停止报警、吹风。

③ 能够检测环境湿度(20%～90%),1 个检测点。当湿度值超过设定值 1 时,以声光输出报警,并记录报警状态;当湿度值低于设定值 2 时,解除报警。

④ 能够测量光线强弱,1 个测试点。当光线低于设定值 1 时,打开日光灯、窗帘;当光线高

于设定值 2 时,关闭日光灯、窗帘。

⑤ 定时采集功能。每隔 1 s 采样上述传感器的值一次。

⑥ 具有通信功能。将报警信息及采集的信息,通过 RS-485 以 MODBUS-RTU 协议按照主机的要求上传到上位机。多嵌入式系统采用基于 RS-485 的 MODBUS-RTU 协议。集中器为主机,采集器为从机,地址从 1~39 共 40 个点;通信波特率为 9 600 bps,字符格式为 8 位数据位、1 位停止位、无校验位。

⑦ 具有时钟日历功能,并能在 LCD 上显示。LCD 采用性价比高的 128×64 图形汉字点阵模块。其具有串行和并行接口,能够显示日期和时间;有报警时显示报警信息,没有报警时显示时钟日历。

⑧ 具有键盘和 LCD 显示器。通过键盘可以设置采集器分机的地址;LCD 可显示采集的 AQI 值、温度值、湿度值及光亮度等,同时显示时钟。

2. 需求分析

作为嵌入式应用系统设计的第一步,系统需求分析是设计和开发嵌入式应用系统的关键一步,如果分析不到位,就很难把握问题的关键,也就很难满足用户需求。根据系统设计要求,要逐一分析硬件和软件的具体需求。

由以上设计要求,可以分析得出系统需要的嵌入式微控制器必须具有:

① 模拟量检测所具有的 ADC 通道 4 个(假设 AQI、温度、湿度和光线传感器输出均为模拟电压信号,共需要 4 个模拟通道)。另外,由于 AQI 的范围从 0~800,不用小数,因此分辨率不能低于 8 位,至少 10 位;温度范围 -20~+60℃,精度为 0.5℃,因此要求分辨率也不能低于 10 位。由此可知,必须选择具有至少 4 个模拟通道,分辨率不能低于 10 位的 MCU。

② 根据要求,系统应具有以下电动机构的控制与检测:

● 喷水机构要有 2 个开关量(正反转控制)输出以控制喷水,还需要有开到底、关到位、开过力矩和关过力矩 4 个开关量输入;

● 开关风扇需要 1 个开关量输出,用于控制风扇开关;

● 日光灯也需要 1 个开关量输出;

● 电动窗帘需要 2 个开关量(正反转控制)输出,还需要知道开关到位和过力矩等 4 个开关量输入。

这部分需要 GPIO 输入引脚 12 个,GPIO 输出引脚 6 个。

③ 声光报警共用,需要 2 个开关量输出,一个接发光二极管,一个接蜂鸣器。共需要 GPIO=12+6+2=20(个)。

④ 需要 RTC 时钟。

⑤ 至少有一个串口,且具有 RS-485 控制功能,便于联网通信。

⑥ 定时/计数器定时 1 s。此外,在控制执行机构过程中还需要一个定时器,若定时后长时间执行机构不到位应该停止执行;在通信过程中也需要超时检测,若长时间收不到命令则认为超时。因此,需要 3 个定时/计数器(当然也可以只要一个,多个参数定时不同长度)。

⑦ 采用 128×64 的 LCD 模块。如果利用并行口,则至少需要 8 位数据、1 个复位、1 个使能、1 个读写控制 RW、1 个 RS,需要 12 个 GPIO 引脚。

⑧ 需要按键操作写地址,还要考虑一旦出现异常情况,如电动机构故障,立即停止操作。按键

4 只（功能键、上下选择键、确定键），紧急停止键 1 个，共 5 只按键，需要 5 个 GPIO 引脚。

因此，共需要 GPIO 输入引脚 17 个，输出引脚 8 个，共需 25 个 GPIO 引脚。

9.5.2　嵌入式环境监测监控系统体系结构设计

通过以上的需要分析可得，基于嵌入式微控制器的环境监测监控系统总体体系结构如图 9-28 所示。

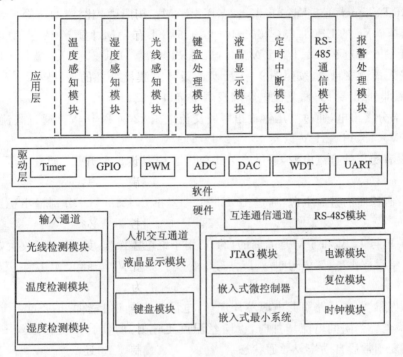

图 9-28　嵌入式环境监测监控系统体系结构

由图 9-28 可知，嵌入式环境监控系统的硬件由嵌入式最小系统，光线、温度、湿度检测的模拟输入通道，报警及电动执行机构控制的输出通道，键盘和液晶显示的人机交互通道以及由 RS-485 构建的互连通信通道等构成。软件方面由 Timer、GPIO、PWM、ADC、DAC、WDT 和 UART 驱动层，以及感知温度、湿度和光线的模块，键盘处理模块，液晶显示模块，定时中断模块，RS-485 通信模块，报警处理模块等应用层构成。

嵌入式环境监测监控系统硬件原理如图 9-29 所示。除了完成最小系统设计外，还要进行输入通道（AQI 检测、光线检测、温湿度检测部分）、输出通道（声光报警、喷洒控制、窗帘控制、通风控制部分）、人机交互通道（键盘和 LCD 显示）以及互连通信通道（RS-485）等。

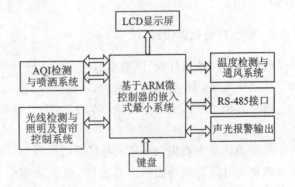

图 9-29　嵌入式环境监测监控系统硬件原理框图

9.5.3 最小系统设计

1. 最小系统硬件设计

最小系统的核心为嵌入式微控制器,按照需求分析的结果,可以选择的嵌入式微控制器有很多,由于不需要以太网、USB 和 CAN,无需外扩存储器,只要有 8 路 12 位 ADC、1 路 10 位 DAC,有 UART、Timer、128 KB Flash、64 KB SRAM。按照微控制器的选择原则,考虑到性价比,本例选择 NXP 的 LPC1763(256 KB Flash、64 KB SRAM、8 通道 12 位 ADC、4 个 32 位 Timer、3 个 I^2C、6 通道 PWM、1 路 DAC、4 个 UART)作为 MCU。它是一款以 ARM Cortex - M3 内核的嵌入式微控制器,按照图 9 - 1 所示的设计方法,给出嵌入式最小系统(如图 9 - 30 所示),由电源部分、时钟部分、复位电路以及调试接口组成。

① 电源部分接市电,通过变压器输出两路交流电压 22 V 和 15 V。通过整流滤波后得到直流电压 22 V×1.414≈31 V 以及 15×1.414≈21 V。

3.1 V 没有稳压的直流电源,通过开关式稳压芯片 LM2596 - ADJ 调整电压可得到 24 V 稳压输出;

2.1 V 没有稳压的直流电源,通过 LM2596 - 12 和 LM2596 - 5 分别输出稳定电压 12 V 和 5 V。

其中,24 V 与 12 V 和 5 V 是隔离的,24 V 用于继电器操作,12 V 用于放大电路(用于模拟输入部分)给运放供电,5 V 通过 1117 - 3.3 变换为 3.3 V 电压给 MCU 或其他 I/O 接口使用。

为防止电路过流或短路引起电源芯片烧坏,电源输出电路上串联 FUSE1~FUSE3,可自动恢复的保险丝。当瞬间电流增加时,保险丝温度迅速升高,使自恢复保险丝 PN 结迅速断开;当外界恢复正常后自动恢复导通状态。

② 时钟部分用一个 12 MHz 的晶体加上两个 20 pF 的电容构成外部时钟电路。

③ 复位电路采用一个专用复位芯片 CAT811S 和 74HC08"与"门电路构成。当上电时,CAT811S 在 nRST 端产生低电平复位信号,若干时间后变成高电平。当按下 KEY 键时也会通过"与"门产生复位信号,当调试复位 J_nRST 有效时通过"与"门同样也产生复位信号给 MCU。

2. 最小系统软件设计

所谓最小系统软件设计,这里特指在最小硬件系统的基础上运行的程序,包括总体软件架构下初始化系统的相关函数,不包括其他软件模块。

由于最小硬件系统的晶振频率为 12 MHz,需要进行的系统初始化工作包括配置时钟及 PCLK 时钟等。

系统初始化中要用到 ARM 芯片系统控制与状态寄存器 SCS,如表 9 - 2 所列。

初始化时需要选择主振荡器范围,由于接的是 12 MHz,OSCRANGE=0,还要选择主振荡器使能,即 OSCEN=1。SYS=0x20,还要设置锁相环 PLL0 频率关系;根据时钟源选择系统时钟,最后还要选择访问 Flash 所需 CPU 时钟个数。

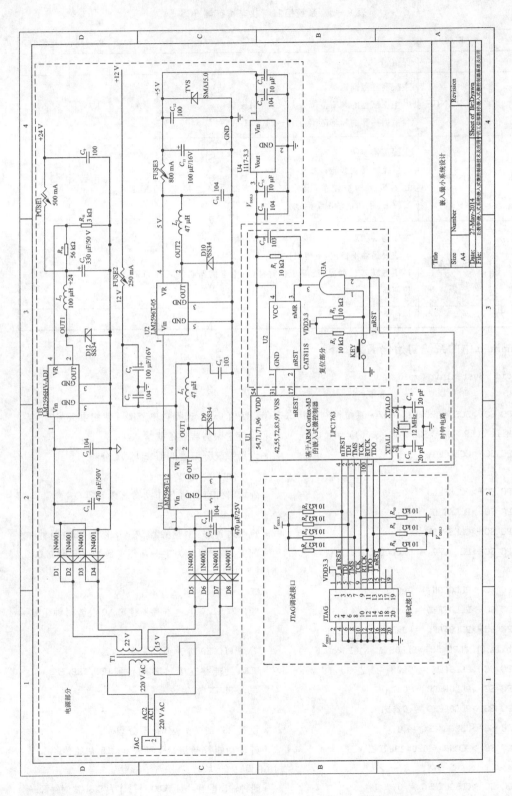

图9-30 嵌入式环境监测监控最小系统硬件原理

表 9 - 2 系统控制与状态寄存器 SCS

位	符 号	描 述	访 问	复位值
3:0	—	保留	—	NA
4	OSCRANGE	主振荡器范围选择。 0:主振荡器的频率范围为 1~20 MHz； 1:主振荡器的频率范围为 15~24 MHz	R/W	0
5	OSCEN	主振荡器使能。 0:主振荡器被禁能； 1:主振荡器被使能,且在正确的外部电路连接到 XTAL1 和 XTAL2 引脚的情况下启动	R/W	0
6	OSCSTAT	主振荡器状态。 0:主振荡器不稳定,不能用作时钟源； 1:主振荡器已稳定,能够用作时钟源；主振荡器必须通过 OSCEN 位使能	RO	0
31:7	—	保留	—	NA

main.c 中的系统初始化函数如下：

```
void   SystemInit (void)
{
LPC_SC ->SCS = x020;        /* 系统控制和状态寄存器赋值 0x20,选择频率范围并使能主振荡器 */
while ((LPC_SC ->SCS & (1 << 6)) == 0);      /* 等待主振荡器准备就绪 */
LPC_SC ->CCLKCFG = 3;                        /* 设置系统分频器的值(3 + 1)4 分频
                                             /* SystemFrequency/4 */
LPC_SC ->PCLKSEL0 = 0;                       /* 外设时钟选择所有外设均选择 FPCLK/4 */
LPC_SC ->PCLKSEL1 = 0;
LPC_SC ->CLKSRCSEL = 1;                      /* 选择时钟源:主振荡器 12 MHz 作为 PLL0 时钟 */
LPC_SC ->PLL0CFG = 0x0000000F;               /* 配置 PLL0 时钟为主振荡频率的 16 倍,即 PLL0
                                                时钟为 192 MHz */
LPC_SC ->PLL0CON = 0x01;                     /* PLL0 使能 */
LPC_SC ->PLL0FEED = 0xAA;                    /* 顺序写 PLL0 馈送寄存器使 PLL0 设置时钟生效 */
LPC_SC ->PLL0FEED = 0x55;
while (! (LPC_SC ->PLL0STAT & (1 << 26)));    /* 等待 PLOCK0 时钟锁定频率 */
LPC_SC ->PLL0CON = 0x03;                     /* PLL0 使能并连接 PLL0 时钟到 CPU/AHB/APB */
LPC_SC ->PLL0FEED = 0xAA;                    /* 写入 PLL0CON 生效 */
LPC_SC ->PLL0FEED = 0x55;
LPC_SC ->USBCLKCFG = 0;                      /* 设置 USB 时钟分频值,不分频 */
LPC_SC ->PCONP = 0x042887DE;                 /* 外设功能控制初始化见表 3 - 15 初始值,
                                                所有 NA = 0 */
LPC_SC ->CLKOUTCFG = 0;                      /* 时钟输出配置:选择 CPU 时钟作为 CLKOUT 时钟源 */
  if (((LPC_SC ->PLL0STAT >> 24)&3) == 3) {  /* 如果 PLL0 使能用且已连接 */
```

```
    switch (LPC_SC ->CLKSRCSEL & 0x03) {
      case 0:                                /* Internal RC oscillator = > PLL0 */
      case 3:                                /* Reserved, default to Internal R */
        SystemFrequency = (IRC_OSC *
                        ((2 * ((LPC_SC ->PLL0STAT & 0x7FFF) + 1)))  /
                        (((LPC_SC ->PLL0STAT >> 16) & 0xFF) + 1)    /
                        ((LPC_SC ->CCLKCFG & 0xFF) + 1));
        break;
      case 1:                                /* Main oscillator = > PLL0 */
        SystemFrequency = (OSC_CLK *
                        ((2 * ((LPC_SC ->PLL0STAT & 0x7FFF) + 1)))  /
                        (((LPC_SC ->PLL0STAT >> 16) & 0xFF) + 1)    /
                        ((LPC_SC ->CCLKCFG & 0xFF) + 1));
        break;
      case 2:                                /* RTC oscillator = > PLL0 */
        SystemFrequency = (RTC_CLK *
                        ((2 * ((LPC_SC ->PLL0STAT & 0x7FFF) + 1)))  /
                        (((LPC_SC ->PLL0STAT >> 16) & 0xFF) + 1)    /
                        ((LPC_SC ->CCLKCFG & 0xFF) + 1));
        break;
      }
    } else {
    switch (LPC_SC ->CLKSRCSEL & 0x03) {     /* 判断时钟源 */
      case 0:                                /* 如果是内部时钟,则 RC 振荡连接 PLL0 */
      case 3:                                /* 保留缺省内部 RC 时钟 */
        SystemFrequency = IRC_OSC / ((LPC_SC ->CCLKCFG & 0xFF) + 1);
                                             /* 确定内部 RC 情况下的系统时钟频率 */
        break;
      case 1:                                /* 如果是主振荡器时钟,则主振荡器时钟配置 PLL0 */
        SystemFrequency = OSC_CLK / ((LPC_SC ->CCLKCFG & 0xFF) + 1);  /* 配置以主振荡器为时
                                                                钟源的系统时钟 */
        break;
      case 2:                                /* 如果是 RTC 作为时钟源,则连接 RTC 连接 PLL0 */
        SystemFrequency = RTC_CLK / ((LPC_SC ->CCLKCFG & 0xFF) + 1);  /* 配置以 RTC 为时钟源
                                                                的系统时钟 */
        break;
      }
    }
LPC_SC -> = (LPC_SC ->FLASHCFG & ~0x0000F000) | FLASHCFG_Val; /* 选择高于 100 MHz 的 CPU 时钟,使
                                                用 5 个 CPU 时钟访问 Flash 存储
                                                器 */
}
```

main.c 中的 main() 函数如下：

```
int  main (void)
{
    SystemInit();                    /* 调用系统初始化函数 */
    ⋮                                /* 其他片上外设初始化 */
      while(1)
      {
        ⋮                            /* 主循环体,具体内容见下面几小节 */
      }
}
```

最小系统的软件的核心是系统初始化函数,即 SystemInit(),后面的应用在初始化时都要使用该函数。

9.5.4　嵌入式环境监控系统模拟通道设计

模拟通道包括模拟输入通道和模拟输出通道。本例中没有涉及模拟输出通道,因此仅介绍模拟输入通道的设计。

1. 模拟输入通道硬件设计

模拟输入通道的任务是检测温度、湿度以及光线等模拟量,将其转换为数字量。需要的模拟输入通道硬件包括温度、湿度、光线等感知单元,分别采用温度传感器、湿度传感器、光线传感器以及粉尘传感器等,经放大电路、滤波处理后连接到 MCU 的相应 ADC 通道。具体实现电路如图 9-31 所示。

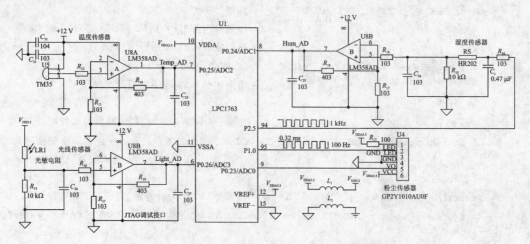

图 9-31　嵌入式环境监控系统模拟输入通道原理图

(1) 温度检测

温度传感器采用性价比高的 LM35 精密温度传感器,精度为 0.5 ℃。LM35 是由 National Semiconductor 所生产的温度感测器,其输出电压与摄氏温标成线性关系(0 ℃ 时输出为 0 V,每升高 1 ℃,输出电压增加 10 mV),转换公式如下:

$$V_{\text{out\_LM35}}(T) = 10 \text{ mV}/℃ \times T \tag{9-1}$$

图 9-31 中,LM35 通过施加电压,当温度变化时在输出引脚 2 输出与温度成式(9-1)所

示的线性关系,通过放大滤波处理后送 ADC2。

（2）湿度检测

湿度传感器采用 VH-01 或 HR202（电阻型湿度传感器），工作电压为交流 1 V（正弦波），工作频率为 0.5~2 kHz，常温下，当湿度为 50% 时，电阻值为 57.0 kΩ，测量精度为 ±5%RH。由于它是基于电阻型的温度传感器且在交流电压激励下才能正常工作，因此，感知电路中采用一个 GPIO 引脚 P2.5 产生 1 kHz 的方波，经过电容滤波，得到近似交流信号加到湿敏电阻上。当湿度变化时，该传感器所呈电阻也随之改变，两端的电压也同样变化，经过运算放大滤波后，也是与湿度成比例地变化的交流信号，送 ADC1。

（3）光线检测

光线传感器用于测量光线强弱，采用的传感器为光敏电阻。本例选用 NTCMF5810K。光敏电阻是利用半导体的光电效应制成的一种电阻值随入射光的强弱而改变的电阻器，光线越强，电阻值越小。当光线增强时，由于电阻值变小，随之其压降变小，因此在 R_{15} 中的电压就增大，通过放大滤波后送 ADC3。

（4）粉尘检测

用于测量 PM2.5 的传感器采用夏普公司的粉尘传感器 GP2Y1010AU0F，如图 9-32 所示。它是由光学传感器系统支撑的粉尘传感器。PM2.5 传感器输出模拟电压与 PM2.5 粉尘浓度成正比关系，AQI 为空气质量指数，与传感器输出电压（V）之间的关系为

$$AQI = 0.2 \times 输出电压 - 0.15 \qquad (9-2)$$

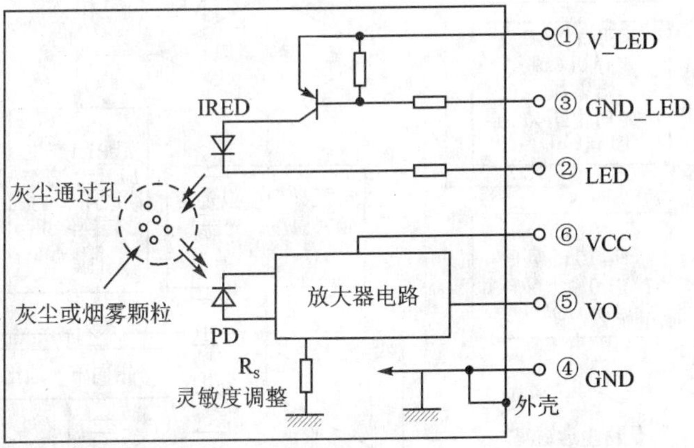

图 9-32 PM2.5 传感器 GP2Y1010AU0F 原理框图

当电压采用 mV 单位时，

$$AQI = (200 \times Dsample \times 3.3/4\ 096) - 150 \qquad (9-3)$$

按照要求，必须给 LED 端加脉冲才能激发 GP2Y1010AU0F 的输出，脉冲要求如图 9-33 所示，脉冲周期不能低于 10 ms，负脉冲宽度（指传感器 LED 引脚处）不能小于 0.32 ms，由 GPIO 引脚 P1.0 输出高低电平，由 Timer 定时脉冲周期和高电平的宽度。采集时当 P1.0 由高变低时开始计时，到达 0.28 ms 之后方可采样数据，关系如图 9-33 所示。

当 P1.0 即 LED 引脚为低电平时，内置 IRED 有电流流过而发光，有粉尘时感光度有变化，因此接收端 PD 就有不同电流大小流过，通过传感器内置放大电路输出电压 V_0 就随之变化，反应出粉尘的变化。当 P1.0 为高电平时，LED 为高，IRED 没有电流，因此 PD 电流不变，

为初始恒定值。

由式(9-2)所示,由于出厂时每个传感器无粉尘时输出电压有一定误差,因此可以在无粉尘时测量一下输出电压 V_{n0},然后通过 $AQI = K \times V_0 - V_{n0}$,与标准 AQI 对比,求得比例关系 K,最后得到 AQI 的值。

要说明的是,由于 GP2Y1010AU0F 测量得到的是空气质量指标,不一定全部是由 PM2.5 贡献的,因此可以通过一定关系换算成 PM2.5 的贡献。

2. 模拟通道软件设计

模拟通道软件设计主要包括温度、湿度、光线以及 PM2.5 的感知层的数据采

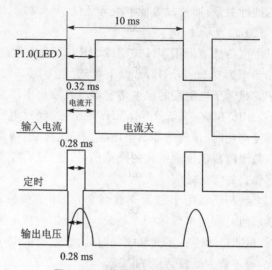

图 9-33 传感器 GP2Y1010AU0F
驱动脉冲及采样点示意图

集及处理。参见 7.2.3 小节的有关内容,软件流程如图 9-34 所示,这是在主循环体内的流程,实际是不断循环的。

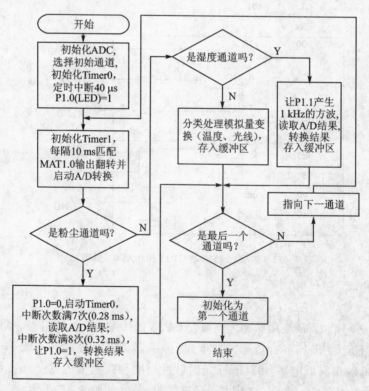

图 9-34 模拟通道软件流程图

模拟通道数据采集与处理程序在 main() 中表示如下:

```
volatile uint32_t  channel;    /*通道号(0~3)*/
```

```
volatile uint32_t ulADCbuf;          /* A/D 转换缓冲区 */
volatile uint32_t TempADCbuf;        /* 温度 A/D 转换缓冲区 */
volatile uint32_t HumADCbuf;         /* 湿度 A/D 转换缓冲区 */
volatile uint32_t LightADCbuf;       /* 光线 A/D 转换缓冲区 */
volatile uint32_t PM25ADCbuf;        /* PM2.5 A/D 转换缓冲区 */
volatile uint32_t Times;             /* 计 Timer0 中断的次数,1 次 40 μs,7 次 0.28 ms,8 次 0.32 ms */
volatile uint32_t ulADCData;
volatile uint8_t  AQI;
volatile uint8_t  Humidity;
volatile float    Temperature;
volatile uint8_t  Light;
volatile uint8_t  ADCOK;             // A/D 转换标志
```

ADC 初始化程序如下：

```
void ADCInit(uint32_t Tms)
{
    uint32_t ulTemp;
    LPC_SC->PCONP |= 1 << 12;        /* 打开 ADC 电源 */
    ⋮                                 /* 配置 P0.23~P0.25 为 ADC0.0~ADC03 (AIN0~AIN3) */
    LPC_PINCON->PINSEL1 |= (0x01 << 14)|(0x01 << 16)|(0x01 << 18|(0x01 << 20);
    LPC_ADC->ADCR = (1 << 0)         /* 选择通道 0 */
          |((Fpclk/13000000) << 8)   /* 设定分频系数 CLKDIV 的值,13 kHz */
          |(0 << 16)                 /* BURST = 0,ADC 由软件控制转换 */
          |(1 << 21)                 /* PDN = 1,正常模式 */
          |(6 << 24)                 /* START = 110,MAT1.0 边沿启动 A/D 转换 */
          |(1 << 27);                /* 上升沿触发 */
    LPC_SC->PCONP |= 1 << 2;         /* 打开 Timer1 电源 */
    LPC_TIM1->MCR = 0x03;            /* 设置在匹配后复位 T1TC,并允许匹配中断,参见式(6-5) */
    LPC_TIM1->EMR = (3 << 4);        /* 匹配后 MAT1.0 输出翻转 */
    LPC_TIM1->MR0 = SystemFrequency/4000 * Tms          /* 定时 Tms 毫秒,ADC 采样一次 */
    LPC_TIM1->TCR = 0x01;            /* 启动 TimerT1 */
    LPC_ADC->ADINTEN = (1 << 1)|(1 << 2)|(1 << 3);/* 使能 ADC 通道 1,2,3 中断,通道 0 由定时
                                      中断控制 */
    NVIC_EnableIRQ(ADC_IRQn);        /* 允许 ADC 中断 */
}
```

ADC 中断服务程序如下：

```
void  ADC_IRQHandler(void)
{
switch(LPC_ADC->ADCSTAT)
{
case  1:PM25ADCbuf = LPC_ADC->ADDR0;ADCOK = 1;   LPC_ADC->ADINTEN&= (~1 << 0);break;//清 ADC 中断
case  2:HumADCbuf = LPC_ADC->ADDR1;ADCOK = 1;break;
case  4:TempADCbuf = LPC_ADC->ADDR2;ADCOK = 1;break;
```

```
case  8:LightADCbuf = LPC_ADC ->ADDR3;ADCOK = 1;break;
default:ADCOK = 0;break;
    }
}
```

仿照例 6 - 1 可得到用定时器 0 定时 40 μs 的程序：

```
void TIMER0_Init()                           /* 定时器初始化程序,定时 40 μs
{
    LPC_TIM0 ->TCR = 0x02;                   //使能 T0
    LPC_TIM0 ->IR   = 1;                     //清除定时计数中断标志
    LPC_TIM0 ->CTCR = 0;                     //选择定时模式 PCLK 上升沿计数
    LPC_TIM0 ->TC = 0;                       //定时器清零
    LPC_TIM0 ->PR = 0;                       //预分频值为 0
    LPC_TIM0 ->MR0 = (SystemFrequency/100000 /* 定时 40 μs */
    LPC_TIM0 ->MCR = 0x03;                   /* 匹配时引发中断并复位定时/计数器 */
    NVIC_EnableIRQ(TIMER0_IRQn);             /* 开定时器 0 中断 */
    NVIC_SetPriority(TIMER0_IRQn, 3);        /* 定时器 0 设置优先级为 3 */
}
```

定时器 0 中断程序：

```
  void TIMER0_IRQHandler (void)
{
    LPC_TIM0 ->IR = 0x01;                    /* 清定时中断寄存器的值 */
    if (Times > = 7)                         //启动 PM2.5 通道对应的 A/D 转换
    Times ++ ;
}
void TIMER1_IRQHandler (void)                /* 10 ms 匹配中断 */
{
    LPC_TIM1 ->IR         = 0x01;            /* 清定时中断寄存器的值 */
    GPIO_OutPut(1,0,,0);                     //参见 5.5.4 小节,P1.0 = 0
    LPC_TIM0 ->TCR = 0x01;                   /* 启动定时器 0 */
    Times = 0;                               //开始清除 40 μs 计数次数
    while(Times > ==7);                      //等待 0.28 ms 稳定后使能 ADC0 中断
    LPC_ADC ->ADINTEN | = (1 << 0);          /* 使能 ADC 通道 0 中断 */
    while(Times > =8);
    GPIO_OutPit(1,0,1)  ;                    //0.32 ms,LED 端无效(P1.0 = 1)
}
void main()
{
SystemInit();                               //系统初始化
GPIO_OutPut(1,0,1);                         //参见 5.5.4 小节,P1.0 = 1
ADCInit(10);                    //ADC 初始化包括对定时器匹配翻转的初始化,使每 10 ms 转换一次
TIMER0_Init();                              //定时器 0 初始化,定时中断 40 μs
PWMInit(6,1000,1,75);          //P2.5 输出 1 kHz,占空比 75 % 的连续波,供湿度传感器,参见例 6 - 8
```

```
channel = 1;
while(1)
{
LPC_ADC ->ADCR& = ～0xFF                        / * 清除原通道 * /
LPC_ADC ->ADCR| = channel                      / * 选择当前通道 channel * /
if(ADCOK == 1)
    {
    switch(channel)
    {
    case 1:AQI = (float)(200 * FM25ADCbuf/4096 * 3.3 – 150);break;
    case 2:Humidity = (float)(HumADCbuf/4096 * 3300);break;
    case 4:Temperature = (float)(TempADCbuf/4096 * 3300/10);break;
    case 8:Light = (float)(LightADCbuf/4096 * 3300);break;
    }
    if (channel == 8) channel = 1;else channel = channel << 1;ADCOK = 0;
    }
}
}
```

9.5.5　嵌入式环境监控系统数字通道设计

在介绍模拟输入通道时已经涉及到数字通道的设计,比如利用 P1.0 和 P2.5 两个 GPIO 引脚产生脉冲。此外,根据需求分析,系统中用到数字量输入/输出量还包括:

① 水阀门的开关到位(开到位 LSO1 用 P1.4 引脚,关到位 LSC1 用 P1.8 引脚)和开关过力矩(开过力矩 TSO1 用 P1.9 引脚,关过力矩 TSC1 用 P1.10 引脚)信号输入。

② 电动窗帘的开关到位(开到位 LSO2 用 P1.14 引脚,关到位 LSC2 用 P1.15 引脚)和开关过力矩(开过力矩 TSO2 用 P1.16 引脚,关过力矩 TSC2 用 P1.17 引脚)信号输入。

③ 水阀开关数字量输出信号(开 Open1 用 P1.18 引脚,关 Close1 用 P1.19 引脚)。

④ 电动窗帘开关数字量输出信号(开 Open2 用 P1.20 引脚,关 Close2 用 P1.21 引脚)。

⑤ 日光灯控制开关信号输出 OpenCloseLight 用 P1.22 引脚。

⑥ 风扇开关输出控制信号 OpenCloseFan 用 P1.23 引脚。

⑦ 声光报警输出信号 AlarmLight 用 P1.24 引脚,AlarmSound 用 P1.25 引脚。

1. 数字通道硬件设计

考虑抗干扰措施,所有开关量输入/输出均用光耦隔离,数字输入/输出通道原理如图 9 - 35 所示。

当需要喷水时(粉尘条件),让 Open1(P1.18)=0,K1 继电器闭合,使喷洒水阀向打开的方向运行;当开到位 LSO1(P1.4)=1 或开过力矩 TSO1(P1.8)=1(正常为常闭)时,P1.18 = 1,停止打开;当粉尘控制在一定范围内时,再将喷水关闭,即 Close1(P1.19)=0,K2 闭合,开始关水阀;当遇到关到位 LSC1(P1.9)=1 或关过力矩 TSC1(P1.10)=1 时,停止关阀。

同理,光线满足开窗帘时,MCU 让 Open2=0,K3 闭合,如果开到位或开过力矩,则停止开窗帘,否则直到开到位。当需要关窗帘时,MCU 让 Close2=0,K3 闭合,如果遇到关到位或

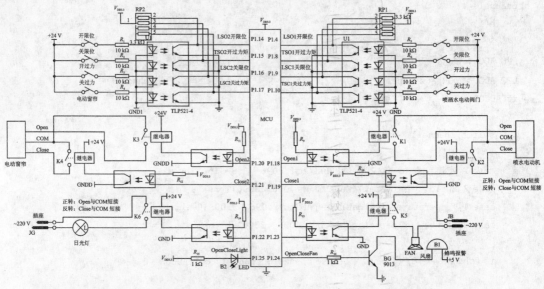

图 9-35　数字输入/输出通道原理图

关过力矩,则停止关窗帘;否则直到关到位。还要配合开关日光灯操作。

同理,温度升高到一定值,MCU 让 OpenCloseFan2＝0,风扇打开;否则风扇关闭。

如果出现任何异常,开或关过力矩,温度、湿度、光线以及 PM2.5 的值超过一定界限值,立即报警。报警时让 P1.24＝1,通过电阻 R_{16} 及三极管 BG 输出低电平,给蜂鸣器供电,这时蜂鸣器发声而报警。同时,让 P1.25＝0,则 LED 发光;或定时让 P1.25＝0(或 1),让其闪烁报警。

2. 数字通道软件设计

数据通道的软件设计,就是对 GPIO 端口进行输入或输出的配置,并对指定 GPIO 引脚设置为 1 或清除为 0 的操作。可借用 5.5.4 小节相关函数来直接操作 GPIO 引脚。数字输入/输出通道软件流程如图 9-36 所示。

以下为对 GPIO 初始化操作及 GPIO 置位和清零操作的相关函数。

```
#define AQILimt  250
#define TermperatureLimt  40
#define HumLimt  80
#define LightLimt  120
OpenWater()
{//水阀机构开到位和开过力矩都无效,方可开水阀门以喷洒水。参见 5.5.4 小节
if ((GPIO_GetPinBit(1,4)==0)&&(GPIO_GetPinBit(1,8)==0))  GPIO_OutPut(1,18,0);
}
CloseWater()
{//水阀机构关到位和关过力矩都无效,方可关水阀门停止喷洒水,参见 5.5.4 小节
if ((GPIO_GetPinBit(1,9)==0)&&(GPIO_GetPinBit(1,10)==0))  GPIO_OutPut(1,19,0);
}
OpenFan()
{
GPIO_OutPut(1,24,1);//P1.24=1 开风扇,参见 5.5.4 小节
```

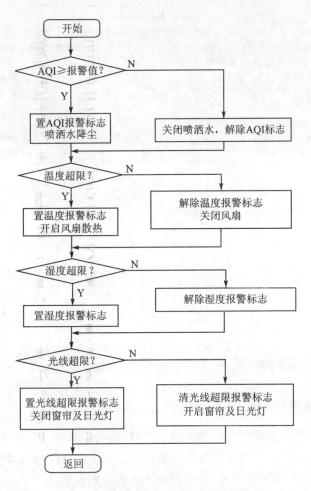

图 9 - 36　数字输入/输出通道软件流程图

```
}
CloseFan()
{
GPIO_OutPut(1,24,0);//P1.24 = 0 关风扇,参见 5.5.4 小节
}
OpenWindow()
{//电动窗帘机构开到位和开过力矩都无效,方可开窗帘,参见 5.5.4 小节
if ((GPIO_GetPinBit(1,14) == 0)&&(GPIO_GetPinBit(1,15) == 0))  GPIO_OutPut(1,20,0);}
CloseWindow()
{//电动窗帘机构关到位和关过力矩都无效,方可关窗帘,参见 5.5.4 小节
if ((GPIO_GetPinBit(1,16) == 0)&&(GPIO_GetPinBit(1,17) == 0))  GPIO_OutPut(1,21,0);
}
/* 以下是 GPIO 的按要求动作的函数,用到上述具体操作 */
GPIO_Operate()
{
    if (AQI > = AQILimit)  OpenWater();AlarmAQI = 1;
    esle {if(AQI < = AQILimt - 10) CloseWater();AlarmAQI = 0;}         //恢复考虑回差
    if (Humidity > = HumLimit)  AlarmHum = 1;
    esle {if(Humidity < = HumLimt - 5) AlarmHum = 0;}                //恢复考虑回差
    if ((int)Temperature > = TempertureLimit)  OpenFan();AlarmTermperature = 1;
    esle {if((int)Temperature < = TempertureLimit - 2)  CloseFan();AlarmTemperature = 0;}
```

```
if (Light > = LightLimit)  OpenLight();AlarmLight = 1;
esle {if(Light < = LightLimit - 4)  CloseLight();AlarmLight = 0;}
if ((AlarmLight == 1)||(AlarmTemperature == 1)||(AlarmHum == 1)||(AlarmPM25 == 1))
    {//有一个有报警标志就报警
    GPIO_OutPut(1,24,1);                                    //声音报警
    GPIO_OutPut(1,25,0);                                    //发光报警
    }
else {//所有报警标志清除才解除报警
    GPIO_OutPut(1,24,0);                                    //停止声音报警
    GPIO_OutPut(1,25,1);                                    //停止发光报警
    }
}
```

数字通道在 main() 函数循环内的位置为:

```
while(1)
{
⋮
GPIO_Operate();
⋮
}
```

9.5.6　嵌入式环境监控系统人机交互通道设计

1. 人机交互通道硬件设计

采用 128×64 的通用点阵与汉字结合的 LCD 模块 OCMJ4 * 8C,如果全部显示汉字可显示 4 行,每行可显示 8 个汉字,也可以选择点阵图形。这里选择使用内置的汉字库显示带汉字的信息显示。LCD 模块 OCMJ4 * 8C 示意图如图 9 - 37 所示。

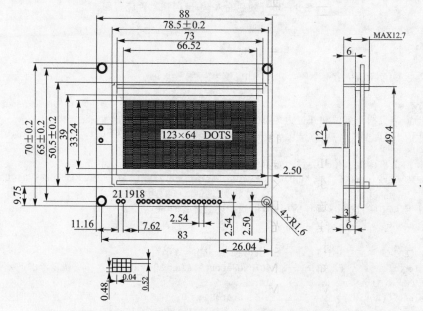

图 9 - 37　LCD 模块 OCMJ4 * 8C 示意图(单位:mm)

OCMJ4 * 8C 具体引脚如表 9 - 3 所列。

表 9 - 3　OCMJ4 * 8C 引脚说明

引　脚	名　称	方　向	说　明	引　脚	名　称	方　向	说　明
1	VSS	—	GND(0 V)	11	DB4	I/O	数据 4
2	VDD	—	电源 +5 V	12	DB5	I/O	数据 5
3	VO	—	LCD 电源(悬空)	13	DB6	I/O	数据 6
4	RS	I	高电平:数据;低电平:指令	14	DB7	I/O	数据 7
5	R/W	I	高电平:读 低电平:写	15	PSB	I	高电平并行, 低电平串行
6	E	I	使能:高有效	16	NC	—	空引脚
7	DB0	I/O	数据 0	17	$\overline{RST}$	I	复信信号:低电平有效
8	DB1	I/O	数据 1	18	NC	—	空引脚
9	DB2	I/O	数据 2	19	LEDA	—	背光源正极(+5 V)
10	DB3	I/O	数据 3	20	LEDK	—	背光源负极(0 V)

按照需求,环境监控系统人机交互通道包括 5 个按键的键盘设计及 126×64 LCD 显示屏接口设计。具体原理图见图 9 - 38。

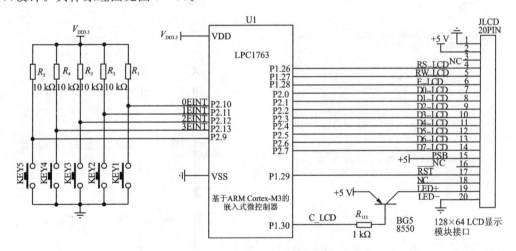

图 9 - 38　人机交互通道原理图

5 只按键占用 5 个 GPIO 端口,其他 KEY1～KEY4 使用 4 个外部中断 0EINT～3EINT,同时有一个引脚占用 P2.9。128×64 LCD 显示模块采用 P2.0～P2.7 连接 LCD 数据端,P1.26,P1.27,P1.28 分别连接 LCD 模块的读控制、读写选择以及片选控制;P1.29 接 LCD 复位引脚;P1.30 通过三极管连接背光电源的控制端。当 P1.30(C_LED)=0 时,背光接通电源 +5 V 而打开;P1.30=1 时,背光关。

由第 5 章相关知识可知,由于 MCU 是 +3.3 V 供电,LCD 模块是 +5 V 供电的,但 LCD 的逻辑电平是 2.7～5.5 V,因此 MCU 输出与 LCD 逻辑兼容,即逻辑电平是匹配的,无须转换。

2. 人机交互通道软件设计

人机交互通道软件设计包括按键的判断及 LCD 显示程序设计。5 个按键的功能定义为 KEY1 为设定键,KEY2 为上翻键,KEY3 为下翻键,KEY4 为确定键,KEY5 为停止报警。键盘操作程序流程如图 9-39 所示,假设键盘模块函数名为 KeyDel()。

LCD 显示程序流程如图 9-40 所示。正常情况下显示感知的温度、湿度、光线值以及空气质量指数 AQI,当有时钟更新时显示时钟,有数据更新时更新数据,有上位机命令时显示命令;当没有任何触发显示的条件时间超过一定长度(如 10 s)时,将自动关闭背景灯以节约能量;当有闪烁命令时让指定信息闪烁显示。假设显示模块函数名为显示 Display()。

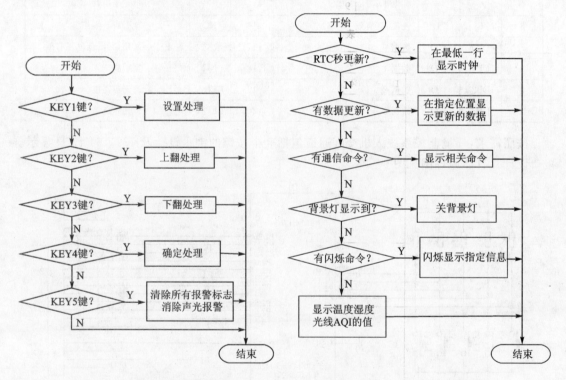

图 9-39　键盘操作程序流程图　　　　图 9-40　LCD 显示程序流程图

人机交互通道在 main()函数循环内的位置如下:

```
while(1)
{
⋮
KeyDel();
Display();
⋮
}
```

获取按键可利用 5.5.4 小节中的 GPIO_GetPinBit(uint8_t Port,uint8_t PinBit)函数得到。

LCD 模块 OCMJ4 * 8C 的操作时序如图 9-41 所示。其指令表如表 9-4 所列。

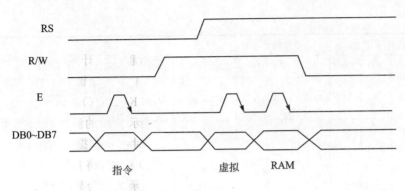

指令　　　　　　　　虚拟　　RAM

图 9 - 41　OCMJ4 * 8C 操作时序

表 9 - 4　OCMJ4 * 8C 指令表

指　令	指令码									说　明	执行时间
	RS	RW	DB7	DB6	DB5	DB4	DB3	DB2	DB1	DB0		
清除显示	0	0	0	0	0	0	0	0	0	1	将 DDRAM 填满"20H",并且设定 DDRAM 的地址计数器(AC)到"00H"	1.6 ms
地址归位	0	0	0	0	0	0	0	0	1	X	设定 DDRAM 的地址计数器(AC)到"00H",并且将光标移到开头原点位置;该指令并不改变 DDRAM 的内容	72 μs
进入点设定	0	0	0	0	0	0	0	1	I/D	S	指定在资料的读取与写入时,设定光标移动方向及指定显示的移位	72 μs
显示状态开/关	0	0	0	0	0	0	1	D	C	B	D=1:整体显示 ON;D=0:显示 OFF;C=1:光标 ON;C=0:光标 OFF;B=1:光标位置反白且闪烁;B=0:光标位置不反白闪烁	72 μs
光标或显示移位控制	0	0	0	0	0	1	S/C	R/L	X	X	设定光标的移动与显示的移位控制位;这个指令并不改变 DDRAM 的内容	72 μs
功能设定	0	0	0	0	1	DL	X	0RE	X	X	DL=1:8 位控制接口;DL=0:4 位控制接口;RE=1:扩充指令集动作;RE=0:基本指令集动作	72 μs
设定 CGRAM 地址	0	0	0	1	AC5	AC4	AC3	AC2	AC1	AC0	设定 CGRAM 地址到地址计数器(AC)需确定扩充指令中 SR=0(卷动地址或 RAM 地址选择)	72 μs

指 令	指令码										说 明	执行时间
	RS	RW	DB7	DB6	DB5	DB4	DB3	DB2	DB1	DB0		
设定 DDRAM	0	0	1	AC6	AC5	AC4	AC3	AC2	AC1	AC0	设定 DDRAM 地址到地址计数器（AC）	72 μs
读忙标志的地址	0	1	BF	AC6	AC5	AC4	AC3	AC2	AC1	AC0	读取忙碌标志（BF）可以确认内部动作是否完成，同时可以读出地址计数器（AC）的值	0 μs
写资料到 RAM	1	0	D7	D6	D5	D4	D3	D2	D1	D0	写入资料到内部的 RAM（DDRAM/CGRAM/GDRAM）	72 μs
读出 RAM 的值	1	1	D7	D6	D5	D4	D3	D2	D1	D0	从内部 RAM 读取数据（DDRAM/CGRAM/GDRAM）	72 μs

LCD 液晶显示相关驱动程序如下：

```
#define   RS      (1 ≪ 26)          //p1.26
#define   RW      (1 ≪ 27)          //p1.27
#define   E       (1 ≪ 28)          //p1.28
#define   REST    (1 ≪ 29)          //P1.29
#define   C_LCD   (1 ≪ 30)          //P1.30
#define   X1  0x80
#define   X2  0x88
#define   Y   0x80
LPC_GPIO1 ->FIODIR| = (0xFF1)|(1 ≪ RS)|(1 ≪ RW)|(1 ≪ E)|(1 ≪ ESET)|(1 ≪ C_LCD);
                                                              //设输出引脚
void shortdelay(uint32 dly)
{
  uint32_t i;

  for(; dly > 0; dly--)
      for(i = 0; i < 300; i++);
}
void   WRITE_Byte(uint8_t DataCommanddata,uint8_t DATA)  //写 LCD 命令或数据
{
    if (DataCommandData == 0)   LPC_GPIO2 ->FIOCLR = RS;   //写命令
    else    LPC_GPIO2 ->FIOCSET = RS;                       //写数据
     LPC_GPIO2 ->FIOCLR = RW;
    DATA = DATA&0xff;
    shortdelay(3);
    LPC_GPIO2 ->FIOSET = E;
```

```
    LPC_GPIO2 ->FIOSET = DATA;
    shortdelay(3);
    LPC_GPIO2 ->FIOSET = E;
    shortdelay(3);
    LPC_GPIO2 ->FIOCLR = E;
    shortdelay(3);
    shortdelay(3);
    LPC_GPIO2 ->FIOCLR = DATA;
    LPC_GPIO2 ->FIOSET = RW;
    LPC_GPIO2 ->FIODIR& = 0x0ffffff7f;
    while((LPC_GPIO2 ->FIOPIN&(1 << 7)) == 0));          //等待 LCD 内部处理
    LPC_GPIO2 ->FIOCLR = RW;
    LPC_GPIO2 ->FIODIR|0x80;                             //D7:P2.7 设置为输出
}
void   LCD_Init()                                       //液晶初始化
{
    uint8_t DATA;
    DATA = 0x01;
    WRITE_DataCommand(0,DATA);                           //01H 命令:清除显示
    shortdelay(3);
    DATA = 0x30;
    WRITE_DataCommand(0,DATA);                           //30H 命令:8 位数据接口,扩展指令集
    shortdelay(3);
    DATA = 0x02;
    WRITE_Datacommand(0,DATA);                           //02H 命令:LCD DDRAM 地址回 0
    shortdelay(3);
    DATA = 0x04;
    WRITE_DataCommand(0,DATA);                           //04H 命令:进入点设置
    shortdelay(3);
    DATA = 0x0c;
    WRITE_DataCommand(0,DATA);                           //0CH 命令:整体显示,不闪烁,光标不反白
    shortdelay(3);
    DATA = 0x01;
    WRITE_DataCommand(0,DATA);                           //01H 命令:清显示
    shortdelay(3);
    DATA = 0x80;
    WRITE_DataCommand(0,DATA);                           //80H 命令:设置起始地址计数器为 0,为显示做准备
}
void CLRLCD()                                           //清除液晶 RAM 即清屏
{
    Uint8_t DATA;
    DATA = 0x30;
    WRITE_Data_Command(0,DATA);
    DATA = 0x01;
    WRITE_Data_Command(0,DATA);
```

```
    shortdelay(200);                                          //清除 RAM 的延迟必须足够长,否则将出现花屏
}
void Display_Inf(char * a,uint8_t Num,uint8_t location)        //向对应的位置写对应个数的数字或汉字
{//a 为字符串,可以是汉字,Num 是字符个数,一个汉字算 2 个字符,location 为显示位置
//显示汉字时的位置信息:第一行:80H,第二行:90H,第三行:88H,第四行:98H
    uint16 i;
    WRITE_DataCommand(0,0x30);                                //8 位接口
    shortdelay(3);
    WRITE_DataCommand(0, location);                           //写位置
    for(i = 0;i < t;i++)
    {
      WRITE_DataCommand(1,a[i]);                              //写数据
     }
  }
```

例如,让 LCD 液晶屏显示以下 4 行汉字,可如下操作:

```
# define Inf1_Line1 "    欢迎使用      "
# define Inf2_Line1 "智能环境监测系统"
# define Inf3_Line1 "南京航空航天大学"
# define Inf4_Line1 "  按任意键进入    "
    char   C1[] = Inf1_Line1;                                //"    欢迎使用      ";
    char   C2[] = Inf1_Line2;                                //"智能环境监测系统";
    char   C3[] = Inf1_Line3;                                //"南京航空航天大学";
    char   C4[] = Inf1_Line4;                                //"  按任意键进入    ";
      Display_Inf (C1,16,0x80);
      Display_Inf (C2,16,0x90);
      Display_Inf (C3,16,0x88);
      Display_Inf (C4,16,0x98);
```

如果要最后一行显示时钟,比如时:分:秒,则可借助于 RTC 部件的 HOUR、MIN 以及 SEC 获取,参见 6.3 节有关内容。

```
# include "stdio.h"                                          //可以使用 sprint 函数
uint8_t H,M,S,temp;
uint16 dat1,dat2;
char str[10];
    H = LPC_RTC ->HOUR;
    M = LPC_RTC ->MIN;
    S == LPC_RTC ->SEC;
  sprintf(str," % d",H);                                     //头文件要包含有 sdidiu
  Display_Inf(str,2,0x98);                                   //显示时
  Display_Inf("时",2,0x99);                                  //显示时字
  sprintf(str," % d",M);
  Display_Inf(str,2,0x9A);                                   //显示分
  Display_Inf("分",2,0x9B);                                  //显示分字
  sprintf(str," % d",S);
```

```
Display_Inf(str,2,0x9C);                    //显示秒
Display_Inf("秒",2,0x9D);                    //显示秒字
```

如果当前时间是 12:36:28,则在最后一行最前面显示 12 时 36 分 28 秒。

如果采集的数据是温度、湿度、光线或空气质量的指数,则可以变换为字符串显示,如下:

```
Display_Inf("温度",4,0x80);                  //在第一行起始位置显示"温度"两字
dat1 = (Temperature * 10) % 10   ;          //小数温度
sprintf(str," % d. % d℃ ",(int)Temperature,dat1);//以十进制数据显示温度 XX.X℃
Display_Inf(str,8,0x82);                    //显示温度值
Display_Inf("湿度",4,0x90);                  //在第二行第 1 个汉字的位置开始显示"湿度"两字
sprintf(str," % d ", Humidity);            //以十进制数据显示湿度
Display_Inf(str,4,0x92);                    //显示湿度值
Display_Inf("光度",4,0x94);                  //在第二行第 5 个汉字位置开始显示"光度"两字
sprintf(str," % d ",Light);               //以十进制数据显示光度
Display_Inf(str,4,0x96);                    //显示光度值
Display_Inf("AQI ",4,0x88);                 //在第三行第 1 个汉字的位置开始显示"AQI "两字
sprintf(str," % d ", AQI);                 //以十进制数据显示 AQI
Display_Inf(str,4,0x8A);                    //显示 AQI 值
```

9.5.7　嵌入式环境监控系统互连通信接口设计

1. 互连通道硬件设计

按照需求,环境监控系统互连通信接口包括一个基于 I^2C 的铁电存储器和一个基于 RS-485 远程通信接口。互连通信接口原理如图 9-42 所示。

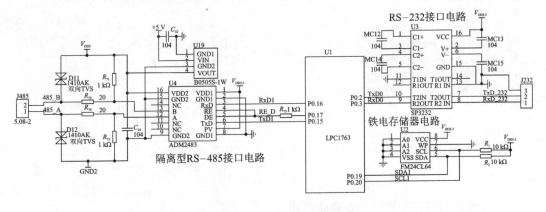

图 9-42　互连通信接口原理图

这里的互连通信接口有以 I^2C 为接口的 8 KB 的铁电存储器 FM24CL64,有使用 UART0 的 RS-232 接口,有使用 UART1 的 RS-485 接口。RS-232 接口采用 3.3 V 供电的 SP232 这样的 RS-232 电平转换芯片,这样可以直接连接 PC,便于调试,也可以将结果传输到 PC。RS-485 接口可以通过双绞线连接远方具有 RS-485 接口的主机,进行远程通信。这里 UART1 的 CTS1(P0.17)自动对 RS-485 进行收发转换,采用的 RS-485 芯片为隔离型 RS-485 芯片 ADM2384,非隔离端的收发及收发转换,均直接接 MCU 的 GPIO 引脚,通过 B0505S

－1W 的隔离电源 DC－DC 将＋5 V（与 MCU 共地）隔离变换为不共地的＋5 V 给 ADM2384 隔离端电源。这样一来，MCU 与外界 RS－485 总线完全隔离，这在工作控制及抗干扰要求高的场合是非常重要的，如果不隔离，在许多场合 RS－485 总线将无法正常工作。

2. 互连通道软件设计

（1）基于 I²C 的铁电存储器操作程序

铁电存储器 FM24CL64 是基于 I²C 串行接口的新型存储器，它具有非易失性和可随机快速读写的特性，是当今嵌入式应用中非常重要的存储器。

具体对 FM24CL64 的操作，详见 8.2.6 小节中的几个例子，与本监控系统的应用完全一致，那里的函数可以直接使用，这里不再赘述。

·（2）基于 UART0 的 RS－232 软件设计

由监控系统互连通信的硬件原理图可知，对 RS－232 接口的操作就是对 UART0 的操作。这里利用 UART0，可以将感知到的循环参数上传到 PC，PC 端借助于串口助手，方便查看感知的变量。

参见 8.1.1 小节的相关内容，采用函数 Uart0Init()对串口 0 初始化，使用 Uart0SendData() 函数直接发送数据。发送的信息在 main()函数 while(1)循环体中的位置如下：

```
#define UART0_BPS      11520           /* UART0 波特率 */
uint8_t SendBuf[10];                    //定义发送缓冲区,10 个字节
while(1)
{
  ⋮
SendBuf[0] = AQI/100;
SendBuf[1] = AQI % 100;
Uart0SendData (SendBuf,2);              //向 PC 发 AQI 值,参见例 8-6,下同
SendBuf[0] = Humidity/100;
SendBuf[1] = Humidity % 100;
Uart0SendData (SendBuf,2);              //向 PC 发 Humidity 值
SendBuf[0] = (int)Temperature/100;      //高字节
SendBuf[1] = (int)Temperature % 100;    //低字节
SendBuf[2] = (int)Temperature * 10) % 10;  //小数字节
Uart0SendData (SendBuf,3);              //向 PC 发 Temperature 值
SendBuf[0] = Light/100;
SendBuf[1] = Light % 100;
Uart0SendData (SendBuf,2);              //向 PC 发 Light 值
  ⋮
}
```

（3）基于 UART1 的 RS－485 软件设计

基于 UART1 的 RS－485 软件设计，采用 MODBUS－RTU 通信协议。由监控系统互连通信的硬件原理图可知，对 RS－485 接口的操作就是对具有 485 控制功能的 UART1 操作。MODBUS－RTU 数据包格式如表 9－5 所列。控制器内部寄存器地址分配如表 9－6 所列。

表 9－5　MODBUS－RTU 数据包格式

地　址	功能码	数　据	校验码
8 位	8 位	N8 位	16 位 CRC

表 9-6　控制器内部寄存器地址分配

类　别	定　义	工位号（地址）	逻辑地址	读　写
输入寄存器	温度值寄存器	30001	0000H	可读
输入寄存器	湿度值寄存器	30002	0001H	可读
输入寄存器	光线值寄存器	30003	0002H	可读
输入寄存器	AQI值寄存器	30004	0003H	可读
保持寄存器	控制寄存器	40001	0000H	可读写

命令代码如表 9-7 所列，表功能码 03 为读输出寄存器的值，04H 为读输入寄存器的值，06H 为写单个寄存器的值。

表 9-7　命令代码表

代　码	功能定义
03H	读输出寄存器
04H	读输入寄存器
06H	写单个寄存器

【例 9-1】读输入寄存器（功能码 04）。

此功能允许用户获得输入寄存器数据。内部输入寄存器有温度寄存器、湿度寄存器、光线寄存器以及粉尘 AQI 寄存器。寄存器内部工位起始号（起始地址）为 30001（逻辑地址为 0000H）。主机查询：从 01 号从机读 2 个寄存器，起始逻辑地址为 0000H。读输入寄存器命令如表 9-8 所列。

表 9-8　读输入寄存器命令

地址	功能码	起始地址高字节	起始地址低字节	数据长度高字节	数据长度低字节	CRC校验码低字节	CRC校验码高字节
01H	04H	00H	00H	00H	02H	71H	CBH

从机响应：响应包含从机地址、功能码、数据的数量和 CRC 错误校验。读输入寄存器响应如表 9-9 所列。

表 9-9　读输入寄存器响应

地址	功能码	返回数据总字节数	温度高字节	温度数据低字节	湿度数据高字节	湿度数据低字节	CRC校验码低字节	CRC校验码高字节
01H	04H	04H	00H	40H	00H	32H	3BH	90H

主机查询的是逻辑地址从 0000H（工位号 30001）开始的 2 个寄存器中的内容，即温度和湿度值，$T=0020H$（即 32 ℃），$H=0032H$（即湿度为 50%）。RS-485 通信软件流程如图 9-43 所示。

参见 8.1.3 小节，接收采用中断方式，设置接收缓冲区 8 字节，在中断服务程序中，将接收到的数据存放在由 RecvDataBuf 指示的内存区域，并置接收 OK 标志，RevNewDataOK＝1，接收字节数在 RecvNum 中。主程序要做的事情有初始化串口 1（UART1 并设置 485 模式），判断接收是否 OK。如果 OK，则 CRC 校验后进行命令判断。不同命令执行不同操作。详细程序如下：

```
#define MyAddr   1   //定时本机地址1号,实际应用时可用变量,可设置地址
unit8_t  RecNum , RcvNewDataOK;
uint8_t  StringsSend[16];
uint8_t  BUFtemp[16];
```

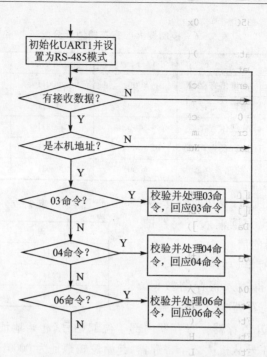

图 9 - 43　RS - 485 通信软件流程图

```
uint8_t  RecvDataBUF[16];
uint8_t  BUFSend[16];
void UART1_IRQHandler (void)                          /* UART1 中断服务程序 */
{
    RecNum = 0;
    while ((LPC_UART1 ->IIR & 0x01) == 0){            /* 判断是否有 UART 中断 */
        switch (LPC_UART1 ->IIR & 0x0E){              /* 判断中断标志 */
            case 0x04:                                /* 接收数据中断 */
                RcvNewDataOK = 1;                     /* 置接收新数据标志 */
                for (RecNum = 0; RecNum < 8;RecNumi ++ ){   /* 连续接收 8 字节 */
                RecvDataBuf[RecNum] = LPC_UART1 ->RBR;
                }
                break;
            case 0x0C:                                /* 接收超时中断 */
                RcvNewDataOK = 1;
                while ((LPC_UART1 ->LSR & 0x01) == 0x01){   /* 判断数据结束了没有 */
                    RecvDataBuf[RecNum] = LPC_UART1 ->RBR;
                    RecNum ++ ;
                }
                break;
            default:
                break;
        }
    }
}
//主程序中对 UART1 初始化,主循环中判断接收的地址是否与本机一致,解释数据帧进行操作,不是丢掉数据
        uint8_t  i, Num;
        Uart1Init();                          //见 8.1.3 小节"初始化 UART",设接收缓冲区 8 字节
```

```
LPC_UART1 ->RS485CTRL = 0x30;            //设置 RS - 485 模式,CTS1 控制方式
while(1){
    if (RcvNewDataOK == 1){
        RcvNewDataOK = 0;                /* 接收新数据标志复位 */
        ReDataLength = RecNum;           /* 取数据长度,见 8.1.3 小节相关内容 */
    if (RecvDataBuf[0] == MyAddr)        //是本机地址继续
        for (i = 0;i < RecNum - 2;i ++ )  BUFCRC[i] = RecvDataBuf[i];//准备 CRC 校验
        getCRC(crc,RecNum - 2);
    if ((RecvDataBuf[RecNum - 2] == crc[1])&&(RecvDataBuf[RecNum - 1] == crc[0]))
                                         //校验正确,RS - 485 处理
    {
        BUFsend[0] = Myaddr;
        BUFsend[1] = RecvDataBuf[1];
    switch(RecvDataBuf[1])
    {
        case 0x03://读保持寄存器值,省略,这里仅介绍 04 命令获取输入寄存器的值
        ⋮
        case 0x04://读输入寄存器
            BUFsend[2] = RecvDataBuf[5] * 2;//数据长度字节数
            BUFtemp[0] = (int)Temperature >> 8;   BUFtemp[1] = (int)Temperature
            BUFtemp[2] = Humidity >> 8;BUFtemp[3] = Humidity
            BUFtemp[4] = Light >> 8;BUFtemp[5] = Light
            BUFtemp[6] = AQI >> 8;BUFtemp[7] = AQI;
        switch (RecvDataBuf[5]){
        case 1: Num = 5;break;
        case 2: Num = 7;break;
        case 3: Num = 9;break;
        case 4: Num = 11;break;}
            for (i = 0;i < Num - 3;i ++ ) BUFsend[i + 3] = BUFtemp[i + RecvDataBuf3] * 2];
            break;
            for (i = 0;i < Num;i ++ ) BUFCRC[i] = BUFsend[i];
            getCRC(crc,Num);BUFsend[Num] = crc[1];BUFsend[Num + 1] = crc[0];
            uart1SendStr (BUFSend,Num);//向主机回送输入寄存器信息
            break;
        case 0x06:          //写单个寄存器值,省略,这里仅介绍 04 命令获取输入寄存器的值
        ⋮
    default: break;
        }
    }
    }
    }
}
```

本章从嵌入式应用系统的角度出发,以嵌入式微控制器为核心,给出了从最小系统、最低功耗系统、典型应用系统的设计方法和步骤,以及嵌入式应用系统的调试与测试技术;还以一个典型嵌入式应用系统——环境监测监控系统为例,从需求分析、体系结构设计到详细的软硬件设计,系统地介绍了设计方法。这里的实例也仅仅起到抛砖引玉的作用,读者可以根据自己遇到的实际应用系统参照设计。

鉴于篇幅所限,实例中关于系统的调试和测试并没有涉及,但在实际应用中,嵌入式系统的调试和测试也是嵌入式应用系统设计的一个重要环节。实际上,设计过程中就应该考虑调

试和测试问题。

本章习题

一、选择题

1. 对于以微控制器为核心的嵌入式系统设计中,关于最小硬件系统包括的内容以下说法正确的是( )。

(1)选择恰当的微控制器;(2)扩展 Flash 存储器;(3)电源设计;(4)复位电路设计;(5)时钟电路设计;(6)调试接口设计;(7)通信接口设计;(8)模拟电路设计。

A. (1)(2)(3)(4)
B. (1)(3)(4)(5)(6)
C. (1)(3)(4)(5)(6)(7)
D. (3)(4)(5)(6)(7)

2. 关于 ARM Cortex - M3 微控制器的电源工作模式,以下说法正确的是( )。

A. 正常模式是内核时钟不工作的工作模式

B. 空闲模式包括掉电模式和深度掉电模式

C. 睡眠模式主振荡器掉电且内核时钟停止

D. 深度睡眠模式下允许 WDT 和 RTC 来唤醒 CPU

3. 以下说法错误的是( )。

A. 当进入掉电模式时,IRC、主振荡器及所有时钟均停止,也关闭了 Flash 存储器

B. 在深度掉电模式中,关断整个芯片的电源(实时时钟、RESET 引脚、WIC 和 RTC 备用寄存器除外)

C. 当使用外部复位信号或使能 RTC 中断并产生 RTC 中断时,可将器件从深度掉电模式中唤醒

D. 在正常模式下,指令的执行被中止直至复位或中断出现

4. 以下不属于低功耗设计的是( )。

A. 打开所有器件电源
B. 系统时钟的控制
C. MCU 工作模式的选择
D. 外部器件能量管理

5. 以下关于典型嵌入式应用系统构成的说法正确的是( )。

(1)嵌入式最小系统;(2)输入通道;(3)输出通道;(4)人机交互通道;(5)互连通道;(6)调试接口设计;(7)电源电路。

A. (1) (2) (3) (4) (6) (7)
B. (1) (2) (3) (5) (6)
C. (1) (2) (3) (4) (5)
D. (2) (3) (4) (5) (6) (7)

6. 某嵌入式应用系统用到 PT100 传感器(电阻信号输出)要接入嵌入式系统,以下最合适的是( )。

A. 直接将电阻信号连接到嵌入式微控制器的 ADC 引脚

B. 将电阻信号转换成电压信号,经过放大电路后再接微控制器 ADC 引脚

C. 将电阻信号转换成电流信号后接入嵌入式微控制器的 ADC 引脚

D. 将电阻信号转换成频率信号后接入嵌入式微控制器的 ADC 引脚

7. 关于嵌入式应用系统抗干扰的主要措施,以下说法错误的是( )。

A. 采用光电耦合器进行光电隔离

B. 差分传输可以抑制差模干扰

C. 良好的接地以及屏蔽是抑制干扰的有效手段

D. 硬件滤波去耦可以有效去除高频干扰

8. 某嵌入式应用系统需要检测某参量时使用 $y_n = ax_n + (1-a)y_{n-1}$ 进行数字滤波，x_n 为本次采样值，y_{n-1} 为上次滤波值，y_n 为本次滤波值，a 为比例系数，则该软件滤波算法是（　　）。

A. 限幅滤波　　　　B. 中值滤波　　　　C. 低通滤波　　　　D. 平均滤波

9. 某嵌入式应用系统采用 $\mu C/OS - II$，现在需要移植到一个由新型微控制器组成的嵌入式系统中，以下不属于要移植的文件是（　　）。

A. OS_CORE. C　　　　　　　　　B. OS_CPU. H

C. OS_CPU_C. C　　　　　　　　D. OS_CPU_A. ASM

10. 关于嵌入式应用系统的调试与测试，以下说法错误的是（　　）。

A. 嵌入式应用系统开发与调试是借助于软件开发套件和硬件调试工具进行的

B. 目前嵌入式系统开发与调试接口应用最广泛的是 JTAG 接口

C. 硬件调试包括静态检查和动态检测

D. ARM Cortex - M 为核心的嵌入式系统可以使用 ADS1. 2 软件开发环境进行嵌入式开发

二、填空题

1. 微控制器为核心的嵌入式最小系统由_____、供电模块、时钟模块、复位模块、_____以及存储模块构成。

2. 嵌入式系统的功耗除了与动态电容外，还与工作_____、工作_____、工作_____和工作时间有关。

3. 已知由 LPC1700 系列微控制器构成的嵌入式系统中用到的片上资源有定时/计数器 $(0,1,2,3)$、UART$(0,1,2,3)$、ADC、GPIO、RTC 和 PMW11，则最省电的配置是 PCONP = _____。

4. 一个由内置 ADC 的嵌入式微控制器构建的嵌入式系统检测的传感器信号为 $0 \sim 10\ mV$，除了传感器外，模拟输入通道具有的最小的部件有_____；如果增强抗干扰，则可以再加_____。

5. 对于交流信号的采样处理，可采用直流采样法和交流采样法。交流采样法通过互感器将大的交流信号变换成 ADC 可以接受的幅值范围，然后采用一个周期内定时多点采样，通过求_____得到交流信号的有效值。

三、简答题

1. 如何理解式(9-1)所表示的嵌入式系统的功耗，并尽量降低功耗？

2. 典型嵌入式应用系统由哪些部件组成？

3. 简述干扰的来源以及抗干扰的软硬件措施。

参考文献

［1］ARM Limited. Cortex－M0 Revision：r0p1 Technical Reference Manual. 2009.

［2］ARM Limited. Cortex－M3 Revision r2p1 Technical Reference Manual. 2010.

［3］ARM Limited. Cortex－M3 Devices ARM Limited. Generic User Guide. 2010.

［4］NXP Semiconductors. LPC17xx User manual. 2010.

［5］马维华. 微机原理与接口技术［M］. 2 版. 北京：科学出版社，2010.

［6］马维华. 嵌入式系统原理及应用［M］. 2 版. 北京：北京邮电大学出版社，2010.

［7］Nuvoton Technology Corporation. NuMicro Nano100（B）Series Technical Reference Manual SC V1. 00，2012.

［8］张福炎. 嵌入式系统开发技术（全国计算机等级考试三级教程）［M］. 北京：高等教育出版社，2013.

［9］Joseph Yiu. ARM Cortex－M0 权威指南［M］. 吴常玉，魏军，译. 北京：清华大学出版社，2013.